中国建设教育发展年度报告（2015）

中国建设教育协会　组织编写

刘 杰　王要武　主 编

中国建筑工业出版社

图书在版编目（CIP）数据

中国建设教育发展年度报告（2015）/ 中国建设教育协会组织编写 . — 北京：中国建筑工业出版社，2016.1
ISBN 978-7-112-19511-4

Ⅰ . ①中… Ⅱ . ①中… Ⅲ . ①建筑学—教育事业—研究报告—中国—2015 Ⅳ . ① TU-4

中国版本图书馆 CIP 数据核字（2016）第 133828 号

中国建设教育协会从 2015 年开始，每年编制一本反映上一年度中国建设教育发展状况的分析研究报告，本书即为中国建设教育发展年度报告的 2015 年度版，也是国内第一本系统分析中国建设教育发展状况的著作，对于全面了解中国建设教育的发展状况、学习借鉴促进建设教育发展的先进经验、开展建设教育学术研究，具有重要的参考价值。

本书可供广大高等院校、高等、中等职业技术学校从事建设教育的教学、科研和管理人员、政府部门和建筑业企业从事建设继续教育和岗位培训管理工作的人员阅读参考。

责任编辑：朱首明　李　明　李　阳
责任校对：陈晶晶　关　健

中国建设教育发展年度报告（2015）
中国建设教育协会　组织编写
刘　杰　王要武　主　编
*
中国建筑工业出版社出版、发行（北京西郊百万庄）
各地新华书店、建筑书店经销
北京京点图文设计有限公司制版
廊坊市海涛印刷有限公司印刷
*
开本：787×960 毫米　1/16　印张：22½　字数：425 千字
2016 年 8 月第一版　2016 年 8 月第一次印刷
定价：**59.00** 元
ISBN 978-7-112-19511-4
（29031）

本书编审委员会

主　任：刘　杰
副主任：何志方　路　明　朱　光　王要武　李竹成
　　　　陈　曦　黄秋宁　沈元勤
委　员：高延伟　姚德臣　张大玉　王凤君　胡兴福
　　　　李　平　杨秀方　吴祖强　尤　完　龚　毅
　　　　刘晓初　任卫华　汪　颢　王淑娅

编写组成员

主　编：刘　杰　王要武
副主编：朱　光　李竹成　陈　曦
参　编：高延伟　胡秀梅　姚德臣　张大玉　王凤君　胡兴福
　　　　李　平　杨秀方　吴祖强　尤　完　龚　毅　刘晓初
　　　　任卫华　汪　颢　王淑娅

　　由中国建设教育协会组织编写，刘杰、王要武同志主编的《中国建设教育发展年度报告（2015）》与广大读者见面了。它伴随着住房城乡建设领域改革发展的步伐，从无到有，应运而生，是我国首次发布的建设教育年度发展报告。本书从策划、调研、收集资料与数据，到研究分析、组织编写，全体参编人员集思广益、精心梳理，付出了极大的努力。我向为本书的成功出版作出贡献的同志们表示由衷的感谢。

　　"十二五"期间，我国住房城乡建设领域各级各类教育培训事业取得了长足的发展，为加快发展方式转变、促进科学技术进步、实现体制机制创新做出了重要贡献。普通高等建设教育以狠抓本科教育质量为重心，以专业教育评估为抓手，深化教育教学改革，学科专业建设和整体办学水平有了明显提高；高等建设职业教育的办学规模快速发展，专业结构更趋合理，办学定位更加明确，校企合作不断深入，毕业生普遍受到行业企业的欢迎；中等建设职业教育坚持面向生产一线培养技能型人才，以企业需求为切入点，强化校内外实操实训、师傅带徒、顶岗实习，有效地增强了学生的职业能力；建设行业从业人员的继续教育和职业培训也取得了很大进展，各地相关部门和企事业单位为适应行业改革发展的需要普遍加大了教育培训力度，创新了培训管理制度和培训模式，提高了培训质量，职工队伍素质得到了全面提升。然而，我们也必须冷静自省，充分认识我国建设教育存在的短板和不足，在国家实施创新驱动发展战略的新形势下，需要有更强的紧迫感和危机感。本报告在认真分析我国建设教育发展状况的基础上，紧密结合我国教育发展和建设行业发展的实际，科学地分析了建设教育的发展趋势以及所面临的问题，提出了对策建议，这对于广大建设教育工作者具有很强的学习借鉴意义。报告中提供的大量数据和案例，既有助于开展建设教育的学术研究，也对各级建设教育主管部门指导行业教育具有参考价值。

　　"十三五"时期是我国全面建成小康社会的关键时期，也是我国住房城乡建设事业发展的重要战略机遇期。随着我国经济进入新常态，实施创新驱动发展战略，加快转方式、调结构，要求我们必须进一步加快建设教育改革发展的步伐，增强建设教育对行业发展的服务贡献能力，促进经济增长从主要依靠劳动力成本优势向劳动力价值创造优势转变。我们要毫不动摇地贯彻实施人才优先发展战略，深化人才体制机制改革，切实加强人才队伍建设。在教育培训工作中，要把促进人的全面发展作为根本目的，坚持立德树人，全面贯彻党的教育方针。各级各类院校要更加注重教育内涵发展和培养模式创新，面向行业和市场需求，主动调整专业结构和资源配置，加强实践教学环节，突出创业创新教育，着力培养高素质、复合型、应用型人才。要加快住房城乡建设领域现代职业教育体系建设，始终坚持以服务行业发展为宗旨，以培养一线生产操作人员为目标，加快培育一支技术技能型的现代产业工人大军。在全行业树立终身教育理念，推进学习型企业和学习型行业的构建，形成以专业技术人员知识更新培训和经营管理人员创业兴业培训双轮驱动的继续教育体系。

期待本书能够得到广大读者的关注和欢迎，在分享本书提供的宝贵经验和研究成果的同时，也对其中尚存的不足提出中肯的批评和建议，以利于编写人员认真采纳与研究，使下一个年度报告更趋完美，让读者更加受益，对建设行业教育培训工作发挥更好的引领作用。希望通过大家的共同努力，进一步推动我国建设教育各项改革的不断深入，为住房城乡建设领域培养更多高素质的人才，促进住房城乡建设领域的转型升级，为全面实现国家"十三五"规划纲要提出的奋斗目标作出我们应有的贡献。

2016 年 4 月

前 言

PREFACE

为了客观、全面地反映我国建设教育在贯彻《国家中长期教育改革和发展规划纲要 (2010—2020 年)》、《国务院关于加快发展现代职业教育的决定》过程中取得的成绩和存在的问题，准确把握建设教育的发展趋势，为建设教育深化改革、持续提升专业人才培养质量提供信息，为建设教育学术研究提供基础资料，中国建设教育协会从 2015 年开始，每年编制一本反映上一年度中国建设教育发展状况的分析研究报告。本书即为中国建设教育发展年度报告的 2015 年度版，也是这一序列年度报告的第一本。

本书共分 5 章。

第 1 章从普通高等建设教育、高等建设职业教育、中等建设职业教育三个方面，分析了 2014 年学校建设教育的发展状况，从教育概况、分学科专业学生培养情况、分地区教育情况等多个视角，分析了 2014 年学校建设教育的发展状况，展望了学校建设教育发展的趋势，剖析了学校建设教育发展面临的问题，提出了促进学校建设教育发展的对策建议。

第 2 章从建设行业执业人员、建设行业专业技术与管理人员、建设行业技能人员三个方面，分析了 2014 年继续教育和职业培训的发展状况，从人员概况、考试与注册、继续教育等角度，分析了建设行业执业人员继续教育与培训的总体状况；从人员培训、考核评价、继续教育等角度，分析了建设行业专业技术与管理人员继续教育与培训的总体状况；从培训、技能考核、技能竞赛和培训考核管理等角度，分析了建设行业技能人员培训的总体状况；剖析了上述三类人员继续教育与岗位培训面临的问题，提出了促进其继续教育与培训发展的对策建议。

第 3 章选取了若干不同类型的学校、地区、企业进行案例分析。学校建设教育方面，包括普通高等建设教育典型案例、高等建设职业教育典型案例和中等建设职业教育典型案例分析；继续教育与职业培训方面，包括两个省市、四家企业的典型案例分析。

第 4 章汇编了 2011 ~ 2014 年教育部、住房和城乡建设部发布的与中国建设教育密切相关的政策、文件。

第 5 章总结了 2011～2014 年中国建设教育发展大事记。包括住房和城乡建设领域教育发展大事记和中国建设教育协会大事记。

本书是国内第一本系统分析中国建设教育发展状况的著作，对于全面了解中国建设教育的发展状况、学习借鉴促进建设教育发展的先进经验、开展建设教育学术研究，具有重要的参考价值。可供广大高等院校、高等、中等职业技术学校从事建设教育的教学、科研和管理人员、政府部门和建筑业企业从事建设继续教育和岗位培训管理工作的人员阅读参考。

本书在制定编写方案、收集相关数据、书稿编写及审稿的过程中，得到了住房和城乡建设部主管领导、住房和城乡建设部人事司领导的大力指导和热情帮助，得到了有关高等院校、中职院校、地方住房和城乡建设管理部门、建筑业企业的积极支持和密切配合；在编辑、出版的过程中，得到了中国建筑工业出版社的大力支持，在此表示衷心的感谢！

本书由刘杰、王要武主编并统稿，参加各章编写的主要人员有：姚德臣、张大玉、王凤君、胡兴福、杨秀方、吴祖强、赵研、周明长（第 1 章），李竹成、陈曦、李平、尤完、王炜、李奇（第 2 章），张大玉、姚德臣、王凤君、胡兴福、陈曦、龚毅、刘晓初、任卫华、汪颢、王淑娅、韦新东、赵研、周明长、张富宽、梁健、谢寒（第 3 章），朱光、李竹成、高延伟、胡秀梅、尤完、傅钰、李群高、王惠琴、孟麟（第 4 章、第 5 章）。

限于时间和水平，本书错讹之处在所难免，敬请广大读者批评指正。

目 录

CONTENTS

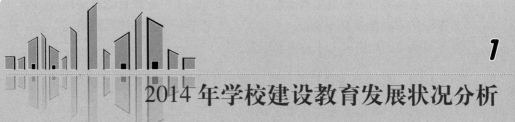

2014 年学校建设教育发展状况分析

1.1 2014年普通高等建设教育发展状况分析

普通高等学校肩负着把人口资源转化为人才资源的重任。我国的高等教育经过近年来的蓬勃发展，已经积蓄了从外延扩展向内涵提高转变的动能。普通高等学校教育工作的生命力在于人才培养，在于成果转化，在于服务社会。

普通高等建设教育是普通高等教育和建设类专业教育的重要组成部分，是服务于国家城乡规划、建设、管理的人才培养基地和科技服务基地，承担着为城乡建设培养高层次人才的重要职责。

1.1.1 普通高等建设教育发展的总体状况

1.1.1.1 普通高等建设教育概况

1. 本科教育

根据国家统计局发布的统计数据，2014年，全国共有普通高等学校和成人高等学校2824所，其中，普通高等学校2529所（含独立学院283所），成人高等学校295所；其他普通高教机构31所。普通高等学校中本科院校1202所。2014年，本科毕业生数为4899109人，其中普通本科3413787人，成人本科899050人，网络本科586272人；本科招生数为5718005人，其中，普通本科3834151人，成人本科1102409人，网络本科781445人；本科在校生数20495580人，其中普通本科15410653人，成人本科2797917人，网络本科2287010人。

2014年，全国开设土木建筑类专业的普通高等学校、机构数量为706所，占全国普通高等学校、机构总数的24.99%。土木建筑类本科生培养学校、机构开办专业数2323个；毕业生数187224人，占全国本科毕业生数的3.82%；招生数216127人，占全国本科招生数的3.78%；在校生数902200人，占全国本科在校生数的4.40%。

表1-1给出了土木建筑类本科生按学校层次的分布情况。从表中可以看出，大学和学院是开办土木建筑类本科教育的主要力量，两者各项占比的合计均超过了70%。

土木建筑类本科生按学校层次分布情况　　　　表 1-1

学校、机构层次	开办学校、机构		开办专业		毕业人数		招生人数		在校人数	
	数量	占比(%)	数量	占比(%)	数量	占比(%)	数量	占比(%)	数量	占比(%)
大学	264	37.39	1095	47.14	88553	47.30	91894	42.52	398645	44.19
学院	257	36.40	721	31.04	49944	26.68	72405	33.50	279201	30.95
独立学院	173	24.50	478	20.58	46360	24.76	50827	23.52	218095	24.17
其他普通高教机构	12	1.70	29	1.25	2367	1.26	1001	0.46	6259	0.69
合计	706	100.00	2323	100.00	187224	100.00	216127	100.00	902200	100.00

　　表 1-2 为土木建筑类本科生按学校、机构隶属关系的分布情况。从表中可以看出，省级教育部门和民办高校是开设土木建筑类本科专业的主要力量，两者各项占比的合计均超过了80%。

土木建筑类本科生按学校隶属关系分布情况　　　　表 1-2

隶属关系	开办学校		开办专业		毕业人数		招生人数		在校人数	
	数量	占比(%)	数量	占比(%)	数量	占比(%)	数量	占比(%)	数量	占比(%)
教育部	55	7.79	220	9.47	17906	9.56	16440	7.61	74623	8.27
工业和信息化部	6	0.85	21	0.90	1212	0.65	1302	0.60	5434	0.60
交通运输部	1	0.14	1	0.04	49	0.03	59	0.03	242	0.03
国家民族事务委员会	4	0.57	9	0.39	642	0.34	739	0.34	2888	0.32
国务院侨务办公室	2	0.28	8	0.34	556	0.30	657	0.30	2943	0.33
国家安全生产监督管理总局	1	0.14	4	0.17	484	0.26	515	0.24	2155	0.24
中国地震局	1	0.14	2	0.09	200	0.11	186	0.09	898	0.10
中国民用航空总局	1	0.14	1	0.04	61	0.03	86	0.04	331	0.04
省级教育部门	315	44.62	1165	50.15	91676	48.97	100850	46.66	428749	47.52
省级其他部门	10	1.42	27	1.16	2363	1.26	2287	1.06	9975	1.11
地级教育部门	39	5.52	112	4.82	7224	3.86	9372	4.34	36092	4.00
地级其他部门	11	1.56	37	1.59	3068	1.64	3360	1.55	13322	1.48
民办	260	36.83	716	30.82	61783	33.00	80274	37.14	324548	35.97
合计	706	100.00	2323	100.00	187224	100.00	216127	100.00	902200	100.00

表 1-3 为土木建筑类本科生按学校类别的分布情况。从表中可以看出，理工院校和综合大学是开设土木建筑类本科专业的主力，两者开办学校数、开办专业数、毕业人数、招生人数和在校人数的占比之和，分别达到了 71.39%、80.63%、87.48%、82.64% 和 85.27%。

土木建筑类本科生按学校类别分布情况 　　　　　　表 1-3

学校类别	开办学校		开办专业		毕业人数		招生人数		在校人数	
	数量	占比(%)	数量	占比(%)	数量	占比(%)	数量	占比(%)	数量	占比(%)
综合大学	220	31.16	697	30.00	54397	29.05	59506	27.53	260650	28.89
理工院校	284	40.23	1176	50.62	109395	58.43	119111	55.11	508689	56.38
财经院校	76	10.76	151	6.50	7030	3.75	15276	7.07	47429	5.26
林业院校	7	0.99	34	1.46	3053	1.63	2541	1.18	11808	1.31
农业院校	41	5.81	123	5.29	7095	3.79	8947	4.14	36479	4.04
民族院校	10	1.42	21	0.90	1032	0.55	1774	0.82	5678	0.63
师范院校	54	7.65	100	4.30	4709	2.52	7537	3.49	26422	2.93
体育院校	1	0.14	1	0.04	0	0.00	14	0.01	29	0.00
医药院校	1	0.14	1	0.04	0	0.00	0	0.00	57	0.01
艺术院校	9	1.27	15	0.65	360	0.19	550	0.25	2266	0.25
语文院校	3	0.42	4	0.17	153	0.08	871	0.40	2693	0.30
合计	706	100.00	2323	100.00	187224	100.00	216127	100.00	902200	100.00

2. 研究生教育

（1）研究生教育总体情况

2014 年，全国共有研究生培养机构 788 个，其中，普通高校 571 个，科研机构 217 个。毕业研究生 535863 人，其中，毕业博士生 53653 人，毕业硕士生 482210 人。研究生招生 621323 人，其中，博士生招生 72634 人，硕士生招生 548689 人。在学研究生 1847689 人，其中，在学博士生 312676 人，在学硕士生 1535013 人。

（2）土木建筑类硕士生培养

2014 年，土木建筑类硕士生培养高校、机构 283 个，开办学科点 1128 个，毕业生数 15846 人，占全国毕业硕士生的 3.3%；招生数 14643 人，占全国硕士生招生人数的 2.7%，在校硕士生人数 45498 人，占全国在校硕士生人数的 3%。

表 1-4 给出了土木建筑类硕士生按学校、机构层次的分布情况。从表中可以看出，大学是土木建筑类硕士生培养的主要力量，除培养学校、机构占比为 87.28% 外，其他各项占比均超过了 97%。

土木建筑类硕士生按学校、机构层次分布情况   表 1-4

学校、机构层次	培养学校、机构		开办学科点		毕业人数		招生人数		在校人数	
	数量	占比(%)	数量	占比(%)	数量	占比(%)	数量	占比(%)	数量	占比(%)
大学	247	87.28	1042	92.38	15263	96.32	14044	95.91	43742	96.14
学院	12	4.24	26	2.30	220	1.39	213	1.45	640	1.41
培养研究生的科研机构	21	7.42	42	3.72	149	0.94	184	1.26	530	1.16
其他普通高教机构：分校	3	1.06	18	1.60	214	1.35	202	1.38	586	1.29
合计	283	100.00	1128	100.00	15846	100.00	14643	100.00	45498	100.00

表 1-5 为土木建筑类硕士生按学校、机构隶属关系的分布情况。从表中可以看出，省级教育部门和教育部所属高校是培养土木建筑类硕士生的主要力量，两者各项占比的合计均超过了 85%。

表 1-6 为土木建筑类硕士生按学校类别的分布情况。从表中可以看出，理工院校和综合大学是培养土木建筑类硕士生的主要力量，除培养学校、机构占比为 68.55% 外，其他各项占比均超过了 85%。

土木建筑类硕士生按学校隶属关系分布情况   表 1-5

学校、机构层次	培养学校、机构		开办学科点		毕业人数		招生人数		在校人数	
	数量	占比(%)	数量	占比(%)	数量	占比(%)	数量	占比(%)	数量	占比(%)
教育部	64	22.61	352	31.26	7182	45.32	6469	44.18	20710	45.52
工业和信息化部	8	2.83	33	2.93	674	4.25	635	4.34	1908	4.19
住房和城乡建设部	2	0.71	2	0.18	8	0.05	7	0.05	19	0.04
交通运输部	2	0.71	4	0.36	36	0.23	35	0.24	73	0.16
农业部	1	0.35	1	0.09	5	0.03	4	0.03	14	0.03
水利部	3	1.06	8	0.71	20	0.13	23	0.16	64	0.14
国务院国有资产监督管理委员会	4	1.41	10	0.89	26	0.16	27	0.18	84	0.18

续表

学校、机构层次	培养学校、机构		开办学科点		毕业人数		招生人数		在校人数	
	数量	占比(%)	数量	占比(%)	数量	占比(%)	数量	占比(%)	数量	占比(%)
国家民族事务委员会	2	0.71	2	0.18	5	0.03	9	0.06	26	0.06
国务院侨务办公室	2	0.71	11	0.98	101	0.64	82	0.56	326	0.72
国家林业局	1	0.35	1	0.09	0	0.00	2	0.01	4	0.01
中国科学院	4	1.41	8	0.71	81	0.51	92	0.63	227	0.50
中国民用航空总局	1	0.35	1	0.09	6	0.04	6	0.04	21	0.05
中国地震局	3	1.06	8	0.71	46	0.29	71	0.48	217	0.48
中国铁路总公司	1	0.35	2	0.18	10	0.06	8	0.05%	29	0.06
省级教育部门	181	63.96	657	58.35	7359	46.44	6910	47.19	20971	46.09
地级教育部门	4	1.41	26	2.31	287	1.81	263	1.80	805	1.77
合计	283	100.00	1126	100.00	15846	100.00	14643	100.00	45498	100.00

土木建筑类硕士生按学校类别分布情况　　　　表 1-6

学校、机构类别	培养学校、机构		开办学科点		毕业人数		招生人数		在校人数	
	数量	占比(%)	数量	占比(%)	数量	占比(%)	数量	占比(%)	数量	占比(%)
综合大学	67	23.67	302	26.77	3786	23.89	3673	25.08	11420	25.10
理工院校	127	44.88	666	59.04	10913	68.87	9508	64.93	30084	66.12
财经院校	22	7.77	22	1.95	258	1.63	336	2.29	880	1.93
林业院校	6	2.12	28	2.48	383	2.42	373	2.55	1091	2.40
农业院校	17	6.01	38	3.37	170	1.07	308	2.10	831	1.83
师范院校	15	5.30	19	1.68	146	0.92	178	1.22	480	1.05
民族院校	2	0.71	2	0.18	5	0.03	9	0.06	26	0.06
医药院校	2	0.71	2	0.18	0	0.00	23	0.16	33	0.07
艺术院校	2	0.71	5	0.44	36	0.23	39	0.27	102	0.22
语文院校	2	0.71	2	0.18	0	0.00	12	0.08	21	0.05
科研机构	21	7.42	42	3.72	149	0.94	184	1.26	530	1.16
合计	283	100.00	1128	100.00	15846	100.00	14643	100.00	45498	100.00

（3）土木建筑类博士生培养

2014 年，土木建筑类博士生培养学校、机构 116 所，占全国博士生培养高校的 20.3%；开办学科点数 380 个。毕业博士生 2316 人，占全国毕业博士生的 4.3%；招收博士生 3259 人，占全国博士生招生人数的 4.4%，在校博士生 17360 人，占全国在校博士生人数的 5.6%。

表 1-7 给出了土木建筑类博士生按学校、机构层次的分布情况。从表中可以看出，大学是土木建筑类博士生培养的主要力量，其各项占比均超过了 90%。

土木建筑类博士生按学校、机构层次分布情况　　　　表 1-7

学校、机构层次	培养学校、机构		开办学科点		毕业人数		招生人数		在校人数	
	数量	占比(%)	数量	占比(%)	数量	占比(%)	数量	占比(%)	数量	占比(%)
大学	105	90.52	351	92.37	2171	93.74	3058	93.83	16593	95.58
培养研究生的科研机构	8	6.90	17	4.47	79	3.41	110	3.38	367	2.11
其他普通高教机构：分校	3	2.59	12	3.16	66	2.85	91	2.79	400	2.30
合计	116	100.00	380	100.00	2316	100.00	3259	100.00	17360	100.00

表 1-8 为土木建筑类博士生按学校、机构隶属关系的分布情况。从表中可以看出，教育部和省级教育部门所属高校是培养土木建筑类博士生的主要力量，两者各项占比的合计均超过了 80%。

土木建筑类博士生按学校隶属关系分布情况　　　　表 1-8

学校、机构层次	培养学校、机构		开办学科点		毕业人数		招生人数		在校人数	
	数量	占比(%)	数量	占比(%)	数量	占比(%)	数量	占比(%)	数量	占比(%)
教育部	49	42.24	225	59.21	1538	66.41	2025	62.14%	11689	67.33
工业和信息化部	7	6.03	20	5.26	277	11.96	387	11.87%	1904	10.97
交通运输部	1	0.86	1	0.26	6	0.26	9	0.28%	59	0.34
水利部	2	1.72	2	0.53	6	0.26	7	0.21%	30	0.17
国务院国有资产监督管理委员会	1	0.86	4	1.05	6	0.26	12	0.37%	31	0.18
国务院侨务办公室	2	1.72	2	0.53	8	0.35	11	0.34%	51	0.29
中国科学院	4	3.45	6	1.58	120	5.18	158	4.85%	509	2.93

学校、机构层次	培养学校、机构		开办学科点		毕业人数		招生人数		在校人数	
	数量	占比(%)	数量	占比(%)	数量	占比(%)	数量	占比(%)	数量	占比(%)
中国铁路总公司	1	0.86	2	0.53	3	0.13	6	0.18	20	0.12
中国地震局	1	0.86	4	1.05	17	0.73	23	0.71	109	0.63
省级教育部门	47	40.52	108	28.42	335	14.46	613	18.81	2928	16.87
地级教育部门	1	0.86	6	1.58	0	0.00	8	0.25	30	0.17
合计	116	100.00	380	100.00	2316	100.00	3259	100.00	17360	100.00

表 1-9 为土木建筑类博士生按学校类别的分布情况。从表中可以看出，理工院校和综合大学是培养土木建筑类博士生的主要力量，除培养学校、机构占比为 78.45% 外，其他各项占比均超过了 90%。

土木建筑类博士生按学校类别分布情况　　　　表 1-9

学校、机构类别	培养学校、机构		开办学科点		毕业人数		招生人数		在校人数	
	数量	占比(%)	数量	占比(%)	数量	占比(%)	数量	占比(%)	数量	占比(%)
综合大学	30	25.86	105	27.63	590	25.47	898	27.55	5039	29.03
理工院校	61	52.59	241	63.42	1612	69.60	2141	65.69	11604	66.84
财经院校	5	4.31	5	1.32	9	0.39	32	0.98	131	0.75
林业院校	4	3.45	4	1.05	15	0.65	35	1.07	100	0.58
农业院校	6	5.17	6	1.58	11	0.47	27	0.83	91	0.52
师范院校	2	1.72	2	0.53	0	0.00	16	0.49	28	0.16
无	8	6.90	17	4.47	79	3.41	110	3.38	367	2.11
合计	116	100.00	380	100.00	2316	100.00	3259	100.00	17360	100.00

1.1.1.2　分学科、专业学生培养情况

（1）本科专业学生培养情况

2014 年土木建筑类本科专业学生培养情况如表 1-10 所示。从表 1-10 可以看出，在土木建筑类本科的 4 大专业类别中，在开办专业数量上，土木类、建筑类、管理科学与工程类分别列在前三位；在学生规模上（包括毕业人数、招生人数、在校人数），土木类、管理科学与工程类、建筑类分别列在前三位。这

与我国建筑业蓬勃发展的现状是相对应的。而这些专业中,土木工程和工程管理,无论是开办专业数、毕业人数、招生人数还是在校人数,均列在前两位,建筑学除招生人数位列第四外,开办专业数、毕业人数和在校人数均列在第三位。而且就其专业建设来说,土木工程专业有 61 个、建筑学有 20 个入选教育部卓越工程师教育培养计划,占土建类入选专业总数 96 的 84.4%。

2014 年土木建筑类本科专业学生培养情况　　　　　表 1-10

专业类及专业	开办专业数	参与卓越工程师培养计划专业数	毕业生数	招生数	在校生数	招生数较毕业生数增幅（%）
土木类	1048		118056	125645	530804	6.43
土木工程	511	61	94025	88005	401501	-6.40
建筑环境与能源应用工程	177		9116	11297	43161	23.92
给排水科学与工程	158	9	8455	10339	40748	22.28
建筑电气与智能化	62		1904	3526	11025	85.19
土木类专业	61		2056	7158	16550	248.15
城市地下空间工程	35		609	1956	6187	221.18
道路桥梁与渡河工程	44	6	1891	3364	11632	77.90
建筑类	640		27006	33606	153801	24.44
建筑学	272	20	15097	16403	86805	8.65
城市规划	209		7766	8966	40831	15.45
风景园林	119		2547	6272	18763	146.25
建筑类专业	40		1596	1965	7402	23.12
管理科学与工程类	613		41358	55887	213959	35.13
工程管理	421		33317	35710	157234	7.18
房地产开发与管理	57		1573	2898	9210	84.23
工程造价	135		6468	17279	47515	167.15
工商管理类	22		804	989	3636	23.01
物业管理	22		804	989	3636	23.01
总计	2323	96	187224	216127	902200	15.44

但这三个专业在保持整体优势的同时,其在土建类专业中的比重也有些许下降,2014 年,这三个专业毕业生数占土建类专业的 76.08%,但招生数比重为 71.55%,低了 4.53 个百分点。另外,这三个专业 2014 年招生人数与毕业生数相比,在数量上并无明显增长,工程管理、建筑学分别增长了 7.18%、8.65%,低于土

建类专业平均增长 15.44% 的水平，土木工程专业甚至出现了 6.40% 的负增长。

而其他相对来说较为辅助的专业如道路桥梁与渡河工程、城市地下空间工程、风景园林、建筑电气与智能化、房地产开发与管理、工程造价等专业，从毕业生数和招生数的对比可知，均获得了较大增长，其中城市地下空间工程增长 221.18%、工程造价增长 167.15%、风景园林增长 146.25%、建筑电气与智能化增长 85.19%、房地产开发与管理增长 84.23%、道路桥梁与渡河工程增长 77.9%，可见建筑市场对多元化土建类专业的迫切需求。

（2）研究生培养情况

2014 年土木建筑类学科硕士研究生按学科分布情况如表 1-11 所示。从表 1-11 可以看出，在毕业生数、招生数、在校学生数方面居于绝对领先地位的仍是土木工程、建筑学、管理科学与工程三个专业类别，其总和在土木建筑类硕士生学科中的占比甚至达到 90%、85%、87%，相对其他学科门类来说具有绝对领先地位。

2014 年土木建筑类学科硕士生按学科分布情况统计　　　　表 1-11

专业类别	毕业生数	招生数	在校学生数	招生数较毕业生数增幅（%）
建筑学	1936	1245	4542	−35.7
城乡规划学	572	832	2255	45.5
风景园林学	212	753	1696	255.2
土木工程	8065	7196	23180	−10.8
土木工程—供热、供燃气、通风及空调工程	785	618	1956	−21.3
管理科学与工程	4276	3999	11869	−6.5
总计	15846	14643	45498	−7.6

2014 年土木建筑类学科博士研究生按学科分布情况如表 1-12 所示。

2014 年土木建筑类博士生按学科分布情况统计　　　　表 1-12

专业类别	开办学科点数	毕业生数	招生数	在校学生数	招生数较毕业生数增幅（%）
建筑学	42	210	210	1689	0.0
城乡规划学	13	35	115	367	228.6
风景园林学	18	17	99	242	482.4
土木工程	209	955	1392	6996	45.8

专业类别	开办学科点数	毕业生数	招生数	在校学生数	招生数较毕业生数增幅（%）
土木工程—供热、供燃气、通风及空调工程	21	38	65	315	71.1
管理科学与工程	77	1061	1378	7751	29.9
总计	380	2316	3259	17360	40.7

从表 1-12 可以看出，在开办学科点数、毕业生数、招生数、在校学生数方面居于绝对领先地位的仍是土木工程、建筑学、管理科学与工程三个专业类别，其总和在土木建筑类博士生学科中的占比甚至达到 86.3%、96.1%、91.4%、94.7%，基本上处于垄断地位。

可以说，土木工程、建筑学、工程管理三个专业在本科、硕士研究生、博士研究生的培养上，因其专业特点及其在建筑业中的重要作用，具有悠久的办学传统、良好的办学资源，一直居于稳定发展、遥遥领先的地位。

但是土木建筑类专业硕士和博士学科门类的发展是不一样的，就 2014 年招生数和毕业生数相比，总的来说，硕士学科呈现平缓甚至略有下降的态势，而博士生的增长极为迅速。居于主体地位的建筑学硕士居然出现了 35.7% 的负增长，博士增幅不变；管理科学与工程硕士是 6.5% 的负增长，博士为 29.9% 的正增长；土木工程硕士出现了 10.8% 的负增长，但博士为 45.8% 的正增长。另外，供热、供燃气、通风及空调工程硕士为 21.3% 的负增长，博士为 71.1% 的正增长。相比之下，增幅较为明显的是风景园林专业，硕士为 255.2%，博士为 482.4%；城乡规划学硕士为 45.5%，博士为 228.6%，是土木建筑类学科门类专业中唯一硕士、博士双增长且大幅增长的。

（3）土木建筑类学科在全国的占比情况

根据教育部发布的《2014 年全国教育事业发展统计公报》的数据，土木建筑类学科学生占比情况如表 1-13 所示。

2014 年土木建筑类学科学生占全国的比重 表 1-13

	毕业生数			招生数			在校学生数		
	全国（万人）	土木建筑类学科（万人）	土木建筑类学科占比（%）	全国（万人）	土木建筑类学科（万人）	土木建筑类学科占比（%）	全国（万人）	土木建筑类学科（万人）	土木建筑类学科占比（%）
博士生	5.37	0.2316	4.3	7.26	0.3259	4.4	31.27	1.736	5.6
硕士生	48.22	1.5846	3.3	54.87	1.4643	2.7	153.50	4.5498	3.0

根据教育部发布的卓越工程师教育培养计划研究生层次学科领域名单，共有 515 个学科进入卓越工程师教育培养计划，其中土木建筑类学科分布情况如表 1-14 所示。

土木建筑类学科进入卓越工程师教育培养计划研究生层次学科领域情况 表 1-14

学科名称	卓越计划授权类别	入选卓越计划学科领域数量	占比（%）
建筑学	建筑学硕士	11	2.1
建筑与土木工程	工程硕士	23	4.5
土木工程	工学博士	5	0.9
土木工程	工学硕士	1	0.2
总计		40	7.8

土木建筑类学科研究生层次在卓越计划学科领域里占比为 7.8%，而本科卓越工程师培养计划总计 1257 个专业，土木建筑类专业共有 96 个进入，占比 7.6%，两者差别不大。与表 1-13 的人数占比比较可以看出，土木建筑类学科研究生层次在卓越工程师教育培养计划序列中取得了比人数占比更好的成绩。

1.1.1.3 分地区普通高等建设教育情况

我国幅员辽阔，人口众多，各地区自然地理条件、文化差异都很大，历史上自然地形成了一个极端不平衡的发展格局。新中国成立后，在计划经济体制下，通过行政手段，采取了均衡的发展战略，取得了一些成绩，但根本问题并没有解决。1978 年改革后，在发展与改革方面，政府采取了由东向西梯度推进的非均衡发展战略，使已经存在的东中西部的差距进一步加大，差距的加大带来了一系列严重的后果。区域发展不平衡问题的核心是经济发展的不平衡，然而区域发展不平衡问题绝不能仅仅简单地归结为经济发展差异，还应包括社会发展的不平衡，尤其是教育发展的不平衡。

（1）土木建筑类专业本科在各地区的分布情况

2014 年土木建筑类专业本科在各地区的分布情况如表 1-15 所示。

2014 年土木建筑类专业本科各地区分布情况 表 1-15

地区	开办学校数		开办专业数		毕业生数		招生数		在校生数		招生数较毕业生数增幅（%）
	数量	占比（%）	数量	占比（%）	数量	占比（%）	数量	占比（%）	数量	占比（%）	
北京	22	3.12	67	2.88	4078	2.18	4324	2.00	18190	2.02	6.03
天津	11	1.56	32	1.38	3072	1.64	2930	1.36	14365	1.59	−4.62

续表

地区	开办学校数		开办专业数		毕业生数		招生数		在校生数		招生数较毕业生数增幅（%）
	数量	占比（%）	数量	占比（%）	数量	占比（%）	数量	占比（%）	数量	占比（%）	
河北	36	5.10	133	5.73	12960	6.92	12637	5.85	53482	5.93	-2.49
山西	14	1.98	38	1.64	1754	0.94	3793	1.75	12005	1.33	116.25
内蒙古	10	1.42	40	1.72	2982	1.59	3125	1.45	12548	1.39	4.80
辽宁	32	4.53	116	4.99	7728	4.13	10140	4.69	38632	4.28	31.21
吉林	18	2.55	71	3.06	5914	3.16	7092	3.28	29496	3.27	19.92
黑龙江	22	3.12	82	3.53	6264	3.35	6160	2.85	27905	3.09	-1.66
上海	16	2.27	40	1.72	2960	1.58	2368	1.10	11596	1.29	-20.00
江苏	61	8.64	197	8.48	15041	8.03	15028	6.95	63676	7.06	-0.09
浙江	36	5.10	109	4.69	6879	3.67	6554	3.03	29884	3.31	-4.72
安徽	24	3.40	93	4.00	6808	3.64	8651	4.00	33150	3.67	27.07
福建	21	2.97	75	3.23	5933	3.17	7968	3.69	32709	3.63	34.30
江西	26	3.68	88	3.79	6506	3.47	8737	4.04	34906	3.87	34.29
山东	41	5.81	127	5.47	11419	6.10	12343	5.71	55106	6.11	8.09
河南	39	5.52	152	6.54	12238	6.54	15802	7.31	63905	7.08	29.12
湖北	47	6.66	149	6.41	11409	6.09	12498	5.78	55095	6.11	9.55
湖南	33	4.67	121	5.21	12569	6.71	12006	5.56	54349	6.02	-4.48
广东	32	4.53	92	3.96	6625	3.54	9258	4.28	37204	4.12	39.74
广西	13	1.84	42	1.81	3164	1.69	4288	1.98	17337	1.92	35.52
海南	3	0.42	10	0.43	1141	0.61	1364	0.63	5879	0.65	19.54
重庆	18	2.55	55	2.37	6286	3.36	8112	3.75	33920	3.76	29.05
四川	28	3.97	101	4.35	11884	6.35	11095	5.13	50771	5.63	-6.64
贵州	18	2.55	43	1.85	1999	1.07	4069	1.88	13094	1.45	103.55
云南	16	2.27	52	2.24	2576	1.38	5460	2.53	18151	2.01	111.96
西藏	3	0.42	7	0.30	218	0.12	199	0.09	740	0.08	-8.72
陕西	34	4.82	104	4.48	9588	5.12	11098	5.13	49553	5.49	15.75
甘肃	14	1.98	44	1.89	4755	2.54	5350	2.48	20883	2.31	12.51
青海	3	0.42	6	0.26	425	0.23	545	0.25	2149	0.24	28.24
宁夏	6	0.85	16	0.69	1000	0.53	1834	0.85	6314	0.70	83.40
新疆	9	1.27	21	0.90	1049	0.56	1299	0.60	5206	0.58	23.83
合计	706	100.00	2323	100.00	187224	100.00	216127	100.00	902200	100.00	15.44

我国在31个省级行政区中开设土木建筑类本科专业的高校共有706所（我国省级行政区34个，此处未统计香港、澳门、台湾），从表2-6可以看出，在31个省级行政区中，开设土木建筑类本科专业最多的为江苏省，共有61所高校开设197个土木建筑类本科专业，占全国的8.48%；开设土木建筑类本科专业高校数量最少的为海南、西藏、青海三省，各有3所高校开设土木建筑类本科专业，但海南省本科高校仅6所，青海省本科高校仅4所，西藏本科高校只有3所。从这个统计结果上看，我国高校中开设土木建筑类本科专业的比例是非常高的。

地区间经济发展的不平衡，是造成我国建设教育发展地区差距的直接原因。各地区经济发展总体水平直接影响该地区支持教育发展的经济能力，进而影响该地区教育发展的程度（规模与速度）；地区间经济发展水平的不平衡直接影响该地区社会成员的实际家庭收入，进而影响社会成员对受教育程度的愿望以及实现的可能性（即影响教育支出的能力）；地区经济发展的不平衡，会直接影响该地区经济对教育的需求程度（层次和结构），而经济对教育的需求程度，又往往是教育发展的深层次动力。近20年来，我国沿海经济发达地区各类教育，特别是高等教育和土木建筑类教育增长速度很快，正是经济迅猛发展对教育刺激的结果。

自然环境是影响我国建设教育发展地区间差距的重要客观因素。西部地区自然环境的不良状况，造成了人口居住分散和交通不便，直接影响了教育的投入成本。

传统生活习惯和文化观念对地区间我国建设教育发展差异的产生有重要影响。我国地域辽阔，民族众多，各地区各民族的生活习惯、文化教育观念差异较大，也在一定程度上影响着教育的发展。我国西部地区的少数民族，尤其是信奉伊斯兰教的民族有早婚的风俗，在很大程度上影响了女生的高等教育，而我国东部沿海一些地区工业和商业发展相对较早，因而兴教重学的风气日趋浓厚。

教育政策和教育思想是造成我国建设教育发展差距的另一个主要原因。

从表1-15中也可以看出，在校生人数排在前两位的地区是河南和江苏，土木建筑类本科在校生均超过6.35万人；其次分别为山东、湖南、湖北、河北、四川和陕西，土木建筑类本科在校生均超过5万人。在校生人数最少的地区是西藏、青海、新疆、海南和宁夏，均不到1万人，其中西藏只有740名土木建筑类在校生。地区之间土木建筑类学生人数极为不均衡。

根据全国区域划分，可分为华北（含京、津、冀、晋、蒙）、东北（含辽、吉、黑）、华东（含沪、苏、浙、皖、闽、赣、鲁）、中南（豫、鄂、湘、粤、桂、琼）、西南（含渝、川、贵、云、藏）、西北（含陕、甘、青、宁、新）六个版块，2014年土木建筑类专业本科在各版块的分布情况如表1-16所示。

2014 年土木建筑类专业本科各版块分布情况　　　　表 1-16

版块	开办学校数		开办专业数		毕业数		招生数		在校生数		招生数较毕业生数增幅（%）
	数量	占比（%）	数量	占比（%）	数量	占比（%）	数量	占比（%）	数量	占比（%）	
华北	93	13.17	310	13.34	24846	13.27	26809	12.40	110590	12.26	7.90
东北	72	10.20	269	11.58	19906	10.63	23392	10.82	96033	10.64	17.51
华东	225	31.87	729	31.38	55546	29.67	61649	28.52	261027	28.93	10.99
中南	167	23.65	566	24.37	47146	25.18	55216	25.55	233769	25.91	17.12
西南	83	11.76	258	11.11	22963	12.26	28935	13.39	116676	12.93	26.01
西北	66	9.35	191	8.22	16817	8.98	20126	9.31	84105	9.32	19.68
合计	706	100.00	2323	100.00	187224	100.00	216127	100.00	902200	100.00	15.44

从表 1-16 可以看出，各版块土木建筑类专业的占比从开办学校、开办专业、毕业生数、招生数、在校生数各个指标来看，均处于比较一致的状态，可见即使在个别地区出现了较大幅度的变化，但从大的版块而言，土建类院校的专业设置、人员规模基本处于稳定状态。

另外，从占比排序来看，处于第一梯队的是华东地区，所占比基本在 30% 左右，可见华东地区是全国普通高等建设院校的重镇，这也与华东地区的经济规模、基建水平、院校分布有正向联系；处于第二梯队的是中南地区，所占比基本在 23% ~ 26% 区间，占据了全国普通高等建设院校近 1/4 的资源；处于第三梯队的是华北、西南、东北地区，基本都在 10% 以上；处于资源最薄弱环节的是西北地区，基本在 9% 左右。

从招生数较毕业生数的增幅来看，土建类本科专业仍处在上升期，招生人数较毕业人数有 15.44% 的较大增长，这在全国稳定高等教育规模的背景下尤为难得，凸显了国家经济发展和基础设施建设、城镇化的增长进程对土建类人才的需求。另外也可看出，国家明显对西南、西北地区增加了教育投入，其招生人数对比毕业人数的增幅分别为 26.01%、19.68%，高于全国平均增幅；相对而言，经济较发达、高等教育水平较高的华东、华北地区，虽然也有增长，但幅度低于平均水平，表明在这些地区，土建类本科生规模基本进入平缓状态。

（2）土木建筑类专业研究生在各地区的分布情况

高等建设普通教育的地区发展呈现一定的不平衡性，本科、硕士、博士等不同培养层次也呈现出一定的差异。2014 年土木建筑类专业研究生在各地区的分布情况如表 1-17 所示。

2014 年土木建筑类专业研究生在各地区的分布情况　　　表 1-17

地区	开办专业数		毕业生数		招生数		在校生数	
	硕士	博士	硕士	博士	硕士	博士	硕士	博士
北京	121	45	1657	514	1582	657	4664	3217
天津	36	16	583	150	452	142	1599	695
河北	43	6	514	38	492	52	1537	245
山西	13	4	188	8	155	14	468	83
内蒙古	20	0	109	0	112	0	352	0
辽宁	63	19	920	150	790	176	2392	995
吉林	30	1	258	6	193	9	653	81
黑龙江	37	21	736	145	681	243	2079	1120
上海	31	24	1014	278	870	377	2776	1950
江苏	107	43	1628	183	1441	334	4508	1692
浙江	29	11	413	58	310	91	1071	417
安徽	38	13	491	20	443	34	1362	232
福建	28	9	306	10	329	26	1015	119
江西	26	1	205	13	178	14	525	87
山东	65	10	610	24	572	64	1632	187
河南	42	4	264	3	237	12	742	32
湖北	78	30	819	170	817	203	2327	1003
湖南	42	15	878	113	882	159	2976	1263
广东	48	20	683	53	695	93	2076	512
广西	17	7	155	6	193	16	568	76
海南	3		8		25		54	
重庆	23	16	706	67	732	96	2321	709
四川	57	18	764	99	662	149	2267	1077
贵州	7		58		80		230	
云南	18	1	132	16	119	16	375	138
西藏								
陕西	72	33	1381	173	1197	246	3757	1280

地区	开办专业数		毕业生数		招生数		在校生数	
	硕士	博士	硕士	博士	硕士	博士	硕士	博士
甘肃	25	13	300	19	326	36	947	150
青海	1		0		6		12	
宁夏	3		32		38		109	
新疆	5		34		34		104	
合计	1128	380	15846	2316	14643	3259	45498	17360

从表1-17可以看出，土木建设类硕士研究生全国总计开办学科点数为1128个，但地区之间发展非常不平衡。北京开办学科点数为121个，其次是江苏为107个。而西藏地区空缺，青海数目仅为1个，宁夏3个，海南3个，新疆5个。2014年全国在校硕士生为45498人。其中位居前三位的是北京（4664人）、江苏（4508人）、陕西（3757人），其他在校人数规模超过2000人的地区包括湖南（2976人）、上海（2776人）、辽宁（2392人）、湖北（2327人）、重庆（2321人）、四川（2267人）、黑龙江（2079人）、广东（2076人）。在校生人数在1000人到2000人之间的地区包括山东（1632人）、天津（1599人）、河北（1537人）、安徽（1362人）、浙江（1071人）、福建（1015人）。其他剩余省份在校生人数都在千人以下，其中，青海在校人数仅为12人，海南为54人，新疆为104人。

从表1-17还可以看出，全国有24个地区拥有土建类博士生培养资格。北京和江苏依然是教育重镇，二者实力最强。北京开办单位为17个，开办学科点数为45个；江苏省开办单位为12个，开办学科点数为43个。上海、四川、陕西、湖北、广东、辽宁为第二梯队。就博士生在校人数看，北京为3217人位居榜首，上海为1950人位居第二，江苏省虽然开办点数和北京相当，但在校人数规模却和北京存在明显差距，为1692人，仅为北京的52%。第二梯队除广东在校人数为512人外，其他地区在校生规模都在1千人左右，彼此相差不大，不分伯仲。其他地区的博士生在校人数除天津（695人）、重庆（709人）两个直辖市外，都在500人以下，河南仅为32人。

1.1.1.4 普通高等建设学校专业评估

专业评估是教育界和关心教育人士议论的热门话题之一，是高校办学能力的重要指标。我国高等建设教育的专业评估除了全国高校例行的教育部组织的本科院校教学水平评估之外，还有由住房和城乡建设部主持的土建类专业评估。

今后我国高等教育将以加入《华盛顿协议》为契机，在工科主要专业领域逐步扩大认证范围，积极采用国际化的标准，进一步提高高等工程教育国际化水平，持续提升高等工程教育人才培养质量。

住房和城乡建设部专业评估始于1992年，最早是为了配合中国注册建筑师制度的建立，当时的建设部对土建类专业中的建筑学专业开始专业评估认证工作，后陆续增加了城乡规划、土木工程、给排水科学与工程、建筑环境与能源应用工程、工程管理专业。通过20多年专业评估认证实践，形成了以上述6个专业为对象的专业评估认证制度，即针对上述专业，从教学条件、培养过程和教学结果进行评估认证，其本质是行业对专业质量的评价，是教育外部对专业教育的一种评价机制；其特点是重视学生的培养结果和能力，重视学习内容与未来职业的联系；其指标体系以定性为主，强调培养学生的最终质量和能力。住房和城乡建设部专业评估具有较强的针对性和专业性，是高等学校按照专业评估认证标准的要求，对办学经验、办学条件和办学质量进行系统总结、建设和提高的过程，对发展土建类专业、提升土建类专业公信力和知名度起到了积极的促进作用。总的来说，具有以下特点：

（1）建设性。许多学校按照"以评促建、以评促改、评建结合、重在建设"原则，通过专业评估认证改善了办学条件，提高了教学质量，提升了专业教育水平。

（2）自愿性。住房和城乡建设部专业评估认证由学校自愿申请。

（3）社会性。专业评估认证是行业对专业教育质量的评价或者说是用人部门对专业教育的评价，所以其评价结果社会可信度大。

（4）国际性。从专业评估开设初期，就立足国际标准并积极开展国际互认。目前，建筑学专业评估认证加入了"堪培拉协议"，其他专业评估认证也签署了多个双边互认协议。

（5）有效性。评估结论有一定有效时间，到期后须重新评估，从而避免了"一评定终身"的缺陷，从制度上保证了专业质量的维持和提高。

（6）职业性。专业评估认证与注册师制度相联系，也就是与未来毕业生的职业生涯相联系。土建类5个专业在参加注册师考试时，通过评估学校的毕业生在职业实践年限上的要求为：建筑学和城市规划专业3年，土木工程、给排水科学与工程、建筑环境与能源应用工程4年，而未通过专业评估的毕业生的职业实践年限是5年，对建筑学专业，通过评估的专业其学位从工学学位变成建筑学专业学位，还能获得堪培拉协议签署成员的互认。

截止到2014年，设有土建类专业的学校通过住房和城乡建设部高等教育评估委员会专业评估的情况，如表1-18所示。

截止到2014年土建类专业通过住房和城乡建设部
高等教育专业评估情况统计表　　　　　表1-18

	建筑学	城乡规划	土木工程	给排水科学与工程	建筑环境与能源应用工程	工程管理
评估开始时间	1992	1998	1995	2004	2005	1999
全国专业数	272	209	511	158	177	421
本科评估通过学校数	52	35	78	32	31	35
通过比例（%）	19.12	16.75	15.26	20.25	17.51	8.31
硕士评估通过学校数	34	25				

在住房和城乡建设部专业评估中，完全通过6个本科专业和2个硕士专业评估的学校有哈尔滨工业大学、同济大学、重庆大学、西安建筑科技大学、湖南大学、北京建筑大学、华中科技大学、沈阳建筑大学、山东建筑大学、南京工业大学10所，完全通过6个本科专业评估的学校有吉林建筑大学、广州大学、安徽建筑大学3所，通过5个本科专业评估的学校有清华大学、天津大学、西南交通大学、大连理工大学、青岛理工大学、中南大学、苏州科技学院、天津城建大学8所，通过4个本科专业评估的学校有东南大学、华侨大学、北京工业大学、长安大学4所。

此外，为适应人才的国际流动和职业资格的互认，中国的工程教育界一直以来积极推动专业认证试点工作。从2005年起我国开始开展工程教育专业认证试点，成立了由76名教育界和产业界专家共同组成的全国工程教育专业认证专家委员会以及机械类、化工类等14个认证分委员会，分别负责组织开展相关专业领域的认证工作，在学生、培养目标、毕业要求、持续改进、课程体系、师资队伍和支持条件等7个方面与国际标准紧密对接。目前已对373个专业点开展了认证工作。2013年6月，在韩国首尔召开的国际工程联盟大会上，《华盛顿协议》全会一致通过接纳我国为该协议签约成员，我国成为该协议组织第21个成员。这在一定程度上表明我国工程教育的质量得到了国际社会的认可。《华盛顿协议》是国际上最具权威性的本科工程学位互认协议。加入《华盛顿协议》有利于促进我国工程教育按国际标准培养人才，提高工程技术人才培养质量，加强国际互认，推动我国工程教育走向国际化。而教育部也明确表示，今后我国高等教育将以加入《华盛顿协议》为契机，在工科主要专业领域逐步扩大认证范围，积极采用国际化的标准，进一步提高高等工程教育国际化水平，持续提升高等工程教育人才培养质量。

1.1.2 普通高等建设教育的发展趋势

根据"十二五"期间我国建筑业和高等建设教育的发展情况，通过分析2014年我国高等教育尤其是高等建设教育的发展数据，结合《国家中长期教育改革和发展规划纲要（2010—2020年)》，展望"十三五"和两个"一百年"的国家规划，大致可总结出普通高等建设教育的发展趋势。

1.1.2.1 本科总体办学规模趋于稳定，提升质量是必然趋势

《国家中长期教育改革和发展规划纲要（2010—2020年)》提出"创立高校与科研院所、行业、企业联合培养人才的新机制"。2010年6月，教育部联合相关部门及行业启动实施"卓越工程师教育培养计划"。这一计划是贯彻落实《国家中长期教育改革和发展规划纲要（2010—2020年)》"提高人才培养质量"等相关要求，"以实施卓越计划为突破口，促进工程教育改革和创新，全面提高我国工程教育人才培养质量，努力建设具有世界先进水平、中国特色的社会主义现代高等工程教育体系，促进我国从工程教育大国走向工程教育强国"。2012年3月16日，教育部印发《关于全面提高高等教育质量的若干意见》文件，明确指出高校本科教育要"走以质量提升为核心的内涵式发展道路。稳定规模，保持公办普通高校本科招生规模相对稳定，高等教育规模增量主要用于发展高等职业教育、继续教育、专业学位硕士研究生教育以及扩大民办教育和合作办学。"因此，即便2014年土建类本科专业的招生规模较毕业规模有了16.3%的较大增长，这一方面说明了市场对土建类专业的巨大需求，但另一方面仍要清醒地认识到，在经过了扩招大潮之后，高等教育已由原来大规模的外延式扩展式发展转变为内涵式的提升质量发展，在国家、教育部总体控制本科教育规模、提升教育质量的时代背景下，本科招生规模今后难以获得突破性的增长，土建类专业的本科规模也将处于基本稳定状态，而以实施卓越计划为突破口，促进工程教育改革和创新，全面提高工程教育人才培养质量、走内涵式发展道路则成为普通高等建设教育发展的必然发展趋势。

1.1.2.2 学科建设仍有较大发展空间，办出特色是重要内容

党的十八大做出了"实施创新驱动发展战略"的战略抉择，高校是知识发现和科技创新的重要力量、先进思想和优秀文化的重要源泉、培养各类高素质优秀人才的重要基地，在支撑国家创新驱动发展战略、服务经济社会发展等方面发挥重大作用。2012年教育部印发的《关于全面提高高等教育质量的若干意见》指出，要"加快建设若干所世界一流大学和一批高水平大学，建设一批世界一流学科"，同时"专业学位硕士研究生教育会有较大幅度的增长"。2015年11月，国务院正式印发《统筹推进世界一流大学和一流学科建设总体方案》，

指出要"坚持以学科为基础。引导和支持高等学校优化学科结构,凝练学科发展方向,突出学科建设重点,创新学科组织模式,打造更多学科高峰,带动学校发挥优势、办出特色"。可见学科建设是相当长一段时期内高等教育的建设重点。从前文数据可知,土建类学科在全国硕士、博士生中的规模仍然偏小,基本在全国总量的 5% 以下,而总体学科水平也仍有较大的提升空间,在提升学科水平、提升创新能力、加强科研产出、提升服务社会经济发展能力方面,仍大有可为。

1.1.2.3 主动对接国家、行业需求,服务产业是发展方向

党的十八大以来,国家在经济建设方面提出了一系列重大发展战略,如一带一路开发、亚投行、两个丝绸之路经济带等。党的十八大报告强调,要在提高城镇化质量上下功夫。提出走中国特色新型城镇化道路,科学规划城市群规模和布局。2012 年 12 月,中央经济工作会议召开,此次会议对城镇化的历史定位和发展思路进一步明确和细化,提出"城镇化是我国现代化建设的历史任务,也是扩大内需的最大潜力所在,要围绕提高城镇化质量,因势利导、趋利避害,积极引导城镇化健康发展"。会议还强调要构建科学合理的城市格局,大中小城市和小城镇、城市群要科学布局。同时,把生态文明理念和原则全面融入城镇化全过程,走集约、智能、绿色、低碳的新型城镇化道路。2014 年 3 月,出台了《国家新型城镇化规划(2014 ~ 2020 年)》,指出未来我国城市群发展将会按照"两横三纵"城镇化战略格局进行发展。东部地区的京津冀、长江三角洲和珠江三角洲三大城市群,毫无争议地成为未来重点发展的城市群。此外,成渝、中原、长江中游、哈长四大城市群,也被列为中西部地区重点培育的城市群。这些重大战略布局都与建筑产业密切相关,与普通高等建设教育密切相关。

党的十八届三中全会发布了《中共中央关于全面深化改革若干重大问题的决定》,强调"加快完善现代市场体系,加快转变经济发展方式,加快建设创新型国家",为新时期建筑业全面深化改革,转变发展方式,推进和实现产业现代化指明了方向。2014 年 7 月,住房和城乡建设部出台了《关于推进建筑业发展和改革的若干意见》,该文件是十多年来建设主管部门就建筑业改革发展的一项具有里程碑意义的指导性文件。文件中明确提出了"推进建筑产业现代化"的目标。建筑产业现代化是指通过发展科学技术,采用先进的技术手段和科学的管理方法,使产业自身建立在当代世界科学技术基础上,即应用先进建造技术、信息技术、新型材料技术和现代管理创新理念进行的以现代集成建造为特征、知识密集为特色、高效施工为特点的技术含量高、附加值大、产业链长的产业组织体系。随着科学技术的发展和新技术的广泛运用,产业现代化的水平将越来越高。

建筑产业蓬勃发展的机遇，建筑产业现代化的发展要求，都对高素质工程技术人才以及创新人才的培养产生了巨大需求。普通高等建设教育作为建设领域人才培养、科技创新的重要阵地，责无旁贷地要做出更大贡献、发挥更大作用。主动对接国家重大战略需求，主动服务建筑产业现代化，是普通高等建设教育的发展方向。

1.1.2.4 全面深化改革，加强创新是有效手段

要有效服务国家、地区、行业的发展，充分发挥高等教育在人才培养、科学研究、服务经济社会发展、文化传承创新等方面的职能，更加需要高校坚持以改革为动力，以创新为抓手，深化高校综合改革，加快中国特色现代大学制度建设，充分认识教育体制改革的紧迫性、复杂性、艰巨性，着力破除体制机制障碍，积极探索，勇于创新，在培养体制、办学体制、管理体制、保障机制等方面深化改革，加快构建充满活力、富有效率、更加开放、有利于学校各项事业发展的体制机制。

1.1.3 普通高等建设教育发展面临的问题

面对时代赋予的蓬勃发展机遇，普通高等建设教育的发展不可能一蹴而就，必然受到旧有思想观念、机制体制、办学基础的影响，仍面临很多问题。

1.1.3.1 人才培养水平有待提高

（1）人才培养方案调整不及时。在高等教育大众化进程中，许多高校多年来一直未改变传统的专业、课程设置，与已经完全市场化了的"就业出口"不够吻合，学用分割、用非所学，学生"就学入口"与"就业出口"脱节。这种现象也在一定程度上存在于建设教育中。为了让毕业生更加适应市场需求，高等建设教育应当按照"从出口往回找"的思路，先调研"就业出口"，后确定专业方向和课程设置的原则，调整专业方向和课程设置。人才培养方案的重点应放在突出学生应用能力的培养上，构建应用性理论向应用能力转化的人才培养方案，应根据社会用人单位的发展和需求，有预见性地灵活地修订和增设新课程。通过深入相关企事业单位调研，做细致的市场分析工作，从用人单位第一线了解行业用人单位对人才培养的意见和要求，通过论证、答辩，共同研究制定出与行业发展和就业相结合的，主动适应行业发展需求的，以突出培养专业能力为特色的应用型人才培养方案。

（2）学生实践创新能力有待提高。普通高等建设教育务必注重实践教学环节，把创新意识和创新能力置于建设类人才培养目标的核心位置。在计划经济体制下形成的狭窄的专业教育观念，使工程教学表现出重专业轻基础、重课内轻课外、重知识轻能力、重书本轻实践的特征，教学计划中必修课多、专业课多，教学过程中课堂讲授学时多，至今影响着工程教育，使多数教师按自己的成长方式"复制"学生，培养的人才规格单一，适应性差，缺乏创造性。要根据人才培养目标，按照毕业生应具备的知识、能力、素质结构的要求，遵循教育教学规律，设置实践性教学环节的具体教学内容，构建实践教学内容与知识体系，应充分利用实习基地等资源，进行认识实习、生产实习和毕业实习，保证时间和质量，培养学生的基本实验技能、计算机及信息技术应用能力、工程设计能力、社会实践能力、表达能力等。此外，为顺应现代建设工程向综合化发展的趋势，还要培养学生的设计能力、制造能力、新技术应用能力、创新能力等，以及帮助学生树立经济、法律、质量、管理、市场、环保、安全等工程意识，综合起来纳入实践教学的内容。

（3）职业教育培训不系统。除了创新大学生培养模式，提高学生的就业竞争力外，高等建设教育还应紧密结合建设类行业的人力资源需求，发挥学科专业优势，积极发展多层次、多类别的职业教育培训。当前，建设类行业从业人员众多，从业人员也呈现多样化，既有基层的操作人员、工程技术和管理人员，也有企业经营管理人员、企业家等，他们均需要提供系统完善的职业教育。目前，普通高等建设教育的职业教育不系统、不完善，存在教育内容空洞、教学形式单一、教学方法简单等问题。职业教育培训的开展，应结合当前建设行业发展的需求，针对不同层次从业人员的特点和需要分层分类开展培训。

1.1.3.2 学科专业建设水平有待提高

（1）学科专业内涵建设尚待加强。一些高校将学科专业调整仅仅理解为是规模、种类方面的扩展，积极热衷申报新专业，使专业数量不断增长。对专业内涵建设不重视或重视不足，不仅忽视了学科专业的培养目标、培养方案的建设，也忽略了课程教材、师资、教学模式的完善，使得专业人才培养模式与类型、课程体系和教学内容滞后于经济与社会的发展。

（2）专业重复设置现象严重，布局不尽合理。调查表明，建筑类高校除学校传统优势专业外，其余新增学科专业部分存在布点过于密集的问题。高校这种重复设置专业，具有有利于提高人才培养质量的积极因素，如高校考虑到学科、专业的交叉与融合，文理渗透，实施人才的"厚基础、宽口径"培养模式，以增强人才的社会适应性。但也无可否认，很多高校确实普遍存在着专业设置上力求"多"而"全"的"心态"，想实现多科性、综合型大学目标，以体现学校的"地位"与"实力"。这种不顾自身师资以及相关硬件条件，不考虑学校的定位与地位，不结合学校所在地的经济产业结构，只考虑专业"多多益善"的做法，不仅造成了教育资源的分散和不足，而且由于专业布点过多造成同类专业低水平重复设置，进而在一定程度上也导致了教育质量、办学效益低下，制约了学科专业的平衡发展。

（3）办学特色有待进一步加强，学科间融合还需进一步深入。随着社会主义市场经济体系的建立，建设类高校学科专业布局已经发生了很大变化，建立了一批与建设类行业不直接相关的学科专业。这些专业由于办学历史不长、办学力量不足，缺少学校特色、学科支撑等原因，导致毕业生就业缺乏竞争力。对这类专业学生就业状况的调查也显示，市场对有威信学校和一般高校的同一专业的毕业生的需求度与认可度有原则上的区别，一定程度上可能会因此导致学校原有特色逐渐弱化，进而影响学校的声誉。另外，当前学科交叉和相互渗透已成为整体发展趋势，但部分学校专业课程设置和教学内容重组不能从学科交叉融合的角度考虑，甚至有些新办的专业口径过窄，致使学科间壁垒现象更加严重，没能发挥特色学科、优势学科的辐射与带动作用。这种做法也造成了新兴学科、边缘学科、交叉学科等学科专业生长缓慢，致使专业人才培养质量下降。

（4）专业结构还不能及时适应产业结构调整的需要。尽管建设类高校一直在不断调整学科专业结构，但是仍滞后于经济社会产业结构调整，出现了人才的结构性短缺和结构性过剩并存的局面。特别是一些学校通过不断扩大学科门类、增设专业，扩大招生数实现扩大规模目的。而当这些专业的学生毕业时，才发现虽然这些专业的社会需求仍然比较大，但毕业生人数远远超过社会需求。另外，学校在专业增设中没能充分结合自身学校定位，大力发展与地方经济建设紧密结合、反映社会现实和未来发展需求的新兴应用型学科专业，特别是与地方支柱产业、高新技术产业、服务产业关系密切的应用型学科专业，于是出现了大学毕业生人数的专业分布与社会对各专业毕业生的实际需求之间的结构性矛盾，毕业生就业压力持续增大。当前，计算机、英语、艺术设计、公共事业管理等专业的毕业生均面临较大就业压力。

1.1.3.3 教学管理水平有待提高

（1）教育教学观念落后。教育思想、观念的改革是近年来在教学改革中一直强调的问题，但是，在短时间内扭转传统教育思想和观念是不现实的。随着建设类高校的扩招，为了满足改善办学条件的需要和扩大办学规模的需求，各高校也努力多方面筹措经费投入基础建设和教学硬件设备的建设，积极增添实验设备、网络系统、图书馆资源等。但多数高校只注重数量增加，并不注重质量方面的经费投入。长期以来，高校在本科教学管理上，对人才培养目标的要求，一直比较注重统一，而不是学生的个性发展，这明显不利于学生创新能力的培养。经验主义仍然是一些教学管理者的思维定式，部分管理者仍缺乏现代管理意识和思维方式，凭经验办事，没有具体的管理模式。教学管理人员被动完成相关工作，工作中缺乏主动性和创造性。

（2）教学质量管理体制不完善。教学质量管理是按照培养目标的要求安排教学活动，并对教学过程的各个阶段和环节进行质量控制的过程。学校教学管理的中心任务在于提高教学质量。部分高校尚未真正建立起以教学质量评价为核心的教学管理体制，没有形成科学、有效、合适的教学质量评价方法，制约了教学管理系统对教学质量的调控，在教学中暴露出许多相关问题，如：教学计划不够严谨、规范，教学内容与实际脱节等。

（3）教学管理的目的和任务不明。目前，我国高等教育规模不断扩大，已经从精英教育转向大众化教育，这个新形势对高校的教育管理提出了挑战，对高校的教学管理目的和任务有了更高的要求，但是许多高校教学管理工作者管理理念和管理水平还停留在过去的思想上，对高校教学管理的目的和任务没有深刻的理解，这将影响和制约教学管理质量的提高。

（4）教学管理队伍整体素质不高。教学管理队伍在学校教学管理中起着重要的作用，管理人员的管理水平和素质的高低，直接影响着高校的教育质量。从目前教学管理机构的人员构成来看，其素质与能力都与高校的发展要求不相适应。具体表现在以下几个方面：部分教学管理人员来源于非教育管理专业，缺少系统的高校教育管理知识结构，不懂学科发展运行规律，并对教学计划、专业课程设置、人才培养规格等缺乏深入了解，影响了教学管理工作的时效性。教学管理事务庞杂，管理人员整天忙于注册、选课、排课、调课等事务性工作，没有精力开展教学管理的研究和创新，影响了教学管理改革的进程。除此之外，由于教学管理队伍建设滞后于专业师资队伍建设这种情况普遍存在，导致教学管理人员在工作中压力偏大、聘任岗位低、职称晋升难等问题出现，使得教学管理队伍不能安心做好本职工作，制约了教学管理质量的提高。

1.1.3.4 信息化建设水平有待提高

（1）缺乏对信息化建设的认识。教育是推动社会进步与发展的重要力量，高校教育更应发挥它先进性的一面。移动互联时代，创新技术不断出现，而随之的应用更是能被快速推广和应用到实际工作中。现在经常可以看到，学生借助移动智能手机快速分享新技术和新内容，而教师队伍中还在使用着旧式功能机（非智能机）；移动办公已被企业大规模应用，而高校教师查看个人工资还要去财务领工资条；在校园中更是难于出现新的创新技术，这些问题的出现，集中在不对称的信息分享模式上，同时也体现了目前我国高校信息资源建设还相对滞后的现状。一方面信息技术的快速发展，让更易接受新事物的学生和年青教师越来越喜欢使用新媒体分享和学习；另一方面是院校领导并没有足够认识，采购一些电子教学设备，建一个校园网就认为已经实现了信息化平台。

（2）缺乏对高校信息化建设的有效规划和管理。在参观一些高校信息化建设现状后发现，在各个信息平台建设上仍存在重复建设的情况，各院校各建各的模块或平台，没有从整体上统一规范标准，这为以后的各个平台数据连通和接口兼容留下隐患；造成目前分散建设严重，未来整体融合困难的局面都是因为没有一个整体的协调和合作。国务院在2006年发布了《2006—2020年国家信息化发展战略》，明确了信息化建设的指导思想、战略方向、发展重点和保障措施。这一战略一方面为高校信息化发展和建设提供发展指导建议，另一方面对高校信息化建设的执行力提出要求，而实际的问题就出在没有对信息化建设进行规范管理和统一协调。因为信息化需要在整合资源、释放人力方面提出有效的执行方式，同时也需要规范流程和管理标准，所以要去整合资源就需要去从整体上协调和利用资源，提高工作质量与管理水平更需要有实际数据支撑。建立和发展高校信息化管理平台是一项涉及面广、建设周期长的系统工程，这是需要执行部门从宏观上对信息化建设具有一定高度和长远的认识，并具有一定执行效果的推动力度。

（3）缺乏专项资金投入。实现高校信息化会带来三方面的问题：一是开放化的信息平台会让资源得到更充分的共享，同时也会带来各高校间的办学利益冲突；二是信息化会打破各高校间相对封闭的办学模式，如何整体协调和调动人力和硬件资源需要统一管理；三是建立和完善信息化平台是一个系统工程，并非类似实现办公自动化那样采购几台电脑就可以了，而是需要能建立庞大的系统信息平台，不但需要政策的支持，同时也需要有长期资金的投入。目前，我国高校的办学经费普遍比较紧张，除少数高校外，大部分高校无法在信息化建设方面作较大的经费投入，这些也在相当程度上制约着高校的教育信息化建设。缺乏配套政策和协作机制也是造成目前问题的一个主要原因，同时在整个建立过程中对参与其中的教师员工的有效的工作认可和奖励也不足，没形成一个良性的鼓励机制，影响着人才的增长量和平台的长期建设。

（4）缺乏专业的建设方案。目前高校信息化建设的方式主要有两种，一种是采购成熟的软件产品；另一种是将任务下发给计算机院系，作为课题实现；通过实际调查发现，采购的软件产品技术实现较好，但需求与工作吻合度差，而相比之下自身院系开发实现的软件产品更适合本院实际工作，但产品设计与质量没有保障，所以造成建设利用率低，这种状况在高校中普遍存在。

1.1.3.5 教学团队建设水平有待提高

（1）建设经费的划拨及管理不善。按照现行做法，凡是获批为国家级教学团队建设项目的团队，既可以获得中央财政专项资金提供的30万元建设经费，又可以获得省、市、自治区级财政额度不等的配套经费。如何管好、用好团队建设经费，不仅关系到国家财政性经费的投入效益，而且事关团队建设的最终效果。而目前教学团队建设经费中的国家财政划拨的经费是一次性拨付，地方财政划拨的经费也大都是一次性拨付。但由于团队规模偏大，团队工作难以组织开展，加之团队带头人虚化，从而导致团队建设存在虚化现象。在基于建设经费的一次性拨付的财务管理模式下，难免会出现团队建设经费不能专款专用的问题。

（2）教学团队建设中心工作发生了偏离。教学团队建设偏离中心工作主要表现在：有的高校是为了获得评定后的资助经费，有的高校是为了弥补其在这方面的空白而不惜一切代价促使团队成为国家级教学团队。这些教学团队建设工作的中心并没有围绕发展规划和团队目标，未制定可行的措施，没有为团队建设创造条件、提供支持与服务，没有为其营造良好的建设环境，将主要精力投入到优化师资队伍建设和提高人才培养质量等方面。导致这种偏离发生的原因在于：长期以来，高等院校都或多或少地存在着重科研、轻教学的问题，不论是在职称评定、年终考核，还是在岗位津贴的核发、科研基金奖励等方面都倾向于科研方面。又由于科研工作容易出效果，是一种比较显性的东西，而且搞出科研成果后既会有成就感，又会有各种科研上的奖励和补贴。反之，教学团队建设工作更多地是围绕着提升学校整体教学水平，提高人才培养质量，锻炼和培养高水平教师队伍等方面展开，其成果是一种隐性的、看不见、摸不着的东西，且见效周期较长，其评价标准也大有不同，要取得广大学生、教学督导及有关领导的认同不太容易。

（3）教学团队的协作问题。要建设一支高效的教学团队，需要各种人力、物力、财力以及良好团队氛围作为支撑，这样的教学团队才能有效运行。目前，有些高校领导对教学团队建设重视程度不够，不考虑怎样营造良好的团队氛围，怎样为团队成员提供教学交流的平台，怎样促使团队成员团结互助，协作共进。又因为在大学自治学术自由思想的支配下，教师缺少团队协作意识。长期以来，高校教师的工作方式一直处于孤立的、封闭的状态，教师之间彼此保守、互相隔离、互相防范，即使教学中出现了问题和困难，也不交流，根本谈不上合作研究。也正是由于缺乏团队协作意识，教学中难以产生重大标志性成果。

1.1.4 促进普通高等建设教育发展的对策建议

1.1.4.1 加强专业规范建设，深化专业教育评估制度改革

我国高等教育的学科专业管理基本上仍属于目标管理制度，教育部虽然对专业目录进行过几次大规模的调整，但与之对应的专业规范调整却没有同步进行。目前，高等院校普遍实施的专业规范基本上是 20 世纪 80 年代初形成的，

其中在培养目标、基本要求、培养过程等方面表述比较模糊，导致各学校对同一专业的理解与执行情况差别较大，高等建设教育的专业发展情况同样如此。随着高等教育规模的迅速扩大，高等建设教育的课程理论化、实践环节简化、工程训练弱化的倾向更加突出。

有鉴于此，我国住房和城乡建设部和教育部组织相关专家，联合工业企业、建设行业管理部门、技术咨询机构、科技研发单位，结合我国当前高等建设教育发展的实际，开展专项研究，分别对高等建设教育各相关专业的基本专业规范进行研讨、完善和修订。相关专业的基本专业规范对我国不同学位层次、不同专业的基础教育、基本训练以及需要达到的基本知识、能力和素质水准提出参考性要求，特别是在建设教育专业人才培养的目标定位、课程设置、实践教学、课外培养训练体系等方面提出原则性要求，为建设教育相关专业的教育发展提供实施运行的标准与参考。因此，加强高等建设教育的专业规范建设，不仅可以引导高等建设教育各专业的改革与发展，又可以避免在专业内涵方面造成不必要的混乱，从而促进我国高等建设教育发展的整体水平。

从国际高等教育管理经验看，通过教育评估促进教育质量提高，保证人才培养的基本规格和受教育者的权益，是一条带规律性的措施。国际上主要发达国家和部分发展中国家都各自建立了定期质量评估或认证制度，取得了很好的效果。而专业教育评估制度的制定与实施，对推进建设教育专业的规范化建设，建立促进高等建设教育改革的有效机制，都具有重要的促进和支撑作用，也是推进建设领域注册工程师制度的基础工作之一。目前，我国住房和城乡建设部受教育部委托已经开展了建筑学、土木工程、城乡规划、建筑环境与能源应用工程、给排水科学与工程、工程管理等6个专业的教育评估工作，根据各专业执业资格注册制度的需要，对相关专业的人才培养目标、过程和结果进行审定与认证，从而使各高校建设类专业在基本要求上达到规范化。

各国的经验都证明，开展专业评估是引导和促进各类院校和专业开展教学改革、建立教育质量保证体系的有效途径，并有利于促进专业建设、改善专业办学条件、加强专业教学管理。但是目前，我国高等建设教育开展专业教育评估的专业还较少，不能覆盖建设领域的多数专业，专业评估的考核指标体系和考核方法不够合理，在国际接轨和学位互认方面也存在一定问题，此外，一些相关高校对开展和推进专业教育评估工作不积极。因此，深化我国高等建设专业教育评估制度改革，认真研究各专业评估标准体系，加强专业教育评估的国际接轨与学位互认工作，对促进我国高等建设教育发展的整体水平具有重要意义。

加强专业规范建设，深化专业教育评估制度改革，要符合高等建设教育发展的内涵规律，要突出建设教育的应用性和实践性，避免盲从和跟风，要在专业知识内容、专业训练时数、教师专业能力等诸多方面给出明确要求，引导高等建设教育发展走到正确的轨道上来。

1.1.4.2 构建高等建设教育教师培训体系，加强教师专业能力与素质的培养

教师队伍的整体素质和教学水平是影响教学质量最关键和最直接的因素，因此，高等建设教育教学质量的提高，关键是提高教师的整体素质和投入教学工作的积极性。近年来，随着高等教育的持续快速发展和高校教师队伍新老交替的加快，大量青年教师被吸收和补充到教师队伍当中，它们掌握大量现代新知识，思维活跃、适应能力强，为高等建设教育带来了新的活力，但不可避免的是，这些新教师在实践能力、教学能力、师德教风等方面存在较明显的缺陷和问题，成为导致我国高等建设教育弱化的主要原因之一。

我国高等建设教育的目的是着重培养建设类专业的应用型高级专门人才，对教师的教学水平和实践能力有较高要求。而目前的普遍状况是各高校青年教师工作压力大，缺少实践锻炼的时间和精力。青年教师大多数具有较高的学历，长时间在高校读书学习，在高等建设教育师资总量不足的情况下，入校后便承担起繁重的教学工作，难以有更多的时间和精力得到生产实践的锻炼。各学校缺乏针对教师实践能力的考核体系，而人才评价体系则重成果、轻过程，导致了部分青年教师在教学和科研上急功近利，忽视了实践能力的锻炼和教学水平的提升。一些高校缺少针对性的教师实践培养计划，由于缺乏统一管理和规划部署，未能充分结合人才培养和教师发展需求，有针对性地选派青年教师分期分批进行实践锻炼。

针对这种状况，住房和城乡建设部可以参考设立国家留学基金的办法，设立专项教师产学研培训基金，支持建设教育教师进行企业培训。住房和城乡建设部可以将每年培训指标和培训基金直接下达到相关院校，由学校选派教师分批进入企业或生产一线去挂职锻炼，开展产学研合作，了解生产实际，提高解决工程实际问题的能力。为保证培训效果，这种到企业的挂职锻炼时间不宜少于半年，以确保和促进教师能始终与工程实际紧密结合。原则上，所有从事建设教育的青年教师在入职的 3 ～ 5 年内，都应接受一次这样的企业培训，这不仅是提高建设教育青年教师工程素质和科研开发能力的重要措施，而且是一项有利于促进产学研结合，教师个人、学校和企业互惠互利的积极举措。

此外，各高校也应该积极采取措施，调整授课安排，强化青年教师实践教学能力。高校应努力增加专任教师数量，将青年教师从繁重的理论授课任务中解放出来，鼓励他们在经验丰富的老教师的传、帮、带下，参与并逐步承担生

产实习、专业实习、课程设计、毕业设计等实践教学环节工作，在教学实践中发现和解决问题，逐步提升自身实践教学能力。学校应该制定相关政策，加强对教师参与工程实践的政策指导，规范和指导教师参与工程实践等社会兼职。一方面，支持和鼓励教师积极从事学校教学、科研和人才培养实际需要的有关产品孵化、成果转化、创业实践等工程实践性质的社会兼职。另一方面，对以赢利为目的、与提升本人实践能力和业务素质无关的社会兼职予以限制和规范。此外，学校应该以校企校地合作工程为载体，带动青年教师提升工程实践能力。各高校应进一步理顺校、院两级校企校地合作工程管理机制，统筹规划，协调部署。一方面，鼓励青年教师参与合作工程项目，组织青年教师到企业和地方培训，全面掌握行业发展新动态，及时更新知识结构，适应经济社会发展和人才培养的需求。同时，把企业和地方专业基础扎实、实践经验丰富的人才请进学校、带入课题，带动青年教师在教学和科研实际中，融入工程实践的理念和方法，培养他们工程实践的能力和信心。

1.1.4.3　转变教育观念，培养高素质创新人才

高等建设教育需要端正教育思想，着眼于学生成才，加强素质教育，积极推动学生终生受用素质、全面素质的养成。在当今知识经济时代知识数量极大丰富、信息技术发展带来知识传播数字化的情况下，高等建设教育必须重视对学生科学文化知识的传授与更新，必须重视对学生基本文化素质的培养，系统地传授科学文化知识，使其逐渐形成一定的知识储备，促进各学科专业文化知识的交叉融合。不能仅局限于建设类专业内容的传授，而应尽可能地提供更多的学习空间，拓宽学生的知识面。改革课程内容设置的滞后性，根据经济社会的具体发展及时注入新的知识传授内容，使学生更好地适应不断变化着的人才市场的需求标准。充分考证课程内容与学生主体之间的内在联系，根据学生发展的需求合理安排课程，培养更多的适合社会需求的各类人才。

高等建设教育应努力激发学生的创新意识，培养学生的自主创新能力。在整个人才培养过程中，大学生创新意识和创新能力的培养必须成为重中之重，为他们面对新情况、解决新问题奠定坚实的基础。高等建设教育应以创新作为精神核心和价值追求，努力培养具有独立思考、探索未知、勇于创新等精神和能力的人才。高等建设教育不能等同于单纯的知识传播，更要强调对知识的积累、知识元素的重新组合，激发学生的发现意识、探求意识、风险意识，积极培养学生开阔而敏捷的思维习惯。不仅要求学生具备利用知识的能力，更应关注学生对知识的自我更新及创新，挖掘并提高他们的独立潜质和创新能力。遵循以学生为本的教育规律，提供宽松的教育环境，更好地激发学生的能动性、积极性和创造性，促进他们做到善于思考、善于探索、勤于实践，最终实现创新活

动的丰富和创新能力的提高。

高等建设教育应充分调动学生学习的积极性，尊重学生主体地位，重视个性发展，为学生提供平等的自我展示空间，并根据他们的综合情况进行适度调整，以更好地满足学生的要求，进而对全体学生的成才产生积极的推动作用。高等建设教育应重视社会实践活动的开展，进一步丰富大学生的学习内容，为他们创造出更多的锻炼机会，使其更为主动地接触社会、了解社会、适应社会，为今后走上社会奠定良好的基础。另一方面，也要建立学生约束机制，对学生的个体差异进行正确的引导，把教育中心真正落实到学生的个体发展之上。

高等建设教育应承担终身教育的职责。随着时代的发展，高等教育已不局限于阶段性的学历教育，还要承担全民的、非正规的终身教育。高等建设教育应结合认识和利用终身教育的涉及范围广、时间跨度大、学习限制少、层次类别多等特点，为建设领域各阶层提供多种学习与教育的机会。高校应树立专业教育与终身教育协同发展的观念，更好地向社会开放，让优质教育资源更好地为建设行业发展多做贡献。

1.1.4.4 遵循教育规律，突出建设教育的特色发展

大众化时代的高等教育具有更强的适应性、多样化及发展性等特点，对于高等建设教育而言，各相关高校应根据自身的培养目标和规格，结合行业与市场需求，形成自己的特色和品牌。高等建设教育的发展只有遵循教育规律，依据国家经济建设、科技进步和社会发展需要，从学校实际出发，确立并始终坚持正确的办学指导思想和准确的办学定位，制定和实施适应不同阶段发展要求的、科学合理的发展规划，才能有效地提升学校的综合实力和办学水平，才能有力推进高等建设教育的发展。

从发达国家的大学看，各高等院校均有着各自鲜明的办学特色和定位目标，国内也已经开始将高水平有特色作为高等院校的发展建设目标，这就要求各高校应结合自身的具体历史背景和实际办学情况，根据市场需求和学科专业建设，在整个高校体系中找准自己的位置，做出科学定位。高等建设教育的发展也同样如此，也需要各相关高校做出准确定位，通过对外交流与合作，在同级同类的高校中进行比较分析，找出不足和存在差距的原因，提出切实的改进措施以开拓创新，科学处理与国家和地方的关系，明确自身优势和所担负的具体职责。

高等建设教育的发展，需要相关高校在发展建设中认真凝练和坚持自身特色。高校的办学质量往往同办学特色有着密不可分的关系，在办出特色的基础上争创一流是所有高校发展成功的必由之路。相关院校发展在科学定位的基础上，要随着时间的推移和形势变化，强化特色理念，突出学科优势，形成人才培养特色。在办出特色基础上，提高质量，不断巩固和丰富自身的办学实力、

社会声誉，尽量避免教育资源同质化的弊端，逐渐挖掘、凝练出自身品牌，争创一流。相关高校应以统筹兼顾的态度正确处理改革发展过程中的各方面关系，坚持努力提升学校核心竞争力，争取在激烈的竞争中实现特色发展、发挥优势，从而推动高等建设教育的整体发展。

1.1.4.5　强化服务功能，适应科技文化发展的需求

高等教育的社会性、公益性和服务性等特征决定了高等教育必须贴近市场、服务社会。因此，高等建设教育的发展，必须要积极应对时代发展的要求，适应社会的发展和变化。高等建设教育的发展要时刻牢记对发展生产力、推动经济和社会发展所肩负的历史责任，坚持自主创新、重点跨越、支撑发展、引领未来的科学技术发展方针，以服务求支持，以贡献求发展，努力把科技创新资源和能力与国家经济建设、科技进步、社会发展的需求紧密结合起来。

高等建设教育的发展要着眼长远，要加大科学研究与人才培养紧密结合的力度，加强基础研究和前沿技术研究，力争在原始性创新研究方面做出成绩，牢固树立人才资源是第一资源的观念，在良好的人才培养机制与环境条件下，加大人才培养力度，争取培养出更多的高新技术人才和具有创新能力的高层次开发人才，造就更大规模的高素质科技队伍，以进一步完善应对科技高速发展需求的人才支撑体系。同时，加快提升高校优秀人才在国际学术领域的影响力和竞争力，努力培养和造就一批具有世界一流水平的学术大师和学科带头人，一大批具有创新能力和发展潜力的中青年学术带头人和学术骨干，一批能够承担国家重大任务、参与国际竞争的创新团队。通过培养大批具有创新精神和创新能力的优秀人才服务社会，通过科学发现、知识创新、技术创新和知识传播服务于社会。

高等建设教育的发展要充分利用高校学科门类齐全、人才众多、学术氛围浓厚的优势，以知识创新为己任，以学术发展为取向，发挥科研创新和理论成果的作用，进一步增强对社会的服务能力和影响力。一方面，要积极发挥运用高校优势，充分发挥高等教育基础研究主力军作用，探索建立以高校为主体的基础研究和原始性创新模式，将高等建设教育发展与推动经济社会进步紧密结合，引导学术研究关注经济社会发展所需的重要课题，积极参与建设领域重大项目和关键技术的研究。另一方面，要成为技术创新体系的重要生力军，对已有的科技资源和科技成果进行综合集成、消化、吸收和再创新，积极推动自身自主创新能力的增长，强化科学管理，精心组织实施一批具有产业带动性和高度技术关联性的产品或项目，力争攻克一批重大新技术和共性技术，研究出更为丰富的创新成果，并建立成果转化与服务平台，加大与政府、企业的实质性合作力度，在对其开发的基础上加速科技的推广和应用。

1.1.4.6　以社会要求为导向，满足建设行业对人才的要求

高等教育是培养人才的阵地，而对人才需求的数量和质量是通过市场需求来决定的。因此，推动高等建设教育的发展，就必须正确认识建设市场不断发生变化的特点，充分估量人才进入社会、进入建设市场的周期性。高等建设教育要发展，就要减少和尽量避免建设教育的对象与建设就业市场之间的脱节现象，从最初的人才培养计划就要与建设人才市场需求相吻合。人才培养计划作为招生计划的依据，体现着经济建设及社会进步的发展要求，因此，政府主管部门应根据地方特色、以市场为导向，结合教育自身的时效性、周期性等特点，科学预测社会和行业对人才的数量需求和质量要求，从而减少招生计划的盲目性，加强关于供求关系和谐性的调节，逐步解决建设人才供求的结构性矛盾。

高等建设教育的发展应以市场需求为导向，不断调整相关专业设置。各相关高校要不断增强自我发展、自我激励、自我调控和自我完善的能力，充分发挥其自主办学积极性，合理设置建设领域内的相关专业，集中力量做好专业实力的巩固及拓展，进一步加强建设本领域急需的专业，而不是一拥而上的重复建设。高等建设教育的发展应以超前意识处理好专业设置上长线与短线的关系，针对专业的热门冷门问题采取动态的科学管理方式，在课程设置方面要更多地体现开放性和创新性，尽量减少高等建设教育与就业市场之间的脱节，充分促进学生个性的保持和发扬，从而为创新性人才的发展与成才提供基本的锻炼平台，使他们具有更为强劲的竞争力，培养出更多适应建设市场需求的人才。

高等建设教育的发展，要求相关高校必须以服务社会、服务行业为目的做好就业指导工作。各高校必须把毕业生就业工作作为一项战略性和日常性工作来抓。在思想层面上，正确引导学生充分认识当前的教育现状，积极培养他们的忧患意识和紧迫意识，锻炼他们的判断能力以及自主选择和适应能力，使之在接受教育的过程中自然形成端正的学习态度，不仅熟练掌握本专业的基础知识，还能大胆客观地预测未来发展，初步把握建设领域的发展动向，积累一些有利于社会实际需求的经验和本领。在制度层面上，应结合建设市场需求，根据新形势、新要求来研究、探索、实施各项改革，规范和完善各项制度，建立并健全毕业生就业指导服务机构，加强高校毕业生就业工作的信息化建设，形成学科合理、高效便捷的工作模式和运行机制，努力提高就业指导队伍的专业化和职业化水平。

1.2 2014年高等建设职业教育发展状况分析

1.2.1 高等建设职业教育发展的总体状况

高等建设职业教育是国民教育体系中和普通高等建设教育不同类型的高等教育。与强调学科性的建设本科教育相比，高等建设职业教育最突出的特点，是按照建设职业分类，根据一定建设职业岗位（群）实际任务活动范围的要求，培养建设行业的技术应用型人才。这种教育从本质上讲，是以建设行业人才市场需求为导向的就业教育，特别注重对职业针对性、职业技能和素质的培养。中国高等职业教育和高等建设职业教育正式起步近20年来，党中央、国务院把高等职业教育和建设行业作为我国经济社会发展的重要基础和战略重点，出台了一系列方针政策措施，推动了中国高等职业教育和建设行业的跨越式发展，创造了21世纪初期世界高等教育和建设行业发展史上的新丰碑。

目前，高等职业教育已经成长为中国高等教育的"半壁江山"。高等建设职业教育也随之成长为高等职业教育体系中办学规模第二的专业大类，对中国高等职业教育和国民经济的高速发展发挥出了关键的支持作用。

1.2.1.1 高等建设职业教育概况

根据国家统计局发布的统计数据，2014年，全国高等职业学校数量增长到1327所，占普通全国高校总数的52.47%；专科毕业生数为5568197人，其中普通专科3179884人，成人专科1313279人，网络专科1075034人；专科招生数为6213873人，其中普通专科3379835人，成人专科1553631人，网络专科1280407人；专科在校生数17427103人，其中普通专科10066346人，成人专科3333295人，网络专科4027462人。

2014年，专科高等建设职业教育毕业生总数达358518人，占全国专科毕业生总数的6.44%；专科高等建设职业教育招生数为411078人，占全国专科招生数的6.62%；专科高等建设职业教育在校学生人数为1200394人，占全国专科在校学生数的6.89%。

表1-19给出了土木建筑类专科生按学校层次的分布情况。从表中可以看出，高等职业学校是土木建筑类专科生培养的主要力量，其开办学校数、开办专业数、毕业生数、招生数、在校生数所占的比例，分别达到了69.79%、78.79%、79.88%、82.35%和81.49%。

土木建筑类专科生按学校层次分布情况表　　　　　　表 1-19

学校类别	开办学校		开办专业		毕业人数		招生人数		在校人数	
	数量	占比(%)	数量	占比(%)	数量	占比(%)	数量	占比(%)	数量	占比(%)
大学	80	6.46	155	3.49	10206	2.85	6862	1.67	26807	2.23
独立学院	36	2.91	79	1.78	5265	1.47	8131	1.98	24140	2.01
高等职业学校	864	69.79	3503	78.79	286400	79.88	338539	82.35	978250	81.49
高等专科学校	33	2.67	90	2.02	5652	1.58	6281	1.53	19478	1.62
管理干部学院	8	0.65	29	0.65	1438	0.40	1596	0.39	5287	0.44
广播电视大学	1	0.08	3	0.07	109	0.03	58	0.01	340	0.03
教育学院	2	0.16	2	0.04	20	0.01	18	0.00	88	0.01
其他普通高教机构: 分校、大专班	5	0.40	8	0.18	273	0.08	188	0.05	942	0.08
学院	204	16.48	565	12.71	48492	13.53	48543	11.81	142750	11.89
职工高校	5	0.40	12	0.27	663	0.18	862	0.21	2312	0.19
合计	1238	100.00	4446	100.00	358518	100.00	411078	100.00	1200394	100.00

　　表 1-20 给出了土木建筑类专科生按学校隶属关系分布情况。从表中可以看出，省级教育部门、省级其他部门是开设土木建筑类专科专业的主力，其各项占比之和均超过 45%；地级教育部门、地级其他部门开设的土木建筑类专科专业也占有很大的比例。

土木建筑类专科生按学校隶属关系分布情况　　　　　　表 1-20

学校类别	开办学校		开办专业		毕业人数		招生人数		在校人数	
	数量	占比(%)	数量	占比(%)	数量	占比(%)	数量	占比(%)	数量	占比(%)
教育部	3	0.24	4	0.09	201	0.06	226	0.05	671	0.06
工业和信息化部	1	0.08	1	0.02	50	0.01	69	0.02	161	0.01
国务院侨务办公室	1	0.08	1	0.02	56	0.02	27	0.01	112	0.01
中华全国妇女联合会	1	0.08	2	0.04	30	0.01	0	0.00	25	0.00
省级教育部门	306	24.72	994	22.36	82737	23.08	80363	19.55	257119	21.42
省级其他部门	251	20.27	1098	24.70	95516	26.64	113049	27.50	327661	27.30
地级教育部门	185	14.94	620	13.95	44716	12.47	46312	11.27	142256	11.85
地级其他部门	105	8.48	394	8.86	33876	9.45	30429	7.40	92759	7.73

续表

学校类别	开办学校		开办专业		毕业人数		招生人数		在校人数	
	数量	占比(%)	数量	占比(%)	数量	占比(%)	数量	占比(%)	数量	占比(%)
县级教育部门	4	0.32	11	0.25	765	0.21	751	0.18	2516	0.21
县级其他部门	3	0.24	9	0.20	312	0.09	291	0.07	1024	0.09
地方企业	29	2.34	82	1.84	6491	1.81	8096	1.97	22843	1.90
民办	349	28.19	1230	27.67	93768	26.15	131465	31.98	353247	29.43
合计	1238	100.00	4446	100.00	358518	100.00	411078	100.00	1200394	100.00

表 1-21 给出了土木建筑类专科生按学校类型分布情况。从表中可以看出，理工院校和综合大学是开设土木建筑类专科专业的主力，其各项占比之和均超过 70%。

土木建筑类专科生按学校类型分布情况 表 1-21

学校类别	开办学校		开办专业		毕业人数		招生人数		在校人数	
	数量	占比(%)	数量	占比(%)	数量	占比(%)	数量	占比(%)	数量	占比(%)
综合大学	351	28.35	1192	26.81	95629	26.67	107846	26.23	313264	26.10
理工院校	569	45.96	2368	53.26	204734	57.11	234272	56.99	687447	57.27
财经院校	126	10.18	399	8.97	28368	7.91	35805	8.71	102557	8.54
农业院校	43	3.47	156	3.51	9560	2.67	10746	2.61	31381	2.61
林业院校	13	1.05	63	1.42	6320	1.76	6289	1.53	18899	1.57
民族院校	3	0.24	3	0.07	79	0.02	143	0.03	461	0.04
师范院校	57	4.60	91	2.05	3654	1.02	3579	0.87	11351	0.95
体育院校	2	0.16	4	0.09	1	0.00	117	0.03	164	0.01
医药院校	1	0.08	2	0.04	82	0.02	133	0.03	673	0.06
艺术院校	30	2.42	58	1.30	4960	1.38	6484	1.58	17363	1.45
语文院校	18	1.45	50	1.12	2546	0.71	2243	0.55	6503	0.54
政法院校	9	0.73	14	0.31	355	0.10	887	0.22	2304	0.19
无	16	1.29	46	1.03	2230	0.62	2534	0.62	8027	0.67
合计	1238	100.00	4446	100.00	358518	100.00	411078	100.00	1200394	100.00

1.2.1.2 分专业学生培养情况

1. 按专业类分析

专科高等建设职业教育对应于高职高专专业目录中土建大类（一级类），包括建筑设计、城镇规划与管理、土建施工、建筑设备、工程管理、市政工程、房地产等 7 个专业类（二级类）。2014 年，专科高等建设职业教育分学科、专业学生培养情况如表 1-22 所示。

2014 年全国高等建设职业教育分学科、专业学生培养情况　　　表 1-22

专业类别	开办学校数		毕业生		招生		在校学生	
	数量	占比（%）	数量	占比（%）	数量	占比（%）	数量	占比（%）
建筑设计类	1100	24.74	70407	19.64	81908	19.93	233261	19.43
城镇规划与管理类	81	1.82	2381	0.66	2755	0.67	7994	0.67
土建施工类	773	17.39	104687	29.20	109116	26.54	334942	27.90
建筑设备类	456	10.26	15667	4.37	18001	4.38	52548	4.38
工程管理类	1325	29.80	139062	38.79	175359	42.66	499079	41.58
市政工程类	206	4.63	6987	1.95	8990	2.19	24178	2.01
房地产类	505	11.36	19327	5.39	14949	3.64	48392	4.03
合计	4446	100.00	358518	100.00	411078	100.00	1200394	100.00

从表 1-22 可以看出，在专科高等建设职业教育 7 个专业类中，工程管理专业类开办学校数、毕业生数、招生数和在校学生数占比均排在第一位；土建施工类开办学校数占比排在第三位，毕业生数、招生数和在校学生数占比均排在第二位；建筑设计类开办学校数占比排在第二位，毕业生数、招生数和在校学生数占比均排在第三位。这三个专业类开办学校数、毕业生数、招生数和在校学生数占比之和分别达到了 71.93%、87.63%、89.13% 和 88.91%。

2. 按各专业类的具体结构分析

（1）建筑设计类专业

建筑设计类包括建筑设计技术、建筑装饰工程技术、中国古建筑工程技术、室内设计技术、环境艺术设计、园林工程技术、建筑动画设计与制作等 8 个专业，各专业学生培养情况如表 1-23 所示。

2014 年全国高等建设职业教育建筑设计类专业学生培养情况　　　表 1-23

专业类别	开办学校数		毕业生		招生		在校学生	
	数量	占比（%）	数量	占比（%）	数量	占比（%）	数量	占比（%）
建筑设计技术	117	10.64	8390	11.92	10212	12.47	28745	12.32

专业类别	开办学校数		毕业生		招生		在校学生	
	数量	占比（%）	数量	占比（%）	数量	占比（%）	数量	占比（%）
建筑装饰工程技术	283	25.73	19424	27.59	18811	22.97	56455	24.20
中国古建筑工程技术	13	1.18	385	0.55	444	0.54	1163	0.50
室内设计技术	170	15.45	14325	20.35	19977	24.39	54372	23.31
环境艺术设计	361	32.82	21153	30.04	23080	28.18	67469	28.92
园林工程技术	145	13.18	6692	9.50	8812	10.76	24200	10.37
建筑动画设计与制作	6	0.55	36	0.05	188	0.23	381	0.16
其他建筑设计类专业	5	0.45	2	0.00	384	0.47	476	0.20
合计	1100	100.00	70407	100.00	81908	100.00	233261	100.00

从表 1-23 可以看出，在建筑设计类的 8 个专业类中，环境艺术设计专业开办学校数、毕业生数、招生数和在校学生数占比均排在第一位；建筑装饰工程技术专业开办学校数、毕业生数和在校学生数占比均排在第二位，招生数占比排在第三位；室内设计专业招生数占比排在第二位，开办学校数、毕业生数和在校学生数占比均排在第三位。这三个专业开办学校数、毕业生数、招生数和在校学生数占比之和均超过了 50%。

（2）城镇规划与管理类专业

城镇规划与管理类包括城镇规划、城市管理与监察、城镇建设 3 个专业，各专业学生培养情况如表 1-24 所示。从表中可以看出，城镇规划是该类专业中的主体专业，其各项指标占该大类比重均超过 70%。

2014 年全国高等建设职业教育城镇规划与管理类专业学生培养情况　　　表 1-24

专业类别	开办学校数		毕业生		招生		在校学生	
	数量	占比（%）	数量	占比（%）	数量	占比（%）	数量	占比（%）
城镇规划	60	74.07	1963	82.44	2027	73.58	6099	76.29
城市管理与监察	17	20.99	314	13.19	644	23.38	1505	18.83
城镇建设	4	4.94	104	4.37	84	3.05	390	4.88
合计	81	100.00	2381	100.00	2755	100.00	7994	100.00

（3）土建施工类专业

土建施工类包括建筑工程技术、地下工程与隧道工程技术、基础工程技术、土木工程检测技术、建筑钢结构工程技术等 10 个专业，各专业学生培养情况如表 1-25 所示。

从表 1-25 可以看出，在土建施工类的 10 个专业类中，建筑工程技术专业开办学校数、毕业生数、招生数和在校学生数占比均排在第一位，且所占比例均超过或接近 90%。该专业在校学生数占全国高等建设职业教育在校学生总数的 26.6%，是全国高等建设职业教育在校学生总数第二大专业。此外，地下工程与隧道工程技术、建筑钢结构工程技术是土建施工类的新兴专业，其在校学生虽然仅有 4332 人、1739 人，但其能够顺应建筑工程向着"高精尖"领域发展的需要，由此成为该专业类进一步改革与发展的潜力和方向。

2014 年全国高等建设职业教育土建施工类专业学生培养情况　　　　表 1-25

专业类别	开办学校数		毕业生		招生		在校学生	
	数量	占比（%）	数量	占比（%）	数量	占比（%）	数量	占比（%）
建筑工程技术	677	87.58	100524	96.02	101772	93.27	318721	95.16
地下工程与隧道工程技术	24	3.10	1585	1.51	1538	1.41	4332	1.29
基础工程技术	29	3.75	1227	1.17	1117	1.02	3642	1.09
土木工程检测技术	13	1.68	471	0.45	839	0.77	2145	0.64
建筑钢结构工程技术	11	1.42	426	0.41	679	0.62	1739	0.52
混凝土构件工程技术	1	0.13	51	0.05	42	0.04	83	0.02
光伏建筑一体化技术与应用	2	0.26	65	0.06	180	0.16	408	0.12
盾构施工技术	2	0.26	107	0.10	238	0.22	565	0.17
高尔夫球场建造与维护	1	0.13	10	0.01	0	0.00	3	0.00
其他土建施工类专业	13	1.68	221	0.21	2711	2.48	3304	0.99
合计	773	100.00	104687	100.00	109116	100.00	334942	100.00

（4）建筑设备类专业

建筑设备类包括建筑设备工程技术、供热通风与空调工程技术、建筑电气工程技术、楼宇智能化工程技术等 8 个专业，各专业学生培养情况如表 1-26 所示。

2014 年全国高等建设职业教育建筑设备类专业学生培养情况　　表 1-26

专业类别	开办学校数		毕业生		招生		在校学生	
	数量	占比（%）	数量	占比（%）	数量	占比（%）	数量	占比（%）
建筑设备工程技术	78	17.11	3701	23.62	3612	20.07	11080	21.09
供热通风与空调工程技术	81	17.76	3280	20.94	3358	18.65	10295	19.59
建筑电气工程技术	100	21.93	2619	16.72	3865	21.47	10502	19.99
楼宇智能化工程技术	186	40.79	5833	37.23	6701	37.23	19393	36.91
工业设备安装工程技术	5	1.10	140	0.89	226	1.26	645	1.23
供热通风与卫生工程技术	2	0.44	2	0.01	32	0.18	134	0.26
机电安装工程	2	0.44	92	0.59	109	0.61	286	0.54
其他建筑设备类专业	2	0.44	0	0.00	98	0.54	213	0.41
合计	456	100.00	15667	100.00	18001	100.00	52548	100.00

从表 1-26 可以看出，在建筑设备类的 8 个专业类中，楼宇智能化工程技术专业开办学校数、毕业生数、招生数和在校学生数占比均排在第一位；建筑设备工程技术专业毕业生数和在校学生数占比排在第二位，招生数占比排在第三位，开办学校数占比排在第四位；建筑电气工程专业开办学校数和招生数占比排在第二位，在校学生数占比排在第三位，毕业生数占比排在第四位。这三个专业开办学校数、毕业生数、招生数和在校学生数占比之和均超过了 75%。

（5）工程管理类专业

工程管理类包括建筑工程管理、工程造价、建筑经济管理、工程监理等 15 个专业，各专业学生培养情况如表 1-27 所示。

2014 年全国高等建设职业教育工程管理类专业学生培养情况　　表 1-27

专业类别	开办学校数		毕业生		招生		在校学生	
	数量	占比(%)	数量	占比(%)	数量	占比(%)	数量	占比(%)
建筑工程管理	318	24.00	26703	19.20	32569	18.57	94506	18.94
工程造价	661	49.89	95383	68.59	124324	70.90	353148	70.76
建筑经济管理	58	4.38	4250	3.06	3768	2.15	11742	2.35
工程监理	251	18.94	11747	8.45	11344	6.47	33291	6.67
电力工程管理	7	0.53	356	0.26	326	0.19	951	0.19
工程质量监督与管理	1	0.08	0	0.00	0	0.00	158	0.03
建筑工程项目管理	7	0.53	150	0.11	492	0.28	863	0.17
建筑工程质量与安全技术管理	5	0.38	227	0.16	456	0.26	1114	0.22
建筑材料供应与管理	1	0.08	97	0.07	267	0.15	549	0.11
国际工程造价	1	0.08	64	0.05	0	0.00	102	0.02
建筑信息管理	2	0.15	0	0.00	129	0.07	384	0.08
安装工程造价	3	0.23	0	0.00	107	0.06	235	0.05
工程招标采购与投标管理	1	0.08	0	0.00	56	0.03	180	0.04
工程商务	1	0.08	0	0.00	62	0.04	141	0.03
其他工程管理类专业	8	0.60	85	0.06	1459	0.83	1715	0.34
合计	1325	100.00	139062	100.00	175359	100.00	499079	100.00

从表 1-27 可以看出,在工程管理类的 15 个专业中,在开办学校数、毕业生数、招生数和在校学生数占比中,工程造价专业均排在第一位,建筑工程管理专业均排在第二位,工程监理专业均排在第三位,建筑经济管理专业均排在第四位,这四个专业是该专业类的主体专业,其开办学校数、毕业生数、招生数和在校学生数占比之和均超过了 97%。同时可见,工程造价不仅是该专业类的核心专业,其在校学生数占全国高等建设职业教育在校学生总数的比例达 29.4%,是全国高等建设职业教育在校学生总数第一大专业。此外,国际工程造价是工程管理类的新兴专业,虽然仅有在校学生 102 人,但其体现了国际化的发展趋势,代表着该专业类进一步改革与发展的潜力和方向。

(6) 市政工程类专业

市政工程类包括市政工程技术、城市燃气工程技术、给排水工程技术、消防工程技术、建筑水电技术、给排水与环境工程技术等 6 个专业,各专业学生培养情况如表 1-28 所示。

2014 年全国高等建设职业教育市政工程类专业学生培养情况　　　表 1-28

专业类别	开办学校数		毕业生		招生		在校学生	
	数量	占比（%）	数量	占比（%）	数量	占比（%）	数量	占比（%）
市政工程技术	102	49.51	3755	53.74	4749	52.83	12821	53.03
城市燃气工程技术	20	9.71	610	8.73	1232	13.70	3069	12.69
给排水工程技术	63	30.58	2309	33.05	2428	27.01	6894	28.51
消防工程技术	16	7.77	280	4.01	465	5.17	1197	4.95
建筑水电技术	4	1.94	0	0.00	87	0.97	120	0.50
给排水与环境工程技术	1	0.49	33	0.47	29	0.32	77	0.32
合计	206	100.00	6987	100.00	8990	100.00	24178	100.00

从表 1-28 可以看出，在市政工程类的 6 个专业中，在开办学校数、毕业生数、招生数和在校学生数占比中，市政工程技术专业均排在第一位，给排水工程技术专业均排在第二位，城市燃气工程技术专业均排在第三位，这三个专业是该专业类的主体专业，其开办学校数、毕业生数、招生数和在校学生数占比之和均超过或接近 90%。随着"资源节约型、环境友好型"社会的逐步推进，城市燃气工程技术、给排水工程技术、给排水与环境工程技术等专业，将会面临新的发展机遇。

（7）房地产类专业

房地产类包括房地产经营与估价、物业管理、物业设施管理等 5 个专业，各专业学生培养情况如表 1-29 所示。

2014 年全国高等建设职业教育房地产类专业学生培养情况　　　表 1-29

专业类别	开办学校数		毕业生		招生		在校学生	
	数量	占比（%）	数量	占比（%）	数量	占比（%）	数量	占比（%）
房地产经营与估价	237	46.93	10782	55.79	8143	54.47	27049	55.90
物业管理	253	50.10	8262	42.75	6413	42.90	20465	42.29
物业设施管理	9	1.78	136	0.70	194	1.30	560	1.16
酒店物业管理	1	0.20	0	0.00	2	0.01	7	0.01
其他房地产类专业	5	0.99	147	0.76	197	1.32	311	0.64
合计	505	100.00	19327	100.00	14949	100.00	48392	100.00

从表 1-29 可以看出，在房地产类的 5 个专业中，房地产经营与估价专业在毕业生数、招生数和在校学生数占比中均排在第一位，在开办学校数占比中排在第二位；物业管理专业在开办学校数占比中排在第一位，在毕业生数、招生数和在校学生数占比中均排在第二位，这两个专业是该专业类的主体专业，其开办学校数、毕业生数、招生数和在校学生数占比之和均超过 97%。随着中国城市化和城市现代化水平的不断提升，房地产类各专业在保证质量的基础上都将具备广阔的发展空间。

3. 按各专业类及其主体专业的布点学校分析

（1）建筑设计类共有 1100 个布点学校，占高等建设职业教育专业总布点数 4446 个的 24.7%，占全国高等建设职业教育 1238 所学校总数的 88.9%，是高等建设职业教育专业布点规模和布点学校数第二大的专业类。其中，建筑设计技术、建筑装饰工程技术、室内设计技术、环境艺术设计、园林工程技术专业，分别有 117 个、283 个、170 个、361 个、145 个布点学校，占高等建设职业教育专业总布点数的 2.6%、6.4%、3.8%、8.1%、3.3%；5 个专业的在校学生数为 28745 人、56455 人、54372 人、67469 人、24200 人，占高等建设职业教育在校学生总数的 2.4%、4.7%、4.5%、5.6%、2.0%。据此可见，作为以"理论知识面广、科学思维强、综合素质高"为关键要素的建筑设计类专业，与高职教育生源质量普遍低下、学生学习动力和能力严重不足的现实状况相比，这种庞大规模的专业布点和人才培养数量，在相当程度上的确是难以保证或者明显地提高人才培养的质量。因此，为了提高专业人才培养质量、保证就业，以及进一步形成与建设教育本科生培养的差异化优势，建筑设计类专业都亟待"压缩规模、提升质量"。

（2）城镇规划与管理类共有 81 个布点学校，占高等建设职业教育专业总布点数的 1.8%，这与高等建设职业教育的人才培养层次和社会的"就业资格"要求，在总体上是相适应的。但是随着社会主义新农村建设和城镇化的继续发展，县城、乡镇、中心村的建设和改造将持续扩大对该专业类的专业化人才的总需求。

（3）土建施工类共有 773 个布点学校，占高等建设职业教育专业总布点数的 17.4%，占全国高等建设职业教育 1238 所学校总数的 62.4%，是高等建设职业教育专业布点规模第三大的专业类。其中，建筑工程技术有 677 个布点学校，占高等建设职业教育专业总布点数的 15.2%，占全国高等建设职业教育 1238 所学校总数的 54.7%，是高等建设职业教育专业布点规模第一大的专业；地下工程与隧道工程技术、基础工程技术、土木工程检测技术、建筑钢结构工程技术分别有 24 个、29 个、13 个、11 个布点学校。

（4）建筑设备类共有 456 个布点学校，占高等建设职业教育专业总布点数的 10.3%，占全国高等建设职业教育 1238 所学校总数的 36.8%，是高等建设职业教育专业布点规模第五大的专业类。其中，建筑设备工程技术、供热通风与空调工程技术、建筑电气工程技术、楼宇智能化工程技术分别有 78 个、81 个、100 个、186 个布点学校，占高等建设职业教育专业总布点数的 1.8%、1.8%、2.2%、4.2%。

（5）工程管理类共有 1325 个布点学校，占高等建设职业教育专业总布点数的 29.9%，几乎占全国高等建设职业教育学校总数的 100%，是高等建设职业教育专业布点规模第一大的专业类。其中，工程造价有 661 个布点学校，占高等建设职业教育专业总布点数的 14.9%，是高等建设职业教育专业布点规模第二大的专业；建筑工程管理、工程监理分别有 318、251 个布点学校，占高等建设职业教育专业总布点数的 7.2%、5.6%。

（6）市政工程类共有 206 个布点学校，占高等建设职业教育专业总布点数的 4.6%，其中，市政工程技术、城市燃气工程技术、给排水工程技术分别有 102、20、63 个布点学校。

（7）房地产类共有 505 个布点学校，占高等建设职业教育专业总布点数的 11.4%，占高等建设职业教育 1238 所学校总数的 40.8%，是高等建设职业教育专业布点规模第四大的专业类。其中，房地产经营与估价、物业管理分别有 237、253 个布点学校，占高等建设职业教育专业总布点数的 5.3%、5.7%。

4. 按各专业类毕业生数分析

建筑设计类、城镇规划与管理类、土建施工类、建筑设备类、工程管理类、市政工程类、房地产类的毕业生分别为 70407 人、2381 人、104687 人、15667 人、139062 人、6987 人、19327 人，占全国高等建设职业教育毕业生总数 358518 人的 19.6%、0.6%、29.2%、4.4%、38.8%、1.9%、5.4%。其中，建筑设计类、土建施工类、工程管理类毕业生比重占到 87.6%，可见，该 3 大专业类是高等建设职业教育人才培养的主体所在。

5. 按各专业类招生数分析

建筑设计类、城镇规划与管理类、土建施工类、建筑设备类、工程管理类、市政工程类、房地产类的招生数分别为 81908 人、2755 人、109116 人、18001 人、175359 人、8990 人、14949 人，占全国高等建设职业教育招生总数 411078 人的 19.9%、0.7%、26.5%、4.4%、42.7%、2.2%、3.6%。其中，建筑设计类、土建施工类、工程管理类招生比重占到 89.1%，足见该 3 大专业类是高等建设职业教育招生的主体。与同年的毕业生数相比，各专业类招生数增长了 16.3%、15.7%、4.2%、14.8%、26.1%、28.6%、−22.7%，平均增长了 11.86%（年平均增长了 3.95%）。由此可见，全国高等建设职业教育在整体上仍然处于低速的稳定增长状态。这一方面说明高等建设职业教育具有一定的招生增长空间和优势，另一方面，出现了土建施工类招生增长幅度最低、房地产类招生却下降了

22.7% 的突出现象，这表明高等建设职业教育各专业类招生空间已经发生了巨大变化，也就是说，技术含量较高、需求量大的土建施工类人才培养规模基本上趋于饱和状态，技术含量相对较低、需求量稳定的房地产类人才培养规模已经处于过剩状态。当然，其中既有国家经济由高速增长转向中低速增长的常态化因素的制约，也有近 10 年来的重复办学、盲目办学等因素亟待消化的后果。总之，如果全面考虑当前国家高等教育深度转入质量导向的稳定发展目标，高等建设职业教育招生空间大体上已经达到了上限，而且不排除因国家产业结构的大调整，甚至会出现一部分办学实力弱的学校、专业招生数量的明显下滑。

1.2.1.3   分地区高等建设职业教育情况

2014 年高等建设职业教育在各地区的分布情况如表 1-30 所示。

2014 年高等建设职业教育各地区分布情况   表 1-30

地区	开办学校数		开办专业数		毕业生数		招生数		在校生数		招生数较毕业生数增幅（%）
	数量	占比（%）	数量	占比（%）	数量	占比（%）	数量	占比（%）	数量	占比（%）	
北京	22	1.78	49	1.10	2120	0.59	2037	0.50	7174	0.60	−3.92
天津	16	1.29	53	1.19	5098	1.42	5935	1.44	18921	1.58	16.42
河北	74	5.98	290	6.52	23928	6.67	19438	4.73	64065	5.34	−18.76
山西	31	2.50	109	2.45	9613	2.68	11202	2.73	32774	2.73	16.53
内蒙古	34	2.75	110	2.47	8278	2.31	6452	1.57	21298	1.77	−22.06
辽宁	39	3.15	127	2.86	7995	2.23	8883	2.16	26411	2.20	11.11
吉林	22	1.78	50	1.12	3396	0.95	3474	0.85	10388	0.87	2.30
黑龙江	37	2.99	180	4.05	11484	3.20	9027	2.20	30007	2.50	−21.39
上海	14	1.13	48	1.08	2525	0.70	2945	0.72	8565	0.71	16.63
江苏	71	5.74	306	6.88	24056	6.71	22140	5.39	77587	6.46	−7.96
浙江	37	2.99	133	2.99	12100	3.38	12390	3.01	38703	3.22	2.40
安徽	51	4.12	172	3.87	14459	4.03	16430	4.00	46757	3.90	13.63
福建	47	3.80	188	4.23	9321	2.60	14514	3.53	37918	3.16	55.71
江西	59	4.77	204	4.59	17595	4.91	24714	6.01	62451	5.20	40.46
山东	78	6.30	302	6.79	28623	7.98	30343	7.38	88026	7.33	6.01
河南	90	7.27	316	7.11	22990	6.41	29747	7.24	83997	7.00	29.39
湖北	76	6.14	228	5.13	23009	6.42	23481	5.71	70290	5.86	2.05
湖南	52	4.20	152	3.42	15355	4.28	18050	4.39	53407	4.45	17.55
广东	66	5.33	216	4.86	18509	5.16	25278	6.15	71822	5.98	36.57

地区	开办学校数		开办专业数		毕业生数		招生数		在校生数		招生数较毕业生数增幅(%)
	数量	占比(%)	数量	占比(%)	数量	占比(%)	数量	占比(%)	数量	占比(%)	
广西	43	3.47	196	4.41	15952	4.45	20673	5.03	54321	4.53	29.60
海南	8	0.65	29	0.65	2235	0.62	3291	0.80	8380	0.70	47.25
重庆	35	2.83	141	3.17	12655	3.53	18335	4.46	50195	4.18	44.88
四川	77	6.22	281	6.32	26090	7.28	33277	8.10	94207	7.85	27.55
贵州	26	2.10	101	2.27	3947	1.10	10135	2.47	23297	1.94	156.78
云南	30	2.42	124	2.79	9198	2.57	10471	2.55	27627	2.30	13.84
西藏	1	0.08	3	0.07	171	0.05	124	0.03	578	0.05	-27.49
陕西	56	4.52	175	3.94	16366	4.56	15868	3.86	54951	4.58	-3.04
甘肃	17	1.37	58	1.30	4879	1.36	5229	1.27	14835	1.24	7.17
青海	3	0.24	16	0.36	1136	0.32	1186	0.29	3565	0.30	4.40
宁夏	9	0.73	26	0.58	1639	0.46	1767	0.43	5108	0.43	7.81
新疆	17	1.37	63	1.42	3796	1.06	4242	1.03	12769	1.06	11.75
合计	1238	100.00	4446	100.00	358518	100.00	411078	100.00	1200394	100.00	14.66

从表 1-30 可以看出，在开办学校数量上，占比超过 5% 的有河南、山东、四川、湖北、河北、江苏和广东 7 个地区，占比不足 1% 的有西藏、青海、海南、宁夏 4 个地区；在开办专业数量上，占比超过 5% 的有河南、江苏、山东、河北、四川、湖北 6 个地区，占比不足 1% 的有西藏、青海、海南、宁夏 4 个地区；在毕业生数量上，占比超过 5% 的有山东、四川、江苏、河北、湖北、河南和广东 7 个地区，占比不足 1% 的有西藏、青海、宁夏、北京、海南、上海、吉林 7 个地区；在招生数量上，占比超过 5% 的有四川、山东、河南、广东、江西、湖北、江苏和广西 8 个地区，占比不足 1% 的有西藏、青海、宁夏、北京、上海、海南和吉林 7 个地区；在在校生数量上，占比超过 5% 的有四川、山东、河南、江苏、广东、湖北、河北和江西 8 个地区，占比不足 1% 的有西藏、青海、宁夏、北京、海南、上海和吉林 7 个地区。从招生数较毕业生数增幅看，超过 30% 的有贵州、福建、海南、重庆、江西和广东 6 个地区，下降 10% 以上的有西藏、内蒙古、黑龙江、河北 4 个地区。

根据华北（含京、津、冀、晋、蒙）、东北（含辽、吉、黑）、华东（含沪、苏、浙、皖、闽、赣、鲁）、中南（豫、鄂、湘、粤、桂、琼）、西南（含渝、川、贵、云、藏）、西北（含陕、甘、青、宁、新）六个版块的区域划分，2014 年全国高等职业教育在各版块的分布情况如表 1-31 所示。

2014 年全国高等职业教育各版块分布情况　　　　　　表 1-31

版块	开办学校数		开办专业数		毕业数		招生数		在校生数		招生数较毕业生数增幅(%)
	数量	占比(%)	数量	占比(%)	数量	占比(%)	数量	占比(%)	数量	占比(%)	
华北	177	14.30	611	13.74	49037	13.68	45064	10.96	144232	12.02	-8.10
东北	98	7.92	357	8.03	22875	6.38	21384	5.20	66806	5.57	-6.52
华东	357	28.84	1353	30.43	108679	30.31	123476	30.04	360007	29.99	13.62
中南	335	27.06	1137	25.57	98050	27.35	120520	29.32	342217	28.51	22.92
西南	169	13.65	650	14.62	52061	14.52	72342	17.60	195904	16.32	38.96
西北	102	8.24	338	7.60	27816	7.76	28292	6.88	91228	7.60	1.71
合计	1238	100.00	4446	100.00	358518	100.00	411078	100.00	1200394	100.00	14.66

从表 1-31 可以看出，在开办学校数量上，华东、中南两区域是高等建设职业教育的第一重镇，共拥有学校总数的 55.9%，其次是华北、西南，共拥有学校总数的 28%。这种格局在总体上与地区经济发展水平和总人口规模相一致；在开办专业数量上，华东、中南是高等建设职业教育专业布点的第一重镇，共拥有专业总数的 56%，其次是华北、西南，共拥有专业总数的 28.3%；在毕业生数量上，华东、中南是高等建设职业教育毕业生数分布的中心，共占毕业生总数的 57.6%，其次是华北、西南共占毕业生总数的 28.2%；在招生数量上，华东、中南是高等建设职业教育招生数分布的中心，共占招生总数的 59.3%，其次是华北、西南，共占招生总数的 28.6%；在校生数量上，华东、中南是高等建设职业教育在校学生数分布的中心，共占在校学生总数的 58.5%，其次是华北、西南共占在校学生总数的 28.3%。从招生数较毕业生数增幅看，西南、中南、华东分别超过了 30%、20% 和 10%。

从高等建设职业教育院校办学质量分析，根据中国科学评价研究中心、武汉大学中国教育质量评价中心联合中国科教评价网推出《2015 年中国大学及学科专业评价报告》，进入 2015 ～ 2016 年中国专科院校排行榜 100 强的建设高等职业院校，有排名第 22 名的四川建筑职业技术学院，排名第 50 名的江苏建筑职业技术学院，排名第 95 名的广西建设职业技术学院。这一成绩，与办学规模居全国高等职业教育第二位的基础比较，高等建设职业教育院校办学质量还亟待加速提高。

1.2.2 高等建设职业教育发展的趋势

经过以上对 2014 年全国高等建设职业教育发展的各种关键数据的全面分析，并结合 2014 年全国高等职业教育发展的现状，可以发现目前高等建设职业教育发展的趋势主要表现在以下几个方面。

1.2.2.1 办学总规模将趋于稳定

如前统计，以土建施工类和工程管理类为主体的高等建设职业教育，该两类专业的毕业生数、招生数、在校学生数，分别占到高等建设职业教育总量的 68.0%、69.2%、68.1%，比例约达 70%。仅就行业企业的人才结构和人才总量分析，该两类专业的数量规模已经达到饱和状态，未来较长时期内，不太容易再发生明显的数量增长；从行业现状分析，目前全国的城镇房地产业已经超前于整个国家经济社会发展的总需求量，进入了"急需一个长周期的消化阶段"，同时，决定国民经济社会持续发展能力的"全国性和跨省域性的基本建设、各地区主要基础设施建设"也已经处于稳定阶段，且从"数量扩张型转变为以质量提升、功能更新为中心的集约型"方向发展，并且，党中央在关于制定国民经济和社会发展第十三个五年规划的建议中明确提出了"以提高发展质量和效益为中心，加快形成引领经济发展新常态的体制机制和发展方式"，这种长期性的国民经济和社会发展模式，必然决定了高等建设职业教育近 10 余年中的高度依赖于"政府投资和基本建设拉动"而蓬勃发展的"数量扩张期"的结束。

1.2.2.2 专业结构必将进行"大调整、大整合"

随着国家工业化由中期向后期的加速推进、新型城镇化的深入、建筑业的产业化现代化国际化程度的提高、新的高职专业目录的颁布实施、以及社会和行业对建筑产品已经提出了"高、精、尖、新、特"的质量要求等一系列发展条件的"硬约束"，高等建设职业教育唯有"首先'建设'好自身，才可能适应时代新需求"，这就必然推动各专业类在"发展与萎缩"并存的"新常态"中去"竞争"，也就是说，高等建设职业教育已经从"共同发展"转入了以质量和特色为主的"突围发展"。例如，建筑工程技术、工程造价等专业必然转入"压规模与提质量"的双线并进的发展周期。当然，在一部分过剩的传统专业萎缩的同时，一部分新兴专业也将"脱颖而出"，比如建筑钢结构工程技术、建设项目信息化管理、村镇建设与管理、环境卫生工程技术等，必将成为建设职业教育创新的"新空间"。

1.2.2.3 质量再提升必将成为真正的"主旋律"

（1）建设行业转型的深度化、建筑科学技术和工程管理方式的持续升级、国家第一轮经济改革红利的萎缩、全国人口红利的消失等客观因素，已经强力推动着整个建设行业告别"粗放型"的发展阶段。建设行业加速进入"集约型"发展时期，又对人才培养的"知识、能力、素质"等核心要素提出了一系列的高要求，"质量优"已经成为企业用人的"第一选择"，而"工资成本"开始后退。

（2）建设行业本身也已经从"人数、规模、投资、产品的简单再生产"阶段，进入了以"质量、品牌、特色、声誉"为中心的"复杂再生产"阶段，因此在当前，建筑业人力资源已经由"找人干活"的劳方市场变成了"人找活干、企业'挑人'干好活"的资方市场，而且，随着社会需求和行业企业发展的高层次化，集中到一点就是"选择优秀人才'建设'出有效的优秀产品"，这就决定了各学校必须依靠"人才培养的高质量"来保障自身的生存和发展。

（3）教育部在"十三五"期间所实施的"控规模、提质量"原则，已经明确提出"物竞天择、适者生存"的改革导向，是各学校办学的底线。

（4）目前高等建设职业教育规模已经能够满足全国的数量需要，而当前的学生、家长、企业、社会都更加注重选择能够"读好书、育好人、就业质量好"的优质院校，同时，中央更在大力度推进"又好又更公平"的教育改革，这些客观条件都共同推动着高职教育由"卖方市场"向"买方市场"的快速转变。那么，"何以解忧"？唯有"质量和特色"。

1.2.2.4　人才培养模式的创新和办学领域的拓展将成为改革发展的主线

（1）"校企合作、工学结合、现代学徒制"正在成为和必将成为高等建设职业教育改革和发展的首选途径，只有这样，才能培养行业企业、社会长期需要的各类专业化的可持续成长的"高层次技术技能人才"。

（2）集群式发展将成为主要办学单位继续强势发展的重要策略。虽然，目前的高等建设职业教育办学呈现出"点多线长面广"的格局，但是，其中的优势院校已经率先探索和积累了"专业集群发展"的比较成功的经验，也取得了一些可喜的成果。比如，优势院校成功地实现了利用成熟的强势专业"嫁接、改造、整合、开发"既有的和新兴的专业，不仅提高了原具体专业的实力，而且又培育出新兴专业的竞争力，进而带动整个学校综合办学实力的全面提升。

（3）集中力量、坚持不懈，全面推进院校高水平师资队伍建设，必将成为各办学主体保障可持续发展的"第一支点"。国内外教育事业发展史无不表明，"高素质的人是第一生产力，是生产力中最活跃、最能动的要素"，从客观上讲，一所院校只要能够源源不断地培育出"数量充足、质量优秀、综合素质高的师资队伍"，并充分发挥出这支队伍的"创造力和竞争力"，它就能够"抓住机遇，不断跨越"，就能够永远立于不败之地。

（4）提升院校的综合服务能力，将是高等院校科学发展的"硬道理"。人才培养的质量最终需要"社会的高认可度"来彰显，目前，高等建设教育应该也必须抓住和拓展建筑工业化和新型城镇化这个最大最具生机的综合性服务产业领域，加速提升高素质高质量技术技能人才的综合能力，才可能在服务"全面小康社会和全面现代化"建设的庞大机遇中获得长足发展。

（5）"培育国际视野，用国际化标准进行国际化办学"，将成为高等建设职业教育"规模、质量、效益"多线并进的新突破口。世界发达国家的现代化历程都表明，"生产力的国际化和教育的全球化"是国家和区域现代化的"共生体"，这一客观规律无疑是中国高等建设职业教育改革创新的最大突破口所在。作为工业化和职业教育后起的人口大国，中国必须站在全球发展的角度来思考、处理和加快自身的发展。现在，中央已将开始全面实施"一带一路"的国际化战略，这就为有能力承担全球范围内的经济社会基础设施建设的中国高等建设职业教育提供了亟待开辟的"新大陆"。因此，"学习、引进、消化、创新、走出去"将是有志于引领中国高等建设职业教育的先进院校发展的必由之路。

1.2.3　高等建设职业教育发展面临的问题

2014年，全国高等建设职业教育的发展成效显著，在办学规模稳中有升的同时，仍保持了人才培养质量的整体稳定，实现了为我国建筑业输送合格、实用人才的目标。院校内涵建设水平日益提高，对我国建筑业的贡献度不断提升，服务行业、企业的能力有所增强，招生和就业势头良好，社会及学生的满意度也稳中有升。但在发展中面临以下几个方面的问题，与社会、行业、学生的要求仍有一定的差距。

1.2.3.1　校企合作的深度、广度和互动性有待提高

高等建设职业教育担负着为建筑生产一线培养适应基层技术及管理岗位要求技术技能型人才的责任，对大多数专业而言，单靠学校的资源很难完成这个任务，必须要走校企合作培养人才的道路。自从我国大力发展高职教育以来，高职院校经过不长的探索和比对期之后，均把校企合作、工学结合作为人才培养的主攻方向，创建了"2+1"、"2.5+0.5"及"411"等多种人才培养模式，在实践中也取得了一定的成效。但在多年实践之后，校企合作在不同程度上遇到了水平继续提升不力的"天花板"。大多数院校仍然停留在校企合作依靠校友和感情维系的阶段，缺乏制度保障。校企合作动力和热情不均等，"学校热、企业冷，尚未实现互利、共赢"的目标。校企合作多数局限在学生顶岗实习这一环节，合作领域尚没有遍布教学全过程，合作水平也有待提升。在顶岗实习阶段，企业提供的岗位与学生实习的需求（岗位的对口率、轮岗的要求）往往存在偏差。顶岗实习过程管理不够严密，评价指标不够明确、科学，评价主体多为院校教师，企业专家的参与度不高。

1.2.3.2 政府引导和扶持的力度仍需加强

近年来，国家对高职教育重视程度逐年提高，通过国家示范校、骨干校项目引领，使高职院校的发展建设进入快车道，高职教育进入了发展的黄金时期。近期又陆续出台了《国务院关于加快发展现代职业教育的决定》和《高等职业教育创新发展三年行动计划（2015～2017年）》，对今后一个时期职业教育的发展制定了明确的规划与路线图。高职教育属于典型的"跨界教育"，高等建设职业教育在这方面的特征更为鲜明，单靠院校的资源很难完成人才培养的全部任务，需要建筑企业的全方位参与，社会的普遍关注。目前，在多部门协同制定推进性政策制度，校企合作制度建立与机制形成，调动企业积极性参与人才培养的配套政策、校外实训基地建设、学生获取职业岗位证书的可行性研究、企业专家参与学校专业论证及教学活动的有效途径与激励制度等方面均存在较大的政策空间，对高等建设职业教育的发展具有相当的影响度，需要政府"高站位、多协调"，制定具有可操作性的扶持政策，并使之早日发挥效用。

1.2.3.3 社会认同度需要继续提升

当前，相当数量的高职院校遇到了生源数量减少、质量下滑的问题，随着我国基本建设高速、持续发展的速度减缓，高等建设职业教育也面临着同样的问题。高等职业教育作为我国高等教育的一种类型，长期以来受到学历层次规格不高的限制，这也成为部分优秀高职院校继续发展的瓶颈之一。近年来，部分高职院校（尤其是行业外院校及地市级院校）土建类专业录取分数贴近当地高职录取最低控制线，生源数量不足、质量逐年下降。一线及沿海城市的考生不愿意报考土建类专业，部分面向基层岗位的"艰苦专业"也不受学生及家长青睐。受招生政策的制约，高职院校在与"三本"及民办本科高校竞争时常常处于劣势，单独招生及技能高考在吸引生源的同时又进一步加大了社会对高职教育认识的偏差。

1.2.3.4 人才培养质量与岗位要求存在差距

部分高职院校在办学理念、专业设置、培养目标、课程体系及人才培养模式方面存在一定的偏差。习惯于关门办学，不关注行业发展的动态和趋势，人才规格与企业需求严重脱节。专业培养目标定位不准、描述不清，适应的岗位及岗位群轮廓不够清晰、合理。培养的人才多属于粗放的"毛坯型"，与培养"毕业即能上岗、能顶岗"的成品型人才的目标存在相当大差距，学校没有真正完成"教书育人"的任务，把过多的岗前培训和继续教育的责任留给了用人单位。课程体系创新不力，课程设置与培养目标契合度不高，课程内容和教学手段相对陈旧，仍然存在"因师设课"的现象。没有引入人才质量行业认证的理念与做法，制定的课程标准、评价指标体系没有企业专家参与，评价结论不够科学、准确。

1.2.3.5 专业布局需要进一步调整和优化

改革开放以来，我国建筑业持续高速发展，市场人才需求也一直旺盛。据统计，2014年全国高等职业学校数量增长到1322所，招生数334.9万人，在校学生为1006.6万人。其中，高等建设职业教育毕业生总数为35.85万人，在校学生人数达120万人。《2007版高职高专专业目录》中土建专业大类分为建筑设计类、城镇规划与管理类、土建施工类、建筑设备类、工程管理类、市政工程类、房地产类七个专业类，共设置27个专业，其中建筑设计类、土建施工类、工程管理类招生比重占到89.1%。分属于这三个专业类的建筑装饰工程技术、建筑工程技术、工程造价的在校生人数分别达到5.64万、31.8万、35.3万，办学点数量分别为283个、677个和661个。专业设置过于向"热门专业"集中，这既有市场需求量大的实际反应，也有"一窝蜂上马、无序竞争"的乱象。参与土建类专业办学的院校背景繁杂，比较混乱。有些院校没有经过细致的市场调研和论证，不顾自身行业、专业背景及资源的实际，匆忙开办专业，满足于用旺盛的市场需求掩盖人才培养质量不高缺陷的局面。专业设置没有长远眼光，热衷于"抢市场"的短期行为，对具有潜在发展前景的专业关注不够。个别专业规模过小，存在院校办学与企业需求不对称，信息不通畅，沟通不力的现象。

1.2.3.6 人才培养方案及教学手段创新有待继续加强

通过国家示范校、骨干校项目的推动，高等建设职业教育的教育理念有了进一步的改革与创新，新的教育手段也不断进入院校，进入课堂。但仍有一些院校在人才培养方案编制方面投入的思考和力量不够，市场调研和论证不充分，满足于"拿来主义"，课程体系同质化的现象比较普遍，缺乏自身的特色。与人才培养方案配套的教学质量内部监控体系建设相对滞后，对教学过程及结果的评价仍处于粗放型阶段。部分院校在制定人才培养方案时没有认真关注行业的发展动态，仍然按照自身的理解去设置课程体系，课程设置不够合理、内容陈旧。对行业关注度不够，对我国建筑业倡导的信息化、工业化、绿色建筑及新型城镇化建设的意义与内涵领会不深，在教学过程中体现的不够充分。教学手段相对滞后，多数仍在采用传统的教学模式，课程改革的成果仍然没有真正惠及学生。一线教师数量存在缺口，教师的教学负担较重，在教学中没有充分体现教师为主导、学生为主体的教学理念。对新的教学手段的积极意义认识较为浮浅，往往局限在减轻教师工作负担和显示"绚丽效果"的层面，没有从课程实效与学生需求的角度来有机应用。

1.2.3.7 学校办学实力与资源配置参差不齐

当前，国家及省级示范校、骨干校以及行业内高职院校的办学实力及资源配置相对齐整，部分院校已达到国内先进水平。但仍有相当数量的院校存在办学实力较弱，资源严重匮乏的现象。主要表现在以下四个方面：一是专业带头人水平不高。有些专业带头人不具备本专业教育背景，没有企业工作经历，自身实力较差，对专业发展建设的整体把控能力不强。二是师资不足。专任教师数量不足，专业方向不能成龙配套，普遍缺乏企业实践，不足以适应教学需求。三是配套教学资源严重匮乏。个别院校仍然依靠机房、定额、图集、少数低端仪器等简陋的辅助资源作为教学的支撑，教师"照本宣科"、学生"纸上谈兵"的现象普遍存在。有些院校虽然拥有部分校内教学资源，但配套水平低、共享度差、系统性不强、应用效果不够理想。四是存在投入不够或盲目投入的问题。少数院校仍然热衷于"白手起家、低成本办学"，在师资队伍建设和教学资源配置方面投入不足。有些院校对有限的建设资金使用的合理论证不够，资金的使用效率不高，使用效果不理想，存在"盲目投入、粗放建设"的现象。

1.2.3.8 院校间互动交流不够

据 2014 年统计，涉足高等建设职业教育的院校已达 1100 余所，办学点遍布国内各个省区市，但院校之间交流互动仍然普遍存在"面不广、量不大"的现象。目前参与中国建设教育协会高等职业与成人教育专业委员会活动的会员单位有 150 个，这其中还包括部分出版单位及科技企业，全国住房和城乡建设职业教育教学指导委员会能够联系到的院校约有 300 所。这其中多为行业内学校和办学规模大、办学历史长的院校，大多数院校尤其是地市及民办院校仍然游离在专业指导机构或学术社团的视线之外，处于"单打独斗、自我发展"的境地。这种局面导致院校之间信息不畅、沟通不力、互动交流不够，专业建设与发展的前沿信息、有关规定和最新的研究成果不能及时传递到有关院校，导致核心院校的引领作用无法发挥也不利于形成团队的合力与共同发声的良好环境。

1.2.4 促进高等建设职业教育发展的对策建议

针对目前高等建设职业教育存在的主要问题，应当在以下六个方面着重进行规范、管理与加强。

（1）政府加大对高等建设职业教育的指导和扶持力度。抓住当前职业教育发展的有利时机，创新制度、机制。在顶层设计规划完成之后，要把政策"尽快落地"当成重要的任务。要让先进的理念得到配套政策的有力支持，使之早日进入学校，进入课堂，让学生受益。行业主管部门应继续保持和发扬重视教育，重视人才培养，重视队伍建设的优良传统，加大对高等建设职业教育的关注、指导和扶持力度。协调有关政府部门，出台有利于校企合作、共同培养人才的政策与制度。在混合所有制、现代学徒制、学分银行、校内外实训基地建设、学生企业实践、学生在毕业时获取相应岗位证书或证书培训学习资格畅通渠道等方面为院校办学提供更加有力的政策支持。

（2）紧贴行业，不断创新。建筑业作为我国国民经济的支柱产业之一，在拉动经济发展、造福民生的同时，也为高等建设职业教育提供了广阔的发展空间。全国住房和城乡建设职业教育教学指导委员会、中国建设教育协会应在住房和城乡建设部、教育部的指导和统领下，利用各种渠道和媒介宣传、通报、推介建筑业的发展动态和趋势，使各院校了解、领会和掌握行业、企业对人才的需求。合理设置专业、优化人才培养方案、创新人才培养模式、构建优质教育教学资源，培养出更好、更多的创新创业人才，更好地为行业服务、为企业服务、为地方经济服务。

（3）先进引领，规范办学。要整合核心院校的优质资源，固化和优化先进院校办学的成功经验，并加以推广。发挥全国住房和城乡建设职业教育教学指导委员会、中国建设教育协会的专家组织与社团组织的作用，通过多种形式宣贯有关的专业办学指导性文件，推广和交流先进的职教理念、教育教学模式，引领各院校根据自身的条件、资源、市场实际开展具有特色的建设，进一步提高规范办学的水平。

（4）畅通渠道，强化互动交流。充分发挥全国住房和城乡建设职业教育教学指导委员会"研究、指导、咨询、服务"的职能，发挥中国建设教育协会社团组织的优势，把拓展工作覆盖领域、提高工作效能、增强活动吸引力作为重点。通过细致的工作，搭建不同背景、不同体制、不同地域、不同规模院校之间的互动与交流平台，实现先进引领、协同发展、共同提高，为我国建筑业多做贡献的目标。

（5）搞好资源建设，更新教学手段。充分利用职业教育发展的黄金时期和国家加大对职业教育投入的有利时机，以内涵建设为核心，搞好师资队伍、实训基地、教学资源配置的建设。关注和应对建筑业发展的整体态势，在建筑业信息化、建筑工业化、绿色建筑新技术应用于教学方面进行积极的探索和实践。不断更新教学手段，探索适应高职生源实际的教学情境和教学方法，因材施教，努力提高教学的增量效益。

（6）引入行业评价制度，提高人才培养质量。认真学习和领会教育部《院校人才培养质量"诊改"制度》的内涵和做法，借鉴土建类本科实施专业评估的成功经验，早日在高职院校引入人才培养质量的行业评价制度。用行业和企业的人才规格、业务要求、知识与技能水平作为评价人才培养质量的标尺，规范院校的办学行为，对不同院校进行分类指导，实现优胜劣汰，保证人才培养质量。

1.3 2014 年中等建设职业教育发展状况分析

1.3.1 中等建设职业教育发展的总体状况

中等职业教育是我国高中阶段教育的重要组成部分，担负着培养数以亿计高素质劳动者的重要任务，是我国经济社会发展的重要基础。中等职业教育旨在培养与我国社会主义现代化建设要求相适应，德、智、体、美全面发展，具有综合职业能力，在生产、服务一线工作的高素质劳动者和技能型人才。

1.3.1.1 中等建设职业教育概况

根据国家统计局发布的统计数据，2014 年，全国中等职业教育共有学校 11878 所，其中，普通中专 3536 所，成人中专 1457 所，职业高中 4067 所，技工学校 2818 所，其他中职机构 402 所。中等职业教育毕业生 6229463 人，占高中阶段教育毕业生总数的 43.41%。其中，普通中专 2477321 人，成人中专 900470 人，职业高中 1783728 人，技工学校 1067944 人；中等职业教育招生 6197618 人，占高中阶段教育招生总数的 43.76%。其中，普通中专 2596594 人，成人中专 741601 人，职业高中 1615358 人，技工学校 1244065 人；中等职业教育在校生 17552823 人，占高中阶段教育在校生总数的 42.09%，其中，普通中专 7491366 人，成人中专 1943596 人，职业高中 4728165 人，技工学校 3389696 人。

2014 年，中等建设职业教育共有学校 3518 所，占全国中等职业教育学校总数的 29.62%。毕业生数为 181180 人，占全国中职教育毕业生总数的 2.91%；招生数为 240140 人，占全国中职教育招生数的 3.87%；在校学生人数为 624010 人，占全国中职教育在校学生数的 3.56%。

表 1-32 给出了土木建筑类中职教育学生按学生类型的分布情况。从表中可以看出，普通中专学校是土木建筑类中职教育学生培养的主要力量，其开办学校数、毕业生数、招生数、在校生数所占的比例，分别达到了 50.40%、52.49%、50.96% 和 50.74%。

土木建筑类中职教育学生按学生类型分布情况　　　　表 1-32

学生类型	开办学校		毕业人数		招生人数		在校人数	
	数量	占比（%）	数量	占比（%）	数量	占比（%）	数量	占比（%）
普通中专学生	1773	50.40	95094	52.49	122386	50.96	316653	50.74
成人中专全日制学生	149	4.24	6602	3.64	6682	2.78	18572	2.98

续表

学生类型	开办学校		毕业人数		招生人数		在校人数	
	数量	占比(%)	数量	占比(%)	数量	占比(%)	数量	占比(%)
成人中专非全日制学生	123	3.50	6620	3.65	9513	3.96	17592	2.82
调整后中职全日制学生	522	14.84	22514	12.43	37237	15.51	94124	15.08
调整后中职非全日制学生	92	2.62	4649	2.57	5673	2.36	18210	2.92
职业高中学生	859	24.42	45701	25.22	58649	24.42	158859	25.46
合计	3518	100.00	181180	100.00	240140	100.00	624010	100.00

1.3.1.2 分专业学生培养情况

中等建设职业教育在土木水利工程类下设包括建筑工程施工、建筑装饰、古建筑修缮与仿建、城镇建设、工程造价等 19 个专业。2014 年，中等建设职业教育分专业学生培养情况如表 1-33 所示。

2014 年全国中等建设职业教育分专业学生培养情况　　　　表 1-33

专业	开办学校数		毕业生		招生		在校学生	
	数量	占比(%)	数量	占比(%)	数量	占比(%)	数量	占比(%)
建筑工程施工	1546	43.95	101419	55.98	141187	58.79	361980	58.01
建筑装饰	454	12.91	17225	9.51	26638	11.09	62477	10.01
古建筑修缮与仿建	6	0.17	81	0.04	359	0.15	421	0.07
城镇建设	32	0.91	1196	0.66	1591	0.66	4056	0.65
工程造价	489	13.90	19806	10.93	30225	12.59	77897	12.48
建筑设备安装	70	1.99	1770	0.98	2118	0.88	6192	0.99
楼宇智能化设备安装与运行	76	2.16	1220	0.67	1961	0.82	5629	0.90
供热通风与空调施工运行	17	0.48	591	0.33	215	0.09	855	0.14
建筑表现	17	0.48	351	0.19	720	0.30	1926	0.31
城市燃气输配与应用	8	0.23	310	0.17	374	0.16	1446	0.23
给排水工程施工与运行	33	0.94	580	0.32	603	0.25	2335	0.37
市政工程施工	58	1.65	2152	1.19	2177	0.91	5732	0.92
道路与桥梁工程施工	140	3.98	9191	5.07	7785	3.24	23341	3.74
铁道施工与养护	52	1.48	5459	3.01	3318	1.38	11862	1.90
水利水电工程施工	111	3.16	5770	3.18	6953	2.90	17925	2.87

续表

专业	开办学校数		毕业生		招生		在校学生	
	数量	占比(%)	数量	占比(%)	数量	占比(%)	数量	占比(%)
工程测量	188	5.34	6857	3.78	7196	3.00	20297	3.25
土建工程检测	44	1.25	1245	0.69	1208	0.50	2904	0.47
工程机械运用与维修	110	3.13	3819	2.11	3480	1.45	10561	1.69
土木水利类专业	67	1.90	2138	1.18	2032	0.85	6174	0.99
合计	3518	100.00	181180	100.00	240140	100.00	624010	100.00

从表1-33可以看出，建筑工程施工、工程造价、建筑装饰三个专业开办学校数、毕业生数、招生数和在校学生数占比均排在第一位、第二位和第三位。这三个专业类开办学校数、毕业生数、招生数和在校学生数占比之和分别达到了70.75%、76.42%、82.47%和80.50%。

1.3.1.3 按各专业的具体结构分析

（1）建筑工程施工专业

根据各开办学校的不同情况，建筑工程施工专业下面有31个二级专业，各二级专业学生培养情况如表1-34所示。

2014年中等建设职业教育建筑工程施工专业学生培养情况　　表1-34

专业类别	开办学校数		毕业生		招生		在校学生	
	数量	占比(%)	数量	占比(%)	数量	占比(%)	数量	占比(%)
城市燃气	1	0.06	65	0.064	0	0.00	0	0.00
工、民建筑工程施工	1	0.06	0	0.000	0	0.00	13	0.00
工程监理	3	0.19	110	0.108	118	0.08	361	0.10
工程施工	1	0.06	0	0.000	28	0.02	28	0.01
工业与民用建筑	18	1.16	740	0.730	277	0.20	800	0.22
基础工程技术	1	0.06	0	0.000	44	0.03	44	0.01
建筑	5	0.32	152	0.150	177	0.13	651	0.18
建筑工程	1	0.06	7	0.007	13	0.01	40	0.01
建筑工程管理	6	0.39	98	0.097	482	0.34	888	0.25
建筑工程管理(3+2)	1	0.06	0	0.000	4	0.00	4	0.00
建筑工程技术	46	2.98	1161	1.145	2265	1.60	5636	1.56

续表

专业类别	开办学校数		毕业生		招生		在校学生	
	数量	占比(%)	数量	占比(%)	数量	占比(%)	数量	占比(%)
建筑工程技术（3+2）	5	0.32	170	0.168	166	0.12	630	0.17
建筑工程技术（五年制）	1	0.06	117	0.115	68	0.05	305	0.08
建筑工程技术（中高职贯通）	1	0.06	0	0.000	128	0.09	286	0.08
建筑工程施工	1425	92.17	97806	96.438	135980	96.31	348536	96.29
建筑工程施工（3年制）	2	0.13	53	0.052	48	0.03	210	0.06
建筑工程施工（高中班）	3	0.19	33	0.033	144	0.10	231	0.06
建筑工程施工（高中一年制）	2	0.13	234	0.231	112	0.08	112	0.03
建筑工程施工（工程监理）	1	0.06	0	0.000	0	0.00	53	0.01
建筑工程施工（监理）	1	0.06	0	0.000	66	0.05	202	0.06
建筑工程施工（建检）	1	0.06	0	0.000	0	0.00	66	0.02
建筑工程施工（五年制）	5	0.32	91	0.090	281	0.20	594	0.16
建筑工程施工(注：1年制大中专)	1	0.06	0	0.000	37	0.03	37	0.01
建筑工程施工（3+2）	4	0.26	191	0.188	379	0.27	955	0.26
建筑工程施工技术	1	0.06	0	0.000	0	0.00	43	0.01
建筑工程施工与计算机应用	1	0.06	126	0.124	0	0.00	0	0.00
建筑设计管理	1	0.06	0	0.000	1	0.00	1	0.00
建筑施工	3	0.19	265	0.261	138	0.10	556	0.15
建筑施工技术	2	0.13	0	0.000	231	0.16	623	0.17
建筑施工与测量	1	0.06	0	0.000	0	0.00	43	0.01
建筑施工预算	1	0.06	0	0.000	0	0.00	32	0.01
合计	1546	100.00	101419	100.00	141187	100.00	361980	100.00

从表 1-34 可以看出，在建筑工程施工的 31 个二级专业中，建筑工程施工开办学校数、毕业生数、招生数和在校学生数占比均排在第一位，且占比额均超过 90%。其他二级专业占比均较小。

（2）建筑装饰专业

根据各开办学校的不同情况，建筑装饰专业下面有 17 个二级专业，各二级专业学生培养情况如表 1-35 所示。

2014 年中等建设职业教育建筑装饰专业学生培养情况　　表 1-35

专业类别	开办学校数		毕业生		招生		在校学生	
	数量	占比 (%)	数量	占比 (%)	数量	占比 (%)	数量	占比 (%)
计算机室内外装饰设计	1	0.22	0	0.00	0	0.00	0	0.00
建筑工程技术	2	0.44	0	0.00	35	0.13	35	0.06
建筑环境艺术设计	1	0.22	56	0.33	0	0.00	10	0.02
建筑设计与装潢	1	0.22	16	0.09	0	0.00	0	0.00
建筑装饰	420	92.51	16663	96.74	25628	96.21	60388	96.66
建筑装饰（3+2）	3	0.66	17	0.10	35	0.13	103	0.16
建筑装饰（3 年制）	1	0.22	43	0.25	46	0.17	136	0.22
建筑装饰（建筑装饰与艺术设计）	1	0.22	27	0.16	0	0.00	46	0.07
建筑装饰（五年高职）	2	0.44	0	0.00	59	0.22	60	0.10
建筑装饰（注：1 年制大中专）	1	0.22	0	0.00	14	0.05	14	0.02
建筑装饰工程技术	7	1.54	162	0.94	285	1.07	695	1.11
建筑装饰工程技术（中高职贯通）	1	0.22	0	0.00	52	0.20	52	0.08
美工装潢	1	0.22	11	0.06	51	0.19	90	0.14
室内设计	3	0.66	44	0.26	29	0.11	90	0.14
室内设计技术	6	1.32	101	0.59	204	0.77	397	0.64
装潢设计（3+2）	1	0.22	11	0.06	0	0.00	0	0.00
装饰艺术设计	2	0.44	74	0.43	200	0.75	361	0.58
合计	454	100.00	17225	100.00	26638	100.00	62477	100.00

从表 1-35 可以看出，在建筑装饰的 17 个二级专业中，建筑装饰开办学校数、毕业生数、招生数和在校学生数占比均排在第一位，且占比额均超过 90%。其

他二级专业占比均很小。

（3）古建筑修缮与仿建专业

古建筑修缮与仿建全国只有一个专业，在此不作分析。

（4）城镇建设专业

根据各开办学校的不同情况，城镇建设专业下面有 4 个二级专业，各二级专业学生培养情况如表 1-36 所示。

2014 年中等建设职业教育城镇建设专业学生培养情况　　　　　表 1-36

专业类别	开办学校数		毕业生		招生		在校学生	
	数量	占比（%）	数量	占比（%）	数量	占比（%）	数量	占比（%）
城镇规划	2	6.25	23	1.92	57	3.58	201	4.96
城镇建设	26	81.25	830	69.40	913	57.39	2351	57.96
工业与民用建筑	3	9.38	123	10.28	111	6.98	503	12.40
建筑工程管理	1	3.13	220	18.39	510	32.06	1001	24.68
合计	32	100.00	1196	100.00	1591	100.00	4056	100.00

从表 1-36 可以看出，在城镇建设的 17 个二级专业中，建筑装饰开办学校数、毕业生数、招生数和在校学生数占比均排在第一位，且占比额均超过 57%；建筑工程管理二级专业除开办学校数占比排在第四位外，毕业生数、招生数和在校学生数占比均排在第二位；工业与民用建筑二级专业开办学校数占比排在第二外，毕业生数、招生数和在校学生数占比均排在第三位；城镇规划二级专业开办学校数占比排在第三位，毕业生数、招生数和在校学生数占比均排在第四位。

（5）工程造价专业

根据各开办学校的不同情况，工程造价专业下面有 14 个二级专业，各二级专业学生培养情况如表 1-37 所示。

2014 年中等建设职业教育工程造价专业学生培养情况　　　　　表 1-37

专业类别	开办学校数		毕业生		招生		在校学生	
	数量	占比（%）	数量	占比（%）	数量	占比（%）	数量	占比（%）
工程管理	1	0.20	35	0.18	0	0.00	40	0.05
工程管理技术	1	0.20	34	0.17	0	0.00	0	0.00
工程监理	1	0.20	0	0.00	2	0.01	6	0.01
工程预算与资料管理	1	0.20	25	0.13	0	0.00	0	0.00
工程造价	469	95.91	19031	96.09	29721	98.33	76783	98.57

专业类别	开办学校数		毕业生		招生		在校学生	
	数量	占比（%）	数量	占比（%）	数量	占比（%）	数量	占比（%）
工程造价（3+2）	4	0.82	84	0.42	121	0.40	334	0.43
工程造价（高中一年）	1	0.20	18	0.09	0	0.00	0	0.00
工程造价（通信方向）	1	0.20	0	0.00	60	0.20	60	0.08
工程造价（五年制）	4	0.82	256	1.29	123	0.41	345	0.44
工程造价（中高职贯通）	1	0.20	0	0.00	80	0.26	80	0.10
建筑工程技术	1	0.20	0	0.00	5	0.02	5	0.01
建筑工程预决算	1	0.20	139	0.70	0	0.00	0	0.00
建筑工程造价	2	0.41	125	0.63	113	0.37	244	0.31
建筑经济	1	0.20	59	0.30	0	0.00	0	0.00
合计	489	100.00	19806	100.00	30225	100.00	77897	100.00

从表1-37可以看出，在工程造价的14个二级专业中，工程造价开办学校数、毕业生数、招生数和在校学生数占比均排在第一位，且占比额均超过95%。其他二级专业占比均很小。

（6）建筑设备安装专业

根据各开办学校的不同情况，建筑设备安装专业下面有5个二级专业，各二级专业学生培养情况如表1-38所示。

2014年中等建设职业教育建筑设备安装专业学生培养情况　　　　表1-38

专业类别	开办学校数		毕业生		招生		在校学生	
	数量	占比（%）	数量	占比（%）	数量	占比（%）	数量	占比（%）
建筑电气工程技术	1	1.43	40	2.26	84	3.97	152	2.45
建筑工程技术	3	4.29	55	3.11	140	6.61	223	3.60
建筑设备安装	63	90.00	1605	90.68	1807	85.32	5632	90.96
建筑设备工程技术	2	2.86	36	2.03	87	4.11	185	2.99
建筑水电安装	1	1.43	34	1.92	0	0.00	0	0.00
合计	70	100.00	1770	100.00	2118	100.00	6192	100.00

从表1-38可以看出，在建筑设备安装的5个二级专业中，建筑设备安装开办学校数、毕业生数、招生数和在校学生数占比均排在第一位，且占比额均超过85%。其他二级专业占比均较小。

（7）楼宇智能化设备安装与运行专业

根据各开办学校的不同情况，楼宇智能化设备安装与运行专业下面有 7 个二级专业，各二级专业学生培养情况如表 1-39 所示。

2014 年中等建设职业教育楼宇智能化设备安装与运行专业学生培养情况　　表 1-39

专业类别	开办学校数		毕业生		招生		在校学生	
	数量	占比（%）	数量	占比（%）	数量	占比（%）	数量	占比（%）
电梯安装与维修	1	1.32	0	0.00	6	0.31	12	0.21
楼宇智能	1	1.32	0	0.00	44	2.24	86	1.53
楼宇智能化工程技术	3	3.95	148	12.13	117	5.97	399	7.09
楼宇智能化设备安装与运行	68	89.47	1032	84.59	1643	83.78	4830	85.81
楼宇智能化设备安装与运行（五年制）	1	1.32	0	0.00	69	3.52	69	1.23
楼宇智能化设备安装与运行高级	1	1.32	40	3.28	53	2.70	173	3.07
楼宇自动控制设备安装与维修	1	1.32	0	0.00	29	1.48	60	1.07
合计	76	100.00	1220	100.00	1961	100.00	5629	100.00

从表 1-39 可以看出，在楼宇智能化设备安装与运行的 7 个二级专业中，楼宇智能化设备安装与运行开办学校数、毕业生数、招生数和在校学生数占比均排在第一位，且占比额均超过 80%；楼宇智能化工程技术开办学校数、毕业生数、招生数和在校学生数占比均排在第二位，占比额从 3.95% 至 12.13% 不等。其他二级专业占比均较小。

（8）供热通风与空调施工运行专业

供热通风与空调施工运行下面有供热通风、供热通风与空调施工运行 2 个二级专业，但供热通风只有 1 个学校开办，毕业生数 20，招生数和在校生数为 0，已处于停办状态。

（9）建筑表现专业

建筑表现全国只有一个专业，在此不作分析。

（10）城市燃气输配与应用专业

城市燃气输配与应用下面有城市燃气工程技术、城市燃气输配与应用 2 个二级专业。城市燃气工程技术只有 1 个学校开办，毕业生数、招生数和在校生数分别为 46 人、52 人、131 人；城市燃气输配与应用有 7 个学校开办，毕业生数、招生数和在校生数分别为 264 人、322 人、1315 人。

（11）给排水工程施工与运行专业

给排水工程施工与运行下面有给排水、给排水工程施工与运行、工业与民用建筑 3 个二级专业。给排水只有 1 个学校开办，毕业生数为 0，招生数和在校生数分别为 45、91；给排水工程施工与运行有 31 个学校开办，毕业生数、招生数和在校生数分别为 580、558、2224；工业与民用建筑只有 1 个学校开办，毕业生数、招生数均为 0，在校生数为 20。

（12）市政工程施工专业

根据各开办学校的不同情况，市政工程施工专业下面有 5 个二级专业，各二级专业学生培养情况如表 1-40 所示。

2014 年中等建设职业教育市政工程施工专业学生培养情况　　表 1-40

专业类别	开办学校数		毕业生		招生		在校学生	
	数量	占比（%）	数量	占比（%）	数量	占比（%）	数量	占比（%）
建筑工程技术	1	1.72	0	0.00	12	0.55	12	0.21
市政工程技术	4	6.90	75	3.49	133	6.11	366	6.39
市政工程施工	51	87.93	1901	88.34	1882	86.45	5204	90.79
市政工程施工（高职一年制）	1	1.72	176	8.18	100	4.59	100	1.74
市政工程施工（中高职贯通）	1	1.72	0	0.00	50	2.30	50	0.87
合计	58	100.00	2152	100.00	2177	100.00	5732	100.00

从表 1-40 可以看出，在市政工程施工的 5 个二级专业中，市政工程施工开办学校数、毕业生数、招生数和在校学生数占比均排在第一位，且占比额均超过 85%。其他二级专业占比均较小。

（13）道路与桥梁工程施工专业

根据各开办学校的不同情况，道路与桥梁工程施工专业下面有 8 个二级专业，各二级专业学生培养情况如表 1-41 所示。

2014 年中等建设职业教育道路与桥梁工程施工专业学生培养情况　　表 1-41

专业类别	开办学校数		毕业生		招生		在校学生	
	数量	占比（%）	数量	占比（%）	数量	占比（%）	数量	占比(%)
道路桥梁工程技术	3	2.14	219	2.38	311	3.99	666	2.85
道路桥梁工程技术（五年制）	1	0.71	143	1.56	131	1.68	408	1.75

专业类别	开办学校数		毕业生		招生		在校学生	
	数量	占比（%）	数量	占比（%）	数量	占比（%）	数量	占比(%)
道路桥梁技术	1	0.71	0	0.00	1	0.01	1	0.00
道路与桥梁工程技术	3	2.14	103	1.12	103	1.32	297	1.27
道路与桥梁工程技术（3+2）	1	0.71	46	0.50	40	0.51	78	0.33
道路与桥梁工程施工	128	91.43	8302	90.33	6821	87.62	20750	88.90
道路与桥梁工程施工（五年制）	1	0.71	18	0.20	0	0.00	14	0.06
公路与桥梁	2	1.43	360	3.92	378	4.86	1127	4.83
合计	140	100.00	9191	100.00	7785	100.00	23341	100.00

从表 1-41 可以看出，在道路与桥梁工程施工的 8 个二级专业中，道路与桥梁工程施工开办学校数、毕业生数、招生数和在校学生数占比均排在第一位，且占比额均超过 85%。其他二级专业占比均较小。

（14）铁道施工与养护专业

根据各开办学校的不同情况，铁道施工与养护专业下面有 7 个二级专业，各二级专业学生培养情况如表 1-42 所示。

2014 年中等建设职业教育铁道施工与养护专业学生培养情况　　表 1-42

专业类别	开办学校数		毕业生		招生		在校学生	
	数量	占比（%）	数量	占比（%）	数量	占比（%）	数量	占比（%）
铁道工程	1	1.92	236	4.32	138	4.16	543	4.58
铁道工程技术	1	1.92	0	0.00	0	0.00	79	0.67
铁道施工与养护	46	88.46	5108	93.57	3018	90.96	10775	90.84
铁道施工与养护（高速铁道技术）	1	1.92	0	0.00	16	0.48	62	0.52
铁道施工与养护（工程设备方向）	1	1.92	84	1.54	78	2.35	228	1.92
铁道施工与养护（铁道工程技术）	1	1.92	0	0.00	14	0.42	43	0.36
铁道施工与养护（五年）	1	1.92	31	0.57	54	1.63	132	1.11
合计	52	100.00	5459	100.00	3318	100.00	11862	100.00

从表 1-42 可以看出，在铁道施工与养护的 7 个二级专业中，铁道施工与养护开办学校数、毕业生数、招生数和在校学生数占比均排在第一位，且占比额均超过 85%。其他二级专业占比均较小。

（15）水利水电工程施工专业

根据各开办学校的不同情况，水利水电工程施工专业下面有 15 个二级专业，各二级专业学生培养情况如表 1-43 所示。

2014 年中等建设职业教育水利水电工程施工专业学生培养情况　　　表 1-43

专业类别	开办学校数		毕业生		招生		在校学生	
	数量	占比（%）	数量	占比（%）	数量	占比（%）	数量	占比（%）
水电建筑工程施工	1	0.90	54	0.94	0	0.00	0	0.00
水电站动力设备与管理	1	0.90	0	0.00	0	0.00	0	0.00
水利工程	1	0.90	52	0.90	0	0.00	199	1.11
水利水电	3	2.70	10	0.17	37	0.53	54	0.30
水利水电工程	1	0.90	0	0.00	0	0.00	19	0.11
水利水电工程管理	2	1.80	67	1.16	144	2.07	277	1.55
水利水电工程施工	93	83.78	4791	83.03	5958	85.69	14941	83.35
水利水电工程施工 5	1	0.90	131	2.27	76	1.09	361	2.01
水利水电工程施工（高中班）	1	0.90	0	0.00	83	1.19	172	0.96
水利水电工程施工（工程造价）	1	0.90	0	0.00	55	0.79	55	0.31
水利水电工程施工（监理）	1	0.90	53	0.92	71	1.02	208	1.16
水利水电工程施工（水管）	1	0.90	50	0.87	54	0.78	54	0.30
水利水电工程施工（水检）	1	0.90	50	0.87	0	0.00	57	0.32
水利水电工程施工技术	2	1.80	512	8.87	319	4.59	1372	7.65
水利水电建筑工程	1	0.90	0	0.00	156	2.24	156	0.87
合计	111	100.00	5770	100.00	6953	100.00	17925	100.00

从表 1-43 可以看出，在水利水电工程施工的 15 个二级专业中，水利水电工程施工开办学校数、毕业生数、招生数和在校学生数占比均排在第一位，且占比额均超过 80%。其他二级专业占比均较小。

（16）工程测量专业

根据各开办学校的不同情况，工程测量专业下面有 9 个二级专业，各二级专业学生培养情况如表 1-44 所示。

2014 年中等建设职业教育工程测量专业学生培养情况　　表 1-44

专业类别	开办学校数		毕业生		招生		在校学生	
	数量	占比（%）	数量	占比（%）	数量	占比（%）	数量	占比（%）
测绘工程技术	2	1.06	120	1.75	12	0.17	12	0.06
测量工程	1	0.53	0	0.00	0	0.00	28	0.14
工程测量	175	93.09	6579	95.95	7006	97.36	19692	97.02
工程测量（3+2）	4	2.13	42	0.61	84	1.17	171	0.84
工程测量 5	1	0.53	0	0.00	12	0.17	12	0.06
工程测量（高中班）	1	0.53	0	0.00	0	0.00	57	0.28
工程测量技术	2	1.06	68	0.99	44	0.61	200	0.99
工程测量与监理	1	0.53	0	0.00	3	0.04	3	0.01
公路监理	1	0.53	48	0.70	35	0.49	122	0.60
合计	188	100.00	6857	100.00	7196	100.00	20297	100.00

从表 1-44 可以看出，在工程测量的 9 个二级专业中，工程测量开办学校数、毕业生数、招生数和在校学生数占比均排在第一位，且占比额均超过 90%。其他二级专业占比均很小。

（17）土建工程检测专业

土建工程检测下面有工程监理、建筑工程测量与检测技术、土建工程检测 3 个二级专业。工程监理有 4 个学校开办，毕业生数、招生数和在校生数分别为 46 人、113 人、228 人；建筑工程测量与检测技术只有 1 个学校开办，毕业生数、招生数和在校生数分别为 0 人、93 人、93 人；土建工程检测有 39 个学校开办，毕业生数、招生数、在校生数分别为 39 人、1199 人、1002 人、2583 人。

（18）工程机械运用与维修专业

根据各开办学校的不同情况，工程机械运用与维修专业下面有 6 个二级专业，各二级专业学生培养情况如表 1-45 所示。

2014 年中等建设职业教育工程机械运用与维修专业学生培养情况　　表 1-45

专业类别	开办学校数		毕业生		招生		在校学生	
	数量	占比（%）	数量	占比（%）	数量	占比（%）	数量	占比（%）
工程机械驾驶与维修	1	0.91	207	5.42	504	14.48	1209	11.45
工程机械控制技术	1	0.91	45	1.18	81	2.33	211	2.00
工程机械运用与维护	1	0.91	36	0.94	0	0.00	0	0.00
工程机械运用与维修	105	95.45	3531	92.46	2846	81.78	9090	86.07

续表

专业类别	开办学校数		毕业生		招生		在校学生	
	数量	占比（%）	数量	占比（%）	数量	占比（%）	数量	占比（%）
工程机械运用与维修（五年）	1	0.91	0	0.00	49	1.41	49	0.46
挖掘机驾驶	1	0.91	0	0.00	0	0.00	2	0.02
合计	110	100.00	3819	100.00	3480	100.00	10561	100.00

从表 1-45 可以看出，在工程机械运用与维修的 9 个二级专业中，工程机械运用与维修开办学校数、毕业生数、招生数和在校学生数占比均排在第一位，且占比额均超过 80%；工程机械驾驶与维修开办学校数、毕业生数、招生数和在校学生数占比均排在第二位。其他二级专业占比均很小。

（19）土木水利类专业

根据各开办学校的不同情况，土木水利类专业下面有 25 个二级专业，各二级专业学生培养情况如表 1-46 所示。

2014 年中等建设职业教育土木水利类专业专业学生培养情况　　　表 1-46

专业类别	开办学校数		毕业生		招生		在校学生	
	数量	占比（%）	数量	占比（%）	数量	占比（%）	数量	占比（%）
电梯维修	1	1.49	0	0.00	1	0.05	1	0.02
工程监理	5	7.46	1	0.05	2	0.10	258	4.18
工程监理（五年制）	2	2.99	1	0.05	12	0.59	16	0.26
工业与民用建筑	4	5.97	114	5.33	156	7.68	578	9.36
环境艺术设计	1	1.49	0	0.00	43	2.12	43	0.70
建设工程技术	1	1.49	106	4.96	0	0.00	52	0.84
建筑工程管理	6	8.96	51	2.39	298	14.67	393	6.37
建筑工程技术	12	17.91	387	18.06	607	29.87	2057	33.32
建筑设计技术	1	1.49	7	0.33	0	0.00	10	0.16
建筑装饰工程技术	1	1.49	0	0.00	6	0.30	8	0.13
楼宇智能化工程技术	1	1.49	0	0.00	17	0.84	56	0.91
路桥	1	1.49	33	1.54	0	0.00	46	0.75
煤矿开采技术	1	1.49	15	0.70	0	0.00	38	0.62
暖通设备安装及维修	1	1.49	0	0.00	113	5.56	113	1.83
室内设计	1	1.49	0	0.00	1	0.05	1	0.02
水利工程监理 5	1	1.49	0	0.00	10	0.49	31	0.50

专业类别	开办学校数		毕业生		招生		在校学生	
	数量	占比（%）	数量	占比（%）	数量	占比（%）	数量	占比（%）
水利水电建筑工程	2	2.99	70	3.27	0	0.00	168	2.72
水务工程管理专门化	1	1.49	0	0.00	36	1.77	36	0.58
土建工程检测	1	1.49	0	0.00	57	2.81	156	2.53
土木工程	1	1.49	0	0.00	35	1.72	136	2.20
土木工程5+2	1	1.49	0	0.00	69	3.40	146	2.36
土木水利类专业	18	26.87	1353	63.28	422	20.77	1627	26.35
土木水利类专业（建筑工程技术）	1	1.49	0	0.00	32	1.57	37	0.60
消防工程技术	1	1.49	0	0.00	81	3.99	81	1.31
小型水电站	1	1.49	0	0.00	34	1.67	86	1.39
合计	67	100.00	2138	100.00	2032	100.00	6174	100.00

从表1-46可以看出，在土木水利类专业的25个二级专业中，开办学校数、毕业生数、招生数和在校学生数占比，土木水利类专业分别排在1、1、2、2位；建筑工程技术专业分别排在2、2、1、1位；工业与民用建筑专业分别排在5、3、4、3位；建筑工程管理专业分别排在3、6、3、4位。其他二级专业占比均较小。

1.3.1.4 分地区中等建设职业教育情况

2014年中等建设职业教育在各地区的分布情况如表1-47所示。

2014年中等建设职业教育各地区分布情况　　　　　　表1-47

地区	开办学校数		开办专业数		毕业生数		招生数		在校生数		招生数较毕业生数增幅（%）
	数量	占比（%）	数量	占比（%）	数量	占比（%）	数量	占比（%）	数量	占比（%）	
北京	13	0.75	52	1.48	2256	1.25	1451	0.60	4968	0.80	−35.68
天津	6	0.35	26	0.74	1828	1.01	843	0.35	2874	0.46	−53.88
河北	103	5.97	177	5.03	9992	5.51	8506	3.54	25146	4.03	−14.87
山西	46	2.67	88	2.50	4793	2.65	5528	2.30	16668	2.67	15.33
内蒙古	88	5.10	176	5.00	6402	3.53	6291	2.62	21859	3.50	−1.73
辽宁	48	2.78	98	2.79	3671	2.03	3044	1.27	8696	1.39	−17.08
吉林	52	3.01	90	2.56	3108	1.72	2766	1.15	7098	1.14	−11.00
黑龙江	51	2.96	122	3.47	3396	1.87	3156	1.31	10331	1.66	−7.07

地区	开办学校数		开办专业数		毕业生数		招生数		在校生数		招生数较毕业生数增幅(%)
	数量	占比(%)	数量	占比(%)	数量	占比(%)	数量	占比(%)	数量	占比(%)	
上海	8	0.46	43	1.22	1709	0.94	2525	1.05	7531	1.21	47.75
江苏	97	5.62	228	6.48	14497	8.00	17392	7.24	47939	7.68	19.97
浙江	66	3.83	137	3.89	9937	5.48	11235	4.68	31743	5.09	13.06
安徽	75	4.35	146	4.15	10065	5.56	9186	3.83	24146	3.87	−8.73
福建	85	4.93	202	5.74	6958	3.84	12756	5.31	29395	4.71	83.33
江西	36	2.09	93	2.64	3769	2.08	7302	3.04	16284	2.61	93.74
山东	115	6.67	235	6.68	9000	4.97	13194	5.49	35065	5.62	46.60
河南	127	7.36	252	7.16	14649	8.09	20422	8.50	50720	8.13	39.41
湖北	44	2.55	84	2.39	5726	3.16	5195	2.16	14865	2.38	−9.27
湖南	54	3.13	90	2.56	4694	2.59	7368	3.07	18879	3.03	56.97
广东	61	3.54	119	3.38	7146	3.94	9895	4.12	28440	4.56	38.47
广西	31	1.80	81	2.30	4661	2.57	6604	2.75	18720	3.00	41.69
海南	13	0.75	23	0.65	477	0.26	1136	0.47	2761	0.44	138.16
重庆	45	2.61	68	1.93	4686	2.59	11052	4.60	26449	4.24	135.85
四川	119	6.90	211	6.00	16668	9.20	21829	9.09	57542	9.22	30.96
贵州	64	3.71	120	3.41	6445	3.56	14737	6.14	27932	4.48	128.66
云南	90	5.22	184	5.23	6719	3.71	14739	6.14	32101	5.14	119.36
西藏	3	0.17	7	0.20	94	0.05	2157	0.90	2432	0.39	
陕西	56	3.25	102	2.90	5067	2.80	4529	1.89	14344	2.30	−10.62
甘肃	50	2.90	113	3.21	5143	2.84	6036	2.51	15623	2.50	17.36
青海	13	0.75	24	0.68	1080	0.60	959	0.40	2346	0.38	−11.20
宁夏	14	0.81	30	0.85	2003	1.11	1926	0.80	5369	0.86	−3.84
新疆	52	3.01	97	2.76	4541	2.51	6381	2.66	15744	2.52	40.52
合计	1725	99.25	3518	98.52	181180	98.75	240140	99.40	624010	99.20	32.54

从表 1-47 可以看出,在开办学校数量上,占比超过 5%的有河南、四川、山东、河北、江苏、云南和内蒙古 7 个地区,占比不足 1%的地区有西藏、天津、上海、青海、海南、北京和宁夏 7 个地区;在开办专业数量上,占比超过 5%的有河南、山东、江苏、四川、福建、云南和河北 7 个地区,占比不足 1%的有西藏、海南、青海、天津和宁夏 5 个地区;在毕业生数量上,占比超过 5%的有四川、河南、

江苏、安徽、河北和浙江 6 个地区，占比不足 1% 的有西藏、海南、青海、上海 4 个地区；在招生数量上，占比超过 5% 的有四川、河南、江苏、云南、贵州、山东和福建 7 个地区，占比不足 1% 的有天津、青海、海南、北京、宁夏、西藏 6 个地区；在在校生数量上，占比超过 5% 的有四川、河南、江苏、山东、云南和浙江 6 个地区，占比不足 1% 的有青海、西藏、海南、天津、北京、宁夏 6 个地区。从招生数较毕业生数增幅看，超过 80% 的有西藏、海南、重庆、贵州、云南、江西和福建 7 个地区，下降 10% 以上的有天津、北京、辽宁、河北、青海、吉林和陕西 7 个地区。

根据华北（含京、津、冀、晋、蒙）、东北（含辽、吉、黑）、华东（含沪、苏、浙、皖、闽、赣、鲁）、中南（豫、鄂、湘、粤、桂、琼）、西南（含渝、川、贵、云、藏）、西北（含陕、甘、青、宁、新）六个版块的区域划分，2014 年全国中等职业教育在各版块的分布情况如表 1-48 所示。

2014 年全国中等职业教育各版块分布情况　　　　　　　　　表 1-48

版块	开办学校数		开办专业数		毕业数		招生数		在校生数		招生数较毕业生数增幅（%）
	数量	占比（%）	数量	占比（%）	数量	占比（%）	数量	占比（%）	数量	占比（%）	
华北	256	14.84	519	14.75	25271	13.95	22619	9.42	71515	11.46	−10.49
东北	151	8.75	310	8.81	10175	5.62	8966	3.73	26125	4.19	−11.88
华东	482	27.94	1084	30.81	55935	30.87	73590	30.64	192103	30.79	31.56
中南	330	19.13	649	18.45	37353	20.62	50620	21.08	134385	21.54	35.52
西南	321	18.61	590	16.77	34612	19.10	64514	26.87	146456	23.47	86.39
西北	185	10.72	366	10.40	17834	9.84	19831	8.26	53426	8.56	11.20
合计	1725	100.00	3518	100.00	181180	100.00	240140	100.00	624010	100.00	32.54

从表 1-48 可以看出，在开办学校数量上，华东、中南两区域是中等建设职业教育的第一梯队，拥有学校总数的 47.07%，其次是西南、华北，拥有学校总数的 33.45%。这种格局在总体上与地区经济发展水平和总人口规模相一致；在开办专业数量上，华东、中南是中等建设职业教育专业布点的第一梯队，拥有专业总数的 49.26%，其次是西南、华北，拥有专业总数的 31.52%；在毕业生数量上，华东、中南是中等建设职业教育毕业生数分布的中心，占毕业生总数的 51.49%，其次是西南、华北，占毕业生总数的 33.05%；在招生数量上，华东、西南是高等建设职业教育招生数分布的中心，占招生总数的 57.51%，其次是中南、华北，占招生总数的 30.5%；在在校生数量上，华东、中南是高等建设职业

教育在校学生数分布的中心，占在校学生总数的 52.32%，其次是西南、华北，占在校学生总数的 34.93%。从招生数较毕业生数增幅看，西南、中南和华东、西北分别超过了 85%、30% 和 10%。

1.3.2　中等建设职业教育发展的趋势

随着现代职业教育体系的建立，职业教育将步入一个新的发展时期，而作为职业教育中的一个重要组成部分，中等建设职业教育的发展空间十分广阔，同时也将面临许多新的发展机遇和挑战。

首先，是由于具有建设行业特征的优势。在国家全面建成小康社会的历史时期，基础设施建设和城镇化建设将起到决定性的推进作用，浩大的建设工程需要一支庞大的建设大军，为建设大军源源不断地输送大量技能型人才的光荣使命就责无旁贷地落在中等建设职业院校的身上。

其次，现代施工技术日趋先进、复杂，众多施工单位急需大量紧缺技术工人，新型工种不断派生，赋予了中等建设职业教育更多更新的课题，使得中等建设职业教育有了更广阔的用武之地。

因此，中等建设职业教育将随着建设行业施工技术现代化的进程，不断开设与之相适应的新专业新课程，使中等建设职业院校真正成为培养技能型人才的摇篮。同时，从中等建设职业院校的自身发展来看，瞄准建设市场，实行校企合作，量身定做、分层次打造成中技、高技、技师院校将形成一种新的格局和趋势。各中等建设职业院校在专业及工种开发方面，正在形成一种尽力开发满足学生择业需求、富有技术含量专业的发展趋势。

1.3.3　中等建设职业教育发展面临的问题

（1）专业资源分布不平衡。主要体现为专业建设的软硬件资源分布不平衡。这种不平衡是由区域中职教育办学资源不平衡决定的。办学资源集中及办学水平高的地区，专业建设水平也相对较高，实训基地建设水平、专业师资水平、专业课程开发水平等都具有一定优势。

（2）专业发展投入不足。办学资金短缺直接影响了专业发展能力。一是许多地方财力有限，加之现有中等职业学校大都小而散，自生能力不强，导致学校普遍存在基本办学条件相对落后的问题，特别是县级学校，办学能力不强。二是近年来职业教育实习实训所需设施设备不断更新换代、采购价格持续攀升，造成学校办学成本日益增加，中等职业学校日常办学经费短缺问题比较突出，缺少足够资金改善实训条件，提高教学质量和水平的能力不足。三是职业教育资助政策要求免除的相关费用，需要各级财政按比例拨付资金，给予学校补偿，但县级财政承担的资金落实起来比较困难，资金难以及时足额拨付到位，致使学校承受较大的办学压力，办学经费不足直接导致专业建设投入不足，专业建设水平普遍不高。

（3）校企合作、产教融合不充分。学校闭门教学，企业用工无计划，临时应急招工，校企彼此各忙各的，缺乏战略性合作，致使学校培养的学生难以做到与企业的无缝隙对接。

（4）教学滞后于生产实际。由于学校实训场所与设备有限，教师也少有生产实践经验，导致诸多专业实训课不能正常开设，学生的实际操作能力没有得到有效培养，学校培养出来的学生与企业的要求相去甚远，严重影响了学生的培养质量和就业能力。

（5）生源问题比较突出。中等建设职业学校的生源问题集中表现为生源数量减少和生源质量降低两个方面。中等建设职业学校的生源主要是初中应届毕业生，以及少数应届高中毕业生和社会从业人员。而在生源比例中占绝大部分的应届初中毕业生同样也是普通高级中学的生源。随着社会的不断发展、九年义务教育制度的成熟，更多家长和学生倾向于接受普通高中教育。达不到"普高"招生要求的学生数量本就为数不多，并且，在农村地区这类学生通常选择辍学外出务工。这样一来，中职学校的生源数量就日益减少，招生陷入困境。另外，中等职业学校招生门槛低，学生大多数文化知识的底子薄弱，并且学习习惯不好，所以在中职学习阶段学习的积极性、主动性同样也不强。还有部分学生由于一直未能养成良好的行为习惯导致他们在校期间纪律散漫，经常性地违反课堂纪律和校纪校规，难于管理。要将这样一批质量不高的学生培养成为高素质的劳动者，任重而道远。

1.3.4 促进中等建设职业教育发展的对策建议

（1）整合办学资源，夯实专业发展基础。一是加大资金投入，加快改善学校基本办学条件，重点加强实训设施建设，建立跨区域的公共实训基地，推进实训资源共建共享。二是打造门类齐全、层次丰富、资源共享的区域建设职业教育专业建设平台，增强中等建设职业学校专业的社会服务能力。增强中等建设职业学校专业改造、课程设置与各区域基础设施建设、新型城镇化推进的关联度，提高中等建设职业学校人才培养的口径、规格与区域人才需求的匹配度。构建"省市共建、以市为主"的管理体制框架，探索"不求所有，但求所用"的柔性管理模式，加快不同隶属关系的中等建设职业教育专业资源的整合，提高专业资源使用效益。

（2）深化校企合作，增强专业建设的社会化。以校企合作为突破口，推动中等建设职业学校专业的社会化、市场化发展。加强校企合作管理，强化对各方的需求分析与对接，并建立需求契合的协调机制，培育、挖掘需求契合点，满足各方需求，保障各方利益。特别是要挖掘建立高层次的合作内容，如科技成果转化、高技术人才培养、企业精神文化传承等方面，促进建设领域校企合作的长期稳定发展。

（3）提升师资水平，保障专业建设的科学性。一是加强对师资的专业建设能力培训，提升教师专业建设与课程开发水平，增强教师关于专业建设与课程开发的理论修养。以国家级、省级职教师资培养培训基地为依托，重点加强与基础设施建设、新型城镇化建设相适应的专业师资培训，开发包括专业设置、课程开发、教学模式、专业资源开发等内容的培训项目，以主题研讨、观摩展示、课题引领、项目推动等形式开展理论培训，提升教师专业建设与课程开发能力；二是完善教师到企业实践的制度，提升教师实践能力，增强教师对专业发展的理解力和判断力。要发挥好政府的引导、扶持、协调、监管等作用，促进企业与学校共同承担教师到企业实践的责任，进一步明确政府、企业、学校、教师的权利、义务和责任，规范教师到企业实践的内容、流程及管理。

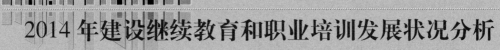

2014 年建设继续教育和职业培训发展状况分析

2.1 2014 年建设行业执业人员继续教育与培训发展状况分析

2.1.1 建设行业执业人员继续教育与培训的总体状况

2.1.1.1 执业人员概况

20 世纪 80 年代末起，为适应社会主义市场经济的发展要求，规范市场秩序，保证建设工程的质量和安全，促进行业管理体制改革，推进我国建设行业走向国际市场和引进外资项目，借鉴国外发达国家的有益经验，按照国际惯例，建设部在工程建设领域先后建立了注册建筑师、监理工程师、造价工程师、勘察设计注册工程师、注册建造师等个人执业资格管理制度，改变了过去单纯以企业资质为主导的市场准入管理制度，进一步完善了我国建筑市场管理体制。多年来，在各级管理部门的共同努力下，工程建设领域执业资格管理制度稳步推进，执业资格管理工作取得了显著成效。据不完全统计，截至 2014 年底，全国约 130.56 万人取得各类一级执业资格，其中约 92.28 万人完成注册。

2014 年取得各类一级执业资格的人员比例如图 2-1 所示，其中勘察设计注册工程师细分的人员比例如图 2-2 所示。

2.1.1.2 执业人员考试与注册情况

1. 执业人员考试情况

执业资格考试是执业资格制度的重要环节。2014 年，一方面，住房和城乡建设部相关部门和有关行业协会、学会高度重视执业资格考试工作。一是积极完善执业资格考试大纲，改进执业资格考试内容和方法，突出执业能力考核，探索题型改革，逐步加大执业实践题型的考核比例，不断提高执业人员评价的科学性、实践性。二是全力配合人社部做好考试大纲编制、教材出版、命题、阅卷等工作。三是强化命题专家和考试工作人员的保密教育，严格执行保密规定，积极开展保密工作自查，有力保证了各类执业资格考试工作的规范有序开展。另一方面，各省（区、市）建设主管部门与人社部门通力协作，精心组织专家推荐、报名资格审查、考务组织实施等具体工作，认真执行考试制度和保密规定，为执业资格考试工作的正常开展作出了积极贡献。2014 年，全国共有 322.94 万人参加建设类执业资格考试，其中参加一级执业资格考试的人数约 123.67 万人，约 11.67 万人取得资格，平均通过率 9.4%。参考人数最多的是一级注册建造师，约 102.74 万人参加考试。全国有 199.27 万人参加了各省（区、市）开展的二级执业资格考试，人数最多的是二级注册建造师，约 195.76 万人参加考试。

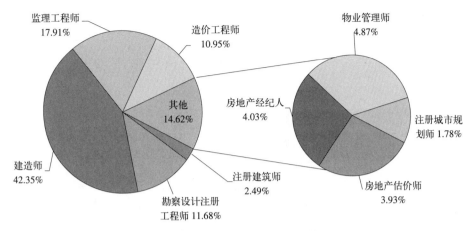

图 2-1 2014 年取得各类一级执业资格的人员比例

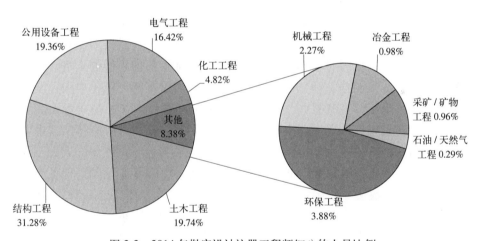

图 2-2 2014 年勘察设计注册工程师细分的人员比例

2014 年各类一级执业人员取得资格人数和注册人数对比如图 2-3 所示。

2. 执业人员注册情况

2014 年，各省（区、市）认真贯彻落实《行政许可法》和有关注册管理规定，按照"阳光、便民、高效"的原则，大力推进简政放权，不断改进注册事项办理程序,加快信息化建设,有效提高了工作效率和服务水平。一是依法行政,规范审批。各级执业资格注册管理部门根据全面深化改革的要求，以编制权力和责任清单为契机，进一步规范权力运行，着力解决社会关注和人民群众反映的突出问题，进一步明确设定依据、材料清单、审批时限、审核标准、收费项目等，既做到"清单以外无审批，法无授权不可为"，更做到"法定职责必须为"，

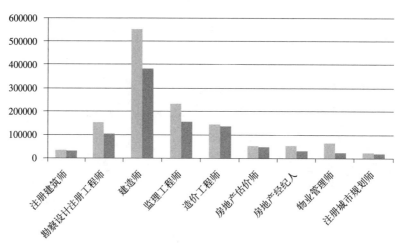

图 2-3　2014 年各类一级执业人员累计持证和注册人数对比

让群众在办理注册审批时有据可依、有章可循。同时加大对违规注册的查处力度，加快各类注册系统的互联互通和建立健全考试成绩库，通过自动比对和有效核查，严肃查处了一批同时在不同单位注册和有关证书弄虚作假的人员，形成了有效的震慑。二是加强管理，提升服务。一方面通过推行无纸化申报、设立投诉电话、厅长信箱等完善督办、检查、流程监控等内控制度。另一方面高度重视信访工作，安排专人受理群众信访和投诉，切实做到"件件有落实、事事有回音"，同时，在具体注册工作中积极引导各地建立健全矛盾纠纷的调处工作机制，坚持把矛盾化解在萌芽，把问题解决在基层。2014 年，全国办理各类一级执业人员注册人数达 7.58 万人。根据住房和城乡建设部对北京、天津、内蒙古、辽宁、江苏、浙江、安徽、福建、江西、河南、湖南、广东、广西、海南、重庆、四川、云南、陕西、青海、新疆等 20 个省（区、市）的调查，2014 年20 个省（区、市）办理二级执业人员注册 20.76 万人。

2.1.1.3　执业人员继续教育情况

2014 年，全国 20 个省（区、市）共开展各类二级执业资格注册人员继续教育 19.37 万人，广东、江苏、四川、安徽、河南、福建、浙江等省份参训人数均突破万人，参训人数最多的执业是二级注册建造师，约占总参训人数的 95%。

2014 年度全国 20 个省（区、市）参加二级执业资格继续教育人数占比情况如图 2-4 所示，二级执业资格继续教育参训人数分布情况如图 2-5 所示。

继续教育是延续注册的必要条件，是执业资格制度的重要环节，是不断提高注册人员执业水平和能力的重要举措。2014 年，在住房和城乡建设部的领导下，全国各省（区、市）有关单位、行业协会、学会，认真贯彻四中全会和习近平总书记系列讲话精神，不断适应形势发展的需要，紧紧围绕住房和城乡建设工作大局，团结奋进、务实创新，积极探索、强化服务，在完善制度措施、筑牢培训基础、大力实施培训、创新培训方式等方面做了一些有益的探索和尝试。有效推动了全行业执业人员队伍建设，为建设行业的可持续发展，提供了可靠的人才支撑和智力保障。

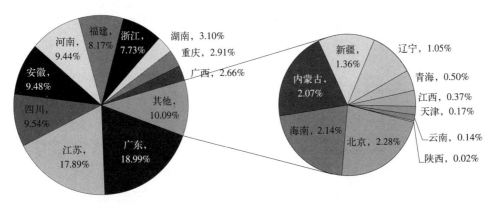

图2-4 2014年度全国20个省（区、市）参加二级执业资格继续教育人数占比情况

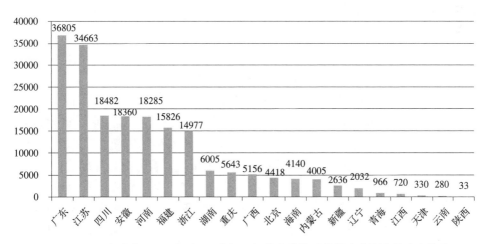

图2-5 2014年度全国20省（区、市）二级执业资格继续教育参训人数分布情况

1. 不断完善制度，努力推动行业管理

住房和城乡建设部、各省（区、市）应对行政审批改革方案，积极采取措施，完善各项制度。2014年，住房和城乡建设部注册中心围绕国务院行政审批制度改革方案出台了一系列关系到执业制度前途和命运的重要文件，相继

完成《137号部令修订研究课题》、《关于通过土木工程专业评估高校毕业生减免一级注册结构工程师基础考试的实施方案》、《建造师执业制度改革工作方案》。部分行业协会、学会探索继续教育培训机构动态管理，建立准入清出机制，优入劣出，规范培训主体行为。江苏省为增强建造师参加继续教育的自觉性，结合工作实际，制定了《江苏省二级建造师继续教育管理制度规定》，从培训申报、教学管理、考勤登记、评教评学、考试管理、监督检查、评比先进等方面加强了规范化管理。云南省政府每年核准一批促进建筑业发展扶持项目，鼓励扶持企业人才培养，对执业注册人员、工作突出的行业培训单位给予资金奖励。

2. 大力实施继续教育，不断提升执业素质

2014年，各省（区、市）结合执业人员工作实际，大力开展以新理论、新知识、新工艺、新技术、新方法学习为主的执业人员继续教育，不断提高执业人员的知识水平和业务素质。天津市先后组织开展了二级建筑师、二级结构师、二级建造师考前培训150个班次，继续教育60个班次。辽宁省根据实际工作需要，制定了全年的二级注册建造师详细培训计划，并严格按照培训工作计划组织了继续教育培训工作，全年组织开展二级注册建造师继续教育培训2032人次。江苏省注重培训规范化建设，加强继续教育监督管理，培训质量得到进一步提高，全年共开展二级建造师继续教育160批次，39728人次参加。广东省组织一、二级注册类建造师继续教育培训1.4万人左右，房地产估价师等培训也有近五千人次参加。四川省加强各类人员继续教育，全年接受继续教育的从业人员达123850人，其中：二级建筑师、二级结构师18482人。

3. 加强教材课件开发，不断筑牢培训基础

2014年，住房和城乡建设部有关单位和各省（区、市）非常重视教材、师资等培训基础建设力度，有力保证了各类执业人员继续教育工作的顺利实施。全国建筑师管委会建立了必修课师资培训制度，着力提升各地培训教师的授课水平，确保培训质量。北京市组织行业专家、大学教授、重大课题研究负责人、行业技术规范编写人员完成了二级注册建造师继续教育第三版教材的编写工作。辽宁省先后聘请沈阳建筑大学、东北大学、辽宁省水利厅、辽宁省水利水电勘测设计院等单位的知名学者、教授授课，对提高全省二级注册建造师的执业水平和能力发挥了积极的作用，达到了预期的目的。江苏省结合机电安装一级注册建造师工作实际，先后编写了《机电安装工程常见质量通病防止》、《安装工程创优指南》、《安装优质工程申报要点》等选修课补充教材，既方便企业人员熟悉优质工程申报流程和要点，又为提升工程质量奠定了基础。

4. 认真设置培训内容，确保教学效果提升

2014年，各省（区、市）通过加强教学内容调研、突出学以致用、认真设置培训内容，为各类执业人员继续教育的顺利实施打下了良好的基础。辽宁省充实继续教育专家顾问组，多次组织有关专家研究全省二级建造师培训内容、培训大纲和课程安排，同时对课程设置不合理的地方进行了认真的总结和完善，为各专业培训的顺利开展打下了良好的基础，既保证了继续教育培训内容更加贴切实际、学以致用，又使培训方式灵活多样、喜闻乐见。部分行业协会在课时安排上，除学习指定的必修课外，同时也注重选修课培训方式的多样化，如发表学术论文、参加新标准规范宣贯和技术交流会议等活动，经过一定程序的认可均可按一定的学时计入继续教育，切实减轻了执业人员的负担。

5. 充分运用信息化手段，突出培训方式创新

2014年，各省（区、市）创新继续教育方式，利用互联网技术，拓展继续教育新路子，研究开发网络继续教育系统和相关软件，制定网络教育管理办法，为注册人员提供可自由选择的培训形式和内容，并通过总结经验，逐步推广。部分行业协会、学会利用互联网技术，积极开展网络远程继续教育。北京市创新继续教育方式，大力推广二级建造师网络继续教育，完成了新教材6个科目共计140学时的课件录制工作。广西创新管理方式，推进信息化建设工作，利用计算机网络技术提高培训和管理工作的质量和效率，完善考试注册管理系统，不断更新与补充教学内容，让信息化建设成果惠及广大培训学员。江苏省升级改造注册建造师继续教育培训管理系统，积极为注册建造师打造自主完成继续教育报名、培训机构选择、培训合格信息自动对接注册管理系统的"一站式"平台，为后期办理注册事项打下了数据基础。

2.1.2 建设行业执业人员继续教育与培训存在的问题

2014年，全行业各级各单位围绕执业人员继续教育与培训工作进行了有益的探索和实践，虽然取得了一定的成绩，但仍存在不少问题和困难，需要各方的高度关注和着力解决。

1. 继续教育发展不均衡

由于全行业各类执业人员继续教育由不同的行业协会、学会组织实施，加之全国各地区经济社会发展的差异以及教育培训工作理念、工作标准的差异，导致各地区执业人员继续教育工作的开展存在行业与行业、地区与地区、单位与单位之间的差别，不平衡现象较为突出。如有的地区注重执业人员继续教育的标准化、规范化和信息化建设，不断加强培训基础和规范管理工作，有效提升了执业人员继续教育的质量，促进了执业人员综合素质和专业能力的提升；

有的地区片面追求培训效益，而忽略了培训质量，培训工作多流于形式，培训效果大打折扣，存在走过场的现象。

2. 内容与实际结合不紧密

执业人员继续教育的内容要适应建设行业工作岗位的实际需要，注重科学性、先进性、实用性和针对性。目前执业人员继续教育主要以书本理论知识为主，紧紧围绕熟练掌握相关技术规范、规程和质量管理措施，熟悉重大技术方案制订以及新材料、新技术、新工艺、新设备（机具）的开发与推广应用，并与现场实践紧密结合的课程较少，且培训形式单一，很少把培训学习与启发思考、激发兴趣、解决问题结合起来，未真正体现参训人员的主体地位，难以调动参训人员的积极性和主动性。而且部分教材更新不及时，内容陈旧，针对性、实用性不强，导致继续教育质量、效益得不到保障，没有真正实现专业技术人才知识更新的目标。

3. 教学方式相对落后

目前，各地继续教育学习方式比较传统，多数是由培训机构组织教师进行现场面授，以面授为主的培训方式难以确保基层从业人员能够及时、高效、高质地了解和掌握相关专业的新知识和新方法，及时更新知识结构和专业技能，从而，不断提升其职业能力和综合素质。主要原因：一是参训人员阅历差异。参加继续教育培训人员的年龄和工作时间差异很大，有的已经工作了几十年，而有的才工作几年。这样开展培训，这就好像把小学一年级和六年级的学生放在一个教室里听课学习，其效果可想而知。二是授课教师水平参差不齐。有的教师缺乏现场工作经验，且阅历尚不如台下的"学生"，导致培训内容针对性和实践性不强，这种学习方式不但老师有压力，对于那些实践经验丰富的执业人员来说也会产生厌学的情绪。在大数据时代和网络技术较为成熟发展的当代，教育培训方式亟待转型升级。

4. 学时和收费不合理

目前，一方面，继续教育学时过长。部分专业执业人员继续教育的学时安排比较长，且大多采取现场面授的形式连续授课，这与部分专业执业人员现场施工赶工期、参加工程招投标等工作实际相冲突，工学矛盾较为突出。另一方面，继续教育收费偏高。由于各专业执业人员继续教育管理单位不同，存在收费标准不统一，且部分专业收费偏高的情况，不同程度地增加了参训人员和企业的负担。

上述问题应该引起各级管理部门的高度重视，急需找出破解问题的办法，采取有效措施加以解决和改进，切实让广大的执业人员从优质的继续教育中得到实惠，真正让继续教育工作在人才培养和事业发展中发挥重要作用。

2.1.3　促进建设行业执业人员继续教育与培训发展的对策建议

2.1.3.1　面临的形势

2015年是改革和转型的关键之年，随着中央深化行政审批制度改革、加快转变政府职能以及全行业新型城镇化、建筑产业现代化等工作的深入推进，全行业生产方式、人才培养和考核方式将发生重大变革，对各类执业人员继续教育工作也提出了新的要求。因此，执业人员继续教育工作应紧紧围绕住房城乡建设事业各项改革发展任务，坚持"放管结合、优化服务、高效便捷"的工作理念，深入调研、完善制度、方便基层、注重实效、积极作为。

（1）培训的市场化逐步显现。2015年是全面深化改革的关键之年，执业人员继续教育工作将面临前所未有的机遇和挑战。一是全面深化改革需要着力解决的根本问题就是要促进社会公平正义、增进人民福祉。执业人员继续教育工作的"多方参与、绿色培训、阳光管理"将得到进一步展现。二是在转变职能、简政放权的大背景下，市场将在其中起到决定性作用。"政府之手"逐渐弱化，"市场之手"逐渐强大。培训市场化、培训内容的市场导向性、企业培训主体作用的发挥等将愈加明显。

（2）培训和管理模式亟待创新。当前，随着互联网发展进入移动互联、云计算、大数据、物联网的新时代，互联网主要服务消费者的功能，开始向服务生产核心环节增强、拓展。"互联网＋"被公认为传统产业转型升级、创造奇迹的催化剂，探索互联网技术与传统教育方式的深度融合，对促进执业人员继续教育的产教融合具有重大意义。第一，在建立资源共享机制的基础上，促进人才培养摆脱传统单一模式，向网络平台逐渐衍生，使优质的师资和课源能够迅速向目标人群推送，是今后继续教育工作的方向。第二，在信息化飞速发展的大背景下，创新、创优培训模式，全面推进信息化建设是大势所趋。第三，远程教育和网络培训的逐步推广、综合性平台的构建、各类数据库的收集整理以及省市县三级数据互通互联都将为职业培训工作的管理和实施提供极大帮助。

（3）培训内容需要更接地气。当前，随着建筑产业现代化工作的逐步推进，迫切需要建筑经营管理人员切实提升现代企业经营管理能力；迫切需要专业技术人员及时补充、更新、拓展知识，增强创新能力；迫切需要一线操作人员尽快提升熟练运用各种新技术、新工艺、新材料的能力。因此，进一步转变人才培养观念，坚持"结合实际、提升能力、以用为本"的原则，进一步完善以地区为主的执业人员继续教育工作机制，培养适应产业转型升级要求的高素质人才队伍，实现一般人才向高素质人才转变显得尤为迫切。

（4）服务基层将成为新常态。通过群众路线教育实践活动的深入推进，各级各单位对执业人员继续教育工作存在的问题进行了认真梳理，提出了切实可行、针对性、操作性、指导性强的制度建设计划，全行业各级对服务发展、服务基层有了新的认识，在开展继续教育培训工作中，自觉把培训对象的需求作为工作的努力方向，把学员的利益作为工作的谋划依据，党的群众路线思想已经在各级工作人员的心中初步生根落地，开始内化于心，外化于行了。因此，一批基层反映强烈的继续教育问题，将得到改进，上下联动的整改措施将得到进一步深化，执业人员继续教育环境将得到进一步净化。

2.1.3.2　对策建议

当前，随着中央推进简政放权、放管结合、优化服务和转变政府职能工作的不断推进以及各地新型城镇化、海绵城市建设、建筑产业现代化工作的深入开展，对执业人员的综合素质和专业能力提出了更新、更高的要求，执业人员继续教育工作应着力在注重顶层设计、创新培训方式、推进信息建设等方面下功夫，不断为建设事业的发展提供智力支撑。

（1）放管结合，加强顶层设计。2015年是"十二五"的收官之年，也是承前启后的一年，住房和城乡建设部各行业协会、学会应更加重视执业人员继续教育顶层设计的引领和指导作用，积极组织人员以"增长知识、学以致用、注重实效、提升能力"为重点，在围绕科学设置培训内容、转变继续教育培训和考核方式、发挥企业主体作用等方面开展深入调研的基础上，及时调整工作思路，修改完善现行执业资格继续教育管理办法（规定），充分发挥各地区的主导作用和企业的培训主体作用，打破垄断培训市场的格局，积极推行市场化培训，通过"放管结合、优化服务、强化监督"，让更多的优质教育资源惠及全行业执业人员。

（2）注重实效，科学设置课程。继续教育的目的是更新知识，提高执业能力。执业人员继续教育内容应充分考虑不同行业差异性要求，以新技术、新材料、新工艺、新设备（机具）的开发与推广应用为目标，紧紧围绕近几年出台的相关技术规范、规程和质量管理措施以及职业道德、诚信体系建设等，着力提升针对性和实效性，逐步增强执业人员职业道德和诚信守法意识，不断完善各类执业人员继续教育体系，加快实施专业技术人才知识更新工程。各地区可充分利用高校的教育资源优势，发挥社会各方面专家、学者的作用，保证继续教育师资的水平，做好建设行业执业人员继续教育工作，真正为全行业培养德才兼备、诚实守信的执业人员。

（3）形式多样，创新培训方法。利用互联网探索新的教育培训形式，建立多层次、多媒体、跨区域的远程教育培训平台，努力提高教学和管理的现代化、信息化水平是新形势下执业人员继续教育工作的发展方向。各行业应利用学习的自主性、协作性，课程结构的开放性等特点，充分发挥网络远程教育的方便快捷、资源共享、全方位服务、费用低廉的优势。打破现行传统的建设行业执业人员继续教育的形式和手段，结合不同专业执业人员的工作实际，引入"互联网＋"继续教育以及碎片化的教学模式，采取网络远程教育、微课、慕课、手机APP、视频媒体技术等多种形式实施执业人员继续教育，充分调动执业人员的学习兴趣，实现参训人员随时随地参加培训、自主选择培训内容的目标，不断提升培训效果和执业人员的执业素质、管理能力和水平，保证工程质量安全，促进事业发展。

（4）夯实基础，提升培训实效。建设执业人员的继续教育是一项专业性很强的系统工程，夯实教材和师资等培训基础工作显得尤为重要。因此，一方面，要发挥教材和课件在继续教育中的重要支柱作用，以提高执业人员能力和专业素养为目标，充分调动各行业协会、学会的积极性，构建紧贴实际、通俗易懂、简便易学的继续教育教材和课件体系，并促进教材和课件开发工作健康、有序开展。另一方面，要充分发挥师资队伍的辐射作用，利用建筑类高等院校、科研单位、大型企业的教育资源，从教师选配的条件、师资培训、考核等各个环节进行严格把关，力求将既有较深理论基础、又有丰富实践经验、更具有良好道德素质的教育工作者选拔到师资队伍中来，切实提升继续教育质量，促进各地继续教育工作的正常开展。国家和各省市可以在政府部门、建筑院校、建设相关领域遴选教师，建立师资库，并每年对其进行考核评估，实行优胜劣汰。

2.2 2014年建设行业专业技术与管理人员继续教育与培训发展状况分析

2.2.1 建设行业专业技术与管理人员继续教育与培训的总体状况

2014年，全国20个省（区、市）共有324.91万人次参加各类专业技术与管理人员继续教育与培训，其中各类培训194.91万人、继续教育130.00万人，江苏、浙江、重庆、四川、湖南、北京、江西、河南、辽宁、天津、广东、福建、广西等省（区、市）培训人数均突破10万人，人数最多的是江苏，达到51.01万人。

2014年20个省（区、市）各类培训和继续教育人数占比情况如图2-6所示，专业技术人员培训和继续教育总人数如图2-7所示，专业技术人员培训和继续教育开展情况如图2-8所示。

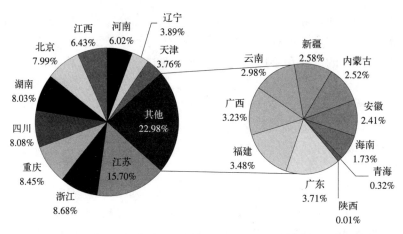

图 2-6　2014 年 20 个省（区、市）各类培训和继续教育人数占比情况

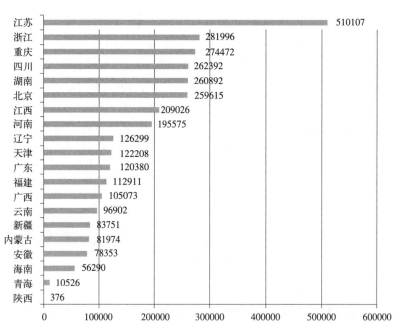

图 2-7　2014 年 20 个省（区、市）专业技术人员培训和继续教育总人数

2.2.1.1　专业技术与管理人员培训情况

2014 年，全国 20 个省（区、市）共有 194.91 万人参加各类专业技术与管理人员培训，其中施工员、质量员、安全员造价员（预算员）、安全 B 类、安全 C 类和其他人员培训人数突破 10 万人，培训人数最多的是施工员，达到 39.53 万人。江苏、北京、江西、浙江、湖南、河南和广东培训人数突破 10 万人。具体如表 2-1 所示。

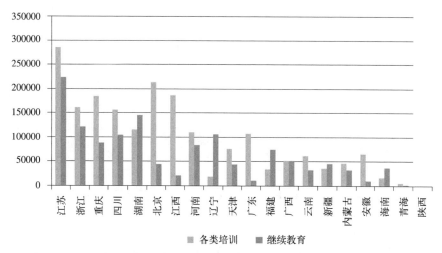

图 2-8　2014 年 20 个省（区、市）专业技术人员培训和继续教育开展情况

2.2.1.2 专业技术与管理人员考核评价情况

2014 年，各省（区、市）按照住房和城乡建设部《关于贯彻实施住房和城乡建设领域现场专业人员职业标准的意见》（建人 [2012]19 号）和《关于做好住房城乡建设领域现场专业人员职业标准实施工作的通知》（建人专函 [2013]36 号）要求，以落实职业标准为抓手，配合部人事司组织开展的调研评估，围绕施工现场管理人员岗位培训考核制度的建设和实施，结合地方工作实际，积极构建机制、完善制度、夯实基础、搭建平台。目前，各地新的岗位培训制度逐步建立，主要工作也从抓具体培训逐步转变为抓培训考核制度建设和指导监督培训实施，并充分发挥建筑企业、职业院校和社会培训机构在岗位培训中的主体作用，不断加强简政放权和放管结合，经过各地的共同努力，经部人事司调研评估的省份岗位培训管理体制逐步理顺，证书发放工作稳步推进，服务行业管理的能力有所提升。全年共有广东、海南、四川、北京、湖南、新疆等 7 个省（区、市）通过部人事司组织的调研评估，截止到 2014 年底，全国累计共有13 个省（区、市）核发全国统一证书。参见表 2-2。

2014 年，全国 20 个省（区、市）共有 192.59 万人参加由地方主管部门组织开展的各类专业技术与管理人员考核评价，其中江苏、浙江、湖南、江西、四川、重庆 6 个省参加考核评价人数约占 20 个省（区、市）总数的 58.94%，参见图 2-9。共有 125.07 万人获得考核合格证书，平均合格率达到 64.94%，合格率最低的是造价员，为 28.21%。其中施工员、质量员、安全员安全 B 类、安全 C 类人员取证人数突破 10 万人，取证人数最多的是安全 C 类人员，达到23.53 万人。参见表 2-3 和表 2-4。

表2-1

2014年20个省（区、市）专业技术人员培训工作开展情况统计

地区	施工员	质量员	安全员	材料员	标准员	机械员	劳务员	资料员	造价员（预算员）	安全A类	安全B类	安全C类	其他	合计
北京	125215	9122	0	2702	0	360	4117	7578	15788	3299	9878	25588	9952	213599
天津	8343	8100		187		4963	5425	5100		5980	21103	17962		77163
内蒙古	5889	3378	7866	1137	0	0	0	2509	1337	2347	10127	13003	520	48113
辽宁	9560	4806	791	3113				1598						19868
江苏	13312	11810		5390		1401		6474	15674	10655	29146	42338	150000	286200
浙江	24497	13205		6191	4851	4446	4773	10144	4054	11964	30443	46273	0	160841
安徽	16179	6311		4609		458		6198		3951	13724	14987		66417
福建	882	653	52	414	73	371	68	97	0	1633	6033	26277		36553
江西	19440	10285	13927	9372	1900	1970		5298		3550	16000	15000	90000	186742
河南	14532	13542	4637	2713	2264	341	321	3620	19751	4845	20220	23940		110726
湖南	19154	9980	13793	4706	4170	5965	0	5655	4284	4430	14677	29059		115873
广东	28860	5784	8120	2343	0	955	0	9698	2613	6761	16009	26901		108044
广西	17951	4102	15421	2510		502		4533	8154					53173
海南	3596	404	1534	181	595	200	751	1786	3709	393	594	437	3427	17607
重庆	44624	8704	20718	5380	903	1246	877	5687	12575	4435	19038	18398	41197	183782
四川	28361	11148	18604	9221		1120	0	10903	6358	8000	19825	37492	5992	157024
云南	7297	3074	7984	1854	0	45	5	3522	20461	4053	6609	7984		62883
陕西	16	15	33	13	0	5	5	21	23	11	39	29		210
青海	1085	389	0	0	0	0	0	655	0	644	1764	2635	0	7172
新疆	6554	2614	3730	819	385	849	2384	3044	3216	1875	7623	4040	0	37133
合计	395347	127426	117210	62855	15141	25197	18721	94120	117997	78826	242852	352343	301088	1949123

经批准核发全国统一证书的省份及批准时间表（截至2014年底）　　表2-2

序号	批准省份	批准时间	批准文号
1	重庆市城乡建设委员会	2013年11月29日	建人专函[2013]90号
2	河北省住房城乡建设厅	2013年11月29日	建人专函[2013]90号
3	江苏省住房城乡建设厅	2013年11月29日	建人专函[2013]90号
4	浙江省住房城乡建设厅	2013年11月29日	建人专函[2013]90号
5	河南省住房城乡建设厅	2013年11月29日	建人专函[2013]91号
6	江西省住房城乡建设厅	2013年11月29日	建人专函[2013]92号
7	广东省住房城乡建设厅	2014年7月31日	建人专函[2014]57号
8	海南省住房城乡建设厅	2014年7月31日	建人专函[2014]57号
9	四川省住房城乡建设厅	2014年7月31日	建人专函[2014]57号
10	湖南省住房城乡建设厅	2014年11月24日	建人专函[2014]78号
11	北京市住房和城乡建设委员会	2014年11月24日	建人专函[2014]78号
12	湖北省住房城乡建设厅	2014年11月24日	建人专函[2014]79号
13	新疆维吾尔自治区住房和城乡建设厅	2014年11月24日	建人专函[2014]80号

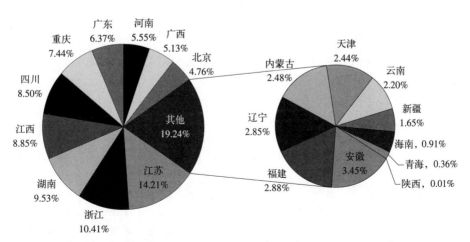

图2-9　2014年全国20个省（区、市）参加考核评价人数占比情况

表2-3

2014年全国20个省（区、市）参加考核评价情况统计表

地区	施工员	质量员	安全员	材料员	标准员	机械员	劳务员	资料员	造价员（预算员）	安全A类	安全B类	安全C类	其他	合计
北京	11383	8292	0	2456	0	327	3742	6884	14341	2998	8978	23258	9048	91707
天津	7964	7577	7801	180		4712	5100	4978		2412	7004	7069		46996
内蒙古	5807	3329		1094	0	0	0	2478	1305	2347	10127	13003	507	47798
辽宁	8498	4806	703	2767	0	2548		1420	8375	2932	10864	14517		54882
江苏	24209	21482	0	9802	0	0	0	11772	54587	19374	52994	76979		273747
浙江	29084	16471		7787	5622	5147	5817	12120	19617	11964	34008	52819	0	200456
安徽	16179	6311		4609		458		6198		3951	13724	14987		66417
福建	882	653	52	414	73	371	68	97	18934	1633	6033	26277		55487
江西	18649	9947	13583	8965	1804	1870		5140	3282	3413	12325	11485	80000	170463
河南	13503	11250	4256	2251	2250	321	300	3450	19663	4910	20576	24206		106936
湖南	38310	19960	27587	9413	8341	11930	0	11311	8568	4430	14677	29059		183586
广东	28852	5783	8105	2340		954		9697	17318	6761	16009	26901		122720
广西	18411	4211	16310	2614	0	502	0	4683	8873	2911	15792	24574		98881
海南	3596	404	1534	181	595	200	751	1786	3709	393	594	437	3427	17607
重庆	39899	8176	20026	5088	870	1240	633	5370	11877	4039	18629	17986	9401	143234
四川	25792	9980	16750	8288	0	960	0	10198	21111	8000	19825	37492	5341	163737
云南	7291	3074	7984	1854	0	45	5	3519	0	4053	6609	7984		42413
陕西	16	15	33	13	0	5	5	21	23	11	39	29		210
青海	1077	372	0	0	0	0	0	651	0	615	1674	2514	0	6903
新疆	5245	2233	3206	747	338	629	2133	2715	3021	1500	6769	3205		31741
合计	304647	144326	127930	70863	19893	32219	18549	104488	214604	88647	277250	414781	109638	1925921

表 2-4

2014 年全国 20 个省（区、市）岗位考核评价获证书情况统计表

地区	施工员	质量员	安全员	材料员	标准员	机械员	劳务员	资料员	造价员（预算员）	安全A类	安全B类	安全C类	其他	合计
北京	4076	4587	0	741	0	160	2212	3713	6113	2450	7699	17398	3721	52870
天津	6953	6751		156	0	4136	4521	4334		1788	5528	4937		39104
内蒙古	4341	2603	5595	804	0	0	0	1869	888	1990	9707	10940	430	39167
辽宁	7082	3687	586	2306	0		0	1184	1878	2850	10647	14227		44447
江苏	13041	11501	0	5159	0	1412	0	6164		11232	35666	36649		120824
浙江	17878	9759		4326	4518	3954	5065	7249	3101	6392	12309	17866	0	92417
安徽	11715	4747		3914		379		4941						25696
福建	29428	20545	11648	11631	4910	8894	5399	6569	2253	1105	5217	16371		123970
江西	13380	6666	9671	6190				3149	2246	3413	12325	11485	70000	138525
河南	11490	8953	3752	1795	2206	283	235	2926	5922	4171	16602	19560		77895
湖南	24360	12289	19130	5712	5244	7633		7645	5495	2412	7993	15827		113740
广东	16734	3470	4782	1428	0	582	0	5809	4530	5469	12299	19079		74182
广西	10469	2997	14980	2308		508	0	4114	5166					40542
海南	2249	248	897	116	438	110	513	1152	816	313	512	437	2119	9920
重庆	24672	5495	12969	2903	530	688	119	2635	7818	2087	9217	9468	6542	85143
四川	15627	6530	10842	3973	0	657	0	6656	12489	6605	17289	31896	3410	115974
云南	4569	2969	5862	747	0	30	0	1920		3361	5987	5862		31307
陕西	0	0	0	0	0	5	5	0	0	0	1	17		28
青海	993	335		0	0			628	0	481	1360	2150		5947
新疆	3356	1617	2340	486	205	587	1728	1832	1830	729	3152	1093	0	18955
合计	222413	115749	103054	54695	18051	30018	19797	74489	60545	56848	173510	235262	86222	1250653

2.2.1.3　专业技术与管理人员继续教育情况

2014年，全国20个省（区、市）共有130.00万人参加由地方主管部门组织开展的各类专业技术与管理人员继续教育，江苏、湖南、浙江、辽宁、四川参加继续教育人数均突破10万人。其中人数最多的是安全C类人员，达到29.90万人。参见表2-5。

2.2.1.4　专业技术与管理人员职业培训管理情况

2014年，在住房和城乡建设部的领导下，各地区专业技术与管理人员教育培训管理工作，主动适应形势发展的需要，紧紧围绕住房和城乡建设工作大局，抢抓全面深化改革发展的有利时机，解放思想、务实创新，大胆探索、转变职能、服务基层，在加强培训工作管理，落实行业培训职责，完善培训管理制度，创新工作举措等方面下功夫，积极推进全行业专业人才队伍建设，有效推动了住房城乡建设各项事业科学发展，为建设行业的可持续发展，提供了可靠的人才支撑和智力保障。

（1）教育发展理念更趋科学。2014年，在中央全面深化改革和国务院加快发展现代职业教育体系，深化产教融合、校企合作的大背景下，全行业各级建设教育主管部门将"优先发展、统筹协调、学以致用、质量至上、改革创新、公益惠民"作为教育培训工作的指导原则，把工作重点从抓具体培训项目转变为提供服务保障，通过提供优质服务来实现科学管理的目标，真正从思想上、行动上做到"寓管理于服务之中"。天津市通过有序协调，规范推动，组织教师团队"上山下乡"，将教育培训落实到施工企业，落实到边远地区项目工地，实现了培训效率与培训质量的双赢。云南省坚持公益性培训常态化，将培训课堂"搬进"工地、"免费送教上门"，为企业免费开展施工现场安全培训17次，共有2200余人受训、获赠相关书籍，近1万人次加入了"云南建设工程教育网"的公开课程免费在线学习。河南省为提高对高层次人才的服务水平，充分发挥行业高层次人才在推进新型城镇化建设中的引领作用，组织创建了《河南省住房城乡建设高层次人才信息资源库》。广西壮族自治区加强对厅属院校人才培养工作的指导，以建设优势特色专业为引领，带动专业群发展，现有自治区特色（优势、急需）专业7个，校级优势专业6个、特色专业11个、急需专业11个，并以此为基础逐步构建完善7大专业群，推动实现专业群建设整体水平的大幅提升和部分优势专业办学层次突破的目标。青海省以省级重点高职院校建设项目为契机，探索和推进集团化办学，先后批准成立了建筑工程类、建筑设计类、工程管理类、信息技术类等七个分专业指导委员会，同时，积极推动青海建筑职业技术学院与50家省内外企业签订了校企合作协议，并通过"能工巧匠进课堂"、"订单式培养"、"兼职做课改"等途径，奠定了校企实质合作的基础。

表 2-5

2014 年全国 20 个省（区、市）专业技术人员继续教育情况统计

地区	施工员	质量员	安全员	材料员	标准员	机械员	劳务员	资料员	造价员（预算员）	安全 A 类	安全 B 类	安全 C 类	其他	合计
北京	0	0	0	0	0	0	0	0	11691	4308	8263	21754	0	46016
天津	0	0	0	0	0	0	0	0		5980	21103	17962	0	45045
内蒙古	8370	5728	12316	1693	0	0	0	4109	1204				441	33861
辽宁	0	0	0	0	0	0	0	0	25800	15510	2008	63113		106431
江苏	11677	5949	0	1660	0	1434	0	1877	38450	22181	75743	62336	2600	223907
浙江	5249	8616		3560	0	0	0	3430	8537	11842	43776	28950	0	121155
安徽	5249	3761		1330				1596						11936
福建	6610	5105	3708	3010	2210	2507	4132	0	9647	1975	9857	27597		76358
江西	725	519	759	473	0	151	16	170	9638				10000	22284
河南	3146	2008	2085	1501	0	151	16	1550	35239	5194	14421	19538		84849
湖南	37106	19416	29782	14749	8062	5821	0	8025	9271	1150	3896	7741		145019
广东	237	268	213	151	0	96	43	144	4333	6894				12336
广西	6858	2619	4791	1478	0	329	43	2527	1721	2677	16857	12000		51900
海南	6542	2008	4446	1712	95	725	81	5531	3812	1014	1850	1832	9035	38683
重庆	22436	6381	9896	3635	0	347	0	5912	2594	1832	7635	9781	39489	90690
四川*	30529								35527	6931	16065	16316		105368
云南			6779						20461			6779		34019
陕西	16	15	33	13	0	0	0	21	23	5	28	12		166
青海	764	150	0	0	0	0	0	299	0	226	941	939	35	3354
新疆	13718	6274	7818	1907	490	1063		6558	2973	663	2822	2332		46618
合计	166427	68817	82626	36872	10857	12473	4272	41749	185394	81451	209200	318193	68531	1267614

* 四川省继续教育人员类别中未区分施工员、质量员、安全员、材料员、标准员、机械员、劳务员、资料员和其他人员，统一统计在施工员项下。

（2）教育管理体制不断健全。2014 年，各地区针对职业培训工作中存在的突出问题，注重顶层设计，围绕加强统筹管理、规范各类培训、考试行为，引导培训机构公平竞争，相继出台了一系列文件和措施，逐步建立了"归口管理、考培分开、统筹协调、责任明晰、上下联动"的职业培训管理机制，职业培训工作一级抓一级、层层抓落实的工作格局正逐步形成。江苏省建立了省级负责全系统各类职业培训工作的统筹协调、宏观指导，市级负责本地区职业培训工作的组织实施，考点负责具体考务工作，培训机构负责具体实施培训，教育协会和各行业协会协调配合，优势互补的职业培训工作新机制。内蒙古自治区构建了以自治区、盟市建设主管部门抓培训组织管理，行业相关协会和职业院校及实训基地等抓教学管理和培训质量的，多层次行业职业培训体系。云南省明确住房和城乡建设厅人事处管宏观、管政策、管协调、管服务，各职能处室、培训机构在培训、考核、发证、使用管理等方面的职责任务，做到有分工有合作，发挥各方职能优势，形成工作合力。广东省形成了以住房和城乡建设厅人事处牵头、各业务处室、各有关协会、各培训机构和大型国有企业骨干等作为培训主体的多层次、多形式的建设教育格局。安徽省按照"统一管理、分工协作、分级负责"的原则，在全省建立健全了相关工作机制，完善了培训考核服务网络。

（3）考核评价制度逐步完善。2014 年，各地区认真落实住房和城乡建设部《关于贯彻实施住房和城乡建设领域现场专业人员职业标准的意见》，精心谋划、上下互动、积极作为，在充分调研论证、建立健全制度、认真规范组织的基础上，结合住房和城乡建设部颁考核评价标准，制定出台了一系列"统筹协调、责任明晰、规范运转"管理制度，有力地保证了住房城乡建设领域专业人员考核评价工作在本地区的平稳、有序和顺利实施。广西规范考试考务管理，完善出台专业人员岗位培训统一考试管理暂行规定，试点改革督考模式，强化试卷保密措施，推行考区组长负责制，确保考试安全有序开展。河南省相继出台了《河南省住房和城乡建设厅建筑与市政工程施工现场专业人员职业标准实施细则》（豫建〔2014〕18 号），《河南省住房和城乡建设领域现场专业人员统考发证管理办法》（豫建〔2014〕19 号）等管理文件，为考核评价工作的顺利开展奠定了制度基础。辽宁省结合调研评估工作，制定完善了建设培训考核的相关文件，明确了工作职责、目标任务和工作流程，为建设培训教育考核工作提供了制度保障。江苏省先后制定和完善了培训考培分开制度、考务管理制度、考点和巡考评分反馈制度、考风考纪管理制度、培训机构星级评估制度等一系列管理制度，在理顺关系、明确分工、规范管理、提高效能方面发挥了积极的作用。

（4）多层次培训网络逐步搭建。2014 年，各地区积极为本地区各类高、中职院校、技校与大型骨干企业开展校企合作牵线搭桥,共同建设实训基地。逐步建立了以高校为龙头,各类高、中职校、技校、培训中心为主体,行业协会、企事业单位以及建筑工地农民工业余学校相衔接的多层次、多形式、多渠道的培训网络,为建设从业人员参加多形式的学历教育、继续教育、岗位培训、技能培养提供了广阔空间。江苏省全力支持江苏建设集团、中亿丰、金螳螂等大型骨干企业建立面向行业的培训基地,同时,积极为徐州建筑职业技术学院、常州建设高等职业技术学校等高、中职院校与大型骨干企业开展校企合作牵线搭桥,目前,"就需、就新、就急"实施培训,"就近、就便、就廉"方便培训的要求在系统内得到较好的体现,职业培训管理和服务质量明显提高。广东省21 个地级以上市住房城乡建设局(委)都设立了相关的培训管理机构,绝大多数县级以上住房城乡建设行政主管部门和大中型企事业单位都设立了人事教育部门,基本形成了省、市、县三级以及相关院校、大中型企业上下完整、横向协调的多层次、多形式、多渠道的职业培训网络。云南省结合企业和从业人员培训需求,整合厅属单位、行业协会、专业院校、企业实训基地和社会培训机构等职业培训资源(共 37 家),基本形成多渠道、多层次、多形式可覆盖全省的培训实施保障能力。福建省充分发挥资源优势,在全行业建立了省、市和"建筑之乡"县(市)建设行业培训中心、职业技能鉴定站、相关行业协会、职业院校以及实训基地等 60 多个培训考核机构和单位的职业培训考核网络,方便从业人员参加岗位培训考核。

(5)标准管理模式逐步形成。2014 年,各地区针对建设系统职业培训考试多头管理,重复环节多,工作效率低,基层负担重的情况,在充分调研的基础上,坚持问题导向,结合考试工作实际,按照创新、创优、高效的原则,对原考试制度进行了创新、调整和完善,逐步实现了职业培训考试统一标准化管理的工作目标。天津市按照"统一组织管理、统一职业标准、统一培训教材、统一教学计划、统一考核要求"的工作原则,合理配置培训资源,形成了以"一个中心,六个培训机构"为示范点的培训管理模式。湖南省实现了职业培训考试统一考试计划、统一考试大纲、统一考试题库、统一考试组织、统一证书发放、统一证书管理等"六统一"的工作目标。云南省、内蒙古自治区通过统一培训计划、大纲、教材、收费以及发证环节,依法行政、依制而行,有效遏制了"乱培训、乱收费、乱发证"等不规范行为。江苏省突出标准化管理。针对建设系统职业培训考试多头管理的情况,在充分征求各方意见的基础上,结合考试工作实际,对原考试制度进行了创新、调整和完善,实现了全省职业培训考试"六统一"(即:考试的标准、大纲、教材、题库、时间、发证的统一)的工作目标,同时着力在组卷、巡考、阅卷、公布成绩等重点环节加强标准化、规范化建设,有力地保证了统考工作的严肃性和信誉度，更受到了相关单位的欢迎。

（6）考风考纪管理逐步加强。2014年，各地区各级上下联动，按照"依法治考，规范管理，职责明确，责任追究"的原则，围绕规范考场秩序、严肃考风考纪、净化考试环境、倡导诚信考试等建章立制，相继出台了各类文件措施，并建立了完善的责任体系，逐级落实"谁主管，谁负责"的分级管理责任制，实行目标管理，有力地保证了人才考核评价工作的顺利开展。浙江省成立了由厅领导任组长，有关处室和直属单位负责人任成员的浙江省建设类考试工作领导小组，进一步加强对建设类考试工作的宏观指导和统筹管理。同时制定出台《浙江省建设类考试违纪违规行为处理办法》，规范对违纪违规行为的认定与处理，维护应试人员和考试工作人员合法权益。四川省通过与市（州）主管部门签订《组考单位责任书》、市（州）主管部门与各考点学校签订《考点主任、副主任责任书》、考点学校与监考人员签订《监考人员责任书》的方式，层层落实考试管理全过程责任，并充分发挥联络员、巡考人员在考试过程中的监督检查作用，确保考试公平、公正。广西壮族自治区完善出台专业人员岗位培训统一考试管理暂行规定，试点改革督考模式，强化试卷保密措施，推行考区组长负责制，确保考试安全有序开展。湖南省加强试卷在接收、保管、分发和运送各个环节安全保密工作，做到专人、专车接送，公安或武警参与试卷押运，同时，重新修订了《考务工作手册》，与各市州签订考试工作责任状，并开展考试巡查、考区考核评比等工作，强化监督管理，确保了考试安全有序进行。

（7）信息化管理水平不断提升。2014年，各地区结合职业培训和考试考核工作实际，以简化办事程序，提高工作效率为目标，加快数据整合，实现大数据管理，多层次搭建为系统从业人员提供各类培训考试信息、介绍职业培训资源、开展经验交流、实现网上报名、网络培训、成绩查询、持证人员信息动态管理等功能的"一站式"工作平台，并充分利用各种资源开发建设专业培训网站和网校，积极搭建为建设企事业单位相关人员提供业务学习与培训的远程服务体系，受到了基层单位和考生的欢迎。北京市创新继续教育方式，对三类人员继续教育工作采用了现场培训和网络教育两种方式，供学员自主选择，满足学员的不同要求，为企业解决了外地施工人员继续教育难题。天津市依托"天津市建筑市场监管与信用信息平台"，建立了满足各方使用的"客户端"，实现了学员信息上传、信息提取、信息查阅、网上报名、成绩登统、考核评价、证书编码、数据实时安全备份等流程的信息化管理。湖南省在全国率先全面实施远程网络无纸化考试，并建立了较为完备、成熟的远程考试软硬件配套支持体系，实现在线报名、身份验证、在线考试、成绩管理、证书生成、发放、在线培训、查询分析等全过程信息化管理。河南省不断完善"河南省建设专业人员信息管理系统"，实现了培训报名、岗位培训、考核评价、证书管理、继续教育等环节的信息化管理。四川省建立了持证岗位人员基础数据库，实现岗位培训合格证书有效信息网上查询，为社会公众提供了真实、便捷的信息查询服务。云南省通过提供大型建筑机械模拟化实操见习、远程网络教育考核试点以及微信公众号政策宣传、即时学习、服务查询等培训创新服务，拓展培训手段，提升服务效能。江苏省按照"流程再优化、效率再提高、程序再简化"的目标，大力推进江苏省建设培训考试地理信息系统（GIS地图）、"四网合一"等信息项目建设，并有效利用信息化手段，发挥相关单位的优势，创新建设教育培训运作方式，探索搭建多层次、多媒体、跨区域的远程、在线教育培训平台，为全体从业人员提供实用、高效、便捷、廉价的网络培训服务。

（8）培训机构管理不断加强。2014年，各地区按照"以评促建、以评促改、以评促管、评建结合、共同提高"的原则，不断加强对各类培训机构的指导和管理，积极开展培训机构质量评估，通过标准引领、评建结合，促进各类培训机构进一步加强教学基本建设，深化教育教学改革，鼓励他们为行业发展提供各类规范化的培训服务。江苏省积极鼓励建设教育协会开展培训机构星级评估，相继出台了《江苏省建设类培训机构星级评估办法（试行）》和《江苏省建设类培训机构星级评估评分标准》，并及时组织了评估专家培训和现场试评。北京市修改完善了《培训机构综合办学水平评价细则（试行）》，进一步规范了评价标准，打破原有扣分形式，实行违规按次累计扣分制度，实现培训机构评价工作"以评促建、以评促改、以评促发展"的目标。辽宁省强化培训机构的动态管理，制定了培训机构的合格标准，对全省建设培训机构进行检查，规范培训工作，提升培训质量。江西省印发了《关于开展全省建设职业培训机构执行部职业标准调研评估工作的通知》（赣建人[2014]4号），分3个组对职业培训机构执行部职业标准情况，进行了调研评估，对条件不成熟的10个培训机构，作出了取消培训资格3个，复评整改7个的处理，进一步强化了培训机构质量建设意识。浙江省在制定出台《浙江省建设职业教育培训行业自律诚信公约》的基础上，组建建设行业教育培训评估专家库，并依托专家分组对全省21个培训单位进行了培训质量情况抽检，发现问题，及时整改。

2.2.2 建设行业专业技术与管理人员继续教育与培训存在的问题

2014年，全行业专业技术与管理人员继续教育与培训工作虽然有成绩、有经验、有亮点，但仍有许多问题和困难，还有不少发展瓶颈难以逾越，滞缓了事业又好又快地发展，需要各方的高度关注和着力解决。

（1）对教育培训不够重视。教育培训工作的重要性、紧迫性在一些单位、领导意识中仍然没有得到足够的重视。从各地教育培训组织机构现状来看，很多地区教育培训体制机制不健全，一些地区没有领导分管，没有部门负责，没有专人管理教育培训工作，这说明教育培训工作的重要性、紧迫性在一些单位、领导意识中还没有得到足够的重视，教育优先发展的战略地位尚未完全落实，教育培训在人力资源开发中的重要作用还未能得到充分发挥。由于基层机构编制的限制，一些部门教育培训工作被忽视，在有些地区教育培训渠道不畅，政令不通，影响教育培训工作的全覆盖。教育培训"说起来重要，干起来次要，忙起来不要"、"政出多门、多头管理"的现象依然存在。

（2）教育培训发展不均衡。各地区建设教育培训工作不平衡现象较为突出。如有的地区强化教育培训的标准化、规范化和信息化建设，注重教育培训基础工作，不断提升培训考核质量，培训考核合格率维持在合理区间；有的地区片面追求培训效益，而忽略了培训质量，培训考核合格率甚至达到100%。教材、大纲、题库、师资、信息平台等教育培训基础建设工作在一些地区相对薄弱，导致培训考核质量不高，存在走过场的现象。

（3）行业培训没有全覆盖。由于有行政许可和执业资格等明确要求，当前全行业大规模职业培训仅局限于建筑业专业技术管理人员的持证上岗培训、考证培训和对持证有强制要求的部分关键岗位培训，被动式开展的培训多，而能根据行业发展需要进行的拓展性、前瞻性的专业培训项目较少，如配合绿色建筑而开展的绿色施工培训、打造智慧城市需要的地下管网规划施工培训、推广建筑产业现代化、海绵城市建设而开展的相关技术培训等，几乎无人涉足。房产、园林、城建、村镇建设等行业培训关注度不够。针对领导干部、经营管理人员、一线操作人员的培训面窄量少，很少有人问津。

（4）两端人才培养缺乏手段。住房城乡建设系统中占80%的是一线操作人员，他们的素质和技能的高低，直接影响着整个行业发展的速度和质量。而且，随着产业转型发展的加快，整个系统领军人才、创新型人才、复合型人才、高技能人才紧缺的现象也日益凸显，全行业有大量的培训需求。但目前全行业在高层次人才和技能人才培养方面一直缺乏有效的手段，体制机制不顺，各方积极性不高，缺乏配套政策支持，使相关人才培养工作举步维艰。

（5）教育培训方式相对落后。当前，随着产业转型升级、行政审批制度改革和政府职能转变步伐的加快，现行教育培训方式已不再适应新形势的发展需要。以面授为主的培训方式难以确保基层从业人员能够及时、高效、高质地了解和掌握相关岗位的新知识和新方法，及时更新知识结构和专业技能，不断提升职业能力和综合素质。一些培训项目内容陈旧，方法单一，针对性、实用性不强，质量、效益得不到保障。在大数据时代和网络技术较为成熟发展的当代，教育培训方式也亟待转型升级。

(6) 培训考核质量亟待提高。目前建设教育培训仍以传统的理论培训为主要方式,培训形式单一,很少把培训学习与启发思考、激发兴趣、解决问题结合起来,未真正体现参训人员的主体地位,难以调动参训人员的积极性和主动性。同时,培训内容往往由教师决定,由于部分教师缺乏实际经验,使培训内容针对性和目的性不强,师资队伍素质亟待提高。由于培训目的性不明确,加之一些教材粗制滥造,质量不高,从业人员为取证而被动培训,培训部门为盈利而培训,质量、效益得不到保障,影响了教育培训的效果。

(7) 培训目标定位不准确。部分建筑业企业对教育培训工作不够重视,组织教育培训不是为了提高企业员工的技术管理水平和综合素质,而是单纯为了满足企业资质需要,部分参训人员不是为了真正提高自己的业务能力和专业水平,而是为了拿到相关证书,以方便升职和就业。由于缺乏系统的培训考核评价机制,培训没有与薪酬等挂钩,影响了从业人员参培的积极性。

(8) 考核收费缺乏统一标准。由于缺乏收费依据,很多地区住房建设领域现场专业人员的考务费用收取存在一定困难,主要依靠与培训机构签订协议从培训费中提取部分费用补贴考务支出的方式,收取部分费用于考试组织工作,这给"考培分离"预期目标的实现带来困难。因为没有物价部门的收费许可,各级行政主管部门在工作中没有正常的经费保障,造成了考务组织和考核质量的下降。

这些难点问题务必引起各级领导(包括企业负责人)、教育培训管理干部、教育培训工作者高度重视,急需找出破解难题的办法,采取有效措施加以解决和改进,切实让广大的建设从业人员从优质的教育培训中得到实惠,真正让教育培训工作在人才培养和事业发展中发挥重要作用。

2.2.3 促进建设行业专业技术与管理人员继续教育与培训发展的对策建议

2.2.3.1 面临的形势

2015 年是改革和转型的关键之年,随着中央深化行政审批制度改革、加快转变政府职能以及全行业新型城镇化、建筑产业现代化等工作的深入推进,全行业生产方式、人才培养和考核方式将发生重大变革,对支撑行业人才发展的职业培训工作也提出了更新更高的要求。因此,各地区职业培训工作应该紧紧围绕住房城乡建设事业各项改革发展任务,抓住发展机遇,敢于担当,积极作为。

(1) 深化改革,面临新的机遇和挑战。2015 年是全面深化改革的关键之年,职业培训工作将面临前所未有的机遇和挑战。一是随着全面深化改革工作的开展,市场将在其中起到决定性作用。"政府之手"逐渐弱化,"市场之手"逐渐强大。

培训市场化、培训内容的市场导向性将愈加明显。二是全面深化改革需要着力解决的根本问题就是要促进社会公平正义、增进人民福祉。职业培训工作的"绿色培训、阳光管理"将得到进一步展现。三是新一轮机构改革中，行业教育培训工作将得到更多重视。职业教育在国家人才培养体系中的重要位置日益突显。因此，行业教育培训将迎来新的机遇。

（2）围绕转型，构建绿色教育培训体系。经济发展靠科技创新，科技创新靠人才实现，人才培养靠教育发展。当前，全国经济下行压力明显，资源环境约束日益强化，人口红利已趋上限，经济增长的传统动力正在逐步衰退。这就决定了抓人才建设比以往任何时候都更为重要、更为迫切。建筑业仍是劳动密集型产业，如何建立健全建设人才培养的绿色职教工作体制，大规模、多层次的实施全行业人才培养，促进劳动者整体素质不断提升，把丰富的人力资源转变成人才资源，促进全行业向科技创新迈进，也是当前的重大课题。

（3）创新融合，探索行业人才培养模式。当前，中国经济进入新常态，面临发展动力转换的历史课题。随着互联网发展进入移动互联、云计算、大数据、物联网的新时代，互联网主要服务消费者的功能，开始向服务生产核心环节增强、拓展。"互联网＋"被公认为传统产业转型升级、创造奇迹的催化剂，探索互联网技术与传统教育方式的深度融合，推进绿色建设职业教育，对促进住房城乡建设领域职业培训工作的融合创新具有重大意义。在建立资源共享机制的基础上，促进人才培养摆脱传统单一模式，向网络平台逐渐衍生，使优秀的师资和课源能够迅速向目标人群推送，是今后行业人才培养的方向。

（4）视角调整，聚焦新型城镇化发展。新型城镇化提出要实现"以人为本"的城镇化。从住房和城乡建设角度看，就是要围绕着人的需求，关注转移人口的人居环境改善，提升就业能力，促进城市就业岗位的形成，使城市建设与城市服务业培育互动起来。在建筑工业化的进程中，探索数以百万计的建筑业农民工向产业工人转变。因此，围绕新型城镇化的深入推进，扎实开展村镇建设技术管理、村镇工匠等方面的人才培养将有广阔的发展天地。

（5）适应形势，转变行业人才培养观念。随着建筑工业化的来临，迫切需要建筑经营管理人员切实提升现代企业经营管理能力；迫切需要专业技术人员及时补充、更新、拓展知识，增强创新能力；迫切需要一线操作人员尽快提升熟练运用各种新技术、新工艺、新材料的能力。因此，进一步转变人才培养观念，坚持"提升能力、以人为本、高端引领、整体推动"的原则，完善各类人才培养工作机制，造就一支适应产业转型升级要求的高素质人才队伍，进一步促进建筑行业由劳动密集型向技术技能型转变，实现一般人才向高素质人才转变显得尤为迫切。

（6）突出重点，不断开拓行业培训项目。住房和城乡建设部新版《建筑业企业资质等级标准》的颁布实施，以及各地建筑产业现代化工作的深入开展，对全行业人才培养提出了更新、更高的要求，许多新的培训项目的开发、标准的制定、教材大纲的编写以及题库的建设等工作需要全行业协调各类资源共同完成。各地如何发挥自身优势，紧扣行业发展的脉搏，开拓新的培训项目，夯实教育培训基础，实实在在地为地方建设教育培训工作服务显得尤为重要。

（7）创新创优，深入推进信息化建设。近年来，随着信息技术的飞速发展和日益普及，信息化浪潮推进到社会发展的各个领域，职业教育体制和模式也受到巨大冲击。信息化对职业教育带来了革命性影响，推动着职业教育不断创新发展。在信息化飞速发展的大背景下，教育培训工作在培训时间的机动性、培训质量的高效性等方面大有作为。创新创优培训模式，全面推进信息化建设是大势所趋。远程教育和网络培训的逐步推广、综合性平台的构建、各类数据库的收集整理、以及省市县三级数据互通互联都将为职业培训工作的管理和实施提供极大帮助。

（8）为民务实，促进服务效能全面提升。前一阶段，通过第一批群众路线教育实践活动，对职业培训工作存在问题进行的认真排查，提出了切实可行、针对性、操作性、指导性强的制度建设计划，全行业各级对服务发展、服务基层有了新的认识，平时工作中，自觉把群众的需求作为工作的努力方向，把群众的利益作为工作的谋划依据，党的群众路线思想已经在各级党员干部的心中初步生根落地，开始内化于心，外化于行了。因此，一批群众反映强烈的突出问题，将得到改进，随着群众路线教育实践活动的逐步深入，上下联动的整改措施将得到进一步深化，教育培训环境将得到进一步净化。

2.2.3.2 对策和建议

当前，随着中央深化行政审批制度改革、加快转变政府职能工作的不断推进以及住房和城乡建设部新的《建筑业企业资质等级标准》的颁布、各地建筑产业现代化工作的深入开展，对全行业人才培养提出了更新、更高的要求，建设教育培训工作应着力在注重规划引领、健全体制机制、夯实基础工作、加强规范管理、推进信息建设等方面下功夫，不断为建设事业的发展提供智力支撑。

1. 注重规划引领，为教育培训发展指明正确方向

2015 年是"十二五"的收官之年，也是承前启后的一年，各地应更加重视教育培训规划对建设行业专业技术与管理人员继续教育与培训发展的引领和指导作用。

（1）科学编制教育培训规划。紧密结合本地区的实际，坚持"教育优先发展、科学发展，努力让优质的教育培训惠及全体建设者"的指导思想，科学制

定本地区人才规划或教育培训发展规划，并将"优先发展、育人为本、学以致用、质量至上、改革创新、整体推进、统筹协调、公益惠民"作为今后一个阶段教育培训工作的指导原则，真正把各级教育管理部门的工作重点从抓具体培训项目转变为提供服务保障，真正从思想上、行动上做到"寓管理于服务之中"，通过提供优质服务来实现科学规范管理的目标。

（2）着力推进任务目标落实。以年度工作要点为重点，将教育培训规划的目标任务进行逐项分解，明确分工，落实责任，同时，积极发挥主管部门的指导作用，积极推行《年度教育培训发展报告》制度，通过检查、通报、评估等形式加强对教育培训工作的监督，力求做到"培训有规划、组织有保障、落实有措施、实施有督查，考核有奖罚"，通过目标任务的细化和责任的落实为教育培训发展奠定基础。

2. 健全体制机制，为教育培训发展提供重要保障

各地各级应坚持把教育培训工作作为推动事业发展的基础性工作。

（1）在健全管理体制上下功夫。积极构建"归口管理、统筹协调、分级分类、责任明晰、上下联动"的教育培训管理机制（即省级负责全系统各类教育培训工作的统筹协调、宏观指导，市级负责本地区教育培训工作的组织实施，考点负责具体考务工作，培训机构负责具体实施培训，教育协会和各行业协会协调配合，优势互补），逐步形成地区教育培训管理一级抓一级、层层抓落实的工作格局。

（2）在不断完善制度上下功夫。为保证建设行业专业技术与管理人员教育培训和考核工作规范有序开展，各地应在理顺关系、明确分工、规范管理、提高效能的基础上，进一步加强配套管理制度建设，结合本地区工作实际，不断制定和完善培训考培分开制度、培训办班管理制度、考务管理制度、考点和巡考评分反馈制度、考风考纪管理制度、培训机构评估制度等一系列管理制度，为教育培训发展提供制度保障。

3. 夯实基础工作，为教育培训发展创造有利条件

各地应紧扣事业发展任务目标，结合地方实际，紧紧围绕教材、师资和培训平台等教育培训基础开展卓有成效的工作，为教育培训发展提供重要支撑。

（1）注重教材系列化建设。充分发挥教材在职业培训中的重要支柱作用，以提高劳动者就业能力和创业能力为目标，采取选用和自编相结合的方式，构建具有地方特色的教材体系，通过有效措施不断提高教材和参考资料的编写质量，促进教材开发工作健康、有序开展。力求在全行业逐步形成与各岗位要求相衔接，兼顾职前和职后培训需求，以教学课本为主，考试大纲、习题集等教学资料为辅的规范化、系列化的职业培训教材体系。

（2）注重师资职业化培养。师资队伍是产生辐射作用的核心群体，他们的素质和水平体现了整个教师队伍建设的程度、决定了人才培养的效果。因此，各地应以打造一支专业知识宽、实践能力强的高水准职业化师资队伍为目标，从教师的选配条件、师资培训、考核等各个环节进行了严格把关，同时还针对部分师资水平不高的情况，采取"说课"考核的办法，坚决杜绝不合格的师资"误人子弟"，力求将既有较深理论基础、又有丰富实践经验、更具良好道德素质的教育工作者选拔到师资队伍中来。逐步形成本地区以职业教师为主体、社会教育资源为补充、涉及各类岗位培训、继续教育、职业技能等多个学科门类的专兼职教师队伍。

（3）注重培训平台搭建。各地应积极构建以高校为龙头，各类高、中职校、技校、培训中心为主体，行业协会、企事业单位以及建筑工地农民工业余学校相衔接的多层次、多形式、多渠道的培训网络，为建设从业人员参加多形式的学历教育、继续教育、岗位培训、技能培养提供了广阔空间，使"就需、就新、就急"实施培训、"就近、就便、就廉"方便培训的要求在系统内得到较好的体现，不断提升职业培训管理和服务质量。

4. 加强规范管理，为教育培训发展营造良好氛围

近年来，随着持证上岗工作普遍被企业接受，参考人数持续增长，企业、学校和社会对上岗考试工作关注度也不断提升，伴随着社会上高科技作弊手段的不断出现，加之一些管理部门和考点由于相关人员考风考纪意识淡薄，违纪现象时有发生，影响了考试的严肃性和信誉度。因此，加强考风考纪建设，推进考核工作的标准化、规范化建设显得更加重要。

（1）突出标准化管理。各地应结合考试工作实际，对原考试制度进行创新、调整和完善，在严格执行住房和城乡建设部《关于贯彻实施住房和城乡建设领域现场专业人员职业标准的意见》（建人[2012]19号）和《关于做好住房城乡建设领域现场专业人员职业标准实施工作的通知》（建人专函[2013]36号）的基础上，着力在组卷、巡考、阅卷、公布成绩等重点环节加强标准化、规范化建设，不断提高工作效率，减轻考生和基层的负担，确保统考工作的严肃性和信誉度。

（2）突出规范化管理。各地应结合及时出台加强考试考风考纪建设的通知，进一步明确职责和奖惩措施，提出本地区设置考点的规范化、标准化的要求，配备屏蔽设备，并严格实施监督，同时通过开展现场观摩、情况通报等形式加强考点之间的交流和考风考纪建设，从而有效推进考试工作的顺利开展。

5. 推进信息建设，为教育培训发展创造条件

随着考试人数的逐年增加，运用信息化手段开展考试工作显得更加迫切。

各地应在信息化建设方面狠下功夫，确保一定的人力、物力和财力用于信息化建设，为地区教育培训实现大数据管理创造条件。

（1）搭建信息化平台。各地应结合地区教育培训工作实际，按照创新、创优、高效的原则，整合各类教育培训资源，逐步搭建为系统从业人员提供各类培训考试信息、介绍教育培训资源、开展经验交流、实现网上报名、网络培训、成绩查询、持证人员信息动态管理等功能的"一站式"综合性新平台，并不断丰富使用功能，不断简化办事程序，提高工作效率。

（2）探索教育现代化。努力提高教学和管理的信息化、现代化水平是新形势下建设教育培训工作的发展方向。因此，各地应充分发挥相关单位远程教育平台的优势，制定工作方案和工作目标，积极探索和开发地区远程网络教育和计算机考核系统，逐步建立多层次、多媒体、跨区域的远程教育培训平台，为今后逐步推行全系统网络教育和计算机考试工作打下基础。

2.3 2014 年建设行业技能人员培训发展状况分析

目前，在我国建筑业中，生产方式和管理方式相对来说还具有一定的滞后性。建筑业中的技能操作人员以农民工居多（后面统称"农民工"），当前，大部分农民工的文化程度较低，对技能的掌握也不够娴熟，在农民工队伍中，持证上岗的人员较少，大多都是没有经过系统的培训，就参与到建筑工程的施工中。其结果就是不断地出现安全事故、项目质量等一系列的问题，这一现状说明对建筑行业农民工的教育培训工作势在必行。

2.3.1 建设行业技能人员培训的总体状况

2.3.1.1 现阶段建设行业技能人员现状

建设行业主要包括城乡规划、建筑业、房地产业和市政公用事业。全行业从业人员约 5500 万人，占城乡就业人员总数的 7.3%。其中，一线操作人员几乎全部是农民工。在这些农民工中，90% 以上是高中以下毕业生，90% 以上没有经过专门技能培训。大力发展职业教育和培训，提高从业人员素质，是建设行业健康持续发展的迫切需要。现阶段建设行业技能人员现状如下：

（1）文化素质偏低。从事建设行业的农民工，大多来自偏远农村，整体文化水平不高。随着建设行业的发展，需要的是技术性和实践性的新型建筑工人，但是很多从事建筑行业的农民工根本不具备相应的专业技能、技术等级证书以及相关的岗位操作技能，在实际的建筑工作中，不懂得如何保护自己的合法权益，在侵权和被侵权时也无法做出有效的回应。

（2）建筑企业不愿承担对农民工的培训工作。由于建筑业的生产经营特点，建筑企业和农民工之间往往无法建立起长期的合作关系；员工培训的费用支出会造成建筑企业运营成本增加，影响建筑企业的短期效益；建筑工程都有严格的工期要求，如果长时间地对农民工进行培训，必然会对工程的进度和完工期限带来一定的影响；很多培训花销非常大，企业不可能完全报销，需要培训的农民工自己支付一定的费用，但是由于很多农民工的经济条件有限，根本无法承担。上述种种原因导致建筑企业往往不愿意承担农民工的培训工作，造成了建筑企业只用农民工，却不培训农民工的现象。目前单纯依靠建筑市场的自我调节机制还不能促成农民工技能培训机制的建立和完善。

（3）农民工队伍缺乏科学的管理机制。农民工队伍的不断壮大，为我国建筑业的发展提供了充足的人力资源保障。但是，以农民工为主的建筑劳务市场中，相应的问题也日益凸显出来。主要有以下几方面的表现：一是建设项目的建设一般都采用劳务分包的形式，在施工工地采用的是以罚代管的管理方式。通常是由工程项目部直接与所谓的"包工头"签订劳务合同，而包工头则聚集一些同乡亲属等来进行具体的建筑施工工作。二是由于农民工的队伍庞大，人员松散，流动性大，也给农民工管理带来了一定的困难。农民工在进入建筑工地时，往往都是自行、自愿组织的临时性团体。只是因为建筑企业工程量大，急需用人，所以包工头才去劳务市场大量的召集劳动力，当工程结束后则解除劳动合作关系，使得农民工团队没有科学的管理机制，组织松散，难以进行相应的培训。

2.3.1.2　技能人员培训情况

针对以上建筑业农民工的培训背景，最近几年，住房和城乡建设部每年都要召开一次全国性的教育培训工作会议，分析问题、研究政策、交流经验、部署工作。经过多年的努力，初步形成了多渠道、多层次、多形式的职业技能培训工作格局。

2014 年，住房和城乡建设部根据制定的建设行业农民工技能培训规划，将培训任务分解到各省市，再由各省市分解到各地市，明确责任。同时建立年度培训工作通报制度，督促各地认真落实。针对建设行业农民工数量庞大的实际情况，把建筑业的有关工种进行分类，集中力量抓影响工程质量和安全生产的关键工种，重点是机械操作工、砌筑工、架子工、钢筋工等。全年培训 1568599 人，其中高级技师和技师 16880 人、高级工 108485 人、中级工 573218 人、初级工 489431 人、普工 382385 人。

在培训工作中不断改进培训方法，增强培训的针对性和实用性。按照实际、实用、实效的原则，合理设置培训课程，采取师傅带徒弟、工学交替、个人自学与集中辅导相结合等多种方式，以工程项目为载体，以施工现场为依托，大规模开展农民工技能培训。如各地在长期培训工作中，逐步摸索出集中培训与分散自学、长期培训与短期办班、学校教学与流动办班、基础培训与技能提高"四个结合"的培训方法，取得了显著成效。

2.3.1.3 技能人员技能考核情况

近年来，住房和城乡建设部先后颁布了 96 个工种的职业技能标准、鉴定规范和鉴定题库，组织编写了近百种农民工培训教材，设立技能培训机构 1255 个，鉴定机构 913 个。目前参加考核并取证的技能鉴定人数已达 1013628 人，其中高级技师和技师 10957 人、高级工 116165 人、中级工 501708 人、初级工 384798 人。

2.3.1.4 技能人员技能竞赛情况

随着建设行业的高速发展，中、高级技能人才短缺的矛盾日趋突出。为解决技能人才紧缺问题，住房和城乡建设部与教育部共同实施了建设行业技能型紧缺人才培养培训工程，将建筑（市政）施工、建筑设备、建筑装饰和建筑智能化等四个专业，作为技能型紧缺人才重点培养专业，确定了 165 所职业院校作为建设行业技能型紧缺人才示范性培养基地。应当将进一步加强校企合作的模式，深入推进高技能人才和技能型紧缺人才的培养。

新常态必将促使产业、企业转变发展方式，走技术创新、产品创新、管理创新之路，这条路能否畅通关键看技能人才队伍建设。通过技能大赛的举办，进一步在建筑行业职工中广泛开展技术培训、岗位练兵、技能比武、技能晋级等活动，为中、高技能人才和优秀技术工人脱颖而出开辟绿色通道，有利于促进技能人才队伍特别是专业技术人才、高技能人才队伍建设，2014 年全年，共举办各类技能大赛 1119 次，其中国赛 251 次，省赛 868 次。

2.3.1.5 技能人员培训考核管理情况

（1）不断加强制度建设，健全职业资格证书体系。职业资格证书和技能鉴定证书是我国教育制度和劳动就业制度的重要组成部分，是推进职业教育和培训工作的有效措施。经过多年的努力，已经逐步建立起覆盖一线操作人员、基层技术管理人员和专业技术人员的三大职业资格证书体系，并根据建设行业改革发展的需要，不断加以完善。

（2）目前的考核管理程序。管理是由国家住房和城乡建设部人事司总的指导和部署，各省市建设与行政管理部门人事处具体负责组织（个别省市由建设教育协会负责）。并在省会城市以及地级市分别设立培训机构和鉴定站，具体实施培训与考核。考核证书分别是由国家人社部门印制的等级证书和住建部门印制的等级证书在劳务企业中双轨运行。具体的证书、人员的管理与取证人员的继续教育由劳务企业负责。

2.3.2　建设行业技能人员培训面临的问题

建设行业从改革开放以来，在用工体制方面实行了两层分离的管理模式，建筑企业逐步将计划经济年代固定工体制下年龄偏大、不能完全适应现代用工体制的工人，采取退休、退养、分流到二线岗位等措施缩减、再缩减。少部分有能力的工人自己谋求职业，与企业形成自己交五险、两不找的关系。留下的大多是操作技能一般，年龄偏大、不愿意离开企业的工人。二十余年来，大部分建筑施工企业以强化管理层为核心，根据企业生产规模和企业发展的需要，有计划地补充较高学历的学生员工，使施工企业在人力资源管理方面的工作重心基本都放在了管理员工队伍的建设上。

农民工这支大军在自然人的组织下，从少到多，从小到大。虽然他们的操作技能不高，但他们吃苦耐劳的精神和灵活的组合方式普遍受到建筑企业的欢迎，以实物量计件，市场单价汲取劳务费的优势，使其迅速发展壮大，而今已成为建筑行业的主力军，成为推动建筑行业工业化、城镇化、现代化建设的重要力量。但自然人带工，松散型管理，以追求经济利益的最大化为目标是农民工队伍的特性，他们中的绝大多数人文化程度在初中以下，放下锄头，不经过教育培训这个过程就直接成为普工，通过生产过程中的传、帮、带掌握了一些基本技能。在国家相关政策的强制下，随着规模的扩展也成立了劳务公司，但在工人的培训方面认识不足，出现了持证比例不高、安全教育及岗前培训流于形式的情况。在高、大、难的工程建设中表现出操作技能水平偏低，综合素质不高、职业道德教育不够、安全意识较差等生产中凸显的问题。近年来，安全生产问题、农民工维权问题成为不和谐的社会现象和不安定的主要因素。

通过对大型建筑企业的调研，技能人员在培训方面面临的主要问题有以下几个方面：

1. 农民工对职业技能培训重要性认识不足

近年来，进城务工的农民工素质有了很大的提升，与他们所承担的任务总体是适应的。但也应清醒地看到，部分农民工思想观念比较陈旧落后，视野较窄，缺乏长远性和开拓性，他们只看到了眼前的利益，认识不到提高技能对于个人找工作、提高经济收入的重要性，不愿参加职业技能培训。相当一部分农民工认为，种田解决吃饭问题，外出务工则解决挣钱的问题。等到年龄稍大一些，还是要回到家乡，继续耕耘着祖祖辈辈赖以生计的土地。因此，在他们看来，外出务工不是永久性的生存之道，甚至只是一种临时性的举动。正是他们这种亦可工、亦可农的特点，除从事建筑业特殊工种的工人在强制下被迫参加培训领取操作证外，其他工种的工人即使没有技能证书，也可以自由自在地在建筑行业中打工就业，与持有技能证书的工人获得相同的酬劳。在这样的情况下，工人认为培训不培训无关紧要。一些参加培训的工人在积极性上不同程度地受到打击。农民工认为参加培训需要培训费、书杂费、领证费的支出，加之培训期间食宿、路费、误工的因素，形成只要干活挣钱，绝不花钱费时费力接受培训的观念。

2. 企业用人观念存在问题

施工企业认为现在的劳动力资源是商品，从现行劳动政策方面讲，劳务公司是用人单位，技能人员培训应该是劳务公司的责任。施工企业与劳务企业依法签订的劳务分包合同书是经济契约，双方严格履约合同全部内容即可。

劳务公司在农民工高度不稳定的大背景下，虽然也与工人签订劳动合同书，但对农民工的约束能力较弱，工人不满意对合同内容不需要有任何顾忌，结算走人。稍有怠慢拖欠农民工工资的大帽子一扣，形成讨薪纠纷。农民工频繁的流动和跳槽，劳务公司和企业共同认为对农民工培训的投资极容易发生流失，形成了施工企业、劳务企业重用轻养，"铁打的营盘流水的兵"的现象，工人入职没有门槛和技能标准，用工单位、用人单位同时推脱一句劳动力资源是社会的，所以培训责任也是社会的。原则上都是拿来主义。施工单位在承揽工程投标时，在预算取费中被压级、压价，很难负担农民工的培训费用。劳务企业给农民工的劳务费，也是市场波动的小单价结算人工费方式，没有培训费用，同时也缺乏培训方面的意识，双方企业在一定程度上削弱了培训投资意愿，造成培训无专项资金的现象。

3. 职业技能培训内容针对性不够强，培训质量有待提高

（1）目前普遍实施的职业培训教学中，存在理论教学与实际操作脱节的现象。重理论轻实训的教学方法难以吸引农民工参与。农民工参加职业教育培训是为了能更好地提高自己的实践工作能力，适应城市生活。他们希望能够接受到对提升自己技能水平有切实效果的培训，而不愿接受低效的培训。

（2）教学模式单一，缺乏师生互动。培训教师容易忽略农民工对所学知识和技能的接受能力，不能周全地考虑农民工的知识水平、生活习惯、接受能力的差异，对不同文化程度的农民工培训往往进行统一教学，不积极与学生进行互动，教学效果不够理想。

（3）农民工教育培训具有教育对象分散且流动性大、教育水平参差不齐、教育时间不定、约束力不强等特点，这为保证农民工教育培训质量增加了难度。

4. 农民工培训工作政出多门，整合优质培训资源，形成合力，迫在眉睫

目前，农民工培训工作得到了政府和社会各界的重视，许多部门都在抓，

如人事劳动、农业、教育、科技、扶贫、工会和院校等部门都从各自的业务出发，开展了针对农民工的实用技术培训和职业技能培训等，在一定程度上对农民工转移就业起到了积极的推动作用。但各部门之间条块分割，缺乏必要的统一、协调和衔接，没有充分整合资源优势，不能形成合力，结果使培训不能很好地与经济发展、产业结构调整实现有效的结合，培训资源得不到有效整合和利用。

5. 农民工职业技能培训的经费不足

农民工职业培训经费主要来自中央财政、地方财政、用人单位及劳动者个人。其中，中央及地方财政是农民工培训经费的主要来源。由于农村人口多，大量的农民工培训需求与政府和社会所能供给的培训资源存在巨大的供需矛盾；用人单位对利益最大化的追求，使其在农民工培训问题上不愿有较多投资。农民工工作过程中只求高薪而不求教育培训，已属于过渡性的一代操作工人，其文化基础已和现代产业工人的要求不符，不能适应建筑行业工厂化、装配式、产业化、高技能标准的要求。这就导致一些农民工虽打工数年，竟未参加培训，职业技能方面毫无长进，一遇企业结构调整或技术改造，便被淘汰出局。

6. 校企合作存在诸多不足

校企合作的模式虽然成为一种新的职业教育方向，但在合作的方法、供求培训方面存在诸多不足。如学校专业设置的"追风"现象造成生产岗位所需工种专业少，财政拨款不足，教材过时，师资质量不高或严重匮乏。中职和技校学生中初中毕业的占多数，思想方面都愿意从事管理岗位工作，而不愿意当技术工人。企业在提取2%培训费后大都放在管理人员的学习和培养上，对一线技术工人的教育培训投入较少，其根本原因是建筑行业技术工人的"松散型"管理模式和企业不愿意招收自有的工人。

2.3.3 促进建设行业技能人员培训发展的对策建议

农民工已成为建设行业产业工人的主体，在建筑施工企业的劳动力资源方面起到了中流砥柱的作用，同时为建设行业的经济发展做出了巨大的贡献。针对农民工这个特殊时代背景下的庞大群体，从国家到地方、从施工企业到建筑劳务公司、从中职学校到培训机构，应该在国家的大局观之下，实行联动的长效机制。

1. 积极鼓励建立技能人才实训基地

鼓励大中型施工企业与劳务公司、学校联合建立农民工实训基地，将招生与招工相融合，培养稳定的产业化工人，形成自有的核心骨干队伍，以应对建筑行业即将到来的"用工荒"与"技能人才荒"。企业在生产经营过程中，根据发展规模确定市场需求、知识技能结构、课程设置、招生（招工）等方面起主导作用，做好工人的培训计划，并在施工企业中积极推进技能工人的学历证书、职业资格双证书模式。

2. 构建与住建行业发展相匹配的职业教育体系

认真贯彻《国务院关于加快发展现代职业教育的决定》，积极主动拓宽教育经费来源渠道，加快发展行业职业教育，进一步改善职业院校和各培训机构的教学环境和办公条件，加强师资队伍建设，积极推进职业院校改革与发展，提升专业建设水平，在产教融合、校企合作及人才质量提升等方面实现新突破。

3. 加强信息化及规范化建设工作力度

继续创新管理方式，推进信息化建设和网络化管理工作，利用计算机网络技术提高工作质量和效率，规范考试注册管理，完善考试考务制度，严格执行保密规定，确保各类考试过程中试题和试卷安全；完善培训考试、注册管理系统，不断更新与补充教学内容，让信息化建设成果惠及广大培训学员。建议加快出台建筑一线工人技能培训职业标准、编制统一培训教材、统一考核题库，尤其涉及古建筑工种，以便全面推进住房城乡行业生产操作人员的培训。

4. 积极推进院校职业资格认证工作

各级住建部门应帮助、支持和指导职业教育培训机构和普通中、高等院校的毕（结）业生参加社会化职业技能鉴定。定期发布职业院校与职业分类标准对应目录，做好职业资格认证与专业设置的对接服务。按照统筹规划、合理布局、发挥优势的原则，确定一批具备条件的职业院校建立职业技能鉴定所（站）。

对按照国家职业分类和标准设置专业的职业院校，其毕业生职业技能鉴定可与学校教学考核结合起来，凡能一致的要避免重复考核。各地要加大工作力度，在现有工作的基础上，选择 10～20 所具备条件的院校扩展资格认证工作。对参加资格认证的院校应按照国家职业标准的要求，调整教学计划和教学内容，强化职业技能训练，采取单元式教学、模块化考核、学分制管理的办法，突出对学生的职业能力评价，使职业院校毕业生在取得学历证书的同时，取得相应的职业资格证书。住建部门要加强职业院校学生参加职业资格认证工作的管理和质量督导，建立对毕业生跟踪考核和业绩评价机制。

5. 建立职业资格证书制度与技能竞赛的沟通机制

鼓励企业、行业和地方开展各种形式的职业技能竞赛和群众性岗位练兵活动，选拔企业急需的技术技能带头人。在各类技能竞赛中获得优秀名次的选手，可按有关规定直接晋升技术等级或优先参加技师、高级技师考评。

6. 加强职业资格证书制度与企业劳动工资制度的衔接

指导企业大力推行"使用与培训考核相结合，待遇与业绩贡献相联系"的做法，充分发挥职业资格证书在企业职工培训、考核和工资分配中的杠杆作用，建立职工凭技能得到使用和晋升，凭业绩贡献确定收入分配的激励机制。要把高技能人才占职工总量的比重作为企业参加投标、评优、资质评估的必要条件。建立高技能人才奖励和津贴制度，汇集、公布技能人才工资市场价位，完善高技能人才同业交流机制。

农民工职业技能培训能够推动社会经济的发展和进步，但是同时也需要社会各界各政府的大力支持和投入。充分调动农民工的积极性，参加到职业技能培训中去，通过建立健全良好的法律环境，规范农民工职业技能培训的形式，培养越来越多的高精尖技术人才应用到各种岗位中去，有力地拉动城市经济发展，加快我国城市化建设和现代化建设进程。

3

案例分析

3.1 学校教育案例分析

3.1.1 普通高等建设教育典型案例

3.1.1.1 北京建筑大学案例

北京建筑大学深入贯彻落实党的十八大和十八届三中、四中全会精神，紧扣深化改革和内涵发展的主题，以创建有特色、高水平建筑大学为目标，以深化改革为动力，以人才工作为重点突破口，紧紧围绕人才培养、学科建设和科技创新，深入实施质量立校、人才强校、科技兴校、开放办校四大战略，推进内涵发展，突出办学特色，各项事业取得丰硕成果。

1. 学校概况

北京建筑大学是北京市和住房和城乡建设部共建高校、教育部"卓越工程师教育培养计划"试点高校和北京市党的建设和思想政治工作先进高校，是一所具有鲜明建筑特色、以工为主的多科性大学，是"北京城市规划、建设、管理的人才培养基地和科技服务基地"、"北京应对气候变化研究和人才培养基地"和"国家建筑遗产保护研究和人才培养基地"，是北京地区唯一一所建筑类高等学校。

学校始建于1936年的北平市立高级工业职业学校土木工程科，历经高工建专、中专和大学三个发展阶段。解放初期为北京工业学校土木科，1952年为北京建筑专科学校（时任北京市副市长、著名历史学家吴晗兼任校长），1953年更名为北京市土木建筑工程学校，1958年升格为北京建筑工程学院，1961年改为北京建筑工程学校，1977年经国务院批准升格为本科院校，时为北京建筑工程学院。1982年被确定为国家首批学士学位授予高校，1986年获准为硕士学位授予单位。2011年被确定为教育部"卓越工程师教育培养计划"试点高校。2012年"建筑遗产保护理论与技术"获批服务国家特殊需求博士人才培养项目，成为博士人才培养单位。2013年4月经教育部批准更名为北京建筑大学。2014年获批设立"建筑学"博士后科研流动站。2015年10月北京市人民政府与住房和城乡建设部签署共建协议，学校正式进入省部共建高校行列。

学校有西城和大兴两个校区。西城校区占地12.3万 m²，校舍建筑面积20.2万 m²；大兴校区占地50.1万 m²，一、二期工程30万 m²已全部竣工启用，三期工程正在积极推进。目前，学校正按照"大兴校区建成高质量本科人才培养基地，西城校区建成高水平人才培养和科技创新成果转化协同创新基地"

的"两高"发展布局目标加快推进两校区建设。学校图书馆纸质藏书152.9万册、电子图书122万册，大型电子文献数据库46个，与住房和城乡建设部共建中国建筑图书馆，是全国建筑类图书种类最为齐全的高校之一。

2. 办学特点

（1）学科专业特色鲜明，人才培养体系完备。学校现有10个学院和2个基础教学单位，另设有继续教育学院、国际教育学院和创新创业教育学院。现有34个本科专业，其中国家级特色专业3个——建筑学、土木工程、建筑环境与设备工程；北京市特色专业7个——建筑学、土木工程、建筑环境与设备工程、给水排水工程、工程管理、测绘工程、自动化。学校设有研究生院，有1个服务国家特殊需求博士人才培养项目，1个博士后科研流动站，12个一级学科硕士学位授权点，涵盖55个硕士学位授权二级学科点，有1个硕士学位授权交叉学科点，5个专业学位授权类别点和8个工程专业学位授权领域点。拥有一级学科北京市重点学科3个——建筑学、土木工程、测绘科学与技术，一级学科北京市重点建设学科2个——管理科学与工程、城市规划与设计。在2012年教育部组织的全国学科评估中，建筑学、测绘科学与技术名列第9名，城乡规划学名列第12名，风景园林学名列第15名。

（2）名师荟萃、师资队伍实力雄厚。现有教职工1000余人，其中专任教师655名。专任教师中具有硕士学位的教师248人，具有博士学位的教师337人，具有高级专业技术职务的教师375人，教授103人，博士生导师27人。拥有长江学者1人，国家杰出青年科学基金获得者1人，国家级教学名师1人，全国优秀教师1人，百千万人才工程国家级人选2人，北京学者1人，科技北京百名领军人才1人，长城学者3人，享受政府特殊津贴专家29人，教育部、住房和城乡建设部专业指导和评估委员会委员9人，教育部新世纪人才、百千万人才工程市级人选、省部级优秀教师、教学名师、优秀青年知识分子、留学人员创新创业特别贡献奖获得者、高层次人才、学术创新人才、科技新星、青年拔尖人才55名，教育部创新团队、北京市优秀教学团队、学术创新团队、管理创新团队26个。

（3）坚持质量立校，教育教学成果丰硕。学校2014年获得国家教学成果一等奖，并在近三届北京市教学成果奖评选中获得教学成果奖21项，其中一等奖8项。学校是首批国家级工程实践教育中心建设高校，拥有国家级实验教学示范中心、国家级土建类人才培养模式创新试验区、国家级虚拟仿真实验教学中心、国家级校外人才培养基地等10个国家级本科教学工程项目。另有3个北京市实验教学示范中心、5个市级校外人才培养基地、119个校内外实践教学基地。近五年来，学生在全国和首都高校"挑战杯"等科技文化活动中，获得省部级以上奖励 336 项。

（4）坚持立德树人，培育精英良才。现有各类在校生 12461 人，其中全日制本科生 7575 人，博士、硕士研究生 1850 人，成人教育学生 2916 人，留学生 120 人，已形成从本科生、硕士生到博士生和博士后，从全日制到成人教育、留学生教育全方位、多层次的办学格局和教育体系。多年来，学校为国家培养了 6 万多名优秀毕业生，他们参与了北京 60 年来重大城市建设工程，成为国家和首都城市建设系统的骨干力量。校友中涌现出了被称为"当代鲁班"的李瑞环，核工业基地建设的奠基人赵宏、中国工程院院士张在明、全国工程勘察设计大师刘桂生、沈小克、张宇、罗玲、胡越、包琦玮、高士国，在国际上有重要影响的中国建筑师马岩松等一大批优秀人才。学校毕业生全员就业率多年来一直保持在 95% 以上，2014 年进入"全国高校就业 50 强"行列。

（5）坚持科技兴校，科学研究硕果累累。学校始终坚持科技兴校，不断强化面向需求办学的特色，形成了建筑遗产保护、城乡规划与建筑设计、城市交通基础设施及地下工程、海绵城市建设、现代城市测绘、固体废弃物资源化技术、绿色建筑与节能技术为代表的若干在全国具有比较优势的特色学科领域、科研方向和创新团队。学校现有城市雨水系统与水环境省部共建教育部重点实验室、代表性建筑与古建筑数据库教育部工程研究中心、现代城市测绘国家测绘地理信息局重点实验室、北京市应对气候变化研究及人才培养基地等 22 个省部级重点实验室、工程研究中心和社科基地。近五年以来，在研各类科研项目 1900 余项，其中国家 863、国家科技支撑等省部级以上科研项目 390 余项；获省部级以上科技成果奖励 58 项，其中荣获国家科技进步奖、技术发明奖共 11 项，2010 年、2011 年、2012 年连续三年以第一主持单位获得国家科技进步二等奖，2014 年以第一主持单位获得国家技术发明奖。科技服务经费连续 8 年过亿元，2014 年达到 2.8 亿元。学校重视科技成果转化，不断提高服务社会的能力和水平，建设具有建筑行业特色的大学科技园，是中关村国家自主创新示范区股权激励改革工作首批试点的 2 所高校之一。

（6）面向国际，办学形式多样。学校始终坚持开放办学战略，广泛开展国际教育交流与合作。目前已与美国、法国、英国、德国等 24 个国家和地区的 41 所大学建立了校际交流与合作关系。

（7）全面加强党的建设，党建和思想政治工作成效显著。近年来，获北京市"党的建设和思想政治工作先进高等学校"、"首都高校平安校园示范校"、"全国厂务公开民主管理先进单位"、"北京市厂务公开民主管理示范单位"、"首都文明单位标兵"、"北京市文明校园"等荣誉称号。

站在新的历史起点上，北京建筑大学正按照"提质、转型、升级"的基本发展策略，围绕立德树人的根本任务，全面推进内涵建设，全面深化综合改革，全面实施依法治校，全面加强党的建设，持续增强学校的办学实力、核心竞争力和社会影响力，以首善标准推动学校各项事业上层次、上水平，向着"到2036年建校100周年之际把学校建设国内一流、国际知名的有特色、高水平、创新型大学"的宏伟目标奋进。

3.1.1.2 吉林建筑大学案例

吉林建筑大学是一所以工为主，土木建筑特色鲜明，理、工、文、管、法、艺等学科相互支撑、协调发展的多科性大学。学校是吉林省重点建设的普通高等学校，经过60年的发展建设，已经成为吉林省城乡基本建设领域高级专门人才培养基地、科技研发基地、产业发展决策咨询与技术创新服务基地。

1. 学校概况

（1）办学历史。1956年，国家城市建设部设立长春城市建设工程学校，是新中国首批建立的十所建筑类专门学校之一，该校是吉林建筑大学的前身校；1960年，经国务院批准，学校定名为吉林建筑工程学院，开始举办本科教育；1962年，因国民经济调整停办本科教育；1978年，国务院批准学校恢复本科建制；1997年，学校通过原国家教委本科教学工作合格评价；2003年，学校取得硕士学位授予权单位；2008年，学校通过教育部本科教学工作水平评估，取得"优秀"等级；2013年，教育部批准吉林建筑工程学院更名为吉林建筑大学。

（2）办学规模。学校全日制在校生15574名。其中，硕士研究生833名。

（3）师资队伍。学校现有专任教师801人。其中，具有高级专业技术职务的431人，具有博士学位的191人。学校有中央直接联系的高级专家、国家有突出贡献的中青年专家、国家百千万人才工程第一、二层次录选人才、国家有突出贡献留学回国人才、享受国务院政府特殊津贴人才、吉林省高级专家、长白山学者特聘教授、长白山技能名师、吉林省测勘设计大师等各类高层次专家学者80余人次。

（4）学科建设。学校有吉林省高校重中之重建设一级学科2个；省级优势特色重点学科5个。硕士学位授权一级学科点7个。其中建筑学学科通过硕士学位教育评估，获得建筑学硕士学位授予权。另有硕士学位授权二级学科点3个、工程硕士专业学位授权领域5个。

（5）专业建设。学校开设本科专业48个、国家第一类特色专业建设点2个、吉林省高校品牌专业建设点6个、吉林省特色专业建设点8个。建筑学、土木工程、建筑环境与能源应用工程、给排水科学与工程、工程管理、城乡规划6个土建类专业全部通过全国高校土建类专业教育评估，在全国同类院校中专业评估通过时间较早。其中建筑学专业获得建筑学学士学位授予权。

（6）创新平台。学校拥有教育部、省政府行业主管部门批准认证的重点实验室、工程技术中心、研究中心 20 个。

（7）科研成果。学校在松花江流域水环境治理与保护、严寒地区绿色建筑、建筑防灾减灾、城镇化建设规划、设施与不动产管理（FM）、建筑信息化协同设计（BIM）、历史建筑修复与利用等领域的研究处于国内先进水平，曾荣获国家科技进步二等奖 2 项、国家技术发明二等奖 1 项、吉林省科技进步奖 30 余项、省部级以上勘察设计奖励 20 余项。

（8）基础条件。学校校园占地 94.8 万 m^2，总建筑面积 45.4 万 m^2。教学科研仪器设备总值 1.7 亿元。图书馆藏书 129 万册，2015 年新增藏书 4.6 万册。教学实验室（中心）18 个。

2. 办学方向和定位

学校全面贯彻党和国家的教育方针，以培养中国特色社会主义事业合格建设者和可靠接班人为己任。以党的建设统领人才培养各项工作,构建了党委统揽、分管校领导主抓、职能部门贯彻落实、各院部党委具体负责的整体联动、上下合力的办学工作机制，保证学校人才培养、科学研究、社会服务等各项事业统筹发展。学校办学定位准确，人才培养目标明确，发展规划科学，人才培养中心地位突出，人才培养质量符合国家和吉林省经济社会发展需求。

（1）办学方向。学校坚持社会主义办学方向，秉持"唯实"的办学理念，培育"和谐、创新"的优良校风，坚持"质量立校、特色兴校、人才强校"的建校方略，强化土建学科优势，引领相关学科协调发展。围绕人才培养根本任务，立足吉林，面向全国，服务建设领域和经济社会发展，培养具有良好思想道德品质，富有创新精神和实践能力的应用型高级专门人才，现在已建设成为土建优势彰显、办学特色鲜明，以工科为主，理、工、文、管、法、艺等学科协调发展的多科性大学。

（2）办学定位。办学类型定位：学校基本办学类型定位为"教学型"大学。"十三五"期间，学校以建设"特色鲜明、域内一流、同类领先的教学服务型现代大学"为发展目标；办学层次定位：学校以全日制普通本科教育为主，大力发展研究生教育，努力达到博士学位授权单位立项建设水平；学科专业发展定位：学校重点发展土木建筑类学科专业，积极发展环境、材料、艺术、电气、管理与经济类相关学科专业以及文理类基础性学科专业；服务面向定位：学校把服务社会作为核心价值，以服务谋发展、求支持。立足吉林、面向全国，重点培养建设领域专门人才。优先满足地方经济社会发展需求，优先保障科技成果的域内转化，优先推进和引领城乡基本建设相关产业的发展；发展目标定位：2015 ~ 2020 年期间，学校以建设"特色鲜明、域内一流、同类领先的教学服务型现代大学"为发展目标。

3. 发展规划

学校始终把科学确定办学定位作为办学顶层设计的核心，通过编制《吉林建筑大学章程》、《"十一五"事业发展规划》、《"十二五"事业发展规划》、《"十三五"事业发展规划》，统领学校工作全局，引领学校的改革与发展方向。学校根据不同时期国家和地方经济发展需求和学校发展的内在要求，在不断总结办学成果和办学经验的基础上，客观分析学校在国家和地方经济社会发展以及在高等教育体系中的发展空间和办学定位，并具体体现在学校发展战略规划和大学章程等重要文件中。

"十一五"期间，学校以本科教学工作水平评估达到优秀等级和更名为"吉林建筑大学"夯实基础为发展目标，在《"十一五"事业发展规划》中明确了"强化土建学科优势，引领相关学科协调发展。围绕人才培养根本任务，立足吉林，面向全国，服务建设领域和经济社会发展，培养具有良好思想道德品质，富有创新精神和实践能力的应用型高级专门人才，努力建设土建优势彰显、办学特色鲜明，以工科为主，理、工、文、管、法等学科协调发展的多科性大学"的发展思路。

"十二五"期间，学校以实现更名为"吉林建筑大学"、为申请博士学位授予权创建基础条件为发展目标，在学校《"十二五"事业发展规划》中提出了"以构建现代大学制度为切入点，积极推进由注重办学规模的扩张向提升人才培养质量的转变、由注重外延扩展向内涵发展的转变，全面提升学校人才培养水平、科技创新水平、社会服务水平，不断提高学校整体办学实力，实现更名'大学'和跻身省属重点高校行列的现实目标，为创建博士学位立项建设单位奠定坚实基础"的发展思路。

2013年，学校成功实现更名为"吉林建筑大学"目标后，在深刻总结办学优势与特色的基础上，对学校的新发展进行了深入思考与探索。按照吉林省建设高等教育强省的战略要求，学校在树立大学办学理念，推进内设机构和干部人事制度改革的同时，积极引入"外脑"，进一步拓展发展视野，把修订《吉林建筑大学发展战略规划（2014—2020)》和《吉林建筑大学章程》作为课题立项研究，邀请华中科技大学教育科学研究院参加，并委托对方负责监督评价《"十二五"事业发展规划》与《吉林建筑大学章程》的实施情况，展示了学校遵循高等教育规律，科学规划建设现代大学的决心。

在2015年编制完成的《吉林建筑大学章程》和《吉林建筑大学"十三五"事业发展规划纲要》中，学校将实现"学院"向"大学"的转型作为"十三五"时期的核心任务，大力推进"三个转变"：一是转变办学观念，在思想观念上从特色办学向办学特色与水平并重转变，从专业思维向学科专业统分结合转变，从择优支持向加强重点建设和注重投入产出效益并重转变；二是转变体制机制，着重从强调行政效率向建设现代大学制度转变，从统一管理向激发教学科研单位活力转变，从立足自我发展向开放办学转变；三是转变发展思路，办学重心从以教学为主向产学研协调发展转变，从注重条件建设向加强条件与队伍建设并重转变，从关注学生就业率向提高就业率与就业质量并重转变。并进一步明确了"努力将学校建设成为特色鲜明、域内一流、同类领先的教学服务型现代大学"的发展目标定位和"培养和造就理论基础坚实、实践能力扎实、思想作风朴实，具有创新精神、创业意识和社会责任感的应用型高级专门人才"的人才培养目标定位。

学校将建设"教学服务型大学"作为"十三五"时期的发展目标，一方面考虑体现学校仍将坚持以本科教学为主、积极发展研究生教育的办学层次定位；另一方面强调学校的教学和科研坚持以服务地方经济社会发展为宗旨，培养地方（行业）需要的应用型人才，产出地方（行业）需要的应用性成果，大力开展以满足社会需要为目的的各种服务活动,形成地方（行业）全方位的服务体系，体现了学校把服务社会作为核心价值，以服务谋发展、求支持的办学理念。

4. 培养目标

（1）学校人才培养总目标。学校依据党和国家的教育方针、区域经济社会的发展需求、行业产业的转型升级需求、城镇化进程需求和行业产业的转型升级需求，确定了如下人才培养总目标：以人才培养为根本任务，致力于培养和造就理论基础坚实、实践能力扎实、思想作风朴实，具有创新精神、创业意识和社会责任感的应用型高级专门人才。

（2）专业培养目标。学校按照教育部《普通高等学校本科专业目录和专业介绍（2012 年)》、各学科专业指导委员会编写的《本科指导性专业规范》和有关教指委制定的部分课程教学基本要求等相关规定，参照相关行业、企业标准和相关专业人才执业标准，依据学校人才培养总目标，坚持专业教育与注册工程师执业资格教育有机融合，知识学习、能力培养与品德养成教育有机融合，理论教学与实践教学有机融合，第一课堂与第二课堂有机融合的"四个融合"人才培养思路，以促进学生发展和适应社会需要作为衡量教育质量的根本标准，按照专业教育与个人能力培养两条主线，制定了高级应用型专门人才专业培养目标。人才培养过程注重学生思维能力和知识运用能力的提高，理论课程强调基础理论课程的基础性与通用性，专业课程的坚实性和灵活性，实践课程遵循"渐进性、继承性、综合性、创新性"原则，树立大工程观教育思想，紧跟行业发展形势，将"三实"人才培养特色贯穿在人才培养的全过程。要求学生不仅要完成知识的学习，还要训练知识的应用，特别是擅长技术的应用，具备解决生产实际中的具体技术问题的能力，从而培养在生产第一线或工作现场从事工程设计、项目管理、技术应用、经营决策、生产服务等工作的人才。

（3）专业培养标准。学校依据专业培养目标，在现行的 2009 版、2014 版本科人才培养方案中，对各专业的课程设置、学时学分、实践教学、创新创业教育、第二课堂等主要教学环节的学业要求作出了明确规定，并作为专业标准认真贯彻执行。课程结构体系方面，设置了公共课程平台、学科基础课程平台、专业课程平台和实践教学平台，各平台根据专业标准设置不同的教学模块，各教学平台、模块既相互联系又逐层递进，体现了人才培养的基本规格和全面发展的共性要求。

5. 人才培养中心地位

为确立人才培养中心地位，学校制定了如下政策和措施：

（1）坚持以教学工作为核心。学校不断探索高等教育发展规律，在本科办学工作中，把"以教学工作为中心，不断提高教学质量"作为学校全部工作的内核，把人才培养作为学校的根本使命。《吉林建筑大学章程》和各阶段教育事业发展规划、党代会报告、教代会报告和每年的党政工作要点，明确了以培养人才为中心，开展教学、科学研究和社会服务，不断提升人才培养质量。学校把教学工作列为党委常委会、校长办公会的重要议事日程，对重大问题进行集体研究和决策，并坚持每学年召开一次全校教学会议，总结经验，部署工作，落实教学改革措施。学校建立了校领导联系教学单位制度，学校党政领导班子成员经常到联系点调查研究，了解教学一线情况，及时解决问题。通过不断加强人才培养顶层设计，确立了人才培养中心地位。

（2）不断更新教育思想观念，推进教育教学改革深化。自 2006 年起，面对高等教育大众化的现实背景，学校围绕办学指导思想、办学定位、办学特色和人才培养模式等问题，组织开展全校教育思想观念创新大讨论，并在学校不同层次范围内，就教学基本建设、教育教学改革和人才培养质量等问题进行专题研讨，从而确立了建设土建优势彰显、办学特色鲜明的多科性大学的奋斗目标，确立了育人为本、教育创新、科学发展和素质教育等先进理念作为指导学校建设与发展的思想观念。2008 年，学校开展了新一轮的教育思想和教育观念大学习、大讨论活动，从而形成了"两个转变"共识，即"由注重办学规模的扩张向提升人才培养质量的转变、由注重外延扩展向内涵发展的转变"，并写入学校《"十二五"事业发展规划》，为全面提升人才培养水平、不断深化教育教学改革确立了方向。2014 年，学校教学工作会议上明确提出"加强专业建设，继续深化教育教学改革，巩固'三实型'人才培养特色，推进复合型人才培养改革试点，加快推进教育信息化建设工作"的工作设想并付诸实践，教育教学改革不断推向深入。2015 年，学校下发《中共吉林建筑大学委员会关于加强和改进大学生创新创业工作的意见》和《大学生创新创业训练计划项目管理办法》、《本科生创新创业学分管理办法》、《大学生创新创业孵化园管理办法》、《大学生创新竞赛奖励办法》等文件，把大学生创新创业教育正式纳入人才培养过程，并从 2013 级在校本科生开始全面实施。

(3) 完善教学管理体系建设，保障教学体系运转灵活。学校根据自身发展实际，不断加强教学质量保障体系建设，教学质量保障体系逐步完善，基本实现了全员参与、全过程监控和全面保障；成立了教学委员会、质量办公室、院部评估中心等，保障教学工作规范和教学质量提高；学校和各教学单位都建立了规范、完备的教学管理规章制度，并严格执行；2001 年以来，学校开展多种形式的院部评估和专业评估，定期召开教学工作会议，定期开展教学管理人员培训；学校把是否围绕教学工作中心地位开展工作作为考核各教学单位、职能部门的主要指标，把教学质量作为教师考评、职称评聘的重要依据，实行一票否决制。

(4) 完善教学经费保障机制，保障教学投入稳定增长。学校建立了严格的预算管理制度，在安排各项经费指标时，优先保证教学经费指标，并逐年稳定增长。学校坚持在资源配置上向教学工作倾斜，优先安排教学基本设施建设项目，保证教学科研仪器设备购置费、图书资料购置费和教学专项经费等及时、足额投入，确保教学工作的需要。

(5) 积极推进体制机制改革，构建人才培养服务体系。学校围绕人才培养的中心任务，积极推进体制机制改革。在 2015 年学校二级机构调整和设置工作中，根据教育教学工作发展要求增设了"教师发展中心、质量办公室、院部评估中心、实验教学中心、大学生创新创业中心"等二级机构，进一步健全和完善了人才培养服务体系。学校各职能部门以服务人才培养为工作目标，围绕服务中心工作，进行了有利于方便师生的各项改革，先后出台了一系列规章制度和工作流程。学校干部人事管理、学团工作、财务管理、后勤服务部门等都提出了相应的服务措施，形成了支持教学、服务人才培养的保障体系。引导和保障广大教师热爱教学、潜心教学，进一步加强和巩固了教学的中心地位，确保人才培养这一中心职能的实现。

(6) 大力加强优良学风建设，努力优化学生发展环境。学校 2010 年整体迁入新校园后，制订并实施了《2010—2013 校园文化建设工作方案》，努力建设具有时代特征、大学特点、本校特色的校园精神文化、物质文化、制度文化和环境文化，新校园新文化、新气象、新风貌逐步形成；加强师德师风建设，完善《教书育人工作制度》，制定《进一步加强学风建设的实施方案》和《关于学风建设的若干意见》，持续开展优良学风建设；深化教学改革，强化教学管理，学校制定《校院两级教学管理分工与衔接实施办法》，使得教学质量监控体系进一步完善；开展"管理年"主题实践活动，促进了学校管理制度的改革与创新，优化了学生发展的服务环境。2010年，学校校园文化建设成果被吉林省高校工委推荐到教育部参加全国校园文化建设优秀成果评选。

确立人才培养中心地位，其效果主要体现在以下几个方面：

（1）顶层设计重视教学工作，教学中心地位不断强化。学校在2015年修订的《吉林建筑大学章程》中写入了"学校以人才培养为根本任务，致力于培养和造就理论基础坚实、实践能力扎实、思想作风朴实，具有创新精神、创业意识和社会责任感的应用型高级专门人才"等内容，从根本上明确了教学工作的中心地位。近十年来，在学校每年制定的"党政工作要点"中，教学工作均排在各项工作的第一位。学校在研究决定本科教学发展与改革的重大问题和解决问题方案的顶层设计中，始终将教学工作和提高教学质量作为核心任务。学校以"教学改革与质量建设工程"项目为抓手，不断深化教学改革；学校党政一把手作为教学质量的第一责任人亲自抓教学质量；教务处高度重视教学管理工作，建立较为完备的教学管理制度，并确保各项管理制度的执行力、权威性和严肃性；各院部贯彻落实学校办学思路，深入教学改革，强化学科专业建设，打造品牌专业、特色专业，建设精品课程、优秀课程，提升教学质量，实现人才培养目标。

（2）本科教学经费优先投入，教学基本条件不断改善。学校优先保证教学经费支出并逐年递增。近三年，学校加大对本科教学的经费支持，本科教学经费投入由6361万元增至7955万元，生均教学日常运行支出由2213元增至2759元。目前，教学科研仪器设备值达到16999万元，是2008年水平评估时的3.1倍，生均达到10000元以上，2015年新增教学科研仪器设备价值5722万元以上。学校每年本科教学经费占教育经费的比例稳定在30%以上。学校每年除常规的教学经费投入外，还专门设置200万元的"教学改革与质量建设工程"专门资金，用于质量工程项目建设。

（3）教学管理制度日益完备，人才培养过程科学规范。学校建立了职责明确、层级清晰、上下贯通的"学校—学院（部、中心）—教研室（实验室）"三级教学组织管理体系；通过制定工作标准，不断修订、充实和完善工作制度，建设质量监控体系，保证人才培养过程科学规范。现已建成较完备教学质量标准体系和教育教学管理制度体系；建设并逐步完善了教学质量保证与监控体系和教学督导工作体系；建成了校院两级教学质量监控网络。

（4）教师教学投入明显增加，学生学习风气显著增强。学校把教授、副教授为本科生授课作为一项基本制度，教授、副教授主讲的本科课程占总课程门次的 58%。广大一线教师和各部门员工积极参加教学建设与改革，学生在教师的引导下勤奋学习、刻苦钻研、积极参加学科竞赛和创新创业教育项目。近三年，承担各级各类教研课题 246 项，参与各级各类教改项目研究与实践教师已达到 2000 余人次，参加各类学科竞赛和创新创业训练项目的学生已达到 15000 余人次，参与人数逐年增加。

（5）职能部门秉承服务宗旨，服务教学水平日益提高。学校职能部门一直秉承为学生、为教师、为教学服务的宗旨，通力合作、协调配合，积极服务教学。机关党委加强作风建设，努力营建服务教学的氛围；人事部门深化人事制度改革，激励教师加大教学投入；科研部门通过加强科研管理，促进科研转化教学；教务部门保障教学有序、高效运行，不断提升为教师教学和学生学习服务水平；学生管理部门、宣传部门、群团组织大力开展校风、学风和师德建设。

（6）系列教学改革持续推进，人才培养取得丰硕成果。学校积极创新人才培养模式，持续推进教学改革，落实《教学质量建设与教学改革工程实施方案》。先后建立了绩点学分制、弹性学制、分级教学、双学士学位复合型人才培养制度、班导师制度、优秀生调转专业制度等管理模式。定期召开教学研讨会，大力推进教学改革成果在全校实践应用，人才培养质量不断提升，并取得了一批人才培养与教学建设成果。

6. 研究生教育

（1）导师队伍建设。导师队伍中有中央直接联系的高级专家，享受国家特殊津贴人员、新世纪"百千万人才工程"国家级人选、国家级有突出贡献中青年专家、教育部"新世纪优秀人才"、国家突出贡献留学回国人员和吉林省高级专家、吉林省突出贡献的中青年专业技术人才等。目前，学校共评选出 296 名硕士研究生导师，校内导师 222 人，外聘导师 74 人。

（2）招生及生源情况。学校是吉林省唯一一所具有硕士学位授予权的土建（建筑）类高等学校，可以培养学术型硕士研究生和专业型硕士研究生。学术型硕士学位授予权学科包括建筑学、土木工程、环境科学与工程、材料科学与工程、管理科学与工程、城乡规划学、设计学 7 个硕士学位授权一级学科以及马克思主义中国化研究、思想政治教育、企业管理 3 个硕士学位授权二级学科；具有建筑学硕士和工程硕士两个类别硕士专业学位授予权，其中工程硕士包含建筑与土木工程、工业设计工程、电气工程、交通运输工程、安全工程五个招生领域。为吸引优质学生资源，调整硕士研究生招生录取的专业结构，从 2014 年开始学校设立了"特殊学科扶持奖学金"，对录取到学校初试科目为统考数学的学生给予奖励。共有将近230名研究生获得特殊学科扶持奖学金，累计奖励资金50余万元。2015年，学校共招收硕士研究生300多人，在校研究生总数达833人。

（3）毕业生跟踪调研工作。学校高度重视研究生就业情况对研究生教育的反馈，根据用人单位对毕业生从工作态度和工作能力方面进行的跟踪调研结果，学校毕业硕士生的综合素质较为突出，得到了用人单位的一致肯定和高度赞誉。随着社会的不断发展进步，思想道德素质是社会需求的首要标准，"德才兼备，以德为先"也已成为用人单位选人的基本理念。学校将进一步加强研究生德育考核和综合素质的培养，不断提升学校的知名度和美誉度。

（4）培养方案的制定。自2003年首届招收硕士研究生以来，研究生培养方案共修订4次。在培养方案的制定过程中，由于学校两种不同类别硕士研究生的培养方向、目标、侧重点有所不同，故针对学术学位硕士研究生和专业学位硕士研究生分别制定了不同的培养方案。通过多次培养方案的修订，2014版培养方案进一步优化了针对两种不同类别研究生培养的课程设置，在掌握专业知识，夯实专业基础、培养专业型人才的原则之上确立了学术型研究生以注重理论研究和科研能力为主，专业学位研究生以实践，及知识的实际应用能力为主的侧重点不同的培养方案。2014版培养方案中，全日制学术学位硕士研究生共包括15个专业，分别为马克思主义中国化研究、思想政治教育、材料科学与工程、建筑学、岩土工程、结构工程、市政工程、供热供燃气通风及空调工程、防灾减灾工程与防护工程、桥梁与隧道工程、环境科学与工程、城乡规划学、管理科学与工程、企业管理、设计学。其中马克思主义中国化研究和思想政治教育学专业属于法学学科门类，毕业授予法学硕士学位。该学科的培养方案以理论基础课为主，侧重理论和创新思维的培养。材料科学与工程、建筑学、岩土工程、结构工程、市政工程、供热供燃气通风及空调工程、防灾减灾工程与防护工程、桥梁与隧道工程、环境科学与工程、城乡规划学等专业属于工学学科门类，毕业授予工学硕士学位，该学科的培养计划以掌握专业基础课为主，侧重工程理论的学习和应用。管理科学与工程和企业管理专业属于管理学学科门类，毕业授予管理学硕士学位。管理学学科围绕基本建设领域，注重建筑科学、土木工程学科紧密结合，突出学校专业特色，培养方案的设置侧重理论与实际的结合，强调自学和独立工作能力。设计学专业属于文学学科门类，毕业授予艺术学硕士学位。该专业的培养方案强调对学生艺术情感的培养，提高学生创造力，及承担相应设计工作的能力。

（5）专业型硕士研究生实践能力的培养。为了保证学校专业学位研究生的培养质量和专业学位授予质量，提高研究生专业素养及实践创新能力，促进学生实践能力的提升，学校将专业实践环节作为全日制专业学位研究生培养的必须环节，所有全日制专业学位研究生都必须选修实践环节，经考核合格后，获得相应学分。实践的形式和内容多样，鼓励学生在岗实习，鼓励课题立项，积极参与实际工作、设计，参与专业调研、专业实习、专业实验以及独立承担相对应专业的技术活动等，提倡以校外实践单位进行实践活动为主。专业实践一般在第二学年进行。研究生导师根据本专业领域的特点和培养要求，结合研究生实际需要制定专业实践任务，并落实实践单位和校外指导教师，为了保证实践环节的质量，校外指导教师要求必须具有副高级或以上职称。导师为学生制定的实践计划要事先在研究生处备案，专业实践结束后，研究生参加考核答辩，并撰写实践报告。由副高级或以上职称的校内外专家组成的答辩小组通过后研究生方可取得相应学分。

（6）研究生教育成果。学校在研究生教育过程中大力倡导科学严谨的学风和勇攀科学高峰的精神，鼓励研究生刻苦学习，勇于探索钻研，不断提高研究生创新能力与职业能力，全面提升研究生培养质量，并取得了一定的成绩。学校共有10余篇硕士研究生毕业论文被评为省优秀硕士毕业论文和硕士专业学位示范论文。

3.1.2　高等建设职业教育典型案例

3.1.2.1　黑龙江建筑职业技术学院土建类高等职业院校内涵建设的研究与实践项目案例

1. 项目建设基本情况

该项目自2006年12月"国家示范性高等职业院校建设计划"启动，2009年10月通过教育部、财政部验收，并得到专项奖励。项目突出"以服务为宗旨，以就业为导向，走产学研相结合的发展道路，坚持工学结合、校企合作"的改革方向，结合高职建筑类专业特点，创新体制机制，在校企合作长效机制，院校两级管理，工学结合、校企合作教育"2+1"人才培养模式，工作过程导向课程体系，项目化课程改革，师资队伍建设，理实一体教学平台等方面深入改革与创新，取得了显著成效。学院人才培养水平和办学实力明显增强，社会服务能力不断提升，毕业生就业率和就业质量明显提高，得到了社会及行业企业的充分认可，产生了很好的社会影响。

2. 项目完成情况及主要成果

（1）以股份制等多种形式与行业企业合作，探索校企深度融合的有效途径与长效机制。我国的高等职业教育从20世纪80年代起步，1999年高校扩招后才取得了大发展，办学存在着经费不足、基本条件差等诸多困难。因此，如何创新高职院校办学体制机制，增强办学活力，充分吸引行业企业和利益相关方参与、共建高等职业院校，不断提升办学实力和人才培养水平，是高职院校发展建设的首要任务之一。学院以双赢互利为基本原则，通过与行业企业合作，发挥各自在经费筹措、先进技术应用、兼职教师选聘、实习实训基地建设和学生就业等方面的优势，形成多方参与、共同建设、多元评价的运行机制，增强办学活力。学院与北京精雕技术有限公司进行合作，双方共同进行人才培养，形成教学型合作；与西南交大监理公司合作成立工程监理材料监测站，与黑龙江省龙航检测公司合作成立龙航检测公司江北分站，形成生产教学型合作；与黑龙江省建设集团合作建立全套钢筋自动化生产线和外墙彩钢装饰砖生产线，形成生产型合作；与黑龙江省建设集团达成协议共同进行科研项目（包括科研、教材编写等）研究与开发，形成科研型合作；成立市政工程技术研究所、能源利用技术研究所等 5 个对外技术服务实体，为企业解决工程中技术难题和质量通病，形成技术服务型合作；与哈尔滨工业大学市政环境工程学院签署战略合作协议，进行科学研究、信息交流、教师交流等合作，形成教学研究型合作。这些形式的合作有力地促进了学院人才培养工作，产生了很好的经济和社会效益，为校企合作的长效机制提供了很好的案例，被全国多所院校借鉴和推广。

（2）深化工学结合、校企合作教育人才"2+1"人才培养模式，形成学校、企业、学生三赢的良好局面。高等职业教育主要培养面向一线的生产、技术、服务和管理的技术技能型人才，是一种不同于普通高等教育的教育类型。因此，必须构建一种全新的符合高等职业教育培养目标和教育规律的人才培养模式与之对应。学院自 1999 年开始实施工学结合、校企合作教育"2+1"人才培养模式，是国内较早实行该模式的院校之一。自项目建设以来，学院深化工学结合、校企合作教育"2+1"人才培养模式，努力为社会和行业企业培养生产一线的"施工型"、"能力型"、"成品型"的技术和管理人才。通过以建筑产品的生产过程重新构建课程体系和教学内容，融入行业企业资格标准，强化学生在校期间前两年的教学。根据建筑产品体量大、周期长、耗材多、校内不容易复制与模拟等特点，学院把学生顶岗实习时间确定为一年。利用优秀的企业资源进行技术技能型人才培养，是学院近年来办学的一个成功经验。目前学院与中国建设总公司八个工程局、中海外、中铁建、中铁集团、中交集团、省建设集团等国家特大型、大型建筑企业鉴定协议，建立了 221 个校外实习基地，以保证学院每年近 4000 名学生的顶岗实习。学生通过在水立方、鸟巢、国家大剧院、中央电视台、苏宁大厦、津塔等大型项目的实习，学习先进的建筑技术和工艺，接受先进的企业管理，感受先进的企业文化，学生的职业能力和职业素养大大增强，就业率和就业质量明显提升。目前学院 60% 以上的学生在实习的总承包企业就业，20% 以上的学生在实习项目的专业承包企业就业。专业对口，收入和待遇令人满意，实现了高质量就业，实现了三方共赢，开创了高等职业教育的新局面。

（3）以工作过程为导向重构课程体系，打破传统学科制"老三段"课程体系。中国高等职业教育课程体系经过了学科制"老三段"本科压缩型课程体系、加拿大 CBE 课程体系等几个阶段，但改革不彻底，一直没有彻底脱离"老三段"的束缚。自项目启动以来，学院开发了"1363"（1 个团队、3 个阶段、6 个步骤、3 段认证）课程体系开发模式，学院各专业及专业群根据行业企业的技术领域和职业岗位（群）的任职要求，按照以工作过程为导向，重构了课程体系、进行了教学做合一的一体化教学，实现了教学过程的实践性、开放性和职业性，形成了鲜明的专业特色。在教学中采用了项目导向、任务驱动、工学交替等教学模式，增强了学生的职业能力，开发了职业能力考核的内容、标准和方法，建立以职业能力考核为主的学生成绩评价体系。编制各专业新的人才培养方案和学习领域课程标准、进行了教学资源的建设。目前已建成国家精品课程 2 门、省级精品课程 11 门，优质专业核心课程 43 门，编写校本教材 36 部、优质核心课程校本教材 9 部，完成教育部、住房和城乡建设部高职教育规划教材 37 部，形成了一批在全国建设类高职教育领域使用广泛、影响力大、引领课程内容改革的高水平教材。通过毕业生跟踪调查进行比对，经过教学改革的毕业生的职业能力明显高于往届，学生到企业后上手快，所学理论与企业实际能够很好地结合起来，解决了传统教学理论与实践严重脱节的现象，得到行业企业的充分认可。

（4）全员参与项目化课程改革，全面提高教学水平。课程建设与改革是提高教学质量的核心，也是教学改革的重点和难点。项目启动以来，学院大力推进课程建设，先后派出多名骨干教师和教学管理人员到德国、新加坡、泰国、加拿大和美国等国家，目前学院专任教师中有 2/3 的人员具有国外学习经历。学院要求全院教师要通过一门课程的整体教学设计和单元教学设计，进行项目化课程改革，提高教学能力。项目化课程设计和实施时，要求以突出课程整体的能力目标和课程单元的能力目标为核心，以项目为载体、完成任务为能力训练过程，把工作过程知识作为课程的主要内容，并按照职业能力发展规律来进行课程教学的整体设计与课程教学的单元设计。积极开展"创课"教学实践，从单一课程向专业间协同拓展。坚持以学生为主体，即以学生的学习兴趣与学习参与程度进行评价。要突出能力培养目标，即以训练学生解决问题的实际能力为首要目标，而不是以传授知识为首要目标，使学生在较高的学习兴趣中，提高专业技术与管理能力。目前学院 85% 以上的专业教师通过了项目化课程改革验收，目前有 93 门课程真正实施了项目化教学。项目化课程改革极大地促进了学院的课程建设，全院教师在新的教学模式下的课程理念、思想、方法，项目化的课程组织、设计、实施、教学方法和手段等方面有了根本性的转变和提高。

（5）以教师五种能力培养为抓手，提升学院"双师型"师资队伍整体水平。师资是提高教学质量的关键。以工作过程为导向为课程体系和项目化课程改革对教师素质提出了更高的要求，教师要熟悉职业实践，具有跨学科和团队合作能力，具有创设学习情境的能力，还要对自身在教学过程中的角色进行重新定位。学院在深入分析目前高等职业院校的教师的能力结构及存在的差距和不足的基础上，总结出高职教师应该具备教育教学理论研究能力、专业实践能力、教学实践能力、科研能力、提高学历层次等五种能力。学院以这五种能力的培养为抓手，利用构建主义原理，教师依据自身能力结构，进行五种能力建设，并形成三级规划，统筹管理，建立教师个人档案，全面提高学院教师的教学能力。以教师五种能力培养为基础，构建各专业双师素质教学团队和建立相对稳定的兼职教师队伍，优化双师结构师资队伍，使学院师资水平能够真正满足高等职业教育对人才培养的教学要求。目前学院已建成国家级教学团队1个，省级教学团队4个，省级教学名师8人。2014年，学院主持的两个项目获得国家教学成果二等奖，参与的一个项目获国家教学成果二等奖。

（6）建成高水平职业训练中心，实现理实一体化教学。按照"营造真实性环境，进行生产性实训"的原则，学院投入资金3442万元，建成建筑面积达2.3万 m^2 的职业训练中心；投入1537万建成建筑面积1.2万 m^2 实训中心，并对 $3258m^2$ 的传统教室按照企业真实工作流程的形式进行了改造。同时，投入3736万元建设了2万 m^2 的建工环艺教学楼配套平台建设，投入1600万元完成以上项目的基础设施的配套工程。总投资额近1.2亿元。目前，学院设有9个实训基地，192个实训室，初步形成了集建筑类高等职业教育教学、职业能力训练、职业培训、科技研发、社会服务为一体的一体化教学平台，实现了做中学、做中教、理论与实践一体化的教育理念，在国内土建类院校中具有一定的领先水平。

（7）全面实施校院两级管理，增强办学活力。随着高等职业院校办学重心由规模、数量的扩大转变为加强内涵建设的过程中，内部体制机制存在的弊端日益突出，已成为高职院校进一步改革和发展的瓶颈。学院从2008年3月开始全面实施院系两级管理改革，主要遵循教学中心原则，科学规范原则，统分结合、重心下移原则，责权利统一原则，管理高效原则。从教育教学、学生、干部人事、固定资产等诸方面下放了70多项权力。在院系两级管理改革成功的基础上，学院自2009年5月开始撤系建院，全面实施校院两级管理。学院进一步下放各项管理权限，全面推进新"三自一包"。即：各二级学院资产自主管理；人员自主管理；

创收自主增收。按各院学费收入比例提留经费，包干使用。"三自一包"的实施，极大地调动了二级学院办学的积极性、主动性、创造性，促进了国家示范性高职院校项目建设工作。学院经验为全国多所高职院校所借鉴。

（8）提升社会服务能力，社会贡献不断增大。学院充分利用人才优势，积极对外开展工程设计、技术咨询和社会培训等工作，收到了良好的社会效益和经济效益。学院培训部具有建设类国家一级培训资质，常年为省内建设行业企业培训，培训人数和培训收入居各培训点之首。学院参与了哈尔滨工业大学牵头的协同创新平台建设项目，建筑与城市规划学院主持了《黑龙江省新农村村庄建设标准》、《黑龙江省村庄环境综合整治规划技术导则》、《大庆市城市规划标准与准则》起草工作和多项工程的设计工作。市政工程技术学院完成了鸡西市给水三厂技术改造工程、青冈县祯祥镇农村安全饮水工程项目设计、绥芬河市给水管网优化工程等18项工程，为企业节约了上千万元资金。热能工程技术学院对绥化市城市集中供热管网和换热站改扩建工程进行了技术改进，节省金额近500万元，完成了巴彦县城镇集中供热管网和锅炉房工程施工图设计，节省金额近230万元。

3. 项目主要创新点

（1）通过与行业企业及利益相关方建立理事会、董事会等多种形式的合作，形成共同育人的长效机制。

（2）创新院校两级管理，推进新"三自一包"。即：各二级学院资产自主管理；自己人员自主管理；自己创收自主增收；按各院学生学费收入比例分成，包干使用。

（3）根据建筑类专业特点，构建符合高等职业教育规律、教学规律和人才成长规律的工学结合、校企合作教育"2+1"人才培养模式，实现学校、企业、学生三赢的良好局面。

（4）改变传统"三老段"学科体系，以工作过程为导，开发"1363"课程体系开发模式，重新构建课程体系，实现教学过程的实践性、针对性和职业性。

（5）进行项目化课程改革，把传统的学科制的课程转换为以真实或仿真的工程项目或案例为课程结构，重构课程结构和内容，实现教学以学生为主体、理实一体化教学，提高教学效果。

（6）归纳出职业教师应具备的五种能力，并制定任务书，建立师资培训三级归纳，强化师资队伍建设。

（7）按照"营造真实性环境，进行生产性实训"的原则，初步建设成集建筑类高等职业教育教学、职业能力训练、职业培训、科技研发和社会服务为一体的一体化教学平台。

4.示范推广情况

自国家示范性高职院校项目建设以来,学院的办学实力和人才培养质量显著提升,社会服务能力明显增强,招生分数线在黑龙江省连续六年超过本科三表70分以上,就业率连续十年在90%以上,近五年就业率达到95%以上,是全国高校就业五十强单位。进入世界五百强企业的毕业生人数逐年提高,培养了一大批优秀的生产一线的技术和管理人员,得到了社会及行业企业的充分认可。全国有近400所高职院校来学院参观考察,充分发挥了示范和引领作用,开创了高等职业教育改革与发展的良好局面。

3.1.2.2 成功在人:四川建筑职业技术学院人才工程案例

2001年4月,以四川省建筑工程学校、四川省建筑职工大学、四川省城市建设学校三所学校为基础,组建起四川建筑职业技术学院(以下简称学院),从此结束了西南地区没有独立建制的建筑类高等院校的历史。2003年春,中国二重职工大学又整体并入,在校生总数突破4000人,学生规模已名列四川全省高职院校前列。但是,在此良好的发展大潮中,如何尽快建成"一支数量充足、质量合格并能够迅速向高水平的'双师型'方向发展的师资队伍",则成为决定学院可持续发展的"第一问题"。事实上,10余年来,学院始终将高水平师资队伍建设作为全院发展大局中的"第一生产力",始终坚持"人是生产力中最活跃、最能动的要素"这个基本点,一步步地思考着、探索着、破解着高水平师资队伍建设这一全国高职院校的"共性问题"。

1.大障碍:人才是制约学院高水平发展的最大瓶颈

2001年4月,源起于2所中专和1所成人高校的四川建筑职业技术学院刚一"揭幕",就深知自身要生存发展的前进道路上存在着一系列"大障碍":比如,学院的主体原属于知名的"国家重点中专",虽然在中专办学中有着较为深厚的积淀,但对于高等职业教育的规律不了解、不习惯、不适应;学院的总体教学理念依然停留和留恋于"小规模的优质生源"基础上的中专时代,加上地处非中心城市,这一"特色思维"进一步强化了全院教学理念的滞后甚至"落后";学院硬件、软件的总容量和教学能力也更加难以匹配学生规模"倍增"的基本需要;师资队伍科研能力弱、成果少,除少量的教材和教研交流性论文外,公开发表的有一定影响力的论文极少,高质量的科研成果接近于零,可以说几乎没有真正的"科研";从师资队伍结构看,除了数量严重不足外,高学历比例极低,没有博士,硕士仅有1名,高职称少,没有教授,高级讲师仅30余名,高素质少,在全国建设行业和同类院校中具有较大影响力的高水平教师非常缺乏。

在这一严峻局面下,基本建设要靠"贷款"并持续展开、庞大的考生求学需求要持续满足、师资队伍的数量质量要"与时俱进"、管理体制机制要创新、发展蓝图要落实等，这些"重大问题"都事关学院生存和发展的命运，而学院当时的人力、财力、物力、精力又极为有限，面对这"多线交织的相互制约"的重大问题群，到底"该怎么办"，在解决重大问题时又该"孰先孰后"呢？为此，四川建筑职业技术学院"万众一心"地反复诊断后，既弄清楚了"人才瓶颈是制约学院改革发展的最大障碍"，又确立了要解决最大障碍"必须靠人"、事业发展"关键在于高素质的师资队伍"的理念。因此，坚定不移地提出了"高素质的师资队伍建设是学院发展大局中的长期性的中心任务"的"人才工程"战略。

2. 新长征：人才工程建设的路径突围

在制定了具有前瞻性的正确的师资队伍建设政策和强力的保障措施后，学院坚定地采取了"内培外引"的建设途径，高强度地推进了"事业、感情、项目留人"的系列新措施，经过10余年来"实践—完善—再实践—再完善"的深度探索，终于建成了一支"数量充足、结构优良、质量一流、能力过硬"的高素质师资队伍。

（1）"功能倍增"的内培工程。大规模提升校内师资的"学历、能力、职称"是学院内培工程的三个基本点。一是投入巨资加速推进师资队伍"学历硕士化"项目。早在学院组建前的2000年，学院在经费和师资高度紧张的情况下，就毫不犹豫地鼓励在职教师攻读硕士，拉开了学院"人才工程"的序幕。目前，第一批11名在职硕士研究生均已成为学院教学、科研、管理的中坚力量。2003年，学院正式出台"人才工程"政策，完善了人才培养和引进的激励政策。这一政策的效应迅速显现。到2015年9月底，全院专任教师中的硕士学历比例超过91%，实现了教师"学历硕士化"目标。据统计，10余年的"学历硕士化"项目，学院仅直接经费投入就近2000万元。二是多方式提升师资队伍的能力层次。2007年以来，学院在教师群体学历已经取得较大提高的基础上，依托校企合作平台，启动了以培养和提高师资队伍工程实践能力和职业能力为中心的"能力层次化"项目。据统计，从2007年至2014年，全院共派出进企业脱产工作一年的教师超过70人，占到全院专任教师总数的10%以上。同时，鼓励具有较高学历和工作能力的中青年教师，积极报考各级各类建设行业"执业资格证"。2005年以来，学院共有100余名教师取得了各类执业资格证书。此外，学院还应四川省各级地方政府建设主管部门的要求，共派遣40余名教师到县级建设局业务类岗位挂职锻炼，此类任务更加有效地提高了部分教师的实践能力和管理能力。10年来的"能力层次化"项目，全面更新了学院师资队伍的"理论—实践"素质。截至2015年9月底，学院专业课"双师素质"教师比例达到80%以上，基本建成了一支高水平的"双师型"的师资队伍。这支高水平师资队伍曾经在2008年四川"5·12"汶川特大地震中接受了全面检阅，并因在抗震救灾中发挥出了重大作用而被中华全国总工会授予"抗震救灾工人先锋号"称号。而且,在高水平的"双师型"师资队伍的多元化培养后所形成的"功能倍增"的基础上,一方面,学院建成了建筑工程技术、建筑结构、道路桥梁工程技术、工程测量4个四川省教学团队,建成了应用英语、建筑材料工程技术、物流管理、钢结构工程技术4个四川省重点专业。另一方面,这支"双师型"师资队伍又为学院建成了具有仿真施工环境、再现施工过程功能,建筑面积达5万 m^2的工程训练中心,开创了中国建筑类高等职业教育实践教学的新模式。该中心目前已经发展为中国建筑类高职院校中规模最大的校企合作共建的建筑工程训练中心,还成为四川省和中西部地区建筑技能训练与建筑职业培训"共享资源"平台。三是全方位提升师资队伍的职称层次。2007年以来,在师资队伍的学历、能力同步提升之际,学院大力创造各种条件为教师营造职称优化的综合环境,从而快速地推动了师资队伍职称结构的高级化。2005年底至2014年底,学院副教授净增长了2.3倍,专任教师中副教授比例达到25.8%;教授净增长了36倍,专任教师中教授比例达到5.6%,学院教授总数居四川省高职院校第一位。目前,学院已形成现任院级领导均具有教授职称、系主任基本上均具有教授职称或博士学位的格局;学院师资队伍中高级职称比例达到31%,居四川省高职院校师资高级职称比例第一位。与此同时,最为重要的是,全面建成了师资队伍中核心骨干力量。到2015年10月底,学院拥有享受国务院政府特殊津贴的专家3人、四川省学术技术带头人1人、四川省学术技术带头人后备人选5人、四川省有突出贡献的优秀专家3人、全国优秀教师1人、四川省教学名师5人。这一业绩无疑保障着学院核心师资团队进入了四川省高职院校中的先进行列。

(2)"高层次、高能力、高质量"导向的外引工程。自成立高职学院以来,学院始终注重"硕士、博士并重"的高强度引进各类高级人才。自2003年6月引进第1名博士、教授的"双高"人才后,到2010年底,学院共引进19名博士。与此同时,学院大力鼓励中青年教师特别是新进的硕士脱产或在职攻读博士,鼓励博士进行博士后深造。至2014年底,学院博士学位教师达到37名,在读博士达到39名。据统计,10余年来,学院在"内培外引工程"方面,累计直接投入超过6000万元。这一空前的"高层次、高能力、高质量"导向的内培外引工程,推动了师资队伍综合水平的超速提升,不仅满足了学院由4000余名学生发展到1.7万余名学生的教学需要,而且在全省高职院校和全国土建类高职院校中率先实现了教师学历、职称、能力的巨大突破。目前,学院的博士学位教师居全省高职院校第一位。

(3)"多线并进"的重才措施。大发展必然伴随着大问题。学院在超强度地引进了硕士及以上高级人才300余名的全过程中,又聚精会神地深化了"多线并进"的育才和重才的措施体系。一是全方位保障"事业育人留人"。凡是引进的博士，在享受博士待遇的基础上，学院优先为其划拨办公室和组建研究所，配置研究设备和基础资料，利用全院资源让其优先承担各类重点科研项目，全力资助其参加全国性高水平学术会议，尽力让其全面参与校内外的相关专业研究事项，尽力为其减少一般性的日常事务，尽力为其创造较好的科研环境。同时，为了发挥博士群体的各研究项目的集约化效益和进一步实现科研服务于学院发展大局的需要，学院斥资6000余万元，建立了结构技术、材料技术等4个技术中心和建筑节能、测绘科学等8个研究所，为整个学院的工科类博士群体的协同研究创造了更加广阔的发展空间。二是多元化培育博士群体的科研管理、教育教学、行政管理等方面的综合能力，以尽快加速博士群体全面成长为学院的"教学骨干、科研骨干、管理骨干"，确保学院事业发展有人、事业持续发展更有后备的高层次人才。比如，学院近8年来，先后共选调18名博士到四川省各县级地方政府部门挂职锻炼，在当地平均挂职管理岗位工作半年至一年，以尽快培养其基层工作的经验和行政管理的能力；在教学改革方面，各专业的精品课程、核心教材建设项目都尽力要求博士深度参与；为继续推进学院"国际化办学"战略的需要，学院近年来划拨专款，资助了11名博士先后去北京大学、清华大学，以及境内外一流高校进修和访学。三是多渠道地感情留人。凡是引进的硕士及以上高层次人才，学院尽力以"入编、人事代理、合同化用人"的稳定方式，解决了近100名高层次人才家属的工作及部分博士的住房，为其创造了安心教学、专心研究的环境。另外，学院以不同方式开展高层次联谊活动，既增进了相互交流和合作，更极大地缩小了学院管理层与高层次人才队伍的感情距离。此外，学院近年来按照"全省领先、全国同类院校领先"的目标，持续加大了科研项目的支持力度，竭力支持和资助高层次人才各级各类科研成果奖励申报，特别是划拨专项经费资助申报重要科研项目。而且，鉴于学院地处德阳，远离全省全国的科研和学术中心的不利因素，学院划拨经费资助高层次师资队伍与成都、重庆等中心城市的科研项目合作及信息互动共享。

3. 新跨越：人才工程建设的成效透视

长期以来，学院高度重视"高素质的师资队伍是发展的第一资源"的基点，始终围绕"人才培养质量和师资队伍质量的同步提高"的核心目标，持续深化了"既要教好书育好人，又要助推教师成为具备较高科技研发水平的相关领域专家"的人才工程建设路径。近10年来，学院巨大资源投入之后，迅速取得了一系列的巨大效益。

（1）建成了一支"科技研发水平高、社会服务能力强"的师资队伍。近年来，学院以雄踞全省高职院校之首的高强度资助，不仅激发了全体教师的科研积极性，而且也提高了学院的"投入—产出"效益，进而迅速诞生出一批在全省全国具有重要影响力的科研成果。一是开创了中国高等职业院校领衔主编地方系列标准的先河。2005年，学院领衔申报了四川省级重点科技项目《四川省建筑工程系列施工工艺标准》的研究与编制05JB 013—002，学院任项目总负责和首席主编单位。立项后，学院联合54家企业、组织166名建筑业界专业人士，成功编研出"地基与基础工程施工工艺规程"等13本、总计250万余字的《四川省建筑工程系列施工工艺标准》。该套标准于2007年开始在四川省内施行。该套标准既满足了国家新《建筑工程施工质量验收统一标准》GB 50300的要求，又能适应四川建筑行业的特点，从而较好地满足了四川建筑施工企业发展的迫切需要，取得了良好的社会效益和巨大的经济效益，获得2011年"四川省科技进步二等奖"。此外，学院教师还参编了《建筑边坡施工质量验收规范》、《建筑与市政工程施工现场专业人员职业标准》等7部国家标准和行业标准。二是产生了一大批高水平的研究成果。近年来，学院高层次、高水平科学技术和教育科研课题和成果大幅度增加。2011年，获得国家自然科学基金项目1项、省部级项目5项、中央高校专项资金项目1项；2012年，获得国家自然科学基金项目1项（主研成员）、国家社会科学基金项目1项（主研成员）、省部级项目5项；2013年，获得国家自然科学基金项目1项（主研成员）；2015年，获得省部级项目2项，裴伟博士主持《基于产权效率的国家自然资源资产管理体制研究》项目（批准号：15CJY 033）成为四川省高职院校中第一个"国家社会科学基金项目"。据不完全统计，学院近5年以来的科研经费投入总额、获准立项的国家自然科学、社会科学基金项目数，都位居四川省高职院校第一名。2011～2014年，学院获得四川省科技进步二等奖3项，四川省教学成果一等奖2项、二等奖1项，国家职业教育教学成果二等奖2项。与之同时，2009～2014年，学院进入SCI、EI、ISTP、CSCD、CSSCI检索的论文，分别达30、307、63、67、44篇。三是学院社会服务能力显著增强。首先，形成了一批四川省知名的建筑工程技术和教育领域的专家。以参与编制《四川省建筑工程系列施工工艺标准》的教师为例，其13个负责人都是德阳市、四川省相关领域的技术研发专家和科研项目评选专家，参与各子项目编制的近100名以硕士为主体的中青年教师大都成为四川省、德阳市建筑领域的骨干技术力量，每年在四川省完成了数千万工程项目的技术指导和服务，他们为全省建筑业和城市建设贡献出了巨大力量。其次，学院从2010年4月起，担任全国高职高专教育土建类专业教学指导委员会主持学校，在指导全国土建类专业建设与改革中发挥了核心作用。再次，建成了一批在全省具有先进水平的技术中心。比如，总投资3900万元的结构技术中心，是西南地区唯一能实现三维动态加载实验的结构实验系统，具备静力、伪静力、拟动力、疲劳实验能力，三维地震波再现实验加载能力，且总静、动载荷载最大，以此为基础，建成了四川省高校校企联合土木工程结构应用技术创新基地、建筑施工应用技术创新基地。结构技术中心成功完成了"港珠澳大桥"项目、中车集团高速铁路车厢等重大项目的试验任务，获得了良好的社会声誉。又如，总投资800万元的材料技术中心，具备对超细粉体、纳米材料等研究能力，成为四川省高校校企联合"绿色建筑材料"应用技术创新基地。

（2）建成了高质量的全国高等职业教育建筑工程技术专业教学资源库。2008年8月，学院成功成为该项目主持单位，由胡兴福教授任总负责人。在此后的通过近2年里，进行了全面准备、重点研究和基础性建设。2010年6月，"高等职业教育建筑工程技术专业教学资源库"建设项目作为第一批国家资源库项目正式获得教育部、财政部立项，中央财政投入建设经费750万元。作为该项目的主持单位，学院组织全国17所高水平的高职院校和7家知名企业的近100名专家，按照"国家急需，全国一流"的要求，全力面向专业布点多、学生数量大、行业企业需求迫切的建筑工程技术专业领域，提供一流服务，为全国相同专业的教学改革和教学实施提供范例和共享资源。该项目实现了"通过优质教学资源共建共享，推动职业教育专业教学改革，扩展教与学的手段与范围，带动教育理念、教学方法和学习方式的变革，提高人才培养质量；探索基于资源库使用的学习、培训等学习成果认证、积累和转换机制，为社会学习者提供资源和服务，增强职业教育社会服务能力，为形成灵活开放的终身教育体系、促进学习型社会建设提供条件和保障"的综合性目标。到2012年底顺利完成全部建设任务，通过了教育部、财政部第一批项目的验收。获得了"理念先进、质量优良、功能强大、特色突出、管理规范、改革力度明显、服务领域广泛、综合效益巨大"的良好评价。而且，以该项目的建设、完善和运用为研究对象的《终身学习视野下的建筑工程技术专业国家教学资源体系创立与实施》科研课题，获得2014年"国家职业教育教学成果二等奖"。由于该项目的高质量和良好运行效益，大幅度提高了全国高职教育教学改革与教学信息化、现代化水平，因此又从教育部、财政部已通过验收的28个项目中脱颖而出，成为再次由中央财政资助重点建设的4个项目之一。

（3）建成了土木工程博士后工作站的高水平人才培养平台。2010年12月，学院依托"国家优秀级示范性高职院校"的综合优势，成功申报土木工程博士后工作站（博士后创新实践基地），成为四川省高职院校首家博士后工作站。几年来，学院调集校内博士后指导教师6人，联合四川大学、重庆大学、西南交通大学等川渝地区一流师资，共同进行博士后培养。目前，已出站博士后1名，在站博士后研究人员 5 名。2015 年 4 月，学院又汇聚了四川省的科技资源，建立了"四川建筑职业技术学院大学科技园"，该园各项任务得到顺利推进。这些高水平平台的建立，为学院高水平教师队伍建设创造了有利条件。

（4）人才培养的"高质量、高就业、高成才"持续推动着学院招生就业的连年拓展。一是高水平的师资队伍，持续地保障着和提升着学院"人才培养和招生就业的高质量"，而与之同时，人才培养的"高质量、高就业、高成才"又进一步推动了师资队伍水平的继续提高，促进了学院综合办学实力和社会声誉的不断提升，这一良好的"发展生态"始终保障着学院成为学生、家长、社会、行业、企业的"求学、进修、人才选录、技能培训、技术研发"等方面的"首选学校"。二是学院近十年来的生源质量雄踞四川省第一。自 2001 年以来，学院一直都是四川省招生量最大的高职院校。伴随师资队伍水平和综合办学实力的逐步提高，学院生源质量获得质变。2008 年，学院录取线居四川省第二名，2009 ～ 2014 年，学院录取线居四川省第一名，2015 年学院招生量突破 6600 人，录取线仍然高居四川省第二名。2011 年以来，在四川省的新生中，二本线上的人数保持在 10% 以上，2012 年达到 25.4%。三是学院近十年来的就业质量雄踞四川省第一。2009 年，学院成为四川省和全国土建类高职院校中第一所年毕业生总数超过 4000 人的高职院校。当年，学院就业率达到 98.1%，其中，毕业生进入行业骨干企业就业比例达到 46.0%。2010 ～ 2015 年，学院年均毕业生超过 4500 人，毕业生整体就业率仍然保持在 95% 以上，并且每年都有约 40% 的毕业生签约就职于国有大型建筑企业或行业骨干企业。比如，中建总公司、中国中铁、中国铁建、北京建工集团、华西集团、重庆建工等大型国有企业，每年约吸纳了学院毕业生总数的 20% 左右。这一大批行业骨干企业已经将学院作为招聘专科毕业生的"首选单位"。与此同时，在高就业率的基础上，毕业生成才率也随之提高。由于毕业生凭借在校所学习到的扎实专业知识、过硬专业技能以及自身就业后的不懈努力，其中的一部分快速地成长为所在企业的技术和管理骨干，在 3 ～ 5 年后就开始担任大型建筑企业的部门经理、项目负责人或技术主管；少部分毕业生还参与了国家大型重点工程建设，如北京国家体育场、国家游泳馆、上海世博会工程等。由于学院人才培养具备和展现出了"高质量、高就业、高成才"的良好成绩，学院从 2009 年以来，连续 7 次被评为"四川省普通高校毕业生就业工作先进单位"。其中，2009 年，学院成为四川省唯一荣获"全国普通高校毕业生就业工作先进单位"称号的高职院校，2010 年，学院被评为 2009 ～ 2010 年度"全国毕业生典型经验高校"。在"史上最难就业季"之称的 2015 年 5 月，学院在四川省高校就业工作会议上作了"就业典型经验介绍"。

10 余年来特别是"十二五"以来，四川建筑职业技术学院始终抓住人尤其是高水平的师资队伍这一决定学院发展大局的"第一生产力"的中心点，将"成功在人"的核心理念落实于学院各项事业，既全面保障了学院办学质量不断取得新突破，又强力推动学院在师资队伍的数量、结构、水平、业绩等方面取得了巨大的成就，而最为重要的是，"高水平的师资队伍、高录取线、高教学质量、高就业率、高就业质量、高成才率"等使学院综合实力的各核心要素之间，形成了持续的"多向互动、相互竞生"的强大的"正能量集群"。可以展望，四川建筑职业技术学院的"人才工程"还将持续不断地释放出更为可观的红利。

3.1.3 中等建设职业教育典型案例

3.1.3.1 案例学校概况

陕西建设技师学院是陕西省唯一一所培养建筑安装类高、中级专业技能人才的国有公办职业院校。为国家重点技工学校、国家技能人才培育突出贡献单位、国家中等职业示范院校、陕西省高技能人才培养先进单位、陕西省建设类岗位培训机构、全额拨款事业单位，隶属陕西建工集团总公司。

学院位于西安市南郊文化区，毗邻小雁塔，占地面积 76 亩，建筑总面积 67050m²。交通便利，环境优雅，各类教学设施设备齐全，一体化教室和实验室等 36 个。校外实习基地 16 个。学院师资力量雄厚，教学经验丰富。现有教职工 500 余人，其中专兼职教师 226 人，具有中高级职称 139 人，具有高级技师和技师职业资格 38 人。现有全日制在册学生 5000 余人，专业设置有土木工程、建筑工程施工技术、给排水、工程造价、建筑装饰等 16 个。其中建筑工程施工技术、电气自动化安装与调试、建筑设备安装、焊接技术为国家示范专业。

经过 60 年的发展，学院已成为陕西省建筑行业各类技能人才的主要培养基地，共为国家培养各类建设技术人才 30000 余名，就业率在 96% 以上；岗位技能培训、职业技能鉴定 100000 多人，深受企业、社会的欢迎。

3.1.3.2 办学理念——学制教育与短期职业培训一体化发展

近年来，社会大环境造成了技工院校学制教育招生压力越来越大。技工教育要发展要生存，就必须要转变理念，开展多元化办学，加强职业培训，只有这样才能保证学校的稳定可持续发展。

围绕构建劳动者终身职业培训体系建设，陕西建设技师学院制定了多元化办学的措施，建立了有利于劳动者接受技工教育和职业培训的灵活学习机制。深入企业，积极开展非全日制学制教育和职业培训，由注重学制教育向职业教育与职业培训并重转移，进一步扩大企业在职职工学制教育和各类职业培训规模，使学院成为融职业教育、职业培训、公共实训、技师研修、技能竞赛、人才评价等多功能为一体的技能人才综合培养基地。

学院先后被批准为陕西省企业职工再就业培训基地、陕西省劳动预备制定点培训学校、陕西省农民工培训示范基地、陕西省第一批建设职业技能培训机构、陕西省建设职工技能鉴定分站、陕西省特种作业人员安全培训单位、住房和城乡建设部岗位技能培训基地，承担着为全省建筑安装类技术工人的培训、考核、职业鉴定工作。取得了优异成绩，先后被授予全省职业培训教育工作先进单位；陕西省职业技能鉴定先进单位、特种作业人员安全培训先进单位等。

3.1.3.3 主要工作做法

1. 主动适应市场，以企业需求为切入点

主动适应市场，以企业需求为切入点，是保持办学良性发展的根本。多年来，学校牢固树立技工教育为经济建设服务，为劳动就业服务的办学指导思想，根据人才市场和劳动力市场的需求来设置专业，突出专业特色，适应市场需求。把专业建设作为立校之本，合理设置专业，并建立专业动态调整机制，有针对性地开设课程，形成适应需求、特色鲜明的专业体系，打造出了自己的精品专业和特色专业。紧扣市场需求的专业设置，迎合了企业的需求，保持了毕业生的高就业率，学制教育进入了良性互动的平衡发展阶段，在校生保持在 5000 人左右。

2. 大胆创新，积极进行工学一体化教学模式改革

进行工学一体化教学模式改革是体现职教特色，提高理论知识和实践操作融合水平的重要措施。

陕西建设技师学院在多年的教学实践中，提炼和总结出了"五融合，三统一"的人才培养模式，目前正在积极推广。"五融合"即课程体系与专业岗位融合、课程内容与岗位能力融合、专业教师与能工巧匠融合、实训基地与生产车间融合、校园文化与企业文化融合；"三统一"即教师与师傅统一、学生与学徒统一、实训与生产统一。通过"五融合，三统一"的教学模式改革，让学生在做中学、学中练，能有效地解决学生学习目的不明确、课堂效率低、实践操作与理论知识结合不紧密的一些问题。

3. 以赛促教，以赛促学

"以赛促教，以赛促学"是体现技工教育特色，提高学生学习兴趣的重要手段。

在教学实践中，学生学习积极性不高，教学质量提高难困扰学院多年。近几年来，陕西建设技师学院通过积极参加各类技能比赛，在校内开展形式多样的大比武，在校园中营造了浓厚的学技能比技艺的学习氛围，极大地提高了学生的学习积极性。通过省赛、国赛涌现出了范磊、全兵等一批知名毕业生，向全省乃至全国推出了朱锡霞、张琦等多名优秀指导教师。通过参加比赛，既展

示了学生过硬的专业技能和老师的教学水平，凸显了学生、老师的人生价值，又提高了学院的品牌与核心竞争力。

4. 坚持以职业能力为标准

技工教育不同于普通教育，必须坚持以职业能力为标准，突出技能训练和动手能力培养，把校企合作作为办学基本制度，坚持校企深度合作，实现校中企、企中校。

多年来，学院依托陕西建工集团，积极加强实训基地建设，已做到了每个专业既有校内生产实训场地，又有校外实训基地。深化校企合作，推动集团化发展。把校企合作作为办学基本制度贯穿在招工招生、专业建设、课程改革、师资培养、职业培训、学校管理、质量评价等院校工作方方面面，推动技工院校扩展校企合作领域、创新校企合作模式，实现学校人才培养与企业需求无缝对接。通过推广技工院校集团化办学，加大技工教育资源优化整合力度，提升办学实力。学院采用订单式培养模式，近三年毕业生就业率达98%以上，涉及的就业行业有建筑、机械制造、电子、国防、核工业及汽车制造等。目前就业单位网络达300多家。确保了毕业生就业稳定。

5. 大力推动多元化办学

多元化办学是拓展学校发展空间的重要措施。学院主要从以下几个方面加以推动：

(1) 不断提高多层次联合办学能力，拓展学校发展空间。一是自2003年以来，学校作为陕西省第一批东西部联合办学单位，先后与天津市铁路工程学校、天津市建筑工程学校、上海市建筑工程学校、武汉市第一轻工业学校等多个东部发达地区学校签订东西部联合办学协议，实行1.5+1.5和2+2学制，已毕业学生2500余人。二是根据社会发展需求，结合国家有关政策，联合开展大专以上学历教育。自2004年开始，学校经省教育厅审核批准成为西安建筑科技大学继续教育学院、西安交通大学继续教育学院函授站、面向陕建集团职工及陕西建筑行业在职职工招收成人大专函授生，并合作举办预备技师套读本科、高级工套读大专专业，现在册学生函授本科261人，函授成人大专1388人；截至目前已培养合格毕业生4000余人。2011年，学校与南京高等职业技术学院实行2+1学制联合办学，学生在南京可免试升学就读高职，当年招生200余人，合作良好，2012年招生300人。三是举办现代远程教育，2012年开始与哈尔滨工业大学合作，现有学生356人；2013年成功争取陕西省教育厅将学院纳入"三、二"连读五年制大专学校，并与陕西职业技术学院签订联合办学协议，两年来"三、二"连读共注册学生374人。

(2) 重视短期培训和建设类技术人员的继续教育工作，将其列入与招生同等重要的地位。陕西建设技师学院根据培训方向和内容的不同，设立了四个培训机构，有针对性地开展建设类职业能力培训工作。培训一部主要针对在校生进行职业资格鉴定取证；培训二部主要针对企业和面向社会开展职业资格培训和鉴定工作；培训三部的培训范围主要是建设类管理岗位培训和取证；计算机中心主要开展建筑 CAD 培训。四个培训机构分工不分家，构建起了全方位的建设类职业培训体系，取得了良好的社会和经济效益。学院在培训过程中把实现自我发展和促进企业发展紧密结合，实现技能人才和企业的"双赢"，为陕西经济发展和建筑企业的进步提供了很好的技能人才支持。在面向社会开展短期培训中，形成了从中级工到高级技师的培训层次，确立了"学校与企业相结合"、"培训与工作实际相结合"、"课堂讲授与岗位训练相结合"的人才评价和质量管理体系，较好地解决了"工学矛盾"，受到企业和员工的欢迎，逐步形成了"工学结合、产教相融"的高技能人才培训和技能鉴定模式。作为陕西省第一批建设职业技能培训机构，学院开展了建设岗位八大员的培训和继续教育工作，平均年完成培训、继续教育 6000 人次以上，累计培训取证 30000 余人，被评为陕西省建设教育培训先进单位。为建筑企业的生产质量的提高提供了人才保障。

学院是陕西省特种作业人员安全培训实操考核唯一授权单位，所有陕西省特种作业安全考核都在学院举行，年平均考核合格取得特种作业证 2000 多人。多次受到省上表彰，评为考核先进单位，西北的甘肃、宁夏、新疆都曾来学院参观学习。学院作为陕西职业教育的领头羊，积极担负起应有的社会责任，承担省司法厅的"阳光雨露工程"，与省司法厅监狱管理局签订《阳光雨露工程框架协议》，对监狱服刑人员进行技能培训，仅在 2014 年，主导监狱服刑人员、强戒人员培训、鉴定 8436 人次；为服刑人员重新做人、走向社会、再次就业做出了贡献。各类建筑专业应用培训，如建筑 CAD、鲁班、广联达软件培训，以及 ATA 计算机考试培训等；年均培训近 1000 人，使在校学生，以及社会人员顺利上岗打下了良好的基础。大学生岗前培训等各类短期培训，年培训近 1000人，取得了良好的社会和经济效益。经陕西建设技师学院培训、鉴定的技术工人和建设类岗位管理人员，多次获得全国和省级技术能手、陕西省技术状元等称号。在历次全国、地区和行业的各种竞赛都取得好成绩。其中，焊工高级技师付浩、电工高级技师沈龙庆获得"五一劳动奖章"且被陕西省国资委授予"陕西省首席技师"称号。

3.1.3.4 成绩与未来

陕西建设技师学院始终坚持以人为本，着力开发人力资源，充分挖掘师生潜能：着力倡导学生"崇德明志，求知重行"，让不同程度的学生得到全面的、最大限度的发展，做享受学业成功的快乐学子；着力倡导教师"敬业爱生，博学善导"，把工作当作事业来追求，做追求事业成功的幸福教师。

近年来，学院在创新上思考，在务实上着力，在继承中发展，坚持"以赛促教，以赛促学"的原则，在改革中提高，把教学质量提高作为学校工作的生命线来抓，不断增强教学管理工作的时代感，提高工作的主动性、针对性和实效性，教学质量稳步提高。近年来，出版教材 18 本，开发校本教材 36 本、一体化教学工作业 22 本、课程标准 55 本，发表论文 95 篇，建成精品课程 12 门，教学案例视频 60 多个，与企业共同开发仿真软件 4 套，参加国家数字化教学资源共建项目 2 项，有 18 名教师获得国家和省级优秀教师荣誉称号，22 人被聘为国家职业技能竞赛裁判员。学生参加国家技能竞赛，获一等奖 6 个，二、三等奖 18 个，学生实习作品"建筑给水排水实训装置"和"钢筋调直切割机"、"SJG-JZSB-01A 型户内建筑设备安装实训中心"荣获全国职业院校学生技能作品展洽会优秀学生技能作品一等奖，并获国家专利。

陕西建设技师学院已基本构建起学校、社会、企业相结合的人才培养模式，正在逐步形成示范院校的特色（适应性、灵活性、创新性）；教师的特色（双师素质）；学生的特色（岗位的针对性、知识的实用性、应用的复合性以及可持续发展性）。

今后，学院将充分发挥办学优势，继续深化教育教学改革，适应市场需要，培养高素质劳动者和高技能专业人才。力争在校学生达到 6000 人，其中高级工以上人数达到 2000 人以上。年培训规模达到 20000 人次。

在陕西省人民政府的大力支持下，陕西建设技师学院已征地 500 亩。不久的将来，陕西建设技师学院将成为一所环境更加整洁优美，特色更加突出，教育教学设施更加先进，集中、高级职业技术培训及教育、技能鉴定、就业服务等全方位、多层次、多功能、多形式的大型综合技能人才培养基地。

3.2 继续教育与职业培训案例

3.2.1 江苏省继续教育与职业培训案例

2014 年，江苏省住房城乡建设系统教育培训工作深入贯彻落实党的十八届三中、四中全会和习总书记系列重要讲话精神，紧紧围绕推进新型城镇化和城乡发展一体化等中心工作，以推进党政领导干部城镇化专题培训、建设领域现场专业人员考核评价、一线操作人员技能培训为主线，以完善教育培训管理体制和加强信息化建设为重点，积极构建职业教育新机制，不断拓展和提升服务效能，努力促进教育培训工作向阳光管理、高效运行、便民惠民的目标迈进。

3.2.1.1 基本情况

2014 年度全省住房城乡建设系统从业人数共计约 832.2 万人，71.3 万人次参加了各类培训。其中公务员及领导干部培训 1.2 万人次，专业技术管理人员 13.5 万人次，技能人员 4.6 万人次，农民工 28 万人次，各级各类继续教育 13 万人次，各类专题业务培训 11 万人次。全年新建农民工业余学校 1320 所，培养技师（高级技师）2215 名。2013 ～ 2014 年度江苏省住房城乡建设系统培训概况，如图 4-1 所示。

2014 年，江苏全省共有 63041 人通过各类建设执业资格考试，其中一级建造师 11305 人，二级建造师 44337 人。截至 2014 年 12 月，全行业各类职业资格注册人数累计达 27.75 万人，全省各类专业管理人员有效持证人数达 142.28 万人次。

3.2.1.2 主要做法

1. 上下联动，优化教育发展环境

（1）不断完善教育管理体制。全系统在认真贯彻落实党的群众路线教育实践活动整改措施的基础上，针对教育培训工作中存在的突出问题，注重顶层设计、加强统筹管理，积极构建教育培训新机制。江苏省住房城乡建设厅出台了《关于进一步加强教育培训管理的意见》，进一步加强统筹管理、规范各类培训、考试行为，引导培训机构公平竞争。镇江市住建局出台了《关于进一步规范全市住房和城乡建设系统职业教育培训考试管理工作的实施意见》；盐城市建设局出台了《教育培训归口管理、审批备案管理办法》；泰州市住建局在党办增挂了人教处的牌子，并明确专人负责教育培训工作；扬州市城管局成立了干部教育培训领导小组；宿迁市住建局建立了局组织人事处牵头、局纪检监察室监督，各行业主管部门负责行业内考试组织，行业协会在相关主管部门的指导下开展培训工作的培训管理体系；扬州市建设局建立了全市"责任明晰、运转高效"的建设类考试和培训工作市县二级管理网络；南通市建设局成立了市建设执业资格注册中心；泰州市成立了市住房城乡建设系统执业（职业）资格考试、注册管理工作领导小组，积极打造全市"一站式"建设类人员资格考试注册管理中心；宿迁市住建局大力推进考核平台建设，将涉及住建系统的 15 项考试考务工作整合纳入市资格资质脱政化考试鉴定中心统一组织。

（2）积极构建考核评价机制。认真落实住房和城乡建设部《关于贯彻实施住房和城乡建设领域现场专业人员职业标准的意见》，上下互动、积极作为，推动全省住房城乡建设领域专业人员岗位考核评价工作全面开展。江苏省住房城乡建设厅在充分调研论证、健全制度、规范操作的基础上，结合部颁考核评价标准，制定出台了《关于开展江苏省住房和城乡建设领域专业人员岗位统一考核评价工作的通知》，各地均建立起"统筹协调、责任明晰、规范运转"的考核评价管理机制，保证了全省住房城乡建设领域专业人员考核评价工作的平稳过渡和顺利实施。泰州市住建局还充分利用省住房城乡建设厅培训考试网络，开展考试培训信息发布、网上报名与审核、考试成绩查询、办证咨询等工作。江苏省的相关工作经验被住房和城乡建设部安排在全国会议上交流。

2. 突出重点，开展各类培训教育

（1）精心组织各类干部专题培训。一是举办重点中心镇领导干部培训班。为提高全省重点中心镇领导干部村镇规划、建设业务素质和管理水平，促进江苏省重点中心镇规划建设健康、协调、可持续发展，江苏省住房城乡建设厅会同江苏省委组织部，紧扣城镇化主题，联合举办了苏北重点中心镇领导干部村镇规划建设专题培训班，53 名乡镇领导干部参加了培训。通过专业理论培训和针对当前小城镇、乡村规划建设管理工作中热点、难点问题的研讨，充实了知识、开阔了视野、拓宽了思路，进一步提高全省重点中心镇主要领导干部领导小城镇和乡村规划建设发展的科学决策能力、开拓创新能力和依法行政水平。二是举办新疆伊犁州城镇化专题培训班。根据江苏援疆指挥部的安排，联合南京工业大学，对来自新疆伊犁州城建规划部门的 31 名专业技术管理人员实施了为期 15 天的专题培训，培训取得良好成效。三是举办全省住房城乡建设系统军队转业干部业务培训班。对来自全省住房城乡建设系统的 77 名军转干部进行了集中业务培训，帮助军转干部尽快完成角色转变，适应新形势、新环境、新岗位的要求。

（2）多形式开展技术人员继续教育。各地以新技术、新材料、新工艺的推广为重点，大力开展形式多样的专业技术人员继续教育。2014 年，全系统约 16.2 万名建设专业管理人员参加了各类继续教育培训。徐州市城管局积极开展白蚁防治培训，努力提升白蚁防治从业人员的业务和服务水平；扬州市规划局通过召开规划案例分析交流会的形式，使干部职工在互动交流中增强培训效果，提高规划服务意识和能力；连云港市城乡建设局通过组织开展二级建造师、"三类人员"、小型项目管理师、"市评标专家"等专业人员继续教育，提高从业人员业务水平和专业素质；泰州市住建局紧扣绿色发展主题，对建设、规划、设计、审图、施工、监理、质监以及咨询单位的技术骨干实施知识更新培训；南京市住建委为满足市场和建筑企业的需求，会同工程质量安全监管部门开展南京市见证员继续教育及统一考试。

（3）认真实施核心价值体系教育。各地积极建立和完善"爱学习、爱劳动、爱祖国"活动的长效机制，加强社会主义核心价值体系教育，认真组织行业从业人员深入开展社会主义核心价值观和职业道德教育学习，通过树立先进典型和宣传道德模范等方式，引导广大从业人员诚实守信，营造公平正义的发展环境。南通市建设局充分利用建筑工地围挡、主题公园景区等条件，大力开展"讲文明树新风"系列宣传；连云港市建设局在全局系统广泛开展"创优争先"、"文明行业创建"、"窗口优质服务"等专题活动以及公务员职业道德教育、机关廉政教育、群众路线教育实践等活动，积极引导职工立足本职，争先创优。

3. 多措并举，促进人才能力提升

（1）多层次实施各类人员考核评价。全系统始终坚持将"学用结合、质量至上"的工作理念贯穿到各项考试工作中，不断提升系统从业人员的综合素质和执业能力。一是认真组织执业资格考试。全年累计完成九大类执业资格考试44190 人次的报名工作，直接组织 7 场考试，完成全省建设类执业资格考试资格审查411453 份，制发执业资格证书9494 本。二是大力开展从业人员考核评价。在健全制度、规范操作的基础上，全面开展住房城乡建设领域专业人员考核评价工作，全年累计考核相关从业人员 176031 人次。三是严格实施安全生产考核。全年组织"三类人员"安全生产知识的培训 11 批次，共有 84946 人次通过考核。特种作业人员在线网络考核 49 批次，考核合格 126549 人次。

（2）多形式提升职工岗位技能。全系统加强协调、积极配合、开拓创新，会同有关部门，采取多种形式，有重点地开展各类职工职业技能竞赛和岗位练兵。一是组织全省技能状元大赛。按照江苏省政府统一部署，组织承办了第二届全省技能状元大赛装饰镶贴工决赛，全省有近 5 万名选手参加大赛选拔。在时间紧、规格高、规模大、环节多、涉及面广的情况下，圆满完成了各项赛事任务。二是组织行业多工种技能竞赛。会同江苏省总工会等相关部门，组织开展了全省自来水行业泵站机电设备维修工、排水行业污水化验监测工和污水处理工、城市照明行业维修电工等 4 个工种的职业技能竞赛活动。三是开展全系统职工岗位练兵。全系统各级各部门还组织开展了多层次、多形式的岗位练兵、技术比武和技能培训。全省累计约 50 万职工参加相关活动。南京市城管局以高空作业的原理与操作技巧为重点，加强对路灯特种作业人员实操培训。淮安市城管局通过开展技能竞赛、案件卷宗比赛等以赛促训的形式，推动执法文书和行政强制法培训，强化职工执法意识和执法水平。南京市住建委开展了自来水行业泵站机电设备维修工职业技能竞赛活动。泰兴市住建局大力开展全市建筑架子工、电焊工技能竞赛和岗位练兵，并积极引导企业组织内部职工技能竞赛。

（3）多方法推动技能人才培养。一是加强调查研究。紧紧围绕建设行业技能人才培养问题，江苏省住房城乡建设厅积极配合住房和城乡建设部调研组，深入基层单位，采取问卷调查、实地走访和现场座谈相结合的形式，加强调查研究。完成了《建设系统高技能人才培养存在的问题及对策》调研报告，为大规模开展技能人才培养工作打好了基础。通州建校在全区范围内开展城乡富余劳动力就业现状和教育培训资源的抽样调查，及时掌握本区域劳动力资源和培训资源情况。二是注重理论研究。省厅联合江苏建筑职业技术学院、南京工业大学围绕《构建江苏建设系统绿色职业教育体系》、《江苏省建筑业劳务职业化途径及政策研究》等课题，加强理论研究，并已形成初步科研成果。三是普及基本常识。为普及施工安全知识、基本常识，增强职工法律意识，配合"千万农民工共上一堂课"活动，省厅工程质量安全监督处会同相关部门及时向基层印发了通俗易懂的《建筑工人施工生产基本操作实用手册》万余册。淮安市住建局积极开展农民业余学校创建活动，并通过这一平台，加大对建筑业农民工在职业道德、安全生产、法律法规方面的培训力度，努力推动农民工从"体力务工"走向"技能就业"，全面提升行业技能人员队伍整体素质；南京市住建委建立健全农民工业余学校教学管理体制机制，并积极构建和利用农民工业余学校网站开展特色教学；昆山市住建局根据企业要求，免费为企业举办脚手架工程施工技术、安全生产检查新标准、工程信息化管理暨系统操作等各类培训和讲座；扬州市城乡建设局积极开展公益培训和送教上门等活动，累计开展公益培训项目 13 个，免收培训费约 40 万元。四是重视高技能人才培养。全年全系统共培养技师（高级技师）2215 名，高技能人才培养数量和质量处于全国前列，受到住房和城乡建设部通报表扬。其中，南通市建设局年培养人数达 1331 名，连续两年位居全省之首，为全省高技能人才培养做出了突出贡献；镇江市自来水公司、镇江华润燃气公司通过"名师带高徒"活动和以赛促训等形式，共计培养 20 多名岗位技术能手和 120 多名高级工。

4. 开拓创新，推动事业科学发展

（1）信息化建设实现新突破。为加快数据整合，实现大数据管理。江苏省住房城乡建设厅结合全省职业培训考试管理工作实际，按照"对外服务一个网、信息数据一个库"以及"流程再优化、效率再提高、程序再简化"的目标，积极开展江苏省建设培训考试地理信息系统（GIS 地图）、"四网合一"等信息项目建设，同时，为充分发挥网络资源优势，在充分调研的基础上，不断完善计算机考试试点工作方案，制定了网络远程教育工作试点方案，进一步拓展网络综合教育平台的功能，力求搭建为系统从业人员提供教育培训、考核、管理等机构信息、介绍资源、开展交流、实现网上报名、网络教育、成绩查询、持证信息动态管理等功能的"一站式"综合性新平台，真正实现数据互联互通，为企业资质就位奠定数据管理基础。扬州市城乡建设局利用各种资源开发建设了"一个网站"（即扬州市建设培训网）、"四个平台"（即建设类专业技术人员专业科目继续教育平台、三类人员继续教育远程培训平台、学历证书班报名平台和建设人才交流平台)、"一个网校"(即扬州建设网校)和"两个直通车"(即建设工程教育网和中华会计网校),现已基本形成了为建设企业和相关人员提供业务学习与培训的远程服务体系。

(2)产教融合有了新发展。一是产教结合有成效。江苏省规划院与南京大学城市规划专业、东南大学土木建筑方向合作再度深化,博士后工作站取得实质性进展,在站博士后参与课题研究、出版专著、专利授权、论文发表等方面均有显著成果。二是政会互动有活力。厅管各行业协会充分发挥桥梁纽带作用,在行业标准、培训教材编制、行业人才培养等方面主动参与,并能做好相关行业发展的调查数据统计工作,为政府部门制定政策和科学决策提供了参考。三是校企合作有亮点。江苏城乡建设职业学院加强校企合作,与上海建工四建集团有限公司、南京我爱我家房屋租赁置换有限公司、苏州皇家整体住宅系统股份有限公司等14家企业,按照统筹兼顾、示范引领的原则,通过"订单培养"、"校企共建实训基地"、"顶岗实习"等多种形式深度开展校企合作,不断提升企业的认可度和学校的影响力。泰兴市住建局积极为企业搭建人才招引平台,组织部分二级以上企业赴南京工业大学、江苏职技院、淮阴工学院等院校开展专场招聘,签订招聘协议。南通市城乡建设局鼓励和支持专业培训机构为企业培养经营管理和专业技术人才,南通建校、通州建校、如皋建工局和南京高校合作,为建筑业企业人员举办建筑专业大专及本科提升班15000人次。

(3)基础建设有了新成果。一是出版配套教材。委托江苏省建设教育协会组织省内实践经验丰富的专家和学者,以部颁职业标准为指导,结合一线专业人员的岗位工作实际,修编和完善了《住房和城乡建设领域专业人员岗位培训考核用书》共33册,并于2014年9月率先在中国建筑工业出版社正式出版,为江苏省乃至全国住房城乡建设领域专业人员考核评价工作的开展提供了支持。此外,为配合江苏省住房城乡建设领域专业人员继续教育和复检换证工作,江苏省建设教育协会组织力量及时新编和修编了涉及10个岗位的《江苏省住房和城乡建设领域专业人员岗位继续教育系列用书》。二是建立考核题库。省厅按照"学用结合、注重实效"的原则,组织省内专家完成了11个岗位66套纸质试卷题库和38280题的计算机考试题库的命题任务,在全国率先建成了与部颁标准相匹配的双类型题库(机考题库和纸质试卷题库)。有力地保障了江苏省住房城乡建设领域专业人员考核评价工作的顺利实施。三是实施师资职业化培养。以打造一支专业知识面宽,实践能力过硬的高水准职业化师资队伍为目标,委托江苏省建设教育协会对全省涉及20个岗位677人次的师资实施了培训,共有516人次通过考核获得师资资格,为提升各地培训质量储备了优质师资。盐城市城乡建设局注重局系统师资骨干队伍培养,协调和调度全市有关高等院校资深专业老师，不断完善全市城乡建设系统各类培训班师资库，全系统现已建成包括 120 多名既有理论知识又有丰富实践经验的专兼职教师的师资队伍。

3.2.1.3 工作设想

2015 年江苏省建设教育培训工作的总体要求是：认真贯彻落实《国务院关于加快发展现代职业教育的决定》和《江苏省人民政府关于加快建设现代职业教育体系的决定》精神，按照"迈上新台阶、建设新江苏"的发展定位，主动把握和适应全省住房城乡建设事业发展"新常态"，紧紧围绕省委省政府重点工作和省住房城乡建设厅中心工作，以全面提高人才素质为主线，以构建绿色职业教育培训体系、优化发展环境、加快信息化进程为重点，积极搭建互联互通的人才培养网络，不断提高人才培养品质，为全省住房城乡建设事业科学发展提供强有力的人才支撑。重点做好以下工作：

（1）深入学习调研，谋划科学发展新目标。开展"十二五"教育培训工作调研和总结，科学制定《江苏省城乡建设人才"十三五"发展规划》，确保以科学规划引领全行业人才工作持续健康发展。各级住房和城乡建设主管部门要增强紧迫感和责任感，全面领会贯彻中央和省市最新精神，提高思想认识，加强组织领导，立足自身特点，结合本地工作实际，同步谋划本地区人才发展"目标明、思路新、结合紧、举措实"的好规划，引领本地区"十三五"各项事业取得新的进步。

（2）优化培训环境，构建人才培养新局面。进一步完善"责任明晰、考培分开、管办分离、运转高效"的教育培训管理体制，切实做到教育培训工作"有领导管、有部门办、有地方学、有岗位用"。努力在"培训需求个性化、培训方式多样化、培训手段现代化、资源配置集约化、培训管理规范化"等方面有突破、有创新，精心打造教育培训工作的示范典型和优质品牌。

（3）加快科学发展，探索绿色职教新路径。认真贯彻落实《国务院关于加快发展现代职业教育的决定》和《江苏省人民政府关于加快建设现代职业教育体系的决定》精神，出台构建全省住房城乡建设系统绿色职业教育体系的意见。各地各单位要结合本地实际，促进职业教育与社会、行业、企业需求紧密对接，促进职业教育与终身教育共同发展。

（4）注重培训质量，提升"学有优教"新水平。突出培训的针对性和有效性，积极配合教育部门开展职业院校"双师型"教师培养，鼓励企业优秀经营管理人才、技术技能人才和学校领导、骨干教师相互兼职。建立江苏省住房城乡建设系统重点培训项目培训师资库，促进优质师资资源共享。强化督导评估，会同教育行政主管部门指导建设类相关专业设置、教改、课改以及教学质量评估，发布《江苏省住建系统教育培训发展报告（2015）》。

（5）促进校企合作，建立产教融合新机制。充分发挥学校和企业各自的优势，院校和企业共同制定人才培养方案，共建技术服务平台，实现职前教育与职后教育无缝对接。引导行业协会组织牵头发布行业人才需求与专业设置指导报告。住房城乡建设系统大中型企业要积极配合教育部门开展现代学徒制试点工作。

（6）围绕发展主线，拓展教育培训新专题。围绕新型城镇化、城乡发展一体化和建筑产业现代化等中心工作，会同江苏省委组织部举办重点中心镇镇长书记专题培训班，办好全省新安置军转干部业务培训班。各地各单位应结合实际，办好县区领导干部专题研讨班。大规模开展专业技术人员培训。加快实施专业技术人才知识更新培训，全年实现专业技术岗位培训超过35万人次。

（7）规范考务工作，完善统筹管理新机制。进一步规范厅管各类资格考试考务组织，由厅执业资格考试注册中心统一归口组织厅管各类资格类考试，严肃考试纪律，努力增加考试批次，开展机考试点，提高考试效能。各地要落实专门机构、专人与厅考试注册中心对接。

（8）发挥江苏优势，建设全国考评新题库。受住房和城乡建设部人事司委托，江苏省住建厅牵头开展全国住房城乡建设领域岗位统一考核评价题库以及征题和组卷系统建设工作，特邀相关教育培训机构、企业、专家支持配合。

（9）配合资质就位，探索技能人才培养新模式。以加强建筑业工人培训为突破口，大规模开展全省技能人才培训和鉴定工作。各地建设、市政园林主管部门要做好本地区技能培训鉴定基地建设，全系统力争全年培训高级工超过3000人、技师（含高级技师）超过1000人（其中苏南五市超600人）。大力开展岗位练兵和职业技能竞赛活动，组织开展全省住房城乡建设系统"百万农民工技能大赛"，其中省厅组织绿化工、花卉工、盆景工、燃气管道调压工、燃气具安装维修工、工程地质钻工、装饰水电工、造价员等工种技能竞赛。积极推进农民工职业化进程。以建筑劳务企业、总承包企业为主体，以建筑工地农民工业余学校为主要载体，以安全知识、职业技能、职业道德为主要内容，重点培训对工程质量和安全生产有直接影响的工种，促进建筑业农民工稳定就业。

（10）整合信息资源，推动信息化上新台阶。加快教育培训信息资源整合，实现数据互联互通。启用江苏省建设教育培训地理信息管理系统（GIS地图），向社会公布全省建设教育培训管、培、鉴、考等机构信息。完成厅人力资源"四网合一"平台建设，探索推进远程教育培训工作的开展。

（11）加强自身建设，树立管理服务新形象。巩固和拓展群众路线教育实践活动成果，强化群众意识、服务意识和问题意识，进一步简政放权、改进作风，完善群众监督机制，开通江苏省住房城乡建设厅和各地教育培训监督投诉电话，坚决杜绝"乱办班、乱收费、乱发证"行为。积极发挥厅管行业社团的组织作用，鼓励行业组织开展本行业人才培训、人才需求预测和提出人才培养规划，重点研究破解企业人才需求和学校培养目标之间的脱节问题。积极指导江苏省建设教育协会发挥好桥梁纽带作用，强化服务意识。加强对江苏城乡建设职业学院的指导，加快改善办学条件，提升办学层次，支持组建省城乡建设职教联盟，努力打造全国一流的绿色职业教育基地和绿色智慧校园。

3.2.2 重庆市继续教育与职业培训案例

近年来，重庆市城乡建委高度重视建设行业专业技术管理人员和技术工人继续教育与职业培训工作，坚持把推进继续教育与职业培训工作当作全面提升建设行业专业技术管理人员和职业技能人员素质、促进建设行业可持续发展的重要途径。根据《重庆市专业技术人员继续教育条例》、《〈重庆市专业技术人员继续教育条例〉实施办法》精神，先后制定出台了一系列规范性文件，进一步规范了全市建设行业专业技术管理人员继续教育及职业培训工作。2014年重庆市城乡建委全面加大继续教育与职业培训力度，通过进一步明确责任分工、落实继续教育内容及程序、适时修编教材、加强双师型教师队伍建设、推广案例教学、推进技能人才技能提升培训及实施信息化管理，有效提高了继续教育与职业培训质量，稳步推进建设行业专业技术管理人员继续教育与职业培训工作。至2014年底，全市共完成专业技术管理人员继续教育培训45813人次，完成建筑工人职业技能培训与鉴定120561人次，组织专业技术管理人员统考近10万人次，核发专业技术管理人员证书58781人次。

重庆市建设行业开展专业技术管理人员继续教育与职业培训工作的具体做法是：

3.2.2.1 明确责任分工、培训内容及程序，推进继续教育有序开展

（1）落实组织架构，明确相关单位的责任分工。重庆市城乡建委根据《重庆市专业技术人员继续教育条例》、《〈重庆市专业技术人员继续教育条例〉实施办法》精神，结合形势发展的需要和继续教育实际，每年制定和修改《关于建设行业专业技术管理（技能）人员继续教育培训相关事宜的通知》，进一步明确了市城乡建委科教处、市建设岗位培训中心、各区县城乡建委及各类培训机构的责任分工。市城乡建委科教处主要负责对全市专业技术管理人员和技术工人培训、鉴定考核及继续教育培训实施统一的监督管理，负责制定全市有关专业技术管理人员和技术工人的培训、鉴定考核及继续教育的政策、规章、实施办法及年度规划；市建设岗位培训中心受市城乡建委委托实施建设行业专业技术管理人员、高级工及以上技术工人的鉴定考核及继续教育的具体工作，主要负

责组织编制专业技术管理人员和技术工人培训、鉴定考核及继续教育能力标准、教学大纲、培训教材及试题库的修编工作，探索改进专业技术管理人员和技术工人的培训、鉴定考核及继续教育内容，负责建设行业从业人员信息化管理系统的建设维护和负责建设教育培训统计等工作；各区县城乡建委负责制定本地区建设教育培训规划、继续教育教务计划的制定，建设教育工作的指导及监督管理，各区县建设岗培机构负责所在地初中级工的培训鉴定工作、从业的建设行业专业技术管理人员及技术工人的继续教育培训工作；各建设类社会培训机构承担对在本机构参加岗前培训已获证的建设行业专业技术管理人员的继续教育培训工作。

（2）明确继续教育的主要培训内容。重庆市城乡建委行文明确了专业技术管理人员和技术工人参加继续教育培训的主要内容，主要应包括建设工程法律法规、重庆市地方性法律法规、建筑节能、新技术推广以及禁止、限制使用落后技术、建设工程招标投标与造价管理、工程质量管理、建筑施工安全与文明施工及相关专业知识等。

（3）明确专业技术管理人员和技术工人继续教育培训管理程序。对专业技术管理人员和技术工人继续教育培训实行信息化管理，其工作程序是：一是各区县（自治县、市）建委建设岗位培训机构登录"重庆市建设教育培训网"（http：//www.cqjsjypx.com），进入"重庆市从业人员信息管理系统"，在"培训管理"板块备案并录入已通过继续教育考试的学员资料；二是对通过继续教育考试合格的人员，各区县（自治县、市）建委建设岗位培训机构登录"重庆市建设教育培训网"（http：//www.cqjsjypx.com），进入"重庆市从业人员信息管理系统"打印所需办理证书，按要求在证书指定位置粘贴继续教育学员（换证人员）照片，并将证书送市岗培中心验实盖章；三是对未能进入"重庆市从业人员信息管理系统"的持证人员，通过继续教育培训合格，经核验原证后免费换证（原证收回），新证可在"重庆市建设教育培训网"上查询。

3.2.2.2　适时修编教材，不断充实继续教育学习内容

为加强对全市建设专业技术管理人员和技术工人继续教育的管理，根据《重庆市专业技术管理人员继续教育条例》、《重庆市建设教育培训管理办法》等规定，重庆市建设岗位培训中心组织编写了《继续教育指导教材》。该《继续教育指导教材》分上下两册，共6部分，包括了近年来国家及地方新出台或重新修订的工程建设领域的相关法律法规、教育培训、建筑节能、新技术推广以及禁止限制落后技术、建筑市场和信用体系建设、工程质量管理、建筑施工安全与文明施工、建筑工程抗震设防以及普通民众防震逃生自救防疫等内容。

在《继续教育指导教材》中编入的国家和地方法律法规主要有《中华人民

共和国建筑法》、《中华人民共和国城乡规划法》、《中华人民共和国节约能源法》、《中华人民共和国防震减灾法》、《中华人民共和国消防法》、《生产安全事故报告和调查处理条例》、《工伤保险条例》、《特种设备安全监察条例》、《重庆市城乡规划条例》、《重庆市建筑节能条例》、《重庆市特种设备安全监察条例》、《重庆市专业技术人员继续教育条例》、《重庆市人民政府关于印发〈重庆市专业技术人员继续教育条例〉实施办法的通知》等内容。编入这些内容，主要是便于专业技术管理人员和技术工人通过参加继续教育和学习该教材，能够了解掌握国家和重庆市建设相关政策法规的一般性规定，做到依法依规从事建筑施工。同时，充分认识参加继续教育的重要性和必要性，从而养成自觉参加继续教育的习惯，牢固树立终身学习的理念。

在《继续教育指导教材》中编入的应用新技术和限制、禁止使用落后技术的规范性文件主要有：《重庆市城乡建委关于印发重庆市建筑节能技术备案与性能认定管理办法的通知》、《重庆市城乡建委关于印发重庆市建设领域推广应用新技术管理办法的通知》、《重庆市城乡建委关于印发重庆市建设领域新技术认定实施细则的通知》等内容。编入这些内容，主要是便于使建设行业专业技术管理人员和技术工人通过参加继续教育和学习该教材，能够全面了解和掌握推广应用新技术和限制、禁止使用落后技术的知识和内容，在施工实践中正确处理有所为有所不为的问题。

在《继续教育指导教材》中还编入了建筑施工安全与文明施工、建筑市场和信用体系建设等内容，主要是便于使专业技术管理人员通过参加继续教育和学习该教材，能够掌握建筑质量安全、文明施工、建筑市场及信用体系建设等相关规定和标准，在建筑施工安全生产中，自觉按相关规定和标准履行好岗位职责。

该《继续教育指导教材》与时俱进、开拓创新、内容全面、针对性强。还根据新形势变化和建筑业改革发展的需要，适时组织专家对《继续教育大纲》和《继续教育资料》进行修改，力求使继续教育教材和资料与当前重庆市建筑业专业技术管理人员和技术工人岗位定位相结合，重点突出了教材的综合性、适用性、实践性、科学性和前瞻性，以适应当前和今后一段时期建设行业发展的需要。该教材被用作重庆市建设行业专业技术管理人员继续教育培训的指导用书、建设类高、中职院校"双证"专业技术管理岗位人员的培训教材、工程建设各级管理人员在工作中查阅资料的工具书。同时因本教材具有一定的参考价值，对及时更新、补充、拓展和提高专业技术管理人员和技术工人持证人员的知识、能力和技能，改善他们的知识结构，提高他们的专业技术管理人员和技术工人技能水平和创新能力，充实学习内容提供支持。

3.2.2.3　加强师资队伍建设，促进继续教育规范进行

重庆市把打造高素质的建设教育师资队伍作为一项重要的基础工作来抓。以适应专业技术管理人员、建筑技术工人继续教育和职业培训需要为目标，充分调动市内大型建筑骨干企业、双证院校、社会培训机构和行业协会的积极性，借助推行建设岗位培训教师持证上岗制度等手段，强化对双证院校建设师资队伍建设的指导，积极支持大型建筑骨干企业和建设类双证制职业院校强化"双师型"教师队伍建设，现已取得良好成效。重庆建工集团、中冶建工集团等大型骨干企业及31所建设类双证院校，均已建设了一支基本能满足专业技术管理人员及技术工人继续教育培训需要的师资队伍。并且注重理论教学与实训教学师资队伍的协调推进，吸纳了一大批懂专业、有丰富实践经验的优秀企业管理者、专业技术人员充实到师资队伍里，师资库各相关岗位和工种理论、实训教师比例趋于合理，充满活力。到目前为止，全市施工组织、施工技术、测量、建筑工程质量验收、城建档案管理等科目的专兼职理论、实训教师累计达到667名。

大力加强培训鉴定机构和考评员队伍建设，规范考核考评等岗位培训服务。重庆市城乡建委每年的行文明确了各级培训机构队伍建设、师资条件、考评员队伍建设及培训管理等方面的要求，从源头抓起，对培训机构、培训教师及考评员实行动态管理，按规定标准定期进行考核评估，优胜劣汰，进一步规范了培训鉴定机构、考评员队伍的培训考核。到目前为止，在全市范围内已建立起了一支实力雄厚的培训鉴定机构和考评员队伍，全市共有社会培训机构20家、双证制院校31家、鉴定站54家、考评员人数551人。由于打造了一支布局合理和综合素质高的培训机构、双证制院校、鉴定站、双师型教师和考评员，为行业开展规范化的专业技术管理岗位培训和技术工人考评鉴定服务，奠定了坚实的基础。同时，较好地承担了全市专业技术管理人员和一线建筑技术工人的继续教育培训，促进了继续教育的规范化运作。

3.2.2.4　创新继续教育手段，提升专业技术管理人员能力

专业技术管理人员继续教育培训效果的好坏，不仅取决于培训教材的优劣，更取决于培训手段和培训方式是否科学合理。对建设行业专业技术管理人员而言，不仅要求懂技术，而且还要求懂法规、懂工程建设相关规范、懂职业能力标准及懂工程建设质量安全管理规定。为此，重庆市城乡建委根据建设科技新形势发展变化的需要，在大胆探讨和改进专业技术管理人员和技术工人继续教育方法上下功夫，充分利用建设类双证院校、社会培训机构和区县培训机构的师资、设备设施及实训场地等资源，交叉使用研训一体化教学、课堂教学、案例培训教学、观摩实作现场教学、政策法规学习培训、学导式培训等手段开展继续教育。

（1）研训一体化教学。经常组织院校教师及相关专家召开继续教育座谈研讨会，着力研讨新形势下开展专业技术管理人员继续教育的方法、内容和手段，尤其深入开展对培训模式、培训效果、培训问题、发展困境及对策建议等问题的研讨。在研讨活动中，不管是实践交流、问题切磋，还是学习借鉴、经验分享等，大家紧紧围绕改进专业技术管理人员和技术工人继续教育这一主线展开，以创新继续教育培训模式与提高培训效果为目标，并积极把研讨成果、成功经验在全行业建设教育培训工作中进行推广。

（2）课堂教学。积极推进课堂教学改革，认真处理好教师、学员、教学媒体和教学内容四个要素之间的关系，使之成为相互联系、相互作用的有机整体，从而把传统的课堂教学方式转变为新型的、科学的和高效的教学方式，教师和学员之间注重表观点、抛问题、提困惑，没有空洞的理论说教和空洞的课堂作秀。比如，教师讲课时，将如何有效的预防与控制施工过程中的各种质量安全风险，对质量安全事故从被动防范向主动防范转变等内容进行深入浅出的讲解，语言通俗易懂，突出了实用性和可操作性，较好地达到学以致用的目的。引导学员了解和掌握知识和规范，增强解决实际问题的能力，有效提高了单位教学时间内的课堂质量。

（3）案例培训教学。通过健全激励机制，广泛调动院校和培训机构教师的积极性，激发他们编写"优秀教学教案"，要求案例教学在继续教育中要占有一定的比例。各建设类双证院校及相关培训机构教师，认真编写教案，选择施工实践中最典型、最适用、最易于被学员吸收的案例作为案例教学内容，并把讲解教学案例贯穿到教学活动的始终。同时精心组织案例教学示范课，让相关专业教师听课并进行评比，通过去粗取精，在全市双证院校、区县培训机构中加以应用推广，使案例教学发挥积极的引导和带动作用。

（4）观摩实作现场教学。通过组织开展职业技能大赛、实行师傅带徒弟等方式，要求专业技术管理人员和技术工人紧贴施工现场实际，紧密联系施工进度开展继续教育培训，通过组织专业技术管理人员参观学习先进项目的质量安全等管理经验和操作技能。参加继续教育的学员普遍反映通过观摩现场教学，感觉抽象的知识和问题一下变得直观化了，难懂的问题一下子就容易懂了。

（5）政策法规学习培训。让管理人员在施工实践中强化对政策法规的学习培训。比如，按照《重庆市建管条例》第十三条："进入施工现场的专业技术管理人员及技术工人须经考核合格后，方可持证上岗"以及第六十六条"建筑施工企业的专业技术管理人员、技术工人未经考核合格上岗的可由建设行政主管部门处企业1万元至10万元的罚款"规定，明确由各区县建委建管部门在办理施工许可证前，对基层专业技术管理人员实行持证上岗备案管理，并要求质监、安管等部门在工程质量监督和施工安全监督执法过程中，将基层专业技术管理人员、技术工人的持证上岗情况作为检查内容。并且定期和不定期地组织对施工现场基层专业人员和一线工人进行持证上岗专项检查，严格监督管理制约机制，督促专业技术管理人员、技术工人熟悉掌握政策法规。通过在现场、实践中学习政策法规，使管理人员和操作人员能够迅速掌握相关规定，牢固树立不违法违规作业施工的理念。

（6）学导式培训。根据成人教育的特点和规律，针对建设行业专业技术管理人员和技术工人理论知识普遍偏低、年龄普遍偏大、而实践经验较普遍较为丰富的特点，教师授课时尽量选取来自施工一线、施工实践中的质量安全管理及技能操作案例，并采取启发式和诱导式教学，引导学员紧跟老师思路思考问题、发现问题、提出解决问题的办法措施。通过参加继续教育，学员能够举一反三，解决施工实践中各种管理和操作问题的能力大为增强，获得真才实学。

3.2.2.5 大胆改革创新，确保继续教育质量

随着城乡建设事业的快速发展和建设科技教育手段的不断进步，专业技术管理人员承担的施工现场质量安全管理任务、岗位职责越来越繁重，既向专业技术管理人员提出了越来越高的要求，也向建设教育培训管理机构提出了更高的新要求。为贯彻中央、住房和城乡建设部和市委市政府关于建筑业改革发展的方针政策，适应新形势下城乡建设事业发展的需要，结合全重庆市专业技术管理人员和技术工人的特点，以为方便企业和持证人员参加继续教育为宗旨，大胆推进了建设行业专业技术管理人员和建筑技术工人的继续教育改革。

为确保专业技术管理人员和技术工人继续教育培训质量，重庆市城乡建委要求各建设类双证院校、社会培训机构在进行专业技术管理人员继续教育时，必须使用最新编写的包含有新政策、新规范、新工艺、新技术、新材料的指定继续教育培训教材。同时，要求双证制院校和培训机构，要因材施教，注重参培学员之间因岗位不同、施工进度各异的个体差异，针对从业人员不同的情况实施不同的教学手段。通过不断改进教学方法，确保继续教育质量，促进专业技术管理人员知识得到及时更新，工程质量和安全事故得到大幅下降，努力适应建筑工业现代化发展的需要，适应行业可持续发展的需要。

为了方便企业和持证人员参加继续教育，以保证质量为前提，延长专业技术管理人员复验周期。在开展群众路线教育实践活动中，通过广泛征求企业、服务对象和社会各界意见，以确保培训质量为前提，以加快专业技术管理人员知识更新、促进建设事业可持续发展为目标，规定从 2014 年起建设行业专业技术管理人员每 3 年参加不少于 80 学时的继续教育（面授学时不得低于 40 学时）。同时，规定建设行业专业技术工人每两年参加不少于 20 学时的继续教育，以不

断完善其技能水平。通过延长专业技术管理人员复检周期和改革建筑工人继续方式，给予了建设行业专业技术人员和建筑技术工人更多的机动学习空间，方便了企业和建设行业专业技术人员和建筑技术工人参加继续教育，极大调动了他们学习知识和应用新技术的积极性，取得了较好效果，有效地提高建设行业专业技术人员和建筑技术工人的整体素质，为确保工程质量和安全生产提供了坚强的人才资源保障。

积极探索和改进专业技术管理人员创新继续教育手段和方式。充分利用现代科技信息技术成果，大胆探索网络教学等现代教学方式，积极抓好远程教学网络平台建设，在施工现场推广多媒体教学、远程教学等多种教学手段，着力提高工作效率，不断增强继续教育培训效果。

3.2.2.6 实施音像教学，激发从业人员学习培训内动力

根据重庆市建筑技术工人文化素质普遍偏低、质量安全知识缺乏、技能操作不够规范，致使建筑施工质量安全事故时有发生等实际情况，重庆市建设委员会委托市建设岗位培训中心组织有关单位编辑了《重庆市建设职业技能音像教学片》（简称《教学片》）。《教学片》主要包括政策法规、建筑施工安全、砌筑工、抹灰工、钢筋工、架子工、混凝土工等建设职业技能知识内容和操作技能，该套音像教学片主要针对建设行业职业技能持证人员开展职业道德、安全生产、操作技能、基本权益保护及政策法规等方面的培训，所选取的职业技能操作画面形象生动，案例贴近施工实际，通俗易懂，具有很强的实用性和可操作性，不仅作为建筑技术工人学习使用，还作为了施工现场专业技术管理人员继续教育的补充教材使用。全市各区县建委、培训机构、建筑施工企业及施工现场积极购买和使用了该套音像教学片。在使用该音像教学片时，各培训机构积极开展送培训、送音像设备、送服务下工地和项目活动，积极配合企业和施工项目部，采取农民工夜校、班前会、三级（公司、项目部、班组）教育等灵活多样的形式，利用下雨天和施工休息时间，组织施工现场专业技术管理人员、技能人员讲解学习《教学片》。由于该音像教学法在建筑施工实践中有着极大的针对性和适用性，极大地激发了建筑业从业人员的学习积极性。大多数建筑技能人员通过参加音像教学培训后，学习自觉性增强、质量安全意识强化、职业技能水平明显提高。同时，广大专业技术管理人员和建筑技术工人注重学用结合，学以致用，在建筑施工实践中，自觉遵守建筑法律法规及各项规章制度，严格执行行业职业技能标准和规范，有效地遏制了建筑质量安全事故的发生，推动城乡建设事业的稳步协调发展。

广大建筑施工管理人员和技能操作人员普遍反映：音像教学法使抽象空洞的建筑知识和操作技能变得更加形象直观，寓教于乐，通过参加音像教学既可

以把建筑知识牢记在心，又能学得技能操作技巧，增长了本领，在施工管理和技能操作中更加得心应手了。

3.2.2.7 发挥企业主导作用，扎实开展技能人才技能提升培训活动

以带动行业企业职工掀起学技术、钻业务的热潮，努力营造尊重人才、崇尚技能的良好氛围为目标，切实开展了技能人才技能提升培训活动。2014 年市城乡建委成立了建设行业企业技能人才提升培训活动领导小组，着重对全市 15 家企业的 400 名技能人才进行了技能提升培训。各企业切实发挥企业的培训主体作用，在不影响正常生产的前提下，充分发挥农民工业余学校的作用，主要采取集中培训、岗位练兵、师徒结对三种方式为主，对技能人才的技能提升培训总天数达到了 30 天，其中技能提升理论培训时间达到 5 天、技能提升操作训练达到 20 天。培训结束后，由市城乡建委向技能鉴定合格者颁发了职业技能证书。

以职业技能大赛和考评鉴定为两条主要途径，扎扎实实加强高技能人才队伍建设。认真贯彻落实住房和城乡建设部《工程质量治理两年行动方案》，以在行业内营造质量安全为核心，认真实施"岗位练兵、技能成才"战略，指导协助万州区、涪陵区、潼南县、建工集团等举办了建筑业职业技能大赛，搭建了高技能人才培养平台，发现和培养了一大批高技能人才，推动高技能人才培养工作常态化、制度化。同时，委托区域性中心城市以及部分有条件的区县鉴定站开展高级工考评鉴定工作，在考评鉴定中严格按照《高级工考核大纲》要求组织实施，充分利用市建筑业教育中心的实训场地、师资力量开展技师的考评鉴定工作，技师考评前开展 40 学时的理论知识强化培训，考评时采用理论答辩和现场实际操作方式进行，确保了高级工及以上高技能人才的培训质量。全年共培养高级工 3481 人，技师 392 人。

各企业在技能人才技能提升培训活动中不断创新方法手段，学用结合，学以致用，在建筑施工实践中，自觉遵守安全生产各项规章制度，严格执行建筑安全技术标准和规范，有效地遏制了建筑质量安全事故的发生，推动城乡建设事业的稳步协调发展。他们感到通过开展技能人才技能提升培训不仅使他们迅速掌握和提升了新知识和新技能，而且对他们的人生成长也有很大的支持和帮助，一些农民工从建筑技能人员、施工现场管理人员、劳务经理一步步成长为有一技之长技能的能手。

3.2.2.8 深入推进信息化系统建设，提高工作效率和水平

开通了"重庆市建设教育培训网"，建设了"重庆市建设从业人员培训考试信息管理系统"，实现了学员从培训到考试报名、准考证打印、成绩发布、证书办理、证书查询等全过程信息化，从四个方面加以积极推进。即：一是推行培训鉴定、证书发放全过程信息化快捷服务。通过加强信息化建设，使鉴定报

名、证书办理、证书查询都在"重庆建设教育培训网"上进行，提供了全过程信息化便捷服务，规范了证书的发放管理；二是推行建筑工人培训鉴定信息管理系统与重庆市城乡建设行业施工现场证书备案管理系统的有效对接。进一步推进了持证上岗管理以及《房屋建筑与市政基础设计工程现场施工从业人员配备标准》贯彻落实；三是推行建筑工人培训鉴定信息管理系统与平安卡信息管理系统的有效对接。通过系统对接，凡是重庆市专业技术管理人员和技术工人的持证人员，可直接发放平安卡，同时通过平安卡也可反应持卡人所持专业技术管理人员岗位和技术工人的工种、等级等证书的相关信息；四是推行证卡合一。升级"建筑施工现场从业人员证书备案与岗位培训息管理系统"和"重庆市建筑劳务企业资质与技术工人培训持证动态管理信息系统"，进一步推进施工现场持证上岗管理与企业资质管理及人员持证管理信息化。切实加强和推进了证书管理信息系统建设，实现了资源整合、证网合一、快捷服务。

2014年以来，为适应建筑业改革发展的需要，大力推进建设行业从业人员信息管理系统建设，稳步推进了信息化机考试点工作。设立了个人直接报考通道，凡具备报考条件的考生，可直接在网上报考劳务员、试验员、机械员三个岗位，实行每月随到随考。将信息化管理贯穿于培训报名、考务管理、证书管理、继续教育等业务环节，进一步简化了业务流程、提高了办事效率。同时与建筑业教育中心合作，开发了信息考试平台，通过试题库对接、考试服务器建设与考点机房联动，实现了机械员、试验员、劳务员三个岗位的信息化考试。

目前，为适应新形势发展变化的需要，逐渐把建设专业技术教育培训、建筑技术工人技能培训及各类人员的继续教育培训实施信息化管理，有效地提高了工作效率和管理水平。

3.2.3 中国建筑工程总公司继续教育与职业培训案例

3.2.3.1 概况

中国建筑工程总公司（以下简称中建总公司）正式组建于1982年，其前身为原国家建工总局，是为数不多的不占有国家投资，不占有国家的自然资源和经营专利，以从事完全竞争性的建筑业和地产业为核心业务而发展壮大起来的国有重要骨干企业。

多年以来，在中央直接管理下，立足于国内外两个市场，敢于竞争，善于创新，逐渐发展壮大成为中国最大的建筑房地产综合企业集团和中国最大的房屋建筑承包商，中建总公司从1984年起连年跻身于世界225家国际承包商和全球承包商行列，2014年排名全球承包商首位。自2006年开始中建总公司成功进入世界500强企业行列；2012年位居第100位，排名全球建筑企业首位；2015年位居世界 500 强第 37 位，在国资委管理的中央企业中位列第 4 位。

中建总公司始终坚持改革创新，积极推进资本运作和创新发展，联合中国石油天然气集团公司、宝钢集团有限公司、中国中化集团公司等 4 家世界 500 强企业共同发起成立了中国建筑股份有限公司，并于 2009 年 7 月 29 日在上海证券交易所成功上市。

中建总公司目前经营区域主要分布于全球 27 个国家和地区，主营业务包括房屋建筑工程、国际工程承包、房地产开发与投资、基础设施建设与投资以及设计勘察五大领域。自 1982 年组建到 2013 年底，中建总公司共承接合约额 6.4 万亿元人民币，完成营业额约 3.8 万亿元，2013 年公司的资产总额约 7904 亿元。

中建总公司始终以科学管理和科技进步作为企业发展的两个重要推动，截至 2013 年底，中国建筑获得国家科学技术奖 60 项，詹天佑土木工程大奖 45 项，国家级工法 141 项，授权专利 4396 项、其中发明专利 333 项，主编国家和行业标准 57 项，组织通过验收国家级科技推广示范工程 64 项，承担国家科研课题 108 项。

中建总公司取得的成绩是与长期坚持不懈加强人才队伍建设，大力抓好继续教育培训工作分不开的。

3.2.3.2 教育培训体系

按照《国家中长期人才发展规划纲要（2010－2020 年)》和全国教育工作会议精神，以及《中建总公司 2010－2020 发展战略规划》的要求，中建总公司制定了《中建总公司关于加强和改进教育培训工作的意见》，完善了领导体制和运行机制，建立健全了保障措施。

1. 领导高度重视，领导体制和运行机制不断完善。

中建总公司的教育培训以培养人才、推动变革、传承文化、统一标准、整合产业链为目标，以战略引导、实际需求、全员覆盖、持续跟踪为原则，积极构建中建总公司和二级单位两级层面的教育培训组织体系，均明确了培训的分工、职责，形成了"统一领导、分工负责、齐抓共管、相互合作"的良好局面。

（1）中建总公司层面。中建总公司层面组织体系由教育培训指导委员会、人力资源部、中建管理学院、各业务部门组成。各组成部门的职能定位与职责分工，见表 3-1。

（2）二级单位层面。二级单位层面组织体系由各单位教育培训指导委员会、人力资源部、管理学院分院、各业务部门组成，职能定位与职责分工参照总公司层面由各单位自主确定。为避免各级教育培训资源的重置与浪费，以及各级培训对象的重复学习，二级单位要在培训项目、培训对象、培训内容等方面与总公司有所区别，要着重突出本单位的特色和重点。二级单位年度培训总结与计划报送总公司人力资源部。

2. 加强经费管理，加大投入与使用。

根据国务院下发的《关于大力推进职业教育改革与发展的决定》（国发[2002]16号）的规定，中建总公司要求各单位按照职工工资总额足额提取教育培训经费，并列入全年成本预算。同时定期检查各单位年度预算的落实与使用，严禁杜绝以任何理由和方式截留、挤占和挪用教育培训经费。

为保证中建总公司总部组织的培训，总公司每年还要拿出一定量的资金，用于培训、培训研发和培训机构的建设。培训经费预算每年初由总部和各二级单位人力资源部门会同培训机构根据公司和各单位的培训计划共同编制，财务部审核后，提交总公司和各二级单位教育培训指导委员会审批。

中建总公司层面教育培训组织体系及其职能定位与职责分工　　表 3-1

组织体系	职能定位与职责分工
教育培训指导委员会	审定总公司中长期教育培训规划、年度培训计划和培训预算;组织召开系统教育培训工作会议，总结培训工作，交流培训经验;指导各单位制定本单位教育培训规划并监督其组织实施。教育培训指导委员会由总公司党组书记、董事长任主任，党组成员、总经理任常务副主任，主管财务和培训机构的党组成员、副总经理、纪检组长分别任副主任，总公司综合部门和培训机构负责人为成员。办事机构设在人力资源部。各二级单位也相应地成立教育培训指导委员会
人力资源部	总公司教育培训工作的归口管理部门。贯彻教育培训指导委员会的意见和要求，完成教育培训指导委员会布置的工作任务;负责开展系统培训需求调研，制定总公司人力资源发展战略、中长期教育培训规划、年度培训计划，落实中央和国家部委下达的培训任务;负责制定总公司教育培训制度，根据标准化、规范化的要求，编制培训手册;负责联系指导管理学院的业务开展，指导检查考核各单位教育培训工作开展情况，总结推广各单位教育培训工作的经验和做法
中建管理学院	中建总公司教育培训工作的组织实施机构，是实现教育培训功能的主阵地，整合系统内外教育培训资源的重要载体。职能定位是:作为企业大学要在培养人才、推动变革、传承文化、统一标准、整合产业链等方面发挥主力军的作用;还要作为公司的学术性、研究性机构，组织、参与公司管理问题的软课题研究;并以教育培训为平台，收集各级各类领导人员关于公司经营管理和发展的意见、建议，形成观点和思想储备。管理学院的目标是建设成为思想最积极、气氛最活跃、交流最充分的新型学习中心、思想中心、智力中心、交流中心和文化中心，建设成为"央企一流、行业排头"的企业大学。职责分工是:负责培训五支人才队伍、七类核心人才中的 800～1000 人的精英团队，完成总公司部门业务线中高层管理人员的培训任务;负责开展培训项目的需求分析，以及培训课程、师资、教材和评估体系的建设工作，规范培训流程;协助人力资源部制定公司教育培训制度和编制培训手册;负责指导并协助分院开展工作;推广国内外先进的培训理念、方式方法等 为做好全系统的教育培训工作，做大做强管理学院，二级单位的培训机构作为管理学院的分院开展工作，管理学院与分院是业务指导、相互合作关系，分院由二级单位进行管理。2005 年以来，中建管理学院相继建立了 15 家分院，涵盖了工程局、专业公司和办事处，形成了覆盖全系统的培训网络，为下一步中建总公司进行培训体系优化打下了良好的基础
各业务部门	负责提出主管业务线中高层管理人员的培训需求，报人力资源部审核后纳入年度培训计划。培训计划经教育培训指导委员会审批后，由管理学院组织实施

3. 加强制度建设，建立完善考核激励机制

中建总公司和系统各单位通过不断完善相关制度，如《培训开发规划》、《教育培训管理办法》、《员工交流与培养办法》、《员工执业资格考试取证暂行管理办法》等，加强了培训管理和考核激励。为加大考核激励力度，中建总公司建立了"倡导什么就考核什么，关注什么就考核什么，考核什么就兑现什么"的培训考核机制，并尝试了以下做法：把人才队伍建设情况、员工培训工作开展情况列入对本单位领导班子任期目标和经营业绩的考核指标中；把培训实施情况和专业技能知识培训及竞赛情况的考核纳入到部门工作质量和责任目标考核中，培训实施情况考核结果与每个部门的考核奖励相结合；把员工培训记录及评价绩效与其职业生涯规划和薪酬待遇挂钩等，起到了明显效果，形成了领导重视培训，有关部门各负其责，员工积极参与的良好局面，从而推动了继续教育培训的创新发展。

3.2.3.3 培训项目突出全员覆盖

《中国建筑"十二五"人才工作专项规划》提出，中建总公司的人才工作要统筹抓好经营管理者队伍、项目建造队伍、勘察设计队伍、地产开发队伍以及专业管理队伍五支人才队伍，重点培育七类核心人才，即领导人员、项目经理、建筑原创人才、科技研发人才、商务法务人才、投资运营人才、高技能人才。为此，中建总公司正在以构建全集团统一的职级体系，建立健全面向所有员工的"管理序列＋专业序列＋操作序列"职业生涯发展体系为抓手，大力推进人才队伍建设，并以"教育培训全覆盖"的目标，积极贯彻落实教育培训工作。

2014 年，中建总公司对年度培训计划内的培训项目重新定位，明确划分为领导力发展、专业力提升和职业力打造三个项目。同时继续开展了执业资格人员培训和高技能人才培养项目。2010 ~ 2014 年期间，由人力资源部归口管理，管理学院、有关部门和二级单位具体实施，共同完成培训 254 期，培训 131309 人次。

1. 领导力发展项目

每年重点抓了领导人员的培训。根据中建总公司领导人员管理权限及职务名称的规定，总公司、二级单位和三级单位领导人员职级分为 8 级（其中 B1 级指总部部门及二级单位班子正职、B2 级指总部部门及二级单位班子副职）、C 级指二级单位助理总经理及相当职务和部门正副职、三级单位正副职（其中 C1 级指二级单位助理总经理及相当职务）。

2010 年以来共举办 C 级以上领导人员面授培训班 41 期，培训 14964 人次。特别是近几年，更是加大了领导人员的培训力度，2014 年，采取面授、视频、网上等各种形式，培训 C 级以上领导人员 12773 人次。尤其是分别举办了 B1 级、

B2级、C级的各种领导人员培训班7个，使总公司各级领导充分感受到总公司对培训的重视。

在领导人员培训中，突出了精品班的培训。

（1）党校班。党校班是中建总公司按照中共中央党校制定的教学内容、办学方针和学制，分期分批培训轮训局处级党员领导人员的一个重点班次，1982年至今，已举办党校班55期，培训学员1792人次。其中2010年以来举办党校班11期，培训555人次。2005年改变了招生方式，由人力资源部实行点名调训，以后备领导人员为主，要求不经过党校培训不得提拔。经过党校加油站的学习，许多同志经过自身的努力，担任了更重要的领导工作。现正局级领导人员中有32%，副局级领导人员中有28%，是经过党校学习后提拔任用的。

（2）领导力提升与发展专题培训班。2012年，中建总公司构建了一套既具有中建特色，又兼具国际化特色的中国建筑领导者能力素质模型，即Globe4E+的能力素质模型，提出了领导干部应具备的6个能力项大类及其所包含的11个能力素质项，并定制化开发了B1级、B2级、C级领导人员领导力提升与发展专题培训项目。采取"学习＋研讨"的方式，以"自我认知—团队管理—组织变革"为课程框架，帮助提升领导干部自身的领导力水平，进而带领团队应对变革。2012年以来，共举办培训班8期，483名处级以上领导人员参加了学习。

（3）其他领导人员培训班。中建总公司已经连续10年每年举办了纪委书记培训班，连续4年每年举办了总工程师培训班，以及监事、总会计师、总法律顾问、安全总监、工会主席等领导人员培训班共23期，培训1192人次，其中2010年以来办班15期，培训771人次，提高了各类领导人员的素质和能力。2014年，中建总公司以视频方式举办了"习近平总书记系列讲话精神"培训班，分5次集中学习和讨论习近平总书记有关深化国企改革、中国特色社会主义理论体系、生态文明建设、党风廉政建设和反腐败斗争以及"走出去"战略的有关讲话，共培训二、三级单位处级以上领导人员12263人次。

2. 专业力提升项目

专业力提升项目是围绕总公司战略目标和经营结构调整，针对基础设施、房地产、海外、城市综合开发等主营业务和财务、科技等管理岗位进行的培训。2010年以来共举办专业力提升培训班71期，培训11986人次。其中举办铁路施工、房地产等主营业务培训班14期，培训1413人次。举办财务、融投资、商务法务、安全生产、节能减排、科技与设计、企业策划与管理、组织人事、党群、纪检监察、离退休工作人员等管理岗位培训班57期，培训10573人次。

2012年以来，中建总公司的专业人才培训工作以专业人才的职业发展通道为基础，提出了学习地图的概念，并据此设计员工的学习发展路径，开发学习项目。以项目经理为例，2012 年制定了《中国建筑项目经理职业发展指引》，完成了项目经理职业生涯设计工作，着手打造以项目经理岗位序列任职资格为基础的项目经理职业发展通道。项目经理岗位序列共分为五个层级，由高到低分别是：总监级（P1）、副总监级（P2）、一级（P3）、二级（P4）、三级项目经理（P5）。取得项目经理任职资格的人员，按照岗位序列所对应的职级体系，享受相应职级的待遇。

2012 年组织了首批总监（相当于二级单位正职职级）、副总监级（相当于二级单位副职职级）项目经理的评审，其中总监级 1 人、副总监级 6 人，实现了高端项目经理的率先就位。2013 年，成立了项目经理学习地图开发项目组，设计开发了项目经理的课程体系和学习项目，出台了《中国建筑项目经理学习与发展手册》。2014 年专门成立了项目经理课程开发小组，开发了《项目的二、三次经营与价值创造》等 3 门专业课程。2015 年，计划以已经开发完成的部分项目经理课程为培训内容，对公司系统内的部分大型项目的 P5 级项目经理（相当于二级单位的部门副职到三级单位的助理总经理职级）进行集中示范性培训。

3. 职业力打造项目

职业力打造项目包括"书香中建"大讲堂系列视频活动、青年学生入职培训和总部员工培训。2010 ~ 2014 年，共举办培训 81 期，培训 67136 人次。

（1）"书香中建"大讲堂。2012 年 9 月以来，中建总公司启动了"书香中建"大讲堂活动，至今已举办 13 期，共 18 次活动，带动了全系统上万人次的学习，推动了员工职业力的提升，树立了"书香中建"大讲堂活动的良好口碑和影响力。活动主题紧贴党和国家工作大局，紧密围绕中建总公司战略目标以及人才队伍建设要求，覆盖党的十八大、十八届三中全会、中国建筑《十典九章》等内容。为将讲堂活动打造成中建总公司内部层次较高、影响力较大的高端知识交流平台，大讲堂活动既邀请了中纪委等单位的政府官员，又邀请了来自中央党校等机构的专家学者，为大家创造了一个拓宽视野和学习知识的机会。讲堂活动以教育培训全员覆盖为目标，通过视频会议的方式开展，在全国开设了 30 多个分会场，各分会场还将活动转播到三级单位和基层项目，带动了全系统各个层级员工的学习。

（2）青年学生入职培训。中建总公司总部及各子企业重视青年学生的培养工作，首先从青年学生入职培训做起。一是由总公司人力资源部和管理学院共同实施，组织总部和事业部青年学生入职培训。二是在统一培训内容的基础上，由总公司总部选派相关领导组成讲师团，分赴中海集团、中建一局等 20 多家单位，在各自举办的青年学生入职培训班上，就中国建筑的发展历史、企业文化、业务发展情况以及员工职业发展情况等内容进行了现场专题讲授。整个活动持续了一个月左右的时间。以 2012～2014 年为例，全系统累计约 49138 名新入职的学生参加了培训。同时，各二级单位也采取了多种策略加强对青年学生入职后的培养工作，如中建三局在新员工"三个一"和"三个百分百"培训机制的基础上，出台《中建三局新员工培训管理办法》，建立岗前培训、岗位技能培训、"双导师"培养、沟通交流、转正考核和轮岗等六项机制。中建五局着力推进覆盖实习体验、招聘选拔、入职培训、导师带徒、轮岗锻炼、信和学堂培训、接班人建设、职业发展通道等各环节的"青苗人才"培训升级。

（3）总部员工培训。按照总部"引领、服务、监督"的定位要求，以"战略管控型总部下的员工能力素质建设"为主题，中建总公司开展了对总部青年员工的培养工程。一是 2014 年，按照不同的培训对象，分为 3 个班次，对总部管理序列的一般员工及部分借调人员进行了专题培训，共培训 118 人次。二是 2012 年开始联合各事业部开展了总部员工英语面授培训及津贴考试，累计培训 181 人次。三是 2012 年联合各事业部建立了总部员工网络学习平台，推行必修课和选修课相结合的学习机制，并将网络学习与员工晋升机制相挂钩，累计培训 449 人次。

4. 执业资格继续教育项目

截至 2014 年底，中建总公司现有一级建造师等执业资格人员共 53902 人。同时每年根据在建施工项目的需要，还有大批造价员、安全员、质量员、施工员、材料员等专业管理人员取得上岗资格。

为加强对一级建造师等执业资格人员的培训，中建管理学院每年坚持举办执业资格人员的考前辅导和继续教育培训等，2010～2014 年由中建管理学院举办的培训班有 61 期，培训 32439 人次。

主要培训项目有：

（1）《项目管理手册》宣贯培训。2010 年，为配合中建总公司自行编制的《项目管理手册》的贯彻推行，举办了 9 期班，有 2182 名项目经理参加了学习，授课老师全部是《项目管理手册》编写部门的领导和人员，培训的举办促进了中建的项目管理标准和精细化管理水平的提高。

（2）一级建造师继续教育和考前辅导。2009 年以来，中建总公司受住房和城乡建设部委托，承担了国家一级注册建造师房建专业考试大纲、考试用书的修订和一级建造师继续教育大纲的编写工作。中建管理学院还是住房和城乡建设部批准的一级建造师继续教育培训单位。为帮助系统各单位报考人员掌握知识考点，提升考试技巧，中建管理学院举办了一级建造师考前辅导班举办了培训班 18 期，培训 1333 人次。尽管收费低于市场价，但通过率却高于社会平均水平，如 2014 年房建专业全国考试通过率 7%，而经过中建总公司培训的房建和市政均超 20%。同时，为方便系统内 5000 多名一级建造师能够就地继续教育，

2012 年起，以管理学院牵头，分院实施，目前累计继续教育 4799 人次。

（3）会计人员继续教育。中建总公司自 2000 年起被国务院机关事务管理局定为"中央国家机关中初级会计人员继续教育培训单位"至今，累计办班 92 期，培训 14579 人次；其中 2010～2014 年间办班 12 期，培训 2695 人次。为了提高培训的针对性和实用性，除完成国管局规定培训内容外，中建总公司财务部每年还紧密结合年度财务工作重点，对当前财务工作的形势与任务提出要求，对财务工作标准化体系及管理规定等进行宣贯。

（4）专业管理人员网络继续教育。2008 年初，根据总公司领导的指示和教育培训工作安排意见，学院建立了网络教育平台，开展对造价员、安全员、施工员等 5 个专业管理人员的网络继续教育工作。7 年来，总公司坚持聘请内部专家编写教材并授课，课件由学院投入人力、物力，独立拍摄、剪辑并制作成视频教学片。先后有 29334 人次参加了培训，其中 2010～2014 年间培训 18164 人次，节约了成本和时间，学员对课件质量和教师授课水平表示满意。

此外还举办了造价员考试取证、造价工程师继续教育、劳务管理员等培训班 15 期，3266 人次参加了学习。

5. 高技能人才培养项目

根据中央组织部、人力资源社会保障部发布的《高技能人才队伍建设中长期规划（2010—2020 年）》的要求，中建总公司为了进一步培养造就高素质职业化技能人才，明确技能人才的职业发展路径、拓展职业发展空间，充分发挥技能人员的主观能动性，提升技能人员的技术管理和科技创新能力，形成技能人才的梯队优势和高端领先优势，制定《中国建筑股份有限公司技能人才职业发展管理办法》，对土建、安装、机械、装饰、制造等工种直接从事工程建设、生产制造的一线操作人员开展职级评审与认定、岗位培训与考核激励等工作，从而进一步加强技能人才队伍的管理，加速推进技能人才队伍的建设。

各二级单位在高技能人才培养方面也采取了多种方式，如中建五局 2014 年重点开展基础岗位技能培训，并将东北公司"百万百名四项全能技术能手"为标杆开展基本技能比武，提升基层员工岗位技能水平，并与中国建筑业协会合作建立建筑业技工实训示范基地，建立"兵头将尾"高技能人才培训标准。配合工会办公室开展了超英杯世界技能大赛，选拔了世界技能大赛参赛选手，为发现和选拔高技能人才创造条件。中建五局全年基层单位共组织专业工长、技师等培训 22 期，累计培训 5463 人次。

3.2.3.4 培训工作特点

1. 加大内部师资上讲台的比例

根据中建总公司的要求，坚持了内部培训师为主，外部培训师为辅的原则，逐年加大内部师资授课比例，内部师资授课比例已达到60%以上。总公司领导带头上讲台，2014年6名党组成员都上讲台讲课。据统计，2010年至今内部师资在中建管理学院举办的各类培训班上共讲课380次，其中总公司领导153次，总部部门和二级单位领导119次，总部和二级单位业务专家108次。

2. 重视中建特色课程和教材建设

在党校班上，由中建总公司领导和有关部门负责人主讲了中国建筑《战略与核心价值观》、《创新发展与国际化战略》、财务、法律、廉政、企业文化等10多门课程。在项目经理和项目管理培训上，以总公司的《项目管理手册》、《安全生产管理手册》、《节能减排管理条例》为主要内容。在房地产培训上，以中海地产管理经验和方式为主要内容。在会计人员继续教育上，除完成国管局规定培训内容外，还结合总公司的财务工作，宣贯了标准，提出了要求。在纪检监察培训上主要讲授中建效能监察手册等。总公司领导和总部有关部门负责人每年还分赴二级单位举办的新员工入职培训上授课。

在教材建设方面，中建总公司及系统各单位以推进标准化、规范化管理为目标，自编教材近30余种。其中总公司主持编制了《项目管理手册》、《安全生产管理手册》、《质量、环境、职业健康安全管理手册》、《中国建筑施工企业质量管理办法》、《内部控制手册》、《铁路建设项目标准化管理手册》、《施工企业效能监察实务、制度与案例》、《企业形象视觉识别规范手册》等。二级单位如中海集团沉淀公司经验，开发出了一批规范性培训教材，如《中海地产合约管理理念》、《新开地区公司人力经理案头读本》；中建管理学院组织编写了《建筑工程造价的确定与控制》及造价员、安全员、施工员等专业管理人员系列上岗培训教材，并受国家住房和城乡建设部委托组织编写了农民工业余学校培训教材、拍摄了教学片等。

3. 坚持送教上门，服务项目

为服务生产、服务一线，中建管理学院和二级单位培训机构（分院）坚持送教上门。以中建管理学院为例，2010年至今到工程局所在地和铁路、房地产、房建等施工现场培训累计180多期，4万多人次，受到基层单位欢迎。

4. 现代教学方法综合运用，不断提高培训效果

中建总公司还积极探索运用现代教学方法，普及推行研究式、互动式、案例式、体验式教学，突出学员在培训中的主体地位。

5. 注重需求调研与教学质量评估，不断提高培训质量

为做到按需施教，坚持开展包括对需求单位、学员对象的培训需求调研，并以此为依据，设计出了符合中建特色的课程体系，满足了各单位和学员的多方面、多层次需求。为提高培训质量，坚持开展培训评估，每期班通过征求学

员对培训内容、教师水平、课程设置、组织管理与后勤服务的意见和建议，了解培训情况，改进培训工作。

6. 开展合作培训，提升中建总公司行业引领和对外影响力

中建总公司与中国建筑业协会、中国施工企业管理协会、中国铁道协会、中国建筑装饰协会、中国建筑园林学会、宁夏建工、北京城建、黄埔军校等单位合作，开展了经营管理人员、职业经理人、项目经理、国际化人才、铁路施工人员等培训班，仅中建管理学院就举办培训班近50期，培训5000多人次。充分发挥了中建总公司在行业的引领作用，提升了对外影响力。

3.2.3.5　获得荣誉

中建总公司的教育培训工作先后取得了上级主管单位的肯定，先后被评为"全国企业职工教育培训先进单位"、"中央党校分校教学管理先进集体"、"全国建筑工程专业一级注册建造师继续教育培训先进单位"等十多个奖项。

3.2.3.6　培训工作改革创新

"十二五"期间，中建总公司的教育培训工作始终坚持国家"大教育、大培训"的要求，不断推进改革创新。主要体现在以下三方面：

（1）突出教育培训全员覆盖的工作目标。"三个全员覆盖"，即考核评价、职业生涯设计和教育培训全员覆盖，是中国建筑"以人为本，关注个体"人才理念的直接体现，是落实"三个留人"（事业、感情、待遇）的有效举措，也是人才工作的重要抓手。中建总公司以"三力"项目，即领导力、专业力、职业力项目为基本框架，大力推动教育培训工作的全员覆盖，逐步将公司的战略发展意图有机地融入教育培训工作中去。

（2）突出培训工作的"双服务"作用。将培训工作与公司发展战略、员工的职业生涯发展紧密结合，以达到服务于"一最两跨"发展战略和服务于员工职业发展的目的，最终实现组织能力提升与员工个人能力提升的"双赢"目标，是中国建筑培训工作的最终目标。培训工作服务战略方面，2014年开展了转型升级专题研讨班、战略发展类专题研讨班以及业务促进类专题研讨班等；服务员工职业发展方面，在已经构建的员工职级发展体系的基础上，逐步匹配相应的学习地图。

（3）突出信息技术在培训工作中的应用。一是利用视频会议系统开展中国建筑"书香中建"大讲堂活动等。二是在集团总部人员培训班中引进移动互联技术，采取"面授＋在线移动学习"的方式，为学员提供系统、针对性、持续性和即用即学的创新培养方式。三是大力开展网络培训，如中建管理学院开展了对造价员等5个专业管理人员的网络继续教育，各二级单位也创建了网络学院。信息技术在培训中的广泛应用，打破了原有的地域障碍和学习时间的限制，

扩大了培训覆盖面，节约了培训成本，增强了员工学习的积极性、自觉性和主动性，提高了培训质量和效果。

3.2.3.7 培训体系建设与工作展望

2014年，中建总公司启动了优化和提升培训体系工作，第一，明确培训体系的战略定位，以"打造战略推动引擎"为目标分步推进。第二，构建课程及项目体系，以"领导力、专业力、职业力"为基础框架，构建覆盖全员的课程体系，并积累和打造中建的精品培训项目，提升品牌影响力。第三，厘清组织体系，进一步明确中建总公司总部和二、三级子企业在课程开发与实施、培训政策和制度制定、计划和预算管理及讲师、供应商管理几个职能模块的职责，企业大学的管理模式等。第四，梳理管理体系，正在完善细化《中国建筑人力资源管理手册》的培训分册。目的是从以上四个方面入手，实现培训工作战略化，将培训工作与员工的职业生涯发展紧密结合。

在全球化的新形势、新挑战下，中建总公司将继续把教育培训工作作为保持企业持续竞争力的大事来抓，以教育培训全员覆盖为目标，突出培训体系的优化和提升，突出精品培训项目的打造，不断推进转型和创新实践，努力使教育培训工作支撑人才战略、支撑业务发展战略，为全面实现中建总公司"一最两跨"的战略目标作出贡献。

3.2.4 陕西建工集团总公司继续教育与职业培训案例

3.2.4.1 概况

陕西建工集团总公司（以下简称集团）成立于1950年，是陕西省首批获得房建施工总承包特级资质、建筑行业甲级设计资质及海外经营权的省属大型国有综合企业集团，具有工程投资、勘察、设计、施工、管理为一体的总承包能力，并拥有城市轨道交通、钢构制作安装、商混生产配送、工程装饰装修、古建园林绿化、锅炉研发生产、物流配送供应、地产开发建设、医疗卫生教育、旅游饭店经营等产业。

凭借非凡的实力，集团始终雄居中国企业500强、中国建筑业竞争力百强企业之列。2015年分别列第212位、第4位。

集团现有各类中高级技术职称万余人，其中，教授级高级工程师87人，高级工程师1508人；国家一、二级建造师4674人。工程建设人才资源优势称雄西部地区，在全国省级建工集团处于领先地位。

近年来，集团取得科研成果数百项，获全国和省级科学技术奖92项、建设部华夏建设科技奖6项，获国家和省级工法334项、专利235项，主编、参编国家行业规范标准90余项。先后有40项工程荣获中国建设工程鲁班奖，33项工程获国家优质工程奖，2 项工程获中国土木工程"詹天佑奖"，12 项工程获中国建筑钢结构金奖。

集团坚持省内省外并重、国内国外并举的经营方针，完成了国内外一大批重点工程建设项目，海外分支机构已遍布 23 个国家，正向称霸陕西市场、称雄全国市场、驰骋国际市场的战略目标阔步迈进。

近几年，集团培训工作全面贯彻党的十八大和十八届四中、五中全会精神，以邓小平理论、"三个代表"重要思想、科学发展观为指导，全面贯彻《企业职工培训法》、《中共中央、国务院关于进一步加强人才工作的决定》精神，落实《陕西建工集团"十二五"职工教育培训规划》的各项任务，在实施"人才强企"战略，创建"学习型企业"中取得了可喜的成绩。2014 年，职工参加各类教育培训达到 30973 人次，占从业人员的 146%，完成年计划的 182%，培训经费投入 2667.27 万元，占职工工资总额的 2.16%，职工培训经费投入超过国家规定 1.5% 的标准。

3.2.4.2　继续教育与职工培训的主要做法

1. 不断完善职工培训体系

按照《国家中长期人才发展规划纲要（2010－2020 年)》和全国教育工作会议精神，以及《陕西建工集团"十二五"规划》的相关要求，集团制定了《陕建集团总公司人力资源"十二五"规划》，完善了领导体制和运行机制，建立健全了保障措施。

"十二五"以来，集团建立健全了以各企业短期培训、职工大学岗位培训以及学历教育、技术学院技术工人培训、西安建筑科技大学和西北大学的工程硕士、工商硕士四个培训体系。各企业完善了以主要负责人为领导、组织、人事、工会、财务等部门等参加的培训组织体系。在此基础上，陕建职工大学又成功地争取到全省建设行业专业技术人员继续教育培训基地资格，并取得全国一级注册建造师继续教育基地培训资格。

集团将人才培养工作摆在了企业发展的战略地位，制定了发展规划，明确了目标。人力资源部、党委组织部、党政办公室齐抓共管，定目标、出思路，为培训工作提供人力、物力和财力保障。通过这些制度和措施，促进了企业职工培训工作的发展。

2. 不断扩大职工培训范围

要保证集团快速发展需要，就必须提供与其发展相适应人力资源的支持。

（1）集团率先在全省开展高级技师考评工作。这项工作开展时，全省高级技师考评工作还未开展，没有现成的考评办法，根据建设部、省劳动和社会保障厅有关文件的精神，集团起草了《陕西建工集团总公司高级技师评聘实施办法》

（试行），共涉及砌筑工、电焊工、电工、管工、车工等七个工种。此项工作既增强了本企业市场竞争的综合实力，也得到省劳动和社会保障厅领导充分肯定。

（2）对青年学生入职培训。集团总部及各子企业对青年学生的培养工作极其重视，首先从青年学生入职培训做起。培训由集团人力资源部协同陕西建筑职工大学共同实施，在统一培训内容的基础上，由集团选派各职能部室相关领导组成讲师团，在青年学生入职培训班上，就集团的发展历史、企业文化、业务发展情况以及员工职业发展情况等内容进行现场专题讲授。整个活动持续半个月，期间学员还要参加由职工大学专业老师授课的执业证书培训，在培训结束后参加建设厅组织的取证考试。以 2012～2015 年为例，全系统累计约 5131 名新入职的学生参加了培训。同时各二级单位也采取了多种策略加强对青年学生入职后的培养工作，如陕建五建集团坚持"师带徒"制度，定期开展多种形式的业务培训活动，帮助青年员工做好职业发展规划，成长速度明显加快。

（3）积极开展农民工夜校建设。截至目前，集团各单位已基本完成了项目农民工业余学校全覆盖，落实教学场地，购买相关教材，配备师资力量，开展安全知识和技能操作培训，提高农民工安全防护知识和技能水平，积极开展了"千万农民工同上一堂课"安全培训活动。如陕建五建集团制订了《陕西省第五建筑工程公司关于在施工项目部创建农民工业余学校的实施办法》，在促进项目办学，提高农民工的整体素质，加快工程施工进度，提高工程质量、减少安全事故、降低工程成本，为集团各单位起到了带头和示范作用。

（4）执业资格继续教育项目。截至 2015 年 10 月集团共有国家一、二级建造师 4674 人。同时每年根据在建施工项目的需要，还有大批造价员、安全员、质量员、施工员、材料员等专业管理人员取得上岗资格。自 2012 年起，集团开展一级建造师考前培训班，截至 2014 年已举办 9 期，通过培训为集团培养一级建造师 1500 余人，大大缓解了集团建造师人才需求。

（5）优秀青年培训。自 2013 年起，集团联合西北大学经济管理学院针对集团优秀青年骨干举办优秀青年人才培训班，截至 2015 年，已经举办了三期，学员共 183 人，为集团发现人才、培养人才、储备人才开辟了新途径。

3. 不断拓展职工培训内容和方式

随着集团的生产规模不断扩大，经营范围涉及领域不断扩展，对人才管理水平、专业知识和能力提出新的更高的要求。为此，采取了如下措施：

（1）为提高集团各公司经理和项目经理领导经营管理水平，与省行政学院联合举办主题为"领导艺术、执行力"全封闭培训。

（2）为提升集团本部工作人员工作能力，举办了相应的业务培训班。

（3）为提高劳动人事干部业务素质，举办了各企事业单位约 90 名劳动人事干部参加的《人力资源管理》培训班。

（4）各单位在组织安排好岗位培训、适应性培训、继续教育培训、技术工人培训和各类学历培训的同时，积极开展校企合作，一建集团、三建集团、五建集团、安装集团分别与石油学院、杨凌职业技术学院、陕西建设技术学院签订了校企合作协议。

（5）开展"师徒结对"培训。五建集团为了加速青年人才的成长，公司规定对新入职人员，实行"师傅带徒弟"的培训制度，通过师徒双向自愿选择或组织指定，签订师徒协议，协议时间为三年。师徒协议中，明确师徒双方的责任与义务，以及师傅带徒弟所要达到的目标和要求。每年评选出 10 对优秀师徒，并设立一、二、三等奖，给予表彰奖励。

（6）实战演习，以考促学。机施集团为了促进大家钻研业务、自觉学习，于 2015 年 6 月初在西安地区举行了一次别开生面的考试。参加人员为该公司西安地区全体干部，利用双休日分三批集中闭卷考试。试题形式以案例分析为主，注重实用性，通过两个签订施工合同出现漏洞引起经济纠纷的典型案例，考察和锻炼了管理人员分析问题解决问题的能力。

（7）订单式培训。五建集团对不同岗位人员采取量身定做，近两年推行"学习卡"模式的学习，每个人都从全新的角度去认识和理解自己与企业的关系，大大增强了团队意识，提升了员工的整体素质。

4. 不断增强职工的培训积极性

近几年各单位普遍采取了一系列措施，调动职工参加教育培训的积极性。新的工资制度实施后，有许多职工主动向集团劳资部门提出申请，希望参加集团组织的各类培训，提高自己的技术水平；陕建一建集团经过多年探索，已建立了职工培训激励机制，形成了良性循环发展，员工从入职培训抓起，坚持"师带徒"制度，定期开展多种形式的业务培训活动，帮助青年员工做好职业发展规划，成长速度明显加快；机施集团等单位，鼓励专业技术人员考取各类执业资格，对考取人员实行一次补贴。通过建立有效的奖励机制，使广大职工变"要我学"为"我要学"，极大调动了广大职工学技术、比贡献的积极性。

5. 不断扩大职工培训的规模

2014 年度，培训从业人员 35326 人次，占从业人员 22055 人的 160.1%。

（1）岗位培训。利用好职工大学、技术学院培训资源，办好各类施工人员岗位培训。

（2）学历继续教育。采取联合办学方式，开展不同层次学历教育，提升企业管理人员和专业技术人员的专业素质。与西北大学开设工商管理硕士班，西安建筑科技大学开设了土木工程专业硕士班，目前有 86 人参加学习深造。

（3）技术工人培训。发挥陕西建设技术学院在培训企业操作人员和高技能人才作用，每年为企业培养近千人技术工人，这几年，每年还有 200 多人参加工人技师和高级技师的培训。

（4）短期培训。各企业以适应性、岗位练兵等短期培训为主，实现岗位成才。

6. 不断加大培训投入

各企业 2014 年培训经费投入 2667.27 万元，占职工工资总额的 2.16%，职工培训经费投入超过 1.5% 的标准，在行业中处于领先地位。

虽然集团在职工培训工作中取得了一定的成效，但是还存在一些问题。一是职工培训工作发展不平衡，总体呈现效益好的单位发展快，困难企业开展比较慢。二是各类执业资格证书短缺，特别是注册执业资格证严重短缺，除了注册建造师，各单位注册结构工程师、造价工程师、安全工程师、监理工程师人数依然无法适应市场要求。三是劳务市场化后，对农民工的培训不够全面、深入，特殊工种（起重工、铆工等）后继无人，供需矛盾越来越突出。

3.2.4.3 未来培训工作的改革方向

随着集团生产经营规模持续快速增长，对人才的需求成为管理的重中之重，对职工教育培训成为当务之急。应当看到当前集团面临四个方面的矛盾，一是随着集团生产规模的快速扩张对人才需求与供给压力的矛盾；二是优秀的复合型的专业技术人才与市场短缺的矛盾；三是专业技术人员稳定与人才市场化流动性趋强的矛盾；四是劳务市场化与技能操作人员水平偏低的矛盾。正确认识和面对这四方面的矛盾，就会给集团未来的改革发展提出了方向。

（1）增强认识，拓宽培训方法。职工培训工作的最终目的是满足企业生产经营的需要，实现经济效益，最大限度发挥员工的主观能动性和创造性。加强人才培训，开展继续教育，是提升传统建筑施工的科技含量、将集团人力资源转化为人才资源的重要途径。集团将立足当前、着眼长远，兼顾不同层次、不同专业的人才需求，采取在职学习与离岗学习相结合，短期培训与中长期培训相结合，以培养职工的学习能力、实践能力和创新能力为重点，全面提高员工的思想理论水平、职业道德素质和科学发展能力。通过培训挖掘人才潜力，调动、激励员工的上进心，增强主人翁责任感。在全集团范围内倡导和培养良好的学习风气，鼓励和支持职工通过多种渠道、多种方式进行学习，提高知识层次，加大知识储备，加快知识更新。企业领导要重视培训和继续教育工作，为各类人员学习提高创造条件，搭建平台。人事部门要按照人力资源开发和人才培训规划认真抓好落实，切实抓出成效。职工大学、技术学院要利用好现有资源，充分发挥人才培养教育基地的作用。

（2）建立机制，扩大培训规模。一是与高校合作，选送有培养前途的中青年专业技术人员到高等院校或出国出境进修；二是大力开展对参与集团施工人员的岗位培训；三是开展多种形式的岗位练兵和技能竞赛等。

（3）注重实践，提高培训质量。坚持学习与实践相结合，培养与使用相结合，把工程项目作为人才培养的重要基地。可结合重点工程采用的新技术、新工艺、新材料，以及新产品开发、科研课题等组织技术攻关、专题讲座、观摩交流，鼓励专业技术人员在学中干、干中学，在实践中经受锻炼，增长才干。

（4）加大人才培训经费的投入。企业要继续加大教育经费与职工工资总额的提取比重，或根据企业实际情况制定具体的经费保证措施，把人才培训工作落到实处。

在崭新的经济社会发展形势下，陕西建工集团总公司将继续把员工教育培训工作作为人力资源工作的重中之重，结合经济社会发展的大环境和企业自身建设发展的小环境，不断创新培训方式方法，突出行业特色特点，锐意进取，为早日实现"千亿陕建"的宏伟目标而努力奋斗。

3.2.5 中亿丰建设集团股份有限公司继续教育与职业培训案例

3.2.5.1 公司概况

中亿丰建设集团股份有限公司原名"苏州二建建筑集团有限公司"，始建于1952年，历经六十余年发展，已成为江苏省知名大型建筑承包商。集团拥有房屋建筑工程施工总承包特级资质，是一家致力于为中国城市化建设及综合运营提供一流服务，以大型工程总承包施工为主营业务，在城市规划、建筑设计、基础设施、交通、房地产、商业综合体、民用住宅、公共建筑等各个领域提供全产业链全过程建设与服务的大型综合性建筑集团企业。

公司注册资金30280万元，拥有各类资产50余亿元，年完成企业总产值逾130亿元，连续多年评为全国优秀施工企业，全国建筑业综合竞争力百强企业，荣获住房和城乡建设部"创鲁班奖特别荣誉企业"称号，位列江苏省建筑业综合实力前十强，是江苏省"十五"、"十一五"期间先进建筑企业，并入围中国民营企业500强。

公司以"安居乐业好生活"为企业使命，致力于为城市建设宜居的生态家园，满足员工和客户对宜居宜业美好生活的向往，勇于担当社会责任，立志奉献企业精华，对事业满怀崇敬，对社会心存感恩，以优质建筑为本，以和谐安居为乐，笃实进取，不懈求索，携手各方，精诚合作，共建和谐丰盛的安乐生活。

公司以"缔造一流城市建设服务商"为企业愿景，坚持"优质高速，信誉至上"的企业宗旨，贯彻"进取务实、自尊互爱"的企业精神，以绿色生态、高科技、智能化为手段，以智慧建造、幸福筑城为理念，与社会各界精诚合作，依靠科技进步、强化管理，开拓进取，务实创新，以一流品质创造一流品牌，缔造一流企业。集团历年来屡创佳绩，信誉卓著，创部、省、市优质工程 300 多项，其中鲁班奖等国家级优质工程奖 20 余项。

公司以"信为本、诚为基、德为源"为企业核心价值观，坚持诚信为本、德行一致的发展理念，心系员工冷暖，胸怀企业兴衰，牢记社会责任，紧紧依靠职工，团结拼搏，开拓创新，全面致力于做强做大、做实做优企业的各项工作，为企业持续、健康、和谐发展不懈努力。

3.2.5.2　培训理念

"当人力资本枯竭时，公司就完了。"这是惠悦首席执行官 John.Haley 最为推崇的一句话。根据惠悦公司对北美、欧洲、亚太等地区的上市公司的人力资本投入和股东收益之间的关系调查结果发现，人力资本投入指数与股东收益成正比。在市场竞争如此激烈的今天，虽然中亿丰建设集团作为民营建筑企业，企业生存发展压力巨大，但公司高层管理者历来十分重视企业员工的教育培训，秉持科学先进的人才管理发展理念。

1. 转变培训观念，营造良好氛围

知识经济时代，最具竞争力的企业必然是学习型企业。学习型企业的最大特点是崇尚知识和技能，倡导理性思维和合作精神，鼓励劳资双方通过素质的提高来确保企业和个人的不断发展。这种学习型企业与一般企业的最大区别就在它永不满足的通过不断学习进取和创新来提高效率，从而提高产品和服务的质量。

中亿丰建设集团摒弃为了规避培训风险而放弃培训的思想，引进新型的人才培养理念，搭建新型的人才培训体系，在企业内部营造"尊重知识、尊重人才"的氛围，加大培训的宣传力度，引导职工树立危机意识，懂得"逆水行舟不进则退"的道理，从而实现由"要我学"到"我要学"的自觉转变，使员工觉得在这样的企业必须不断学习来完善自己才能有所发展。

2. 加快人力资源转型，强化人力资源管理职能

要完善企业的培训体系，最紧要的是要加快人力资源转型，改造人力资源技术、流程与组织模式，以加强人力资源职能，优化其与其他业务部门之间更广泛的联系，并使人力资本方面的巨大投资能够产生最大的收益。

人力资源转型的重心在于人力资源治理，人力资源治理过程涉及广泛。一方面其牵涉到人力资源部门的实际管理及运作过程中所有关键的利益相关者——企业的业务部门领导、财务及技术部门领导，生产线管理人员及其他人员，这些主要利益相关者应当做的不仅仅只是提供咨询与建议，更要积极地参与进来；另一方面要加强对人力资源从业人员的系统培训，将其日常工作纳入人力

资源工作的六大模块的规范操作流程中，提升人力资源部门人员的工作着眼点，使其能站在企业长期发展战略需要的高度，从企业的长远发展的要求来指定人力资源整体规划，使企业的培训工作为实现企业经营战略目标而服务。如果人力资源治理得当，人力资源理念可以很容易地转化成实用的解决方案、指导方针与实践方法，会大大有助于人力资源部门甚至整个企业的成功。在人力资源转型过程中，人力资源治理犹如强力胶，将各种改革工作紧紧黏合在一起，使人力资源转型能有所成效，并能够一直延续下去。

3. 加强科学、系统、细致的培训需求分析

培训需求要考量三个最重要的因素：企业的战略目标、参加培训人员的兴趣与关注点以及企业运营管理中存在的"短板"。将企业的中长期发展规划细化到各个工作岗位，明确各部门、各岗位的要求，再建立员工的信息系统，了解员工的感兴趣的培训方向，再考察企业运营管理中最缺乏的部分，将三者相结合对员工进行培训，就会发现培训的是企业和员工都十分缺乏和可望提高的。

中亿丰建设集团十分重视对培训需求的科学分析，这样可以增强培训的针对性，综合考虑企业和员工的需求，学员参与培训的紧迫感和积极性也大幅度提高，最终确保培训效果得到改善的目标达成。

4. 严格奖惩制度，保证培训质量

一个企业的奖惩机制是企业文化的重要组成部分，是对员工在职行为的塑造。在整个培训过程中，中亿丰建设集团从培训纪律、考核验收、执行奖惩、效能监察等几个环节严格培训奖惩制度，注意奖惩的及时性，即对学员在培训中发生的行为应给予及时准确的反馈，关键是要自始至终贯穿整个培训过程，坚决杜绝时紧时松的现象发生。

奖惩的办法多种多样，除了加薪、培训补贴、报销学费等物质激励外，晋升、委以重任、提供继续深造机会、表扬、批评、调整职位等都是不可或缺的方法。对于不同的员工和不同的情况也采取了不同的激励方式。例如一个刚参加工作的大学生，他所关心的是培训所授予的知识和技能是否能在实际工作中得以运用，那么对他而言，鼓励和委以重任就是最好的激励方式；而对于一个工作十几年的老员工来说，他可能更关心工作待遇和生活保障，那么适用他的激励方式应该是加薪和晋升更为妥当。

单一的奖惩方式只能使少数人受到激励或惩戒，只有多种奖惩方式综合地、有针对性地运用才能使员工在培训中培养的正确行为获得最大限度的强化。针对不同的员工，奖惩的强度应当有所不同。但这种差异应该有一个"度"，不能厚此薄彼，更要避免那种"对人不对事"或者"事事平均化"的不良倾向。

5. 采取各种形式，搞好培训课程

培训要想获得好的效果，培训方式的选择至关重要。企业培训的对象主要是成年人，因此培训的方式不应采用简单的"你教我学"，而是应结合企业自身特性、资源优势、员工特点以及培训内容，对不同的对象和课程，分层积分课题，采取不同形式的培训方式。例如，对于新进员工培训，公司将培养企业归属感和忠诚度放在首要地位；对基层员工，公司采用岗位练兵、导师带徒、技术比武等方式，设计针对性强的课程，各个击破；对中层员工，公司注重采用"咨询式培训"方式，着重于通过各种方式的讨论，发现问题，解决疑问，并进行必要的课后辅导；对高层人员，公司积极采用"案例教学法"，引导他们分析问题，做出负责任的决策等。

6. 重视培训效果评估

按照柯氏四级培训评估模式，有四类培训效果是可以衡量的：

（1）反应评估。评估被培训者的满意程度，包括对讲师和培训科目、设施、方法、内容、自己收获的大小等方面的看法。

（2）学习评估。测量受训人员对原理、技能、态度等培训内容的理解和掌握程度。

（3）行为评估。指在培训结束后的一段时间里，由受训人员的上级、同事、下属或者客户观察他们的行为在培训前后是否发生变化，是否在工作中运用了培训中学到的知识。

（4）成果评估。判断培训是否能给企业的经营成果带来具体而直接的贡献，这一层次的评估上升到了组织的高度。

这四项标准可以从不同的侧面、不同的层次提供培训信息，对培训工作进行检测，发现培训工作中存在的问题。中亿丰建设集团注重将培训效果评估深入化，追踪评估到实际工作中才是真正的学以致用。

7. 根据企业发展，制定培训目标

中亿丰建设集团从企业长远发展目标出发，本着提高企业员工整体素质的理念，制定企业短期、中期、长期培训目标，既要兼顾全面，又要突出重点，使整个企业逐渐向学习型组织推进，适应经济社会的全球化趋势，迎接知识经济时代的挑战。包括制定了培训的长期目标：建立和现代企业制度相适应的现代企业培训体系；中期目标：针对岗位的不同，逐步构建"一横"（指员工根据岗位要求不同而掌握不同的培训内容）、"一竖"（指从新进员工到集团高层等不同员工层面）的员工岗位培训体系；短期目标：实现不同岗位员工职责培训，包括上岗培训、转岗培训、晋升培训等。培训内容涵盖技能（外语、计算机）、知识（本岗位所需要的理论知识、前瞻性知识）、素质（忠诚度、敬业心、综合协调能力），还有专门针对中高层管理者的管理能力培训。

随着科学技术的发展和社会的进步，"事"对人的要求越来越高、越来越新，各种职位对工作人员的智力因素和非智力因素的要求都在迅速提高。"如何激发员工活力，如何开发员工潜能"已经成为全球企业特别是我国民营企业所要面对的问题，而要解决这一问题只能通过必要有效的培训手段，更新员工观念、知识和能力。中亿丰建设集团注重从企业的长远规划着眼，做好人力资源培训工作，解决好人才开发和储备的问题。

3.2.5.3 培训特色

1. 坚持把员工培训与企业长远规划相结合，夯实企业持续发展的人力资源基础

中亿丰建设集团历来十分重视员工教育培训工作，1984 年即成立了公司教育中心，30 年来不管企业体制如何变化，教育中心的部门一直保留至今，并且赋予了更多的职能。特别是从 2003 年改制以来，公司领导始终把员工教育培训工作当作企业改革发展的重要任务列入企业年度工作计划和长远发展规划。尤其近 5 年来，公司在每年度的行政工作报告中均明确强调了要"加强人才培养与开发，加强企业内训"，要始终"把建团队作为企业内训的核心目标，打造优秀管理团队和建设高素质员工队伍"，"要着力营造全员培训、自我学习的氛围，推动学习型组织的建设"。

在这一思想精神的指引下，在开展广泛调研的基础上，公司确定了开展员工教育培训的思路，建立科学的培训体系，对培训需求的确定、培训课程的设计、培训计划的编制与落实、培训过程的实施以及培训绩效的反馈与评估等做出系统的规划和落实，同时在外聘各类培训机构和专家的基础上建立了一支由近一百名本单位各岗位优秀人才组成的企业内部讲师队伍，使培训课程更加贴近企业的实际管理与员工的个人需要。

中亿丰建设集团始终将"建团队"作为企业培训工作的核心目标，打造好三支队伍：管理队伍、员工队伍和内部讲师队伍，推动建设学习型组织。

（1）加大激励措施鼓励管理人员参加各专业类别的岗位持证、执业证书等行业准入资格培训，使之常规化。目前各类主要岗位员工持证上岗率超过 90%。注册一、二级建造师超过 500 名，为企业生产经营工作提供有力保障，促进项目管理水平的提高，同时也为员工更好地发展自己的职业生涯创造了条件。

（2）开展针对化培训，以建设高素质的各级管理团队为目标，通过集中内训，岗位轮训和平时的自我学习，提升执行力、企业文化和职业化素质的水平，打造出一支德才兼备的管理队伍。近几年来，以建筑施工技术管理、企业管理与项目管理基础知识、项目经营、安全与环境、技术质量管理、公司法律

法规、财务管理、人力资源管理等为培训内容的企业自主内部培训，参训人员达到近 5000 人次；参加的各类外部培训达到 400 多人，平均每人每年达到近 30 课时。

（3）将打造和建设内部培训师队伍作为企业培训体系中的重要一环。既有针对性，又能促进这部分员工自主学习的积极性，而且能适当减少培训成本。通过提供外部深造机会、经济重奖、职位晋升等方式，正逐步建立和培养起一支由近一百名本单位各岗位优秀技术管理人才组成的具有良好沟通能力、语言呈现能力、课程设计能力，并能结合企业案例进行授课的内部讲师团。

（4）特别重视对新入职人员的岗前培训。公司始终对应届大学生的入职培训十分关注，除了面授内容以外，还规划座谈会、拓展训练、参观交流等课程，特别推出了师带徒方式，根据各人岗位配置，指定专人"一带一"的对他们进行工作和生活方面的指导，使其能够尽快适应自己的岗位角色，融入工作团队中。

经过不懈的努力，中亿丰建设集团的各项培训工作在硬指标上都实现了"夯实理论基础，强化业务技能、获取岗位证书"的要求，在软指标上达到了"强化管理执行力，提升职业化素质"的目标。据不完全统计，中亿丰建设集团取得职称证书的专业技术人员超过 1500 名，各主要管理岗位员工持证上岗率超过 90%。在中高层管理者中，大专以上学历的人员占近九成，逐步显示出企业目前已拥有一支具有较高文化层次，专业精通、创新意识强的骨干管理者队伍，为企业注入了蓬勃的生机活力和现代的思维理念，大力推进了企业的可持续发展。

2. 坚持把员工培训与企业各项工作相结合，将培训的效果转变成企业发展的成果

公司注意把培训工作与企业相关工作进行有机结合，将教育培训的意义扩展延伸到更深、更广的范围。

（1）与企业技术创新活动相结合，通过培训推动科技攻关和技术革新，科研成果成就显著。仅 5 年间已获得全国新技术应用示范工程 1 项，省级新技术应用示范工程 36 项；获得国家级工法 6 项，省级工法 34 项；获得 5 项发明专利和 19 项实用新型专利；同时被评为全国科技创新和技术进步先进企业。强大的培训教育能力为科技创新的腾飞带来了无与伦比的动力，也推动了企业进一步走向高端市场。

（2）与青年读书计划相结合，订阅了大量的业务知识和新闻时势各方面的杂志、报纸和书籍，通过在基地内部设立图书屋，开展图书漂流借阅、评选年度最佳图书、最佳心得、最佳书友等活动，培养青年热爱学习、自觉学习的行

为习惯，做到"常读书、勤思考、促进步"。

（3）与企业文化的宣传、建设相结合。企业文化的重要性就在于能统一思想、鼓舞士气、凝聚人心。员工培训可以增强企业向心力和凝聚力，塑造优秀的企业文化，反之，企业文化也会影响到员工培训的意识、方式和氛围。通过加强企业内部宣传这种间接的学习教育方式，传播企业文化，认同企业文化，培养敬业精神，弘扬求知向上的学习面貌，形成尊知重技的良好氛围。

（4）与社区共建活动相结合，通过参加各种市、区、共建单位组织的各类形式的交流、学习活动，互帮互学，互助共建，努力在构筑和谐社会中贡献力量，得到了社会的认可。

领导层的重视支持，管理层的严格落实，一个多层次、宽领域、制度全面、方式灵活的企业培训体系已颇具规模。包括每位员工的学习力：学习态度、学习能力和终身学习的理念都逐渐树立并得到了提高。从一般的员工培训发展到整个组织的学习，进而建立起整个组织一起学习的风气，以不断学习和创新来提高效率，永不满足地提高工程和服务的质量，中亿丰建设集团正在对创建"学习型企业"进行有益的尝试和探索工作，为促进员工思想转型，进而推动当前企业的转型升级打下夯实的基础。

3. 坚持内部培训与面向社会培训相结合，为建设行业的人才培养作贡献

凭借多年来企业培训工作的丰富经验、完善的职工培训基地以及在社会各方中树立的良好的声誉形象，2005年8月中亿丰建设集团的自主办学机构——苏州市建设职业培训中心正式成立，进而可以根据企业需要，大规模地培训员工。企业内训的实用性、目的性更明确，员工能尽快学以致用，提高工作技能。自此在传承企业文化、人员培训、企业政策宣讲、企业内部管理、技术沿革等方面有了更完整、更方便的平台和载体。

苏州市建设职业培训中心系中国建设教育协会会员、江苏省建设教育协会常务理事单位，企业在坚持做好中亿丰集团内训的同时，主动积极面向社会为建设建筑类相关企事业单位培训中高级管理人员和技术操作工人，主要培训涵盖三个层次：

（1）国家注册监理工程师、国家注册一级建造师、二级建造师等注册类资格人员的继续教育和培训以及建设工程类专业技术人员继续教育。

（2）建筑施工企业造价员、施工员、质检员、安全员、资料员、机械员等管理人员岗位培训。

（3）建筑施工企业瓦工、木工、钢筋工等一般工种和电工、架子工、塔式起重机、施工升降机、物料提升机等建筑大型设备安拆工和司机等特种作业人员技能培训和鉴定。

3.2.5.4 培训中心对外培训的主要做法

1. 采取自办、联办、送教上门的三种途径做活培训市场

以企业紧缺和需要的员工作为培训对象。2008 年初，培训中心对部分建筑施工企业进行了调研，了解到钢筋翻样工和木工翻样工比较紧缺，特别在岗的钢筋翻样工中大部分翻样不清，摘料不准，经济意识不强，给企业造成一定损失。为此培训中心及时地举办了钢筋翻样工业务培训班。2006 年培训中心针对市政施工中经常发生桩机、挖掘机碰坏煤气、自来水管等事故，应企业需要，在苏州市住建局的安排下，自编教材，及时地举办了桩机、挖机驾驶员培训班，以提高他们的操作技能和职业道德水准。

建筑企业操作工技能培训受工学矛盾和培训经费的制约，成为一大难点。培训中心抓住政府为民办实事，组织外来务工人员免费参加职业技能这个契机，积极参加"苏州市区开展跨省及本省进城务工农村劳动者培训定点机构"的竞标，并一举中标。并且这几年来培训中心在与县市、区以及企业合作过程中，都能坚持按照学员就近入学的原则，做到一切以方便学员为主，因地制宜，并根据教学条件，切实制定教学计划。

2. 抓好师资建设、制度建设和基地建设

培训中心成立时间短，无论硬件还是软件建设都处于起步阶段，但是能抓住机遇，不失时机，加速了师资队伍、管理制度和教学基地建设，保证了培训工作的顺利开展。

多年来，培训中心通过各方引荐和考察，建立了一支既有北方名校名师，又有苏州科技大学教授，还有以中亿丰建设集团专家为主的本系统大型企事业单位经济、技术方面的高级管理人才共同组成的师资队伍，结构合理、专业知识深厚或现场经验丰富，能满足不同层次的培训授课和技能鉴定。

依靠制度，管理教学，这是培训中心从初创走向成熟的一个过程。为加快建立和不断完善各项管理制度，培训中心先后制定了《教学研究制度》、《考试（考核）制度》、《教学质量评估制度》、《培训考勤制度》、《培训档案管理制度》等，利用各种形式全面跟踪教学效果。

大手笔，高投入，加大加快基地建设，确保有一个良好的教学环境和良好的教学条件，充分满足行业培训的需求，是培训中心多年多来始终如一的态度。目前，培训中心校园总面积达到 $3500m^2$，拥有二个报告厅、十间普通教室和一个阶梯教室，可同时容纳 1000 余人参加培训。

3. 质量第一、服务第一，赢得社会支持

教育培训为企业和行业服务，关键是要为他们提供优质的培训产品，为此，培训中心常常深入企业进行可行性调查研究，广泛听取意见。如：先后进行过

劳务班组长情况、市政项目管理现状、施工现场操作工人技能培训状况等调查，撰写 20 余项调研报告和教学方案，为策划培训理清了思路，为课堂教学增补了内容。多年来，中心在调查研究基础上，自编、改编了 11 种实用的培训教材以满足培训需要。

培训中心于 2005 年成立以来，坚持守法办学，注重质量，服务社会，关爱学员，获得了社会的广泛认可。连续多年荣获苏州市住建局"苏州市建设系统职工教育先进单位"；2009 年被江苏省建设厅授予"江苏省建设系统教育培训工作先进集体"；被社会信用体系办公室授予"苏州市 2007—2009 年度职业培训机构办学能力和诚信等级 A 级单位"；被中国建设教育协会评为"优秀会员单位"。

"亿万斯年、时和岁丰"，中亿丰建设集团深谙企业永续经营之道，致力于打造发展丰实、和谐稳健的百年企业；于亿万年，建造永恒的城市文明；为中国梦，构筑和合的千秋基业；立志高远，成就卓越，与时俱进，共创辉煌！

3.2.6 苏州金螳螂建筑装饰股份有限公司继续教育与职业培训案例

3.2.6.1 公司简介

金螳螂建筑装饰股份有限公司成立于 1993 年 1 月，是以室内装饰为主体，集幕墙、家具、景观、艺术品、机电设备安装、智能、展览等为一体的专业化装饰集团。金螳螂连续蝉联中国建筑装饰百强企业第一名，并成为中国装饰行业首家上市公司。公司连续入围"中国民营企业 500 强"、"中国服务业 500 强"、"中国最具竞争力建筑企业 100 强"、"ENR 中国承包商 60 强"、"中小板上市公司 50 强"、"中小板上市公司 10 佳管理团队"。

目前公司市值已在苏州地区所有上市公司中排名第一。2011 年公司共上缴国家各类税收 5 亿多元，被省政府授予"民营企业纳税大户"和"就业先进单位"。

公司拥有 10 多万 m^2 厂房的木制品加工、幕墙、石材生产基地，通过工业化生产、装配化施工保证了工程的质量、环保、工期等，为此公司装修的 2008 年奥运会主会场（鸟巢）、国家大剧院、国家博物馆、人民大会堂常委厅、江苏厅、无锡灵山胜境梵宫等重点工程，以及洲际、万豪、希尔顿、凯悦、香格里拉、凯宾斯基等国际知名酒店管理集团的项目都获得了业主的认可和好评。

3.2.6.2 教育发展建设的准备工作

（1）优化企业组织体系。公司致力于打造与企业发展相吻合、与社会经济发展需求相适应的组织管理体系，形成了条线纵横、模块清晰的公司新型组织架构，并根据实际情况变化不断进行调整，使企业的组织架构具备较强的反应力。

（2）优化信息沟通机制。公司着力打造具有金螳螂特点的信息流转机制，将信息传达的信息链尽量缩短，剪掉信息传输中的细枝末节，大大减少了信息失真的可能，形成了较为科学的 PDCA 循环反馈机制，由此促进了企业高层、中层、基层之间的互动、沟通、协作。

（3）优化培训体系。科学安排内外训课程并建立有效的网络学习 E-LEARNING 平台，在充分调动员工培训积极性的同时，极大地丰富了员工培训形式，提升了培训效果。

（4）优化员工职业生涯设计。通过为员工量身定做个人发展方案，为员工的未来发展指明了方向。根据员工职业生涯设计下的能力发展需求，制定了员工职业培训计划，在满足员工技能发展要求的同时，不断打造员工的执行力、创新力以及对公司文化的认同感，为公司教育发展的建设奠定了坚实的基础。

3.2.6.3 推进企业教育的举措及成效

1. 不断优化教育培训体系

（1）专门建立商学院，负责年度培训计划的制定、年度培训费用的控制和培训的实施与管理。年度培训计划的制定：商学院在每年底以各子公司、各部门为单位，及时组织培训需求调查，并根据各岗位任职能力的需求，做出具体的培训计划。年度培训费用的控制：商学院在收集培训需求的同时，还要及时收集各部门下年度培训的费用预算，而后提交相关负责人审批，制定费用控制的总体方案。培训的实施与管理：根据注重实效的原则，以讲师团队为主导，不断开发新型培训课程。在此过程中，商学院对需培训人员进行层级分解，对不同人员采用不同的方法去教授，以求达成最佳的培训效果。对于高层管理人员，通过专门培训机构来提升其战略管理能力、决策能力、创新能力和领导能力等；对于专业技术人员，通过专业培训机构来提升其在其领域内的技能的深度和广度；对于基层工作者，通过各项能力、经验的培训和示范来提升其各方面的基本素质。

（2）建立多种职业发展通道，丰富员工的职业发展。公司根据实际情况，对员工实行岗位轮换，使员工在多个模块的磨炼下成为多面手；对于某些岗位设立副职，给予员工总揽全局的锻炼机会，为企业培养后备的领导干部；积极完善人才发展计划，有意识加强人员梯队建设，逐步形成以学历、年龄、工作经验、专业技能为依托的人才梯队，以适应公司不断变化经营需求。

（3）建立员工晋升流程。拟晋升员工所在部门根据实际情况提出晋升事项，经与上级、员工个人双向沟通，安排召开晋升座谈会，由上级领导及相关部门负责人参加，这样，不仅能够对该员工做出客观的工作评估，同时也体现了公司对员工的期望和重视。经过公司的肯定，员工无论从职位还是审批权限上都更上了一个新的台阶，这对员工工作积极性的激发是一个有力的助推器。

2.引入人本理念，注重人才发展

在人才培育方面，公司注重人本身的发展，坚信只有当个人得到了一个很好的发展，企业才能够在整体上提升竞争力。因此公司建立了传帮带考核机制，员工入职后为其安排师傅并在员工工作中进行指导，实时纠偏，通过传帮带让高技能的人才帮助新手，让新入职的员工有个正确的成长路径。工作技能的提升，使员工更加适应自己的岗位需求，更好地去发挥自己的聪明才智。通过一系列的学习，员工知道了怎么想、怎么学、怎么做，真正实现了懂、通、动。在随后的每年举办的新苗竞赛中，能够获得一等奖的员工，不仅个人光荣，他的师傅还会获得"最佳导师"的称号，这无疑对员工本人也是一个巨大的鼓舞。随后，他们还会被要求去参与编写员工新人培训材料，形成手册，将工作内容流程化，再进行大范围推广，这无疑也增强了员工的荣誉感和自我实现的心理。

伴随传帮带而来的就是公司建立了一系列的配套考核机制，来检验员工是否真的学会了、弄懂了以及对工作的未来改善预期是多少。公司一改往日目标不明确、量化不到位的现状，通过精确的岗位胜任力分析，秉承公正、公开、透明的原则，对员工进行传帮带后能力的考核，主要包含经济指标和专业能力指标的考核，对考核结果进行分析，对员工未来的工作思路进行指导。而且，公司采用了物质奖励与精神奖励并重的奖励措施，对于考核结果非常理想的员工，进行及时的奖励，有的授予荣誉称号，在公司内树立工作、学习榜样；另外，对于确实技术水平高超、有突出贡献的员工给予高技能人才岗位津贴，而且，获得这些奖励的员工还能够在当年参加公司优秀员工的评选，并在公司年会走上主席台接受表彰，接受众人目光的洗礼。

3.着力建设学习型组织，打造高技能人才培育新格局

为了打造高技能人才培育的平台，公司着力从建设新型的学习型组织入手，强调终身学习，并由部门负责人带队，在各自部门内部不断掀起学习的热潮。这是一种学习氛围的营造，因为它明确了一切学习"从我做起"，以便终身学习、不断超越自我。在制度体系上不断强调"五力五意识"思想体系的作用，培养大家的创新能力和把握趋势的能力。另外，根据行业特点，公司还用心把握技能型人才的培养，有针对性地开设了一系列操作竞赛，让技能人员在比赛中得到锻炼。在施工方面，公司多次开展明日之星技能大比拼，涌现出了一大批高技能人才。

4.加大资金和精力的投入，全力支持人才的培育和发展

公司近三年来在人才培育方面投入了大量的资金，随之而来的就是人才的成长、能力的提升，公司业绩也因此得到了大幅度的增长。公司制定的人才培育目标是：培育一批高技能人才为企业和社会服务；打造一支高水平的专业师资

队伍；不断打造出令人鼓舞的创新项目。

3.2.6.4 推进互联网教育的举措及成效

公司着力打造员工学习的网络平台，为员工提供随时随地的学习机会。

1. 开设"云学堂"，建设 E-learning 平台

学习平台可以为员工提供多种多样的学习课程：

（1）与本岗位相关的学习课程。员工可以有针对性地提升自身的岗位技能和专业知识，加深自身对工作的认识。

（2）与行业相关的其他领域的知识。员工通过广泛的涉猎，可以提升自己的思维宽度，优化自身的工作思路。

（3）关于企业发展的知识。员工可以通过这类知识，了解金螳螂在发展过程中的不易，在对公司加深了解的同时，更加融入公司的企业文化。

2. 建立网络学分制度

在网络教育建设中，公司还建立了网络学分制度，即对员工有学习任务上的要求。实际上，这种要求不是一种禁锢，而是一种鞭策，它符合公司一直提倡的终身学习理念，与建设学习型组织并最终实现人才培养目标是完全吻合的。

3.2.6.5 在校企合作中发挥企业主体作用

1. 强化人本理念，在校企合作中培养储备人才，为未来发展奠定基础

从 2006 年起，公司就正式启动了青苗计划，时至今日，已与全国 20 所高校建立了人才培养的战略联盟。2008 年，公司与苏州大学合作成立了苏大金螳螂建筑与城市环境学院，并面向全国招生。为了表示重视，公司各条线主要负责人均被聘为专业导师，对学生进行悉心教导，使学生们更早接触到社会实践工作，缩短了从学校步入社会的时间，更好地实现了社会适应性。

公司还秉承以人为本的观念，以储备人才为根本，发展人才为目标，整合各方资源，着力完善校企合作管理平台，针对性开展高素质、高技能行业专业人才培养，进一步提升人才匹配度，推动人才发展战略。通过校企合作，公司获得了不小的成果：

2014 年，公司与同济大学 BIM 俱乐部开展深度交流活动，并组织同济学子在公司精品工程（上海中心、迪士尼项目）参与现场学习及调研。公司与苏州科技学院合作共建金螳螂·苏州科技学院工程管理实践教育中心，开展工程管理专业生产实践教学活动，并从中招聘引进该校 2014 届工程管理专业优秀毕业生 17 人。在设计类人才培养方面，公司参与中国建筑装饰协会—卓越人才计划暨 2014"四校四导师"（清华大学美术学院、中央美术学院、天津美术学院、苏州大学金螳螂建筑与城市环境学院）活动，并在此活动中引进优秀毕业生 2 名。在行业教育推动方面，参与并承办由住房和城乡建设部、中国建设教育协会召

开的中职学校顶岗实习标准编制和校企合作促进会，并代表建筑装饰行业企业代表参与标准编写。同时，公司积极配合普通高等学校毕业生就业工作的开展，并于2014年初获批高校毕业生就业见习国家级示范单位。

2. 打造科学的合作体系，积极落实人才引进及培养工作

公司将校企合作做成一个体系，推出各项计划并实施。

（1）推进"卓越计划"、"工程管理人才培养计划"、"商务营销人才培养计划"。

（2）开展校企合作方案修订工作，制定《金螳螂校企合作管理规范》，从校企合作体系上打通公司与学校联合培养壁垒。

（3）传播公司企业雇主品牌对外形象，通过校、企互动，提升公司在高校中的影响力。

3. 抓住校企合作主线，大力提升人才培养的效果

打造理论教学和实践教学两条主线，积极推进校企合作的进程。

（1）加强学校优势专业应用性建设，从组织教学到实地调研，制定各类"专业课程体系设置方案"，推进具有金螳螂特色的专业系列教材的编写工作。

（2）推进实践教学，组织校、内外实训基地进行实践、实习，并设立实践、实习检查小组，跟踪监控实习情况。实施各专业、各岗位见习项目，组织学生到公司、项目进行见习，联合省级、市级各主管单位开展高校毕业生就业见习进基地。

4. 把握校企合作的关键支点，有针对性地巩固人才培养的匹配度

以雇主品牌建设、特色专业建设、协同发展三个支点为支撑，大力推进人才培养。

（1）加强公司雇主品牌建设，开展企业文化培训，组织参观、交流学习等各类活动，推动雇主品牌传播。

（2）加强金螳螂特色专业内涵建设，强化专业分类研究与建设，将理论与实践相结合，及时跟踪反馈，开展中期考核及研究讨论工作。

（3）促进学校和公司人才培养的协同发展，以各类院校优势专业、特色实践教育中心、科研建设为抓手，开展校企深度合作，共同制定人才培养方案、联合申报科研成果、工程实践能力合格认证体系等，强化学生实践能力与职业素养，提升校企合作含金量。

5. 强化各项保障机制，为人才培养打造良好的环境氛围

推动体制与机制、标准与规范、经费与条件、文化与环境等四项保障机制建设，营造人才培养环境。

（1）推进体制机制建设，制订校企师资管理、激励与退出机制，推进教师评聘，为专业人才培养改革工作提供支持。

（2）加强校企成果标准建设，针对专业、课程、实践等方面，分步骤完成培养目标、管理制度、监控程序、评价体系等系列规范。

（3）加强人才培养条件建设，实行按需培养，在不影响培养效果的前提下，可根据校、企双方实际情况，推出网上学习，开发移动终端应用，简化培训培养办事流程，提高工作效率。

（4）营造良好的文化环境，开展"送教进校系列讲座"，有针对性地解决因学生进入社会的角色转变带来的职业发展问题，引导学生树立正确的就业观，营造良好的雇主品牌，提升校内师生对公司的认可度，增加归属感。

校企合作的成果不仅是企业的，更是社会的，企业发挥主体作用去育人，社会也将获得一大批优秀人才，这些成果都将成为未来推动社会进步的财富。

4.1 2011 年相关政策标准和指导性文件

4.1.1 住房和城乡建设部中等职业教育专业指导委员会工作规则

2011 年 3 月 2 日，住房和城乡建设部在下发的《关于印发中等职业教育专业指导委员会工作规则和第五届中等职业教育专业指导委员会组成人员名单的通知》（建人 [2011]28 号），正式印发了《住房和城乡建设部中等职业教育专业指导委员会工作规则》，全文如下：

第一章 总则

第一条 住房和城乡建设部中等职业教育专业指导委员会（以下简称指导委员会）是在住房和城乡建设部领导下，指导住房城乡建设类中等职业教育（包括普通中专、成人中专、职业高中、技工学校等）的专业建设和人才培养的专家机构。住房和城乡建设部人事司具体负责指导委员会的日常管理和工作协调。

第二条 指导委员会的主要任务是：

一、全面贯彻党的教育方针，贯彻落实职业教育的各项方针政策。体现职业教育要面向人人、面向社会，着力培养学生的职业道德、职业技能和就业创业能力的总要求，研究住房城乡建设类中等职业教育的专业发展方向、专业设置和教育教学改革，向住房和城乡建设部提出建议和意见。

二、服务住房城乡建设事业发展大局，围绕职业岗位范围、知识结构、能力结构、业务规格和素质要求，组织制定并及时修订专业培养目标、专业教育标准、专业培养方案、技能培养方案，组织编制有关课程和教学环节的教学大纲，报住房和城乡建设部审批。

三、推动住房城乡建设类中等职业学校教材建设，研究制订教材建设规划，组织教材编写和评选工作，开展教材的评价和评优工作。

四、研究制订专业教育评估标准、专业教育评估程序与办法，协调、配合专业教育评估工作的开展。

五、组织开展教学研究活动，优化课程结构，更新教学内容和教学方法，促进教学经验交流，指导师资培养工作和实验实习设施设备及图书资料建设工作。

六、组织开展校企合作的研究和交流，开展行业人才就业需求调研和产、学、研相结合以及政府、企业、学校相结合的调研，围绕人才培养工作，积极探索，推动中等职业学校全面建设，服务行业发展。

七、组织推动中等职业学校定向招收在岗农民工的研究、试点工作，参与企业农民工业余学校创建及农民工培训的研究与实践。

八、承担住房和城乡建设部委托、交办的其他有关职业教育方面的工作。

第二章 组织机构

第三条 指导委员会按专业或相近专业设立建筑施工与建筑装饰、市政工程施工与给水排水、城镇建设与园林、供热通风空调与燃气、建筑与房地产经济管理、建筑机电与楼宇智能化6个分专业指导委员会（以下简称分委员会）。根据需要分委员会下设若干专业小组。

第四条 指导委员会由住房和城乡建设部委托有关职业学校负责主持工作。各分委员会设主任委员1人，副主任委员1～3人，委员若干人；专业小组设组长1人，副组长1～2人。分委员会主任委员所在学校为该分委员会主持学校。各分委员会设秘书1人，由主持学校在本校该专业教师中推荐或由委员兼任。根据工作需要，分委员会及其小组，可邀请其他部门专家参加工作。

第五条 住房和城乡建设部在广泛征求意见的基础上，在有关中等职业学校和同行专家推荐下聘任指导委员会委员。指导委员会委员每届任期为四年，可连聘连任。

第六条 指导委员会委员应具备的条件是：热爱职业教育，工作认真负责，有较高的学术造诣，多年从事职业教育工作，一般具有高级讲师或高级技术职称，年龄在55周岁以下，并能积极参加指导委员会工作的教师或工程技术、管理人员。

第七条 各分委员会原则上每年召开一次全体委员会议。如有必要，可适当扩大参加会议的人员范围。各分委员会的工作计划在主任委员的主持下，经全体委员讨论制定，由主任委员与副主任委员分工负责组织实施。各分委员会的年度工作计划应在上一年十二月上旬前报住房和城乡建设部人事司审批后执行。

第三章 工作制度

第八条 各分委员会制订的专业培养目标、毕业生基本要求与业务规格以及专业培养方案、教学基本要求、有关课程和教学环节的教学大纲等文件，应在广泛调查研究的基础上，经全体委员会议讨论通过后，报住房和城乡建设部审批颁布。

第九条 各分委员会对教育教学改革、专业建设和教学工作的建议和意见，经住房和城乡建设部人事司同意后，可以指导委员会的名义向有关部门和学校提出。

第十条　各分委员会组织制订的教材建设规划和编审计划，经住房和城乡建设部人事司批准后实施。指导委员会负责教材编写的组织和教材的评审工作，并负责填写评审通过教材的《教材审批书》，向住房和城乡建设部人事司推荐出版。

第十一条　各分委员会应加强对本专业的教学研究，通过多种方式积极组织开展职业教育理论研讨和学术交流，促进专业建设和教育教学改革与发展。

第十二条　各分委员会要建立与专业设置学校的联系制度。

第十三条　指导委员会委员要积极参加委员会活动，并承担有关工作，连续三次不参加委员会全体会议，或不履行委员职责的，取消其委员资格。

第四章　运行保障

第十四条　指导委员会日常经费支出和分委员会活动经费由委员所在单位承担。指导委员会在有关规定允许的范围内，可积极争取和接受企事业单位、社会团体及个人提供的经费赞助。

第十五条　委员所在单位应积极支持指导委员会和委员的工作，协助提供必要的工作条件和经费保障。

第十六条　指导委员会委员和秘书从事指导委员会工作由所在单位按实际工作计入教学科研工作量。

4.1.2　关于充分发挥行业指导作用推进职业教育改革发展的意见

2011年6月30日，教育部下发了《关于充分发挥行业指导作用推进职业教育改革发展的意见》（教职成[2011]6号），全文如下：

各省、自治区、直辖市教育厅（教委），各计划单列市教育局，新疆生产建设兵团教育局，全国中等职业教育教学改革创新指导委员会，各行业职业教育教学指导委员会，有关部门（单位）：

为贯彻落实全国教育工作会议精神和《国家中长期教育改革和发展规划纲要（2010－2020年）》，加快建立健全政府主导、行业指导、企业参与的办学机制，推动职业教育适应经济发展方式转变和产业结构调整要求，培养大批现代化建设需要的高素质劳动者和技能型人才，现就充分发挥行业指导作用，推进职业教育改革发展提出如下意见：

一、进一步提高对职业教育行业指导重要性的认识

1.行业是建设我国现代职业教育体系的重要力量。长期以来，各行业主管

部门、行业组织积极参与举办职业教育，认真指导职业学校办学，为我国职业教育的改革发展作出了重要贡献。行业是连接教育与产业的桥梁和纽带，在促进产教结合，密切教育与产业的联系，确保职业教育发展规划、教育内容、培养规格、人才供给适应产业发展实际需求等方面，发挥着不可替代的作用。构建适应经济社会发展方式转变和产业结构调整要求、体现终身教育理念、中等和高等职业教育协调发展的现代职业教育体系，离不开行业的指导。

2. 强化行业指导是职业教育提升服务能力的重要保证。"十二五"时期，以科学发展为主题，以加快转变经济发展方式为主线，促进经济长期平稳较快发展与社会和谐稳定，迫切需要职业教育培养大批高素质劳动者和技能型人才。当前，职业教育办学机制还不够健全，与行业企业的联系还不够紧密。加强行业指导，是推进职业教育办学机制改革的关键环节，是遵循职业教育办学规律，整合教育资源，改进教学方式，突出办学特色，提高服务经济发展方式转变能力的必然要求。全面落实教育规划纲要，职业教育要围绕国家战略需求，充分依靠行业，加强产学研合作，密切校企合作、工学结合，共同推进改革创新，促进职业教育的规模、专业设置和人才培养更加适应国家战略任务的新要求，为实现全面建设小康社会奋斗目标提供有力的人力资源支撑。

二、依靠行业，充分发挥行业对职业教育的指导作用

3. 大力支持行业主管部门和行业组织履行实施职业教育的职责。要支持行业根据发展需要举办职业教育，并对本系统、本行业的职业教育发挥组织、协调和业务指导作用；明确举办职业学校的办学定位，完善管理模式，促进学历教育与培训有机衔接；整合行业内职业教育资源，引导和鼓励本行业企业开展校企合作；发挥资源、技术、信息等优势，参与校企合作项目的评估、职业技能鉴定及相关管理工作；收集、发布国内外行业发展信息，开展新技术和新产品鉴定与推广，引导职业教育贴近行业、企业实际需要；提出制定行业职业教育规划咨询建议，参与国家对职业学校的教育教学评估和相关管理等工作。

4. 鼓励行业企业全面参与教育教学各个环节。要以行业、企业的实际需求为基本依据，遵照技能型人才成长规律组织教育教学。要依靠行业相关专业优势，充分发挥行业在人才供需、职业教育发展规划、专业布局、课程体系、评价标准、教材建设、实习实训、师资队伍、企业参与、集团办学等方面的指导作用，促进行业在职业学校专业建设和教学实践中发挥更大作用，不断提高职业教育人才培养的针对性和适应性。

5. 充分发挥行业职业教育教学指导委员会（以下简称行指委）的作用。行指委是行业主管部门、行业组织牵头组建的职业教育专家组织，是促进职业教育与产业结合的重要力量。发挥行指委的作用是新阶段保障职业教育科学发展

的一项重要机制。各行指委要按照工作职能和要求，建立健全工作制度，明确工作计划、目标和任务，积极为各级教育行政部门提供咨询和建议，帮助和指导职业学校开展教学改革，成为职业教育政策的建议者、信息的传播者、校企合作的推动者、职业学校的服务者和相关活动的组织者。

三、突出重点，在行业的指导下全面推进教育教学改革

6. 推进产教结合与校企一体办学，实现专业与产业、企业、岗位对接。建立健全校企合作新机制，指导推动学校和企业创新校企合作制度，积极开展一体化办学实践。通过整合实训资源，共建产品设计中心、研发中心和工艺技术服务平台，在企业建立教师实践基地等方式，推动职业学校教师到企业实践，企业技术人员到学校教学，促进职业学校紧跟产业发展步伐，促进教育与产业、学校与企业深度合作。

7. 推进构建专业课程新体系，实现专业课程内容与职业标准对接。以提高学生综合职业能力和服务学生终身发展为目标，紧贴经济社会发展需求，结合产业发展实际，对接职业标准，指导专业设置标准和教学指导方案开发，指导学校加强专业建设，规范专业设置管理，更新课程内容，调整课程结构，探索教材创新，实现人才培养与产业，特别是与区域产业的紧密对接。

8. 推进人才培养模式改革，实现教学过程与生产过程对接。依照全面发展、人人成才、多样化人才、终身学习、系统培养等新的人才培养观念，遵循教育规律和人才成长规律，指导职业学校根据职业活动的内容、环境和过程改革人才培养模式，做到学思结合、知行统一、因材施教，着力提高学生的职业道德、职业技能和就业创业能力，促进学生全面发展。推动企业积极接受职业学校学生顶岗实习，探索工学结合、校企合作、顶岗实习的有效途径。紧贴岗位实际生产过程，改革教学方式和方法，倡导启发式、探究式、讨论式、参与式教学，积极开展项目教学、案例教学、场景教学、模拟教学。

9. 推进建立和完善"双证书"制度，实现学历证书与职业资格证书对接。积极组织开展本行业所负责的职业资格认证及行业相关专业的"双证书"实施工作试点。依据产业发展和行业企业岗位职业能力标准所涵盖的知识、技能和职业素养要求，指导相关试点专业的人才培养方案制定、核心课程开发、技能训练和岗位职业能力认证等工作，推动职业学校和职业技能鉴定机构、行业企业的深度合作。推动在省级以上重点学校设立职业技能鉴定点，将相关课程考试考核与职业技能鉴定合并进行，使学生在取得毕业证书的同时，获得相关专业的职业资格证书和行业岗位职业能力证书。

10. 推进构建人才培养立交桥，实现职业教育与终身学习对接。整合职业教育资源，推进行业内中职与高职及职业培训机构集团化办学。指导推进招生和

教学模式改革，改变单一的入学方式和学习形式，学校教育与职业培训并举，全日制与非全日制并重。指导推动中、高职协调发展，探索中、高职课程相贯通，职业技能成果与学习成绩的互认和衔接。指导职工在职接受职业教育工作，推动企业委托职业学校并协同优质社会培训机构、各级各类成人继续教育机构进行职工培训，有计划地提高从业人员的业务素质和职业技能，满足在职职工继续学习、终身发展的需求。

四、完善机制，探索和构建职业教育行业指导工作体系

11. 切实加强行指委能力建设。各行指委要不断加强自身的思想建设、组织建设和业务建设，不断提高工作质量和服务水平。要坚持科学严谨，实事求是的工作态度、工作作风，注重调查研究，发扬勤俭节约，艰苦奋斗的优良传统，建立完善自律性管理约束机制，努力做到指导到位、有力，服务专业、有效，与政府部门和相关单位密切沟通、积极配合。要加强行指委之间的交流与合作。

12. 逐步建立和完善职业教育人才培养质量行业评价制度。要建立社会、行业、企业、教育行政部门和学校等多方参与，以能力水平和贡献大小为依据的职业教育质量评价体系，把行业规范和职业标准作为学校教学质量评价的重要依据，把社会和用人单位的意见作为职业教育质量评价的重要指标。逐步建立以行业企业为主导的职业教育第三方评价机制。职业学校办学条件、教师编制等实施标准，以及专业设置标准、国家级示范校和示范专业点建设等工作都应听取有关行业的意见。

13. 健全职业学校教育教学行业指导制度和工作机制。职业学校要建立有行业企业参加的办学咨询、专业设置评议和教学指导机构。要根据当地产业发展的实际，针对区域产业发展和企业需求，与行业企业共同制定实施性人才培养方案和教学计划，编写校本教材，培养培训师资，组织实施教学，使学校人才培养最大限度地与区域产业发展需求相吻合。

14. 加强职业教育行业指导工作的组织领导。要把发挥行业指导作用，纳入现代职业教育体系建设之中，加强制度建设，建立健全行业指导领导机构和工作机制。要充分发挥职业教育部际联席会的作用。省级教育行政部门要切实发挥区域统筹作用，大力支持行业、企业发展职业教育，为促进区域内中高等职业教育协调发展和资源共享，提供必要的保障条件。在研究制定职业教育重大政策措施的过程中，要主动听取和征求有关行业的意见和建议。要把行业指导情况，作为职业教育督导的重要内容。

15. 转变职能，适应办学体制机制改革的新要求。教育行政部门要根据加强职业教育行业指导的要求，加快转变工作职能、工作方式和工作作风，要在指导思想、工作方法、机构设置等方面与时俱进。要建立行业指导例会制度，经

常性地开展教育行政部门、职业学校与行业、企业的对话交流。要将应当或适宜由行业承担的工作，通过授权、委托等方式交给行业承担，并给予相应的政策和资金等方面的支持。要创造良好的政策环境，推动制定实施引导行业企业和社会参与办学的宏观政策、政府购买企业培训实训资源的政策。要鼓励行业组织、企业举办职业学校，鼓励委托职业学校进行职工培训。鼓励支持行业组织开展相关职业技能竞赛活动。探索建立评估行业指导、参与职业教育督导机制。

4.1.3　住房和城乡建设部关于贯彻《国家中长期人才发展规划纲要（2010-2020 年)》的实施意见

2011 年 7 月 7 日，住房和城乡建设部在下发的《关于印发住房和城乡建设部关于贯彻〈国家中长期人才发展规划纲要(2010－2020 年)〉的实施意见的通知》（建人 [2011]97 号）中，正式印发了住房和城乡建设部关于贯彻《国家中长期人才发展规划纲要（2010－2020 年)》的实施意见，全文如下：

为贯彻落实《国家中长期人才发展规划纲要（2010－2020 年)》精神，进一步推进住房城乡建设人才队伍建设，结合我部工作实际，提出以下实施意见。

一、指导思想和任务目标

未来 10 年，是我国住房城乡建设事业发展的重要战略机遇期。积极稳妥推进城镇化，加快保障性住房建设，规范房地产市场秩序，发挥城乡规划调控作用，加强工程质量安全管理，推进城乡节能减排等任务极为艰巨。人才是加快住房城乡建设事业发展方式转变、促进科学技术进步、实现体制机制创新的重要推动力量。必须增强人才工作责任感、使命感和紧迫感，坚定不移地落实人才强国战略，主动适应住房城乡建设发展需要，科学规划、深化改革、重点突破、整体推进，培养造就高素质的人才队伍。

（一）指导思想

按照《国家中长期人才发展规划纲要（2010－2020 年)》、《2010－2020 年干部教育培训改革纲要》要求，深入贯彻落实科学发展观和人才观，遵循人才成长规律和教育培训规律，围绕住房城乡建设中心工作，以提高人才队伍整体素质为目标，以完善政策制度为主线，以领导干部为重点，高层次人才、高技能人才为依托，统筹推进各类人才队伍建设，着力提高人才工作科学化水平，为住房城乡建设事业的发展提供人才保证和智力支持。

（二）任务目标

今后 10 年，住房和城乡建设人才工作总体目标是：培养造就数量充足、结构优化、布局合理、素质优良的人才队伍，构建科学合理和较为完善的人才培养培训、使用激励、评价管理政策体系和运行机制。"十二五"期间，努力实现以下目标：

——人才优先发展的战略地位得到落实，产业发展方式逐步转向依靠科技进步和劳动者素质提高上来，在住房城乡建设领域形成尊重劳动、尊重知识、尊重人才、尊重创造的良好氛围。

——人才队伍建设法制化水平不断提高，行业人才工作纳入相关法律法规中，做到人才培养和教育培训有法可依。

——人才制度不断创新，形成较为完善的干部教育培训制度、专业人员职业资格制度、操作人员技能培训制度和后备人才培养制度体系。

——各级各类人员培训规模不断扩大，综合素质不断提高。领导干部科学发展能力、部机关公务员履职能力、专业技术人员业务素质、生产操作人员技能水平、高校毕业生培养质量得到有效提升。

——高层次人才、高技能人才的拥有量显著增加，各类人才结构比例得到优化，地域分布趋向合理。

——干部群众对部机关人才工作和教育培训工作的满意度逐步提高。

二、主要任务

（一）领导干部培训

1. 加大住房城乡建设系统领导干部的培训力度。围绕中心工作，以住房保障、住房公积金、城乡规划、节能减排、村镇建设、质量安全、市场监管、依法行政等为重点，组织指导开展住房城乡建设系统各级领导干部法律法规和政策、业务培训，拓宽领导干部知识视野，提高依法行政和开拓创新能力。切实发挥全国市长研修学院、部干部学院干部培训主渠道作用，重点办好市长研究班、市长专题研讨班和住房城乡建设高层次领导干部城乡规划建设管理培训班。充分发挥部属事业单位和部管社团的优势，做好住房城乡建设系统干部教育培训工作。

2. 积极指导支持地方开展干部教育培训工作。加强与各地住房城乡建设行政部门的沟通，协助开展地方政府分管城乡建设的领导和住房城乡建设系统领导干部的培训。认真落实我部与各省区市合作协议中有关人才队伍建设的内容，为地方工作提供人才和智力支持。对中西部省区住房城乡建设行政部门举办的领导干部培训班，在选题确定、课程设计、师资选聘等方面给予必要的支持，每年为新疆、西藏以及我部对口帮扶的青海省尖扎、泽库县免费举办一期领导干部、专业技术人员专题培训班。继续做好博士服务团成员的选派工作。在部机关、直属单位境外培训团组中，增加地方领导干部的选派数量。

3. 改进干部教育培训方式方法。着眼于提高干部素质和能力，建立以需求为导向的课程体系，提高培训的针对性、实效性。指导全国市长研修学院、部干部学院开发专题系列课程、精品课程，打造品牌培训项目。创新干部教育培训的方式方法，改进讲授式教学，综合运用研究式、案例式、体验式、模拟式等多种教学方式，组织好异地考察和境外培训，努力提高培训质量和效果。

4.加强干部培训工作的基础建设。指导全国市长研修学院、部干部学院和有关部属事业单位、部管社团，编写体现行业特点和实际需要、形式多样的干部教育培训教材；培养素质优良、规模适度、结构合理、专兼结合的培训师资和管理干部队伍，将部系统和专业领域中理论功底深厚、实践经验丰富、授课效果较好的领导干部、专家学者纳入培训师资库；发挥干部远程教育培训网络平台的作用，为干部自主选学提供服务。

（二）专业技术人才队伍建设

1.加强专业技术人才队伍建设的政策制度研究。加快推进住房城乡建设领域专业人员执业资格制度立法进程，强化注册执业人员的法律责任。按照国家职业资格管理的有关要求，结合行业实际，合理设置、调整各类职业资格，健全行政许可类执业资格制度框架，研究编制注册执业人员的执业资格标准。组织开展《我国注册结构工程师执业资格制度课题研究》，完善各类注册执业人员专业教育评估、职业实践、资格考试、注册执业、继续教育等环节的制度建设及有机衔接。会同人力资源社会保障部，探索建立现场专业人员职业水平评价制度。在全国工程师制度改革协调小组的指导下，开展住房城乡建设领域工程技术人员职称制度改革研究，探索建立科学合理的工程师分类分级体系，研究提出符合工程实际和鼓励创新的专业技术职务评价标准及评价方式。

2.组织编制专业人员的职业标准。适应发展需要，研究提出住房城乡建设新职业岗位的设置，并有序纳入《国家职业分类大典》。对住房城乡建设通用性强、技术要求高、与质量安全密切相关的职业岗位，分期分批组织编制职业标准，逐步形成部管各行业职业标准体系，为各类企事业单位培养培训、招聘使用、评价考核专业技术管理人员和行业后备人才提供依据和服务。

3.加强注册执业人员的教育培训。组织研究注册执业人员职业实践环节的内容要求及考察评价方式，把执业能力训练落到实处。修订有关类别执业资格考试大纲，强化对解决工程实际问题能力的考察。加强执业资格考试管理，开发完善考试试题库，提高命题质量，使执业资格考试能够真实反映执业人员的能力水平。建立健全各类注册执业人员继续教育管理制度，支持有关部属单位、部管社团开发网上继续教育信息系统。

4.规范实施专业技术人员岗位培训、考核。加强对现场专业管理人员培训工作的指导，推动各地按照职业标准要求，统一规范地开展岗位培训活动，引导企事业单位加大员工培训力度，实行先培训后上岗。落实企事业单位的培训责任，发挥其培训主体作用。着重做好建筑与市政工程施工现场专业人员职业考核评价；组织开展房屋登记审核人员、房地产经纪人员、燃气专业人员等岗位培训和持证上岗工作；继续实施地铁施工监理人员安全教育轮训、住房公积金管理中心关键岗位从业人员业务轮训；研究推进建筑业、房地产业职业经理人业务培训等工作。

（三）技能人才队伍建设

1. 加强政策研究和制度建设。探索行业生产操作人员管理和教育培训工作的长效机制。针对建筑业生产操作人员的特点，研究政府和行业统筹管理使用职工教育经费的办法，坚持集中管理、统筹使用、提高效率、完善措施、加强监督的原则，确保培训资金有效使用。调动政府主管部门、企业和生产操作人员的积极性，建立健全激励和约束机制，完善特种作业人员就业准入和生产操作人员持证上岗制度，提高从业人员职业技能水平和综合素质。

2. 大力开展职业技能培训与鉴定工作。拟成立住房和城乡建设部职业技能鉴定指导中心，鼓励各地整合培训鉴定资源，逐步建立全国统一的培训鉴定体系。指导全国各省、自治区、直辖市开展住房城乡建设类技能培训和鉴定工作，坚持制定职业技能培训与鉴定年度计划，并对完成情况进行年度通报。完善技能人才职业资格证书制度，组织开发行业特有职业工种的职业技能标准、鉴定规范和试题库。认真开展高级工、技师和高级技师的考评鉴定工作，指导各地组织开展岗位练兵、技术比武、职业技能竞赛等活动，促进高技能人才的选拔和培养。

3. 切实抓好住房城乡建设领域农民工培训和权益保护。大力推进建筑工地农民工业余学校创建，发挥其现场管理服务的平台作用。加强部门协调，继续会同农业部、人力资源社会保障部等部门，利用政府财政资金实施农村劳动力转移培训阳光工程、建筑业农民工技能培训示范工程，扩大培训规模，保证培训质量，提高资金使用效果。鼓励企业、职业院校和各类教育培训机构通过校企合作、产教结合等方式开展农民工培训。认真做好村镇工匠的培训工作。提高培训管理信息化水平，积极推行包括教育培训、技能等级、工资发放等在内的生产操作人员实名制信息管理模式。

（四）高中等院校土建类专业后备人才培养

1. 加强对土建类专业教学的指导。根据行业发展和人才培养的现实需要，协调有关部门，科学合理地调整高等学校、职业院校土建类学科专业设置，不断满足行业发展对毕业生专业结构和培养质量的要求，扩大应用型、复合型、技能型人才的培养规模。根据执业资格标准、职业标准的要求，组织编制土建类专业规范，优化课程体系，强化能力培养，引导学校按照专业规范组织教学活动。充分发挥高等学校、高职高专、中职院校土建类专业教学指导委员会等专家机构的作用，加强分类指导，引导不同层次、不同类型的院校深化专业教学改革，提高人才质量，办出特色水平。

2. 改革创新土建类专业人才培养模式。加强学生实践能力的培养，完善有关政策措施，把学生企业实习落到实处。与教育部共同组织实施高等学校土建类专业"卓越工程师教育培养计划"，开展应用型、创新型本科、研究生培养模式改革，创立高校与企业、科研、设计单位联合培养人才的新机制。发挥国家示范性、骨干性职业院校的引领作用，推进职业院校土建类专业教育教学改革，实行校企合作、工学结合、顶岗实习等人才培养模式。积极完善学历证书和职业资格证书"双证书"制度，促进职业院校培养目标与行业职业标准相衔接，不断提高学生的就业能力。

3. 积极推进土建类专业教育评估工作。加强行业用人部门对高校土建类专业教育质量的评价认可，根据建设类注册执业人员职业要求，不断修订完善各专业教育评估标准、程序办法，以评促建、以评促改、评建结合、重在建设，提高学校保持"合格"稳定状态的能力。进一步加强专业教育评估与执业资格考试的联系，制定相关政策和措施，推动更多院校参加专业教育评估。不断完善土建类专业评估信息管理系统，提高信息化水平。

4. 加强土建类专业教育的国际交流合作。学习借鉴国际先进的工程教育、创新教育、职业教育理念和校企合作人才培养模式，推动我国土建类高等教育、职业教育的改革发展，提高土建类专业教育国际化水平和国际影响力。适应我国开拓国际工程承包市场和实施"走出去"战略的需要，支持有条件的高校培养具有国际视野、通晓国际规则、能够参与国际竞争的高素质专业人才。继续扩大与有关国家专业教育评估组织的交流，发挥在建筑学专业评估国际多边互认《堪培拉协议》中的作用，积极参与相关规则、标准的研究制定，提高我国建筑学教育的国际地位。拓展与英美等国在土木工程、工程管理专业评估双边互认协议框架内的合作交流。

（五）部机关公务员队伍建设

1. 加强部机关公务员的教育培训。落实"大规模培训干部、大幅度提高干部素质"的要求，完善机关公务员教育培训管理制度，建立学习培训考核评价制度和培训登记管理制度，将公务员参加学习培训情况和考核结果记入干部信息库，重要培训情况要纳入干部人事档案。不断完善干部培训与培养、考核、使用相结合的机制。根据新形势下对公务员素质能力的新要求，丰富培训内容，创新培训方式方法，增强培训针对性、实效性。加大力度办好部机关处级、科级干部培训班，继续与清华大学、中国人民大学共同举办住房城乡建设领域公共管理硕士（MPA）班。充分发挥部干部教育培训专职机构的作用，选聘优秀师资承担培训授课任务。增加培训经费的投入，保证干部教育培训工作需要。

2. 注重在基层实践中培养锻炼干部。加大选派部机关公务员到基层挂职锻炼工作力度，特别是选派年轻干部到基层艰苦地区、复杂环境、关键岗位培养锻炼。到 2015 年，部机关司局级领导干部中，具有两年以上基层工作经历的要达到三分之二以上；到 2012 年，新招录的公务员，除部分特殊职位外，均应具有二年以上基层工作经历。

3. 加大干部交流轮岗工作力度。落实干部交流轮岗有关规定，加大部机关司局之间、部机关与直属单位之间干部交流力度，多岗位培养锻炼干部，特别是对部机关具有行政许可审批权、资金分配权、行政执纪执法权及内部管理人、财、物等重要岗位、关键岗位干部，要定期进行轮岗。

三、保障措施

（一）落实组织领导。坚持党管人才的原则，完善部党组统一领导，人事司牵头抓总，部机关各司局分工负责，部属事业单位、部管社团协同配合、共同实施的人才工作格局。发挥部科教工作领导小组的作用，加强人才工作的沟通协调，形成统分结合、上下联动、协调高效、整体推进的人才工作运行机制。各单位领导要高度重视人才队伍建设，把这项工作摆上重要议事日程，建立人才工作领导责任制和目标管理责任制，抓好人才规划各项任务的落实。

（二）完善政策措施。结合相关法律法规和规范性文件的制订修订，加强人才工作立法。依法建立健全人才教育培养、使用管理、考核评价等环节的政策措施，形成有利于人才发展的制度环境。完善部机关公务员培训考核和激励机制，将干部参加教育培训的情况作为考核、任职、晋升的重要依据。

（三）改进工作指导。充分尊重地方和基层的首创精神，鼓励基层大胆探索，创新人才工作体制机制，探索解决人才队伍建设和干部教育培训中的重点难点问题。及时总结推广各地成功经验，并转化为相关政策制度。注重分类指导，针对不同地区、不同队伍、不同培训的特点，提出推动队伍建设和教育培训工作的指导意见。加大对优秀人才和人才工作先进典型的宣传力度，组织表彰人才工作先进单位和个人，营造良好的社会氛围。

（四）优化培训资源。加强部专职干部教育培训机构的建设，着眼于提高办学水平，满足干部教育培训新需求，优化整合全国市长研修学院、部干部学院的培训资源，推进办学体制改革，形成住房城乡建设系统特色鲜明、质量较高、功能完备、管理规范、优势互补的培训机构，发挥好干部教育培训主渠道、主阵地的作用。鼓励部属事业单位、部管社团根据自身条件和特点，设立培训机构，提高培训工作规范化、专业化水平。

（五）加大经费投入。部教育培训专项工作经费列入部门预算，切实予以保障。逐步增加部机关公务员教育培训经费，提高经费支出比例。部有关专项经费中应设定培训经费科目，并做到专款专用，保证干部教育培训需要。加强对干部教育培训经费的监督管理，提高经费使用效果。

（六）强化督促检查。及时对各地及部系统人才工作实施情况进行跟踪了解和督促检查，针对存在问题和不足，研究提出改进意见和措施。加强对部干部人事工作和培训办班工作的监督管理，严肃查处违规行为，确保人事人才和教育培训工作扎实推进，取得实效。

（七）加强自身建设。按照讲党性、重品行、作表率的要求，加强人事司干部队伍的建设，创建学习型司局，树立公道正派、清正廉洁的组工干部新形象。定期举办各省住房城乡建设行政主管部门人教处长和部属事业单位、部管社团人事及培训部门负责人专题培训班，提高做好人事人才和教育培训工作的能力，造就一支讲道德、懂业务、善管理的人才管理工作者队伍。

4.1.4　关于推进中等和高等职业教育协调发展的指导意见

2011 年 8 月 30 日，教育部下发了《关于推进中等和高等职业教育协调发展的指导意见》（教职成 [2011]9 号），全文如下：

各省、自治区、直辖市教育厅（教委），新疆生产建设兵团教育局：

为全面落实《国家中长期教育改革和发展规划纲要（2010－2020 年)》关于到 2020 年形成现代职业教育体系和增强职业教育吸引力的要求，以科学发展观为指导，探索系统培养技能型人才制度，增强职业教育服务经济社会发展、促进学生全面发展的能力，现就推进中等和高等职业教育协调发展提出如下指导意见：

一、把握方向，适应国家加快转变经济发展方式和改善民生的迫切要求

1. 转变经济发展方式赋予职业教育新使命。"十二五"时期国家以科学发展为主题，以加快转变经济发展方式为主线，把经济结构战略性调整作为主攻方向，促进经济长期平稳较快发展和社会和谐稳定。要求职业教育加快改革与发展，提升服务能力，承担起时代赋予的历史新使命。

2. 发展现代产业体系赋予职业教育新任务。"十二五"时期，加快发展现代农业，提高制造业核心竞争力，推动服务业大发展，建设现代产业体系，迫切需要加快建设现代职业教育体系，系统培养数以亿计的适应现代产业发展要求的高素质技能型人才，为现代产业体系建设提供强有力的人才支撑。

3. 构建终身教育体系赋予职业教育新内涵。把保障和改善民生作为加快转

变经济发展方式的根本出发点和落脚点，把促进就业放在经济社会发展的优先位置，构建灵活开放的终身教育体系，努力做到学历教育和非学历教育协调发展、职业教育和普通教育相互沟通、职前教育和职后教育有效衔接，为形成学习型社会奠定坚实基础，要求必须把职业教育摆在更加突出的位置，充分发挥职业教育面向人人、服务区域、促进就业、改善民生的功能和独特优势，满足社会成员多样化学习和人的全面发展需要。

4. 建设现代职业教育体系赋予职业教育新要求。当前职业教育仍然是我国教育事业的薄弱环节，中等和高等职业教育在专业、课程与教材体系，教学与考试评价等方面仍然存在脱节、断层或重复现象，职业教育整体吸引力不强，与加强技能型人才系统培养的要求尚有较大差距。教育规划纲要明确将中等和高等职业教育协调发展作为建设现代职业教育体系的重要任务。这是构建现代职业教育体系，增强职业教育支撑产业发展的能力，实现职业教育科学发展的关键所在。为此，迫切需要更新观念、明确定位、突出特色、提高水平，促进中等和高等职业教育协调发展。

二、协调发展，奠定建设现代职业教育体系的基础

5. 以科学定位为立足点，优化职业教育层次结构。构建现代职业教育体系，必须适应经济发展方式转变、产业结构调整和社会发展要求；必须体现终身教育理念，坚持学校教育与各类职业培训并举、全日制与非全日制并重；必须树立系统培养的理念，坚持就业导向，明确人才培养规格、梯次和结构；必须明确中等和高等职业学校定位，在各自层面上办出特色、提高质量，促进学生全面发展。中等职业教育是高中阶段教育的重要组成部分，重点培养技能型人才，发挥基础性作用；高等职业教育是高等教育的重要组成部分，重点培养高端技能型人才，发挥引领作用。完善高端技能型人才通过应用本科教育对口培养的制度，积极探索高端技能型人才专业硕士培养制度。

6. 以对接产业为切入点，强化职业教育办学特色。以经济社会发展需求为依据，坚持以服务为宗旨、以就业为导向，创新体制机制，推进产教结合，实行校企合作、工学结合，促进专业与产业对接、课程内容与职业标准对接、教学过程与生产过程对接、学历证书与职业资格证书对接、职业教育与终身学习对接。遵循经济社会发展规律和人的发展规律，统筹中等和高等职业教育发展重点与节奏，整合资源，优势互补，合作共赢，强化职业教育办学特色，增强服务经济社会发展和人的全面发展的能力。

7. 以内涵建设为着力点，整体提升职业学校办学水平。现阶段中等职业教育要以保证规模、加强建设和提高质量作为工作重点，拓展办学思路，整合办学资源，深化专业与课程改革，加强"双师型"教师队伍建设。高等职业教育

要以提高质量、创新体制和办出特色为重点，优化结构，强化内涵，提升社会服务能力，努力建设中国特色、世界水准的高等职业教育。

三、实施衔接，系统培养高素质技能型人才

8. 适应区域产业需求，明晰人才培养目标。围绕区域发展总体规划和主体功能区定位对不同层次、类型人才的需求，合理确定中等和高等职业学校的人才培养规格，以专业人才培养方案为载体，强化学生职业道德、职业技能、就业创业能力的培养，注重中等和高等职业教育在培养目标、专业内涵、教学条件等方面的延续与衔接，形成适应区域经济结构布局和产业升级需要，优势互补、分工协作的职业教育格局。

9. 紧贴产业转型升级，优化专业结构布局。根据经济社会发展实际需要和不同职业对技能型人才成长的特定要求，研究确定中等和高等职业教育接续专业，修订中等和高等职业教育专业目录，做好专业设置的衔接，逐步编制中等和高等职业教育相衔接的专业教学标准，为技能型人才培养提供教学基本规范。推动各地职业教育专业设置信息发布平台与专业设置预警机制建设，优化专业的布局、类型和层次结构。

10. 深化专业教学改革，创新课程体系和教材。职业学校的专业教学既要满足学生的就业要求，又要为学生职业发展和继续学习打好基础。初中后五年制和主要招收中等职业教育毕业生的高等职业教育专业，要围绕中等和高等职业教育接续专业的人才培养目标，系统设计、统筹规划课程开发和教材建设，明确各自的教学重点，制定课程标准，调整课程结构与内容，完善教学管理与评价，推进专业课程体系和教材的有机衔接。

11. 强化学生素质培养，改进教育教学过程。改革以学校和课堂为中心的传统教学方式，重视实践教学、项目教学和团队学习；开设丰富多彩的课程，提高学生学习的积极性和主动性；研究借鉴优秀企业文化，培育具有职业学校特点的校园文化；强化学生诚实守信、爱岗敬业的职业素质教育，加强学生就业创业能力和创新意识培养，促进职业学校学生人人成才。

12. 改造提升传统教学，加快信息技术应用。推进现代化教学手段和方法改革，加快建设宽带、融合、安全、泛在的下一代信息基础设施，推动信息化与职业教育的深度融合。大力开发数字化专业教学资源，建立学生自主学习管理平台，提升学校管理工作的信息化水平，促进优质教学资源的共享，拓展学生学习空间。

13. 改革招生考试制度，拓宽人才成长途径。根据社会人才需求和技能型人才成长规律，完善职业学校毕业生直接升学和继续学习制度，推广"知识＋技能"的考试考查方式。探索中等和高等职业教育贯通的人才培养模式，研究确定优先发展的区域、学校和专业，规范初中后五年制高等职业教育。研究制定在实践岗位有突出贡献的技能型人才直接进入高等职业学校学习的办法。搭建终身学习"立交桥"，为职业教育毕业生在职继续学习提供条件。

14. 坚持以能力为核心，推进评价模式改革。以能力为核心，以职业资格标准为纽带，促进中等和高等职业教育人才培养质量评价标准和评价主体有效衔接。推行"双证书"制度，积极组织和参与技能竞赛活动，探索中职与高职学生技能水平评价的互通互认；吸收行业、企业、研究机构和其他社会组织共同参与人才培养质量评价，将毕业生就业率、就业质量、创业成效等作为衡量人才培养质量的重要指标，形成相互衔接的多元评价机制。

15. 加强师资队伍建设，注重教师培养培训。构建现代职业教育体系要注重为教师发展提供空间，调动教师的工作积极性。高等职业学校教师的职务（职称）评聘、表彰与奖励继续纳入高等教育系列；推进中等职业学校教师职务（职称）制度改革。完善职业学校教师定期到企业实践制度，在企业建立一批专业教师实践基地，通过参与企业生产实践提高教师专业能力与执教水平。鼓励中等和高等职业学校教师联合开展企业技术应用、新产品开发等服务活动。各地要建立职业学校教师准入制度，新进专业教师应具有一定年限的行业企业实践经历。建立健全技能人才到职业学校从教制度，制定完善企业和社会专业技术人员到校担任兼职教师措施。

16. 推进产教合作对接，强化行业指导作用。支持和鼓励行业主管部门和行业组织开展本行业各级各类技能型人才需求预测，参与中等和高等职业教育专业设置和建设，指导人才培养方案设计，促进课程内容和职业资格标准融通；推动和督促企业与职业学校共建教学与生产合一的开放式实训基地，合作开展兼职教师选聘；组织指导职业学校教师企业实践、学生实习、就业推荐等工作。

17. 发挥职教集团作用，促进校企深度合作。引导和鼓励中等和高等职业学校以专业和产业为纽带，与行业、企业和区域经济建立紧密联系，创新集团化职业教育发展模式。切实发挥职业教育集团的资源整合优化作用，实现资源共享和优势互补，形成教学链、产业链、利益链的融合体。积极发挥职业教育集团的平台作用，建立校企合作双赢机制，以合作办学促发展，以合作育人促就业，实现不同区域、不同层次职业教育协调发展。

四、加强保障，营造中等和高等职业教育协调发展的政策环境

18. 强化政府责任，加强统筹规划管理。省级政府相关部门应加大对区域内职业教育的统筹，支持和督促市（地）、县级政府履行职责，促进职业教育区域协作和优质资源共享。地方各级政府相关部门要遵循职业教育发展规律，把握中等和高等职业教育办学定位，推进职业教育综合改革，完善政策措施，合理

规划职业教育规模、结构和布局，改善办学条件，提高行业企业和社会参与职业教育的积极性，支持行业、企业发展职业教育，促进现代职业教育体系建设。

19.加大投入力度，健全经费保障机制。各地要加快制定和落实中等和高等职业学校学生人均经费基本标准和学生人均财政拨款基本标准。认真落实城市教育费附加安排用于职业教育的比例不低于30%的规定。高等职业学校逐步实现生均预算内拨款标准达到本地区同等类型普通本科院校的生均预算内经费标准。中等职业学校按编制足额拨付经费。对举办有初中后五年制高等职业教育、中等职业教育的高等职业学校，要按照国家有关规定，落实其中等职业教育阶段的资助和免学费政策。进一步提高新增教育经费中用于职业教育的比例，基本形成促进中等和高等职业教育协调发展的经费投入稳定增长机制。充分调动全社会的积极性，健全多渠道筹措职业教育经费的投入机制，完善财政、税收、金融和土地等优惠政策，形成有利于中等和高等职业教育协调发展的政策合力。

20.重视分类指导，促进学校多样化发展。切实加强三年基本学制的中等职业教育教学基本建设，根据中等职业学校设置标准充实办学资源，加强规范管理；增加中等职业学校毕业生进入高等职业学校继续学习的比例，优选招生专业，重视综合素质培养；探索高中阶段教育多样化发展，对未升学的普通高中毕业生实施一年制中等职业教育，强化技能培养。全面提高招收普通高中毕业生的三年制高等职业教育教学质量，加强专业技能训练；规范初中后五年制高等职业教育，依据区域产业发展对技能型人才的需求，参照高等职业教育专业目录，分批确定初中后五年制高等职业教育的招生专业，加强课程整体设计。大力发展各类非全日制职业教育，切实根据生源特点制定培养方案，注重因材施教。依据专业人才培养的特殊需要，中等和高等职业学校可申请适当延长或缩短基本修业年限，毕业证书应对生源、学制、学习渠道、培养地点等给予写实性描述。

21.推进普职渗透，丰富学生发展途径。鼓励有条件的普通高中适当增加职业教育课程，采取多种方式为在校生提供职业教育。中等职业学校要积极创造条件，为普通高中在校生转入学习提供渠道；职业学校要为本科院校学生技能培训提供方便。结合地区实际，鼓励中小学加强劳动技术、通用技术课程教学，中等职业学校要为其提供教师、场地、资源等方面的支持，鼓励普通高中、初级中学开设职业指导课程；对于希望升入职业学校或较早开始职业生涯的初三学生，初级中学可以通过开设职业教育班或与职业学校合作等方式，开展职业教育。当地教育行政部门要做好课程衔接、教师协作、资源共享等方面的组织协调工作。

22.完善制度建设，优化协调发展环境。根据本地实际，制定促进本地区职业教育发展、促进校企合作的地方性法规和政策，进一步明确和落实政府、学校、行业、企业等的法律责任和权利，推行职业资格证书和劳动就业准入制度，为中等和高等职业教育协调发展提供制度保障。健全职业教育督导评估机制，以督查经费投入、办学条件达标和教学质量为主，加强督政、督学，把中等和高等职业教育协调发展纳入政府工作绩效考核。积极开展中等和高等职业教育协调发展的研究，吸收企业等参加教育质量评估，探索建立职业教育第三方质量评价制度。加强宣传，营造良好的社会环境，全面推进中等和高等职业教育协调发展。

4.1.5 关于推进高等职业教育改革创新引领职业教育科学发展的若干意见

2011 年 9 月 29 日，教育部下发了《关于推进高等职业教育改革创新引领职业教育科学发展的若干意见》（教职成 [2011]12 号），全文如下：

各省、自治区、直辖市教育厅（教委），新疆生产建设兵团教育局：

为深入贯彻落实胡锦涛总书记在庆祝清华大学建校 100 周年大会上的重要讲话精神和《国家中长期教育改革和发展规划纲要（2010－2020 年)》，推动体制机制创新，深化校企合作、工学结合，进一步促进高等职业学校办出特色，全面提高高等职业教育质量，提升其服务经济社会发展能力，提出如下意见。

一、服务经济转型，明确高等职业教育发展方向

1. 当前，我国正处于从经济大国向经济强国、人力资源大国向人力资源强国迈进的关键时期。高等职业教育必须准确把握定位和发展方向，自觉承担起服务经济发展方式转变和现代产业体系建设的时代责任，主动适应区域经济社会发展需要，培养数量充足、结构合理的高端技能型专门人才，在促进就业、改善民生方面以及在全面建设小康社会的历史进程中发挥不可替代的作用。

2. 高等职业教育具有高等教育和职业教育双重属性，以培养生产、建设、服务、管理第一线的高端技能型专门人才为主要任务。按照"到 2020 年，形成适应经济发展方式转变和产业结构调整要求、体现终身教育理念、中等和高等职业教育协调发展的现代职业教育体系"要求，必须坚持以服务为宗旨、以就业为导向，走产学研结合发展道路的办学方针，以提高质量为核心，以增强特色为重点，以合作办学、合作育人、合作就业、合作发展为主线，创新体制机制，深化教育教学改革，围绕国家现代产业体系建设，服务中国创造战略规划，加强中高职协调，系统培养技能型人才，努力建设中国特色、世界水准的高等职业教育，在现代职业教育体系建设中发挥引领作用。

二、加强政府统筹，建立教育与行业对接协作机制

3. 各地教育行政部门要积极联合相关部门，将高等职业教育纳入本地经济社会和产业发展规划，统筹区域经济社会发展与高等职业学校布局和发展规模，

统筹中等职业教育和高等职业教育协调发展，统筹应用型、复合型、技能型人才培养结构布局，分类指导，支持特色学校和特色专业做优做强。要解放思想，改革创新，大胆探索，促进地方政府充分发挥政策调控与资源配置作用，引导学校科学定位，全面提升办学质量，大力促进高职毕业生就业，为区域经济社会发展提供人才支撑和智力支持。

4. 发挥地方及行业在高等职业教育专业设置工作中的调控和引导作用，改革专业设置管理办法，完善学校自主设置、地方统筹、行业指导、国家备案、信息公开的专业管理机制。各地要建立专业设置和调整的动态机制，围绕国家产业发展重点，结合区域产业发展需要，合理确定、不断优化专业结构和布局；各地教育行政部门要配合地方和行业主管部门联合建立人才需求预测机制和专业设置预警机制，定期发布人才需求信息，引导高等职业学校调整专业设置。国家将根据产业发展对技能型人才的需求，参照高等职业教育专业目录，分批确定初中后五年制高等职业教育招生专业。高等职业学校可依据专业人才培养的特殊需要，申请在基本修业年限范围外，适当延长或缩短相关专业的修业年限。国家建立高等职业教育专业设置信息平台，对全国专业分布情况进行年度统计并向社会公布。

三、创新体制机制，探索充满活力的多元办学模式

5. 各地教育行政部门要联合相关部门，优化区域政策环境，完善促进校企合作的政策法规，明确政府、行业、企业和学校在校企合作中的职责和权益，通过地方财政支持等政策措施，调动企业参与高等职业教育的积极性，促进高等职业教育校企合作、产学研结合制度化。

6. 创新办学体制，鼓励地方政府和行业（企业）共建高等职业学校，探索行业（企业）与高等职业学校、中等职业学校组建职业教育集团，发挥各自在产业规划、经费筹措、先进技术应用、兼职教师选聘、实习实训基地建设和学生就业等方面的优势，形成政府、行业、企业、学校等各方合作办学，跨部门、跨地区、跨领域、跨专业协同育人的长效机制。鼓励有条件的高等职业学校积极与军队合作培养高素质士官人才。

7. 完善校企合作运行机制，推进建立由政府部门、行业、企业、学校举办方、学校等参加的校企合作协调组织。公办高等职业学校在坚持党委领导下校长负责制的同时，鼓励建立董事会、理事会等多种形式的议事制度，形成多方参与、共同建设、多元评价的运行机制，增强办学活力。

四、改革培养模式，增强学生可持续发展能力

8. 坚持育人为本，德育为先。高等职业学校要把社会主义核心价值体系、现代企业优秀文化理念融入人才培养全过程，强化学生职业道德和职业精神培

养，加强实践育人，提高思想政治教育工作的针对性和实效性。重视学生全面发展，推进素质教育，增强学生自信心，满足学生成长需要，促进学生人人成才。

9. 以区域产业发展对人才的需求为依据，明晰人才培养目标，深化工学结合、校企合作、顶岗实习的人才培养模式改革。要与行业（企业）共同制订专业人才培养方案，实现专业与行业（企业）岗位对接；推行"双证书"制度，实现专业课程内容与职业标准对接；引入企业新技术、新工艺，校企合作共同开发专业课程和教学资源；继续推行任务驱动、项目导向等学做一体的教学模式，实践教学比重应达到总学分（学时）的一半以上；积极试行多学期、分段式等灵活多样的教学组织形式，将学校的教学过程和企业的生产过程紧密结合，校企共同完成教学任务，突出人才培养的针对性、灵活性和开放性。要按照生源特点，系统设计、统筹规划人才培养过程。要将国际化生产的工艺流程、产品标准、服务规范等引入教学内容，增强学生参与国际竞争的能力。

10. 系统设计、实施生产性实训和顶岗实习，探索建立"校中厂"、"厂中校"等形式的实践教学基地，推动教学改革。强化教学过程的实践性、开放性和职业性，鼓励学校提供场地和管理，企业提供设备、技术和师资，校企联合组织实训，为校内实训提供真实的岗位训练、营造职场氛围和企业文化；鼓励将课堂建到产业园区、企业车间等生产一线，在实践教学方案设计与实施、指导教师配备、协同管理等方面与企业密切合作，提升教学效果。要加强安全教育，完善安全措施，确保实习实训安全。

11. 加强职业教育信息化建设。大力开发数字化教学资源，推动优质教学资源共建共享，拓展学生学习空间，促进学生自主学习。推进现代化教学手段和方法改革，开发虚拟流程、虚拟工艺、虚拟生产线等，提升实践教学和技能训练的效率和效果。搭建校企互动信息化教学平台，探索将企业的生产过程、工作流程等信息实时传送到学校课堂和企业兼职教师在生产现场远程开展专业教学的改革。

12. 完善人才培养质量保障体系。推进高等职业教育质量评估工作，建立和完善学校、行业、企业、研究机构和其他社会组织共同参与的质量评价机制，将毕业生就业率、就业质量、企业满意度、创业成效等作为衡量人才培养质量的重要指标。各地和各高等职业学校都要建立人才培养质量年度报告发布制度，不断完善人才培养质量监测体系。

五、改革评聘办法，加强"双师型"教师队伍建设

13. 各地要创新高等职业学校师资管理制度，按照国家有关规定，进一步完善符合高等职业教育特点的教师专业技术职务（职称）评审标准，将教师参与企业技术应用、新产品开发、社会服务等作为专业技术职务（职称）评聘和工

作绩效考核的重要内容。继续将高等职业学校教师的专业技术职务（职称）评聘纳入高等学校教师职务评聘系列。积极推进新进专业教师须具有企业工作经历的人事管理改革试点。

14.各地要加大高等职业学校教师培养培训力度，推动学校与企业共同开展教师培养培训工作。要在优秀企事业单位建立专业教师实践基地，完善专业教师到对口企事业单位定期实践制度。要在学校建立名师和技能大师工作室，完善老中青三结合的青年教师培养机制。要坚持培养与使用相结合，完善教师继续教育体系，健全教师继续教育考核制度和政策。

15.高等职业学校要加快双师结构专业教学团队建设，聘任（聘用）一批具有行业影响力的专家作为专业带头人，一批企业专业人才和能工巧匠作为兼职教师，使专业建设紧跟产业发展，学生实践能力培养符合职业岗位要求。国家示范（骨干）高等职业学校要率先开展改革试点，鼓励和支持兼职教师申请教学系列专业技术职务，支持兼职教师或合作企业牵头申报教学研究项目、教学改革成果，吸引企业技术骨干参与专业建设与人才培养。

六、改革招考制度，探索多样化选拔机制

16.推广高等职业学校单独招生改革试点工作经验，完善"知识＋技能"的考核办法。稳步开展根据高中阶段教育学业水平考试成绩、综合素质评价、职业准备类课程学习情况和职业倾向测试结果综合评价录取新生的招生改革试点。积极开展具有高中阶段教育学历的复转军人接受高等职业教育的单独招生试点。支持国家示范（骨干）高等职业学校与合作企业开展成人专科学历教育单独招生改革试点。逐步开展高等职业教育入学考试由各省、自治区、直辖市组织的试点。鼓励职业学校和企业联合开展先招工、后入学的现代学徒制试点。增加中等职业学校毕业生对口升学比例，拓宽高等职业学校应届毕业生进入本科学校应用性专业继续学习的渠道。鼓励高等职业学校与行业背景突出的本科学校合作探索高端技能型人才、应用型人才专业硕士培养制度。扩大奖学金、助学金资助受众面，鼓励优秀学生报考高等职业学校。

七、增强服务能力，满足社会多样化发展需要

17.高等职业学校要搭建产学研结合的技术推广服务平台，面向企业开展技术服务，推进科技成果转化；面向新农村建设，提供农业技术推广、农村新型合作组织建设等服务。建立专业教师密切联系企业的制度，引导和激励教师主动为企业和社会服务。

18.各地要鼓励和支持高等职业学校加强国际交流与合作，积极参与职业教育国际标准和规则的研究与制定，提高高等职业教育的国际影响力。高等职业学校要服务国家"走出去"战略，服务大型跨国集团和企业的境外合作，开展

技术培训，满足企业发展需要和高技能劳务输出需要；要积极开展中外合作办学，引进优质教育资源，提升办学水平。示范（骨干）高等职业学校要积极探索境外办学，吸引境外学生来华学习。

19. 高等职业学校要努力成为当地继续教育和文化传播的中心，搭建多样化学习平台，开放教育资源，开展高技能和新技术培训，普及科学文化知识，参与社区教育，服务老年学习，在构建国家终身教育体系和建设学习型社会中发挥积极作用。

八、完善保障机制，促进高等职业教育持续健康发展

20. 各地教育行政部门要主动与相关部门合作，结合本地区经济社会发展实际，确定高等职业学校生均经费基本标准和生均财政拨款基本标准，逐步实行依据生均经费基本标准核定高等职业学校经费的制度；建立以举办者投入为主、受教育者合理分担培养成本、学校设立基金接受社会捐赠等多种渠道筹措经费的机制。要将高等职业学校财政预算纳入高等学校系列，逐步推广将国家示范高等职业学校生均预算内拨款标准按本地区同类普通本科院校标准执行的做法。高等职业学校举办的中等职业教育和五年制高等职业教育，要按照国家有关要求，落实中等职业教育阶段学生的资助和免学费政策。

21. 各地要发挥专项资金的引导和激励作用，加大实训基地、师资队伍、教学资源、教育科研、领导能力等财政专项资金的投入。继续做好高等教育教学成果奖、高等学校教学名师奖、精品开放课程项目等表彰奖励、资源共享平台建设中涉及高等职业教育部分的工作。建立健全高等职业教育学生实习实训保障制度，开展顶岗实习工伤和意外伤害保险、兼职教师课时费等政府补贴试点，确保学生实习权益和实践教学质量。

4.2 2012 年相关政策标准和指导性文件

4.2.1 关于加强建设类专业学生企业实习工作的指导意见

2012 年 1 月 20 日，住房和城乡建设部、教育部下发了《关于加强建设类专业学生企业实习工作的指导意见》（建人 [2012]9 号），全文如下：

各省、自治区住房和城乡建设厅、教育厅，直辖市建委（建交委）及有关部门、教委，新疆生产建设兵团建设局、教育局，部机关各有关单位，各有关企业、高等学校、职业学校，各有关社会团体：

普通高等学校、中等职业学校（以下简称学校）建设类专业学生是住房城

乡建设事业发展的新生力量，是宝贵的人才资源。做好建设类专业学生企业实习工作，对于提高教育教学质量，增强学生实践能力和就业能力至关重要。近几年，各地学校与住房城乡建设领域企事业单位密切合作，完善学生实践性教学环节建设，努力探索应用型、技能型人才培养模式，取得了显著成效。贯彻落实科学发展观，加快转变住房城乡建设发展方式，创新管理模式，迫切需要推进科技进步，提高劳动者素质。各地住房城乡建设行政部门、教育行政部门、普通高等学校、中等职业学校和企事业单位，要把建设类专业人才实践能力培养摆上重要位置，进一步加大工作力度，积极推进学生到企业实习，完善相关政策措施，建立长效机制，使培养的人才更加适合行业的用人需求。为做好建设类专业学生企业实习工作，现提出以下意见。

一、加强学校对学生实习工作的组织管理

（一）企业实习是建设类专业教育的重要环节，对于树立学生的工程意识，促进理论知识转化为工程实践能力，提高学生就业本领极为重要。企业实习一般包括认识实习、课程实习、生产实习、毕业实习（顶岗实习）等多种形式。学校要根据建设类专业培养目标和专业规范的要求，在不同教学阶段统筹安排学生实验、实训、实习等实践教学环节，合理确定企业实习的内容、时间、形式、学分和评价方式等，做到理论教学与实践教学并重。

（二）学校是学生企业实习的组织者，要统一组织学生有序进入企业参加实习活动。实习单位一般应选择规模较大、管理规范、技术先进，有较高社会信誉，具有较高资质等级的建筑施工、工程勘察设计、工程监理、工程造价咨询等工程建设类企业及市政公用企业、房地产业企业（以下简称实习企业）。学校应与实习企业签订实习协议，明确校企双方的职责任务。对顶岗实习，学校、企业和学生本人还应签订三方协议，规范各方权利和义务。鼓励学校与实习企业签订长期校企合作协议，使校企合作人才培养制度化、常态化。

（三）学校与实习企业要按照实习培养目标和实践教学内容要求，共同研究制定学生企业实习计划，并认真落实。校企双方要对进入实习企业的学生进行职业道德、遵章守纪、安全知识、保密、知识产权保护等方面的教育培训。学校应为实习学生购买人身意外伤害保险。学生在校学习期间应完成规定的校内实训课程，打好企业实习的基础。学校要保证学生实习期间的管理工作整体可控，积极参与并配合企业加强对实习学生的指导和管理，安排专门机构、专职人员负责与实习企业进行联系，协调解决实习中的问题，定期派出辅导老师了解学生企业实习情况和完成实习计划所规定的任务情况。对承担较多学生实习的企业，学校应向企业派驻辅导教师。学校应与实习企业共同制定学生实习考核评价标准，支持学生结合企业实际，以现实的工程技术项目或工程实践问题作为毕业设计题目或毕业论文选题。在高等职业学校推广学生在企业进行毕业答辩的做法。

（四）学校要积极拓展和深化与实习企业的合作，充分利用学校人才、教学、科研方面优势，为实习企业提供相关服务。鼓励、支持教师和科研人员参与企业技术创新和工程项目研发。根据实际需要，协助企业开展农民工培训、生产操作人员技能培训、专业技术人员继续教育、执业资格考前辅导等培训活动，为企业提高职工队伍素质服务。对实习企业的中高级专业技术管理骨干参加高层次学历教育入学考试，在同等条件下优先录取。

二、加强企业对实习学生的教育培养

（五）接收学生实习是企业应当履行的社会责任和义务。符合条件的企业都应积极承担学生实习任务，特别是普通高等学校、中等职业学校所属的建筑业、房地产业、勘察设计咨询业等企业每年必须承担本校相应学生的实习任务。实习企业要与学校共同制定学生实习方案，提供符合要求的实习岗位；不得安排学生从事简单的体力劳动或独自承担危险性较大的工作；在条件允许的情况下，应吸纳本科生、研究生参与工程项目设计、科研课题研发和企业技术创新。认真落实学生企业实习计划中的各项教学任务，加强工程技术知识的传授，保证实训实习场所与设备条件，提供学生实际动手操作的机会，组织安排实习学生轮岗，全面培养锻炼学生的职业能力。要引导学生学习企业先进文化，培养良好的职业道德。

（六）实习企业承担学生实习期间的各项管理工作。实习企业要坚持对学生进行三级安全生产教育，提高学生安全生产和自我保护意识。企业要为实习学生提供充分的安全防护和劳动保护用品，与学校共同安排好学生实习期间的生活，根据实际情况可为毕业实习（顶岗实习）的学生支付合理的实习报酬。企业应在实习管理机构、人员、经费上予以相应支持，选派具有丰富工程实践经验、技术技能水平高、责任心强的工程技术人员、管理人员和高技能人员担任实习指导教师，承担学生实践教学任务。具有高级专业技术职务的工程技术管理人员，可作为研究生的联合培养导师。

（七）实习企业应与学校联合开展学生实习成果的考核评价，做好平时实习情况的考核记录。鼓励研究生、本科生将实习企业的实际工程项目作为毕业论文、毕业设计题目，"真刀真枪"做毕业设计。认真落实职业教育"双证书"制度，鼓励、支持职业院校实习学生参加职业岗位培训、考核评价和职业技能鉴定，取得行业认可的职业资格证书或岗位培训合格证书。对在企业连续实习超过半年（一个学期）的研究生、本科生和职业院校学生，可由实习企业出具实习证明，载明学生实习的内容、时间和成绩，供用人单位参考。依据学校、企业和实习学生三方签订的协议，实习企业享有优先录用学生的权利。

三、充分发挥政府推进学生企业实习的作用

（八）各级住房城乡建设行政部门要提高对建设类专业学生企业实习工作的认识，把普通高等学校、中等职业学校建设类专业人才培养纳入本地区、本行业人才队伍建设规划。积极推进校企合作培养人才，为学校和企业搭建合作平台，切实解决当前学生在企业实习中遇到的困难和问题，统筹做好职前职后人才培养。要研究提出企业实习学生参加职业资格考试、岗位培训考核和职业技能鉴定的办法措施。高等职业学校学生在企业顶岗实习的时间根据不同专业规定可计入参加相关资格考核评价的职业实践年限。各建设类专业教学指导委员会要组织制定本专业学生企业实习标准等基本要求。

（九）实习企业的专业技术管理人员受聘担任实习学生指导教师的，或担任本科生、研究生联合培养导师的，指导学生投入的精力和时间应计入个人工作量。根据住房城乡建设领域各职业资格人员继续教育要求，其用于指导学生的时间可按有关规定折抵本年度继续教育选修学时。

（十）切实落实鼓励企业接收学生实习的支持政策。落实《国务院关于进一步做好普通高等学校毕业生就业工作的通知》（国发〔2011〕16号）要求，对高校毕业生在毕业年度内参加职业技能培训，根据其取得职业资格证书（未颁布国家职业技能标准的职业应取得专项职业能力证书或培训合格证书）或就业情况，按规定给予培训补贴。对高校毕业生在毕业年度内通过初次职业技能鉴定并取得职业资格证书或专项职业能力证书的，按规定给予一次性职业技能鉴定补贴。对企业新招收毕业年度高校毕业生，在6个月之内开展岗前培训的，按规定给予企业职业培训补贴。根据《财政部国家税务总局关于企业支付学生实习报酬有关所得税政策问题的通知》（财税〔2006〕107号）明确的政策，凡与中等职业学校和高等学校签订三年以上期限合作的企业，支付给学生实习期间的报酬，准予在计算缴纳企业所得税税前扣除。

（十一）加强建设类专业学生企业实习安全、保险等政策的研究。进入建筑施工现场实习的学生，纳入建筑施工企业人身意外伤害保险的受保范围。企业为实习学生提供的安全防护和劳动保护费用，列入施工项目安全生产措施费。按照《生产安全事故报告和调查处理条例》的规定，解决学生企业实习安全事故责任问题。

（十二）教育部联合住房和城乡建设部等有关部门对在接收建设类专业学生实习中表现突出的企业，可认定为"国家级工程实践教育中心"（具体办法另行制定）。省级教育行政部门、住房城乡建设行政部门等可择优认定接收建设类专业学生实习成绩突出的企业为"省级工程实践教育中心"。对国家级、省级工程实践教育中心实行年度报告、定期评价、动态管理。

（十三）获得国家级、省级工程实践教育中心称号的企业，将纳入住房城乡建设领域企业诚信信息系统，作为企业优良业绩之一向社会发布，接受社会监督。各级住房城乡建设行政部门、有关行业组织开展的评优、评奖、评级等评选活动，各级政府利用财政资金投资建设的房屋建筑与市政工程项目，可结合实际情况，对具有国家级、省级工程实践教育中心的企业，给予适当的政策倾斜和优先。

（十四）教育行政部门对获得国家级、省级工程实践教育中心的企业提升在职工程师学位层次方面给予支持。在职工程师参加硕士或博士研究生考试的，同等条件下优先录取。在职工程师参加在职攻读工程硕士（建筑与土木）、建筑学硕士、城市规划硕士、风景园林硕士和工程管理硕士专业学位研究生考试的，在相关政策上给予大力支持。获得国家级、省级工程实践教育中心的企业可委托具有工程博士专业学位研究生招生资格的"卓越工程师教育培养计划"高等学校培养相应的博士层次的工程技术人才，教育部对受委托高等学校为企业培养研究生层次工程人才，在研究生招生计划安排上给予支持。

（十五）积极营造全行业关心校企合作，支持学生实习的良好社会氛围。各地住房城乡建设行政部门要加强宏观指导，加大宣传力度，及时总结推广建设类专业学生企业实习方面的典型经验，对在履行企业社会责任、积极接纳学生实习中表现优秀的企业和企业家进行表彰。住房城乡建设领域的社团组织要发挥与行业企业联系紧密的优势，从推进行业可持续发展、提高从业人员整体素质的长远大计出发，倡导会员单位参与行业后备人才的培养，积极接收学生进入企业实习，为学生实习创造良好条件。

4.2.2 关于贯彻实施住房和城乡建设领域现场专业人员职业标准的意见

2012 年 2 月 14 日，住房和城乡建设部下发了《关于贯彻实施住房和城乡建设领域现场专业人员职业标准的意见》（建人 [2012]19 号），全文如下：

各省、自治区住房和城乡建设厅，直辖市建委（建交委）及有关部门，新疆生产建设兵团建设局，部机关各单位、直属各单位、部管各社会团体：

为贯彻《国家中长期人才发展规划纲要（2010—2020 年）》精神，加强住房城乡建设领域人才队伍建设，我部组织编制了住房城乡建设领域现场专业人员职业标准（以下简称职业标准），并将陆续发布。为做好职业标准的贯彻实施，现提出如下意见。

一、实施职业标准的目的意义。职业标准规定了相关职业岗位专业人员的职责任务，及其履职所需的专业知识和专业技能要求，是企事业单位科学合理设置专业人员职业岗位、加强现场管理和教育培训的依据。制定并实施职业标准对于行业主管部门、企事业单位、行业社团制定人才培养规划，加强岗位培训工作，规范现场管理，提高工程质量、管理质量和服务质量，具有重要作用，对于高等学校、职业院校和培训机构开展人才培养，也具有现实指导意义。

二、实施职业标准的责任分工。为更好地贯彻实施职业标准，住房城乡建设部将对相关职业岗位培训考核实行全国统一标准、统一大纲、统一证书式样；省级住房城乡建设行政主管部门实行岗位培训的统一管理、统一考核。随着职业标准的陆续颁布，各地要及时组织宣传贯彻，提高企事业单位和专业人员执行职业标准的自觉性。

三、完善企事业单位职业岗位设置。指导企事业单位参照职业标准要求，科学合理地设置职业岗位，明确岗位职责，健全岗位责任制。要根据实际情况和有关行业管理规定，配备相关职业岗位的专业人员。从事职业标准规定的职业岗位的专业人员，应做到培训合格后上岗。

四、组织编制职业标准培训大纲。住房城乡建设部组织有关单位，根据职业标准要求，编制各职业岗位培训考核大纲。大纲以岗位需求为导向，以提高综合素养和职业能力为核心，注重对解决现场实际问题的考查。培训考核大纲由部人事司发布实施。

五、积极推进专业人员岗位培训。各地住房城乡建设行政主管部门要将专业人员的岗位培训，作为加强人才队伍建设和保证工程质量安全的重要措施，切实抓紧抓好。要完善岗位培训管理制度，制定培训规划，改进培训服务，加强培训质量监督检查。要督促企事业单位发挥岗位培训的主体作用，制定并落实好岗位培训计划，推进岗位培训与岗位（职务）聘任、业绩考核、薪酬待遇等人事管理制度相衔接，加大培训投入，落实培训经费，职工教育经费的60%应用于一线职工的培训。

六、规范实施专业人员岗位培训考核评价。各省级住房城乡建设行政主管部门要规范开展专业人员岗位培训考核工作，实行考培分开，即考核评价管理部门不得参与相关的培训活动，培训由企事业单位或具有培训资格的单位组织实施。逐步推行全省统一组织考核评价，年度考核评价计划要向社会公开，努力提高考核服务质量和管理水平。严格执行物价部门确定的培训、考试收费标准，各地住房城乡建设行政主管部门要加强对培训、考试收费的监督检查。

七、严格岗位培训考核证书的发放管理。通过省级住房城乡建设行政主管部门统一组织考核评价的合格人员，可颁发《住房和城乡建设领域专业人员岗位培训考核合格证书》，表明其已具备从事相关职业岗位的知识和能力，可受聘承担相应的专业技术管理工作。《住房和城乡建设领域专业人员岗位培训考核合格证书》由我部制定统一式样，省级住房城乡建设行政主管部门监制和管理，省级培训考核评价管理机构核发。证书实行统一编号，可上网查询验证。对持有《住房和城乡建设领域专业人员岗位培训考核合格证书》的人员，各地不得要求其进行相同职业岗位的重复考核取证。持证人员应按国家有关规定参加继续教育。

八、加强考核评价管理信息化建设。住房城乡建设部将组织有关单位研制开发岗位培训考核评价信息管理系统，实行与省级培训考核评价管理机构的网上互联和信息动态管理。各省级住房城乡建设行政主管部门要加强岗位培训考核管理信息化建设，努力实现岗位培训、考核评价、证书管理、继续教育等环节的信息化管理。

九、组织开发职业标准培训教材。住房城乡建设部将委托有关单位，根据职业标准考核评价大纲要求，编写各职业岗位培训教材，供各地培训工作选用。鼓励各地结合实际，开发各具特色的职业岗位培训教材。

十、积极引导职业院校深化教学改革完善课程体系。各土建类专业教学指导委员会、各有关职业院校要以职业标准为导向，合理调整、设置土建类专业，明确人才培养目标，完善培养方案，调整课程体系和教学内容，组织好校内实训和企业顶岗实习。要认真落实职业教育"双证书"制度，鼓励符合条件的毕业生参加相关职业岗位的培训考核，取得考核合格证书，提高就业能力。

十一、充分发挥行业社团的作用。要充分发挥行业社团在职业标准实施中的作用，支持有关行业社团参与职业标准编制、大纲制订、教材编写、岗位培训、继续教育等工作。各有关行业社团要积极引导企业按照职业标准要求，开展岗位培训和持证上岗，提高专业人才的能力和素质。

十二、切实加强职业标准实施的指导监督。各地住房城乡建设行政主管部门要按照我部统一规划，做好专业人员岗位培训考核及其指导监督工作，明确提出专业人员培训要求，指导、检查企事业单位、行业社团落实职业标准的情况。建立岗位培训机构信用评价制度，及时发布信用评价信息，向社会推荐培训质量高、信誉好的培训机构。

各省、自治区、直辖市住房城乡建设行政主管部门可根据本《意见》精神，结合实际，制定本地区现场专业人员职业标准实施工作的具体办法。

4.2.3 关于深入推进建筑工地农民工业余学校工作的指导意见

2012年12月14日，住房和城乡建设部、中央文明办、教育部、全国总工会、共青团中央下发了《关于深入推进建筑工地农民工业余学校工作的指导意见》（建人[2012]200号），全文如下：

各省、自治区、直辖市住房城乡建设厅（建委、建设交通委）、文明办、教育厅（教委）、总工会、团委，新疆生产建设兵团建设局、文明办、教育局、工会、团委，山东省建管局，中央管理的建筑施工企业：

2007年原建设部会同中央文明办、教育部、全国总工会和共青团中央印发《关于在建筑工地创建农民工业余学校的通知》（建人[2007]82号）以来，各地坚持科学发展观，大力开展农民工业余学校创建工作，以抓好建筑业农民工的组织管理、教育培训和公共服务为工作主线，推动了农民工的职业技能水平、道德法律意识等综合素质不断提升，规范了企业管理，促进了工程质量和安全生产，为行业健康发展、构建社会主义和谐社会做出了应有贡献，取得了良好成效。为深入贯彻党的十八大精神，落实党中央、国务院关于做好农民工工作的要求，培养一大批适应产业转型和发展的有理想、讲文明、懂技术、会操作、出业绩的新一代建筑产业工人，深入推进农民工业余学校制度化、规范化、标准化工作，进一步总结推广先进经验，完善制度措施，积极探索和推进"政府主导、企业主办、工地建校、社会参与"的农民工业余学校建设管理模式，丰富农民工业余学校内涵，更好地发挥综合载体功能，提出如下意见。

一、健全机制、完善措施

1. 采取有效措施，认真落实农民工业余学校建校标准和要求，符合条件的工程项目应建尽建。各地要合理确定、调整修订应当建立农民工业余学校的工程项目的造价、建筑面积等标准，积极推行农民工业余学校的项目备案和注销制度。在开工前要将农民工业余学校建校情况和计划报当地住房城乡建设主管部门备案；项目在建期间，要自觉接受对农民工业余学校运行情况的检查指导；项目达到竣工验收条件后，报当地住房城乡建设主管部门对学校予以注销。凡达到应当建立农民工业余学校条件，而未建校或未按规定备案的工程项目所在企业，各级住房城乡建设行政主管部门可采取责令整改、通报批评等措施督促改正。

各地市政工程、轨道交通工程等其他类别的建筑工地具备一定条件的工程项目也应建立农民工业余学校并开展活动，不断提高农民工业余学校的影响力和覆盖面。

2. 健全、完善农民工业余学校的组织机构，充分发挥工程项目部作用。认真落实施工总承包企业及其工程项目部建校办校责任，成立包含建设单位、监理单位、专业承包和劳务分包企业人员共同组成的建筑工地农民工业余学校工作领导小组，进一步落实专业承包企业和劳务分包企业履行其应当承担的农民工管理服务、教育培训职责。

建筑施工总承包企业对本企业工程项目地农民工业余学校工作要有总体规

划和部署，二级以上资质的建筑施工企业要建立农民工业余学校总校，充分发挥人力资源、教育培训、工程技术和质量安全部门以及党团组织、工会组织作用，指导各工程项目工地的分校开展活动。

3.建立和完善激励约束机制，引入合理有效的奖惩措施。将农民工业余学校工作情况作为住房城乡建设行政主管部门对建筑工地标准化建设、建筑工地文明施工等工作评价和企业信用体系建设的内容。将农民工业余学校开办情况作为保证工程质量和安全的具体措施之一。农民工业余学校工作获得省级、市级表彰奖励的项目工地及企业记入企业信用档案，受到表彰的建筑企业在年度工程项目、诚信企业评比、优秀项目经理等评优或评选表彰推荐中予以优先考虑。应建未建或办校考核不达标的项目工地予以扣分，对其所在企业参与各类评选予以限制。

二、夯实基础、注重实效

4.落实农民工业余学校办校经费投入，提高各项保障水平。鼓励企业加大投入，多渠道筹集资金，按照现行建设工程费组成的规定，引导企业从文明施工措施费、职工教育培训费等项中提取一定费用支持农民工业余学校建设。各省（区、市）和城市住房城乡建设、文明办、教育、工会、共青团等部门和组织发挥各自优势，积极支持改善农民工业余学校办校条件。试点符合建筑业农民工特点的教育培训经费提取、统筹管理办法，确保经费用于一线生产操作人员。探索实行将工程费中职工教育培训经费单独列支的措施，条件成熟时将职工教育培训经费列为工程项目招标投标中不可竞争费用。

5.加强基础工作，完善日常管理制度，推动农民工业余学校办校水平不断提高。在落实场地器材等硬件条件基础上，要重点围绕农民工业余学校办校工作和开展活动加强组织管理。一个地区、城市或一家企业在农民工业余学校办校中应当制定统一的章程、教学大纲、课程实施计划、选用适宜农民工的各类学习材料，建立规范的教学台账资料，提高制度化、规范化、标准化水平，切实将提高素质、取得实效作为办校工作的出发点和落脚点。

6.加强对农民工业余学校工作的日常检查和监督指导，建立和完善考核评价制度。各地住房城乡建设主管部门应会同相关部门对区域内建筑工地农民工业余学校工作进行日常检查、监督指导和考核评价，推进农民工业余学校办校制度化、规范化、标准化。要制定符合当地实际的量化考评办法，对农民工业余学校办校全面情况、职业技能和安全生产培训等重点工作以及开展其他各项特色活动的成效、影响进行考评。

大力倡导各省、市组织开展农民工业余学校示范校、优秀农民工业余学校评选展示活动。促进农民工业余学校发挥优势，办出特色，取得实效。

三、创新思路、丰富内涵

7.各地要加强工作交流，相互借鉴，创新思路，充分发挥农民工业余学校平台作用，不断提高工作科学化水平。要把握建筑业农民工群体的特点，增强通俗性、趣味性，提高教育培训和开展活动的针对性、实效性。

发挥农民工业余学校平台作用，以弘扬社会主义核心价值体系为根本，做好建筑业农民工思想政治工作和思想道德教育，建设先进企业文化、项目文化，推进群众性精神文明创建活动，加强社会公德、职业道德、家庭美德、个人品德教育，引导广大建筑业从业人员爱岗敬业、诚实守信，培养健康文明的生活方式，促进社会和谐。大力推进"道德讲堂"建设，实现讲堂建设制度化、规范化，增强讲堂活动的吸引力、实效性，引导从业人员修身律己、净化心灵，激发道德自觉，提升道德素养。组织开展群众性歌咏比赛、演讲、才艺展示、专业技能展示和其他多种文化体育活动，学用结合、寓教于乐，提高活动效果。

发挥农民工业余学校平台作用，在建筑工地广泛开展岗位练兵、师傅带徒、技能比武和各类技能竞赛初赛选拔活动，动员引导建筑业农民工技能成才、岗位建功。在一线建筑业农民工中广泛开展技术革新、技术攻关、发明创造、合理化建议等技能提升、技术创新活动，扩大小发明、小改造、小革新、小设计、小建议等"五小"活动在建筑业农民工中的参与程度。围绕保障性安居工程建设等重大工程和重点项目建设，发挥农民工业余学校平台作用，立足工地现场，积极开展劳动竞赛活动。

8.各地要发挥部门优势，采取有效措施促进农民工业余学校工作，不断丰富工作内涵。住房城乡建设部门和教育部门要协调配合，依托国有大型建筑施工企业和现有职业院校，共同遴选、建设一批具有地区示范带头作用的农民工业余学校总校。鼓励行业职业院校和企业合作，组建职教集团，院校为农民工业余学校提供师资、岗位技能提升实训场所，企业工地支持院校学生生产实习，实现双赢。鼓励职业院校定向招收建筑业农民工开展学历教育，提高受教育年限，实行学费减免等政策。鼓励各类培训机构与农民工业余学校合作，送教上门，为农民工提供技能提升等训练课程。鼓励城市社区教育中心（社区学院）发挥优势，深入建筑工地开展法律法规、文明礼仪等宣教培训活动，并在有条件的地区、工地设立报刊图书借阅处、多媒体视听室，丰富农民工文化生活，扶持农民工业余学校的教学培训工作。积极协调卫生疾控、人口计生等部门依托建筑工地农民工业余学校开展疾病预防、职业病防护、优生优育和防治艾滋病宣教培训活动，提高为建筑业农民工群体服务的针对性、实效性。以建筑企业或工程项目为重点，加大组建工会力度，吸收建筑业农民工加入工会，维护包括非公企业在内的各类建筑企业农民工合法权益，促进劳动争议、工资纠纷以及劳动保护等重点问题的妥善解决。充分发挥共青团组织优势，在广泛建立团组织基础上，为新生代农民工学习成才、情感婚恋、身心健康、社会融入等普遍需求提供有效服务，引导他们提高素质，学好技能，成为中国特色社会主义事业的合格建设者。各地开展志愿服务活动时，要将服务农民工业余学校的各类志愿者纳入统一规划、工作计划，帮助解决工作中急需的各类师资人才。

9.充分运用信息化手段支持农民工业余学校工作，发挥网络支撑服务功能。网络和信息技术能够较好地解决教育培训中师资、教学内容、工学矛盾等突出困难，降低活动费用。有条件的地方要鼓励管理部门和企业运用网络和信息化技术对农民工业余学校的各项活动特别是申报备案、组织学习网络教育资源、信息交流等情况实施动态管理，实现全覆盖、高质量、低成本的农民工培训，推动经验交流和典型示范。农民工业余学校应当积极支持和配合信息卡、实名制卡的建设和管理，定期提供更新数据，不断完善包含农民工个人身份、工资发放情况、工种技能等级及参加培训等数据，为行业管理信息化工作提供基础资料。

四、加强领导、扎实推进

10.各地要继续坚持领导重视，部门间协调配合，社会广泛参与的工作原则，加强组织领导和分工协作，形成工作合力，扎实推进农民工业余学校各项工作。住房城乡建设、文明办、教育、工会、共青团等部门和组织要各司其职，相互协调，建立定期工作会商机制，研究落实促进建筑工地农民工业余学校发展的政策措施。

要结合中央和地方党委、政府的总体工作部署、重大任务活动，及时调整工作重心和思路，通过扎实工作积极赢得相关部门支持配合。动员社会管理综合治理、人力资源社会保障、卫生、公安、安全生产监督、司法、民政、妇联、工商联等部门在各自工作领域为建筑工地农民工业余学校工作和建筑业农民工提供支持和服务。

11.各地要充分发挥各级住房城乡建设部门的行政管理优势，积极调动内部各职能部门工作积极性，人事教育培训、建筑市场监管、质量及安全监管等部门和相关事业单位要根据职责特点，各负其责，分工协作。要积极发挥各级社会团体特别是与建筑行业联系紧密的协会、学会作用，引导会员企业遵守行业自律规范，组织开展表彰先进活动，促进农民工业余学校工作不断深入。

12.建立农民工业余学校的信息报送交流制度，加强有关信息交流统计和舆论宣传工作。完善农民工业余学校工作情况年度报送制度，各省(自治区、直辖市)住房城乡建设部门在每季度最后一周定期汇总分析工作情况，牵头协调相关单位及时总结通报情况。各部门要注重发掘亮点，研究分析工作中重点难点问题，加大对典型示范的宣传力度，营造全社会关心关爱建筑业农民工的良好氛围。

4.3 2014 年相关政策标准和指导性文件

4.3.1 全国住房城乡建设行业技术能手推荐管理办法（试行）

2014 年 5 月 9 日，住房和城乡建设部下发了"关于印发《全国住房城乡建设行业技术能手推荐管理办法（试行）》的通知"（建人 [2014]68 号），正式公布了全国住房城乡建设行业技术能手推荐管理办法（试行），全文如下：

第一条 为宣传全国住房城乡建设行业优秀技能人才，引导工人学习钻研技术，营造尊重劳动、崇尚技能，岗位成才、技能成才的社会氛围，完善全国住房城乡建设行业技术能手（以下简称建设行业技术能手）推荐工作机制，做好全国技术能手候选人推荐工作，根据《劳动法》和《中华技能大奖和全国技术能手评选表彰管理办法》（劳动和社会保障部令 2000 年第 7 号）的有关规定，制定本办法。

第二条 建设行业技术能手的推荐工作是住房城乡建设部对全国住房城乡建设行业优秀技能人才的激励制度。

住房城乡建设部成立全国住房城乡建设行业技术能手推荐工作办公室（以下简称推荐工作办公室），推荐工作办公室设在人事司，负责建设行业技术能手推荐活动的组织管理工作。

第三条 推荐的职业（工种）范围为全国住房城乡建设行业国家职业标准中设置高级（国家职业资格三级）以上等级的职业（工种）。

第四条 建设行业技术能手的推荐活动每两年开展一次，每次推荐的具体时间和人数由住房城乡建设部确定。

第五条 凡住房城乡建设行业的技术工人，具有良好的职业道德和敬业精神，一般应具有高级工及以上的职业资格，并具备下列条件之一者可参加建设行业技术能手的推荐：

（一）在本职业（工种）中具备较高技艺，在培养技术工人、传授技术技能方面做出突出贡献的（包括在职业院校、农民工业余学校担任实习指导教师，工作业绩突出的）；

（二）在开展技术革新、技术改造活动中做出重要贡献，取得明显经济效益和社会效益的；

（三）在住房城乡建设行业某一生产工作领域，具有领先的技术技能水平，并总结出先进的操作技术方法，取得明显经济效益和社会效益的；

（四）在开发、应用先进科学技术成果转化成现实生产力方面有突出贡献，取得明显经济效益和社会效益的；

（五）获得省级技术能手或省级建设行业技术能手称号的。

第六条 下列情况经推荐工作办公室复核认定，可直接授予建设行业技术能手称号（不占分配名额）：

（一）国家一类职业技能竞赛中各工种优胜奖及以上奖项获得者；

（二）住房城乡建设部或其授权的全国性社会团体组织的国家二类职业技能竞赛各工种一、二、三等奖获得者；

（三）国务院国资委管理的建筑业企业组织的国家二类职业技能竞赛各工种前六名获得者；

（四）省级住房城乡建设部门组织的职业技能竞赛各工种前三名获得者。

第七条 建设行业技术能手的推荐实行国家和省两级评审制。住房城乡建设部设立全国住房城乡建设行业技术能手评审委员会，省级住房城乡建设部门和国务院国资委管理的建筑业企业设立本地区（本企业）技术能手评审委员会。

国家级和省级评审委员会由有关工程技术人员、专业管理人员等组成，一般7人或9人。其中，工程技术人员所占比例不低于50%。

第八条 建设行业技术能手候选人由用人单位申报。省级住房城乡建设部门和国务院国资委管理的建筑业企业组织技术能手评审委员会，对本地区（本单位）建设行业技术能手候选人进行初审，对候选人所提供的申报表、事迹材料和证明材料等予以认定，并按照分配名额进行推荐，报推荐工作办公室。

第九条 全国住房城乡建设行业技术能手评审委员会负责对各地区（各单位）推荐的建设行业技术能手候选人进行复审，并由评审委员会委员投票表决，推荐工作办公室对通过评审的人员名单在住房城乡建设部网站和《中国建设报》上进行公示，公示期为5个工作日。

第十条 住房城乡建设部对公示无异议的建设行业技术能手候选人进行表扬：

（一）授予建设行业技术能手称号，颁发证书并通报表扬；

（二）纳入全国住房城乡建设行业高技能人才库；

（三）择优推荐参加"全国技术能手"评选；

（四）通过行业报刊、网络等新闻媒体广泛宣传、报道建设行业技术能手的先进事迹。

第十一条 对已获得中华技能大奖、全国技术能手或建设行业技术能手称号的，不再重复授予。

第十二条 对违反推荐规定和推荐程序，弄虚作假骗取建设行业技术能手称号的单位和个人，住房城乡建设部将予以通报批评，并撤销建设行业技术能手称号。

第十三条　省级住房城乡建设部门和国务院国资委管理的建筑业企业可根据本办法制定本地区（本单位）建设行业技术能手推荐办法。

第十四条　本办法由住房城乡建设部负责解释。

第十五条　本办法自印发之日起施行。

4.3.2　教育部关于开展现代学徒制试点工作的意见

2014年8月25日，教育部下发了《关于开展现代学徒制试点工作的意见》（教职成 [2014]9 号），全文如下：

各省、自治区、直辖市教育厅（教委），各计划单列市教育局，新疆生产建设兵团教育局，有关单位：

为贯彻党的十八届三中全会和全国职业教育工作会议精神，深化产教融合、校企合作，进一步完善校企合作育人机制，创新技术技能人才培养模式，根据《国务院关于加快发展现代职业教育的决定》（国发 [2014] 19 号）要求，现就开展现代学徒制试点工作提出如下意见。

一、充分认识试点工作的重要意义

现代学徒制有利于促进行业、企业参与职业教育人才培养全过程，实现专业设置与产业需求对接，课程内容与职业标准对接，教学过程与生产过程对接，毕业证书与职业资格证书对接，职业教育与终身学习对接，提高人才培养质量和针对性。建立现代学徒制是职业教育主动服务当前经济社会发展要求，推动职业教育体系和劳动就业体系互动发展，打通和拓宽技术技能人才培养和成长通道，推进现代职业教育体系建设的战略选择；是深化产教融合、校企合作，推进工学结合、知行合一的有效途径；是全面实施素质教育，把提高职业技能和培养职业精神高度融合，培养学生社会责任感、创新精神、实践能力的重要举措。各地要高度重视现代学徒制试点工作，加大支持力度，大胆探索实践，着力构建现代学徒制培养体系，全面提升技术技能人才的培养能力和水平。

二、明确试点工作的总要求

1. 指导思想

以邓小平理论、"三个代表"重要思想、科学发展观为指导，坚持服务发展、就业导向，以推进产教融合、适应需求、提高质量为目标，以创新招生制度、管理制度和人才培养模式为突破口，以形成校企分工合作、协同育人、共同发展的长效机制为着力点，以注重整体谋划、增强政策协调、鼓励基层首创为手段，通过试点、总结、完善、推广，形成具有中国特色的现代学徒制度。

2. 工作原则

——坚持政府统筹，协调推进。要充分发挥政府统筹协调作用，根据地方经济社会发展需求系统规划现代学徒制试点工作。把立德树人、促进人的全面发展作为试点工作的根本任务，统筹利用好政府、行业、企业、学校、科研机构等方面的资源，协调好教育、人社、财政、发改等相关部门的关系，形成合力，共同研究解决试点工作中遇到的困难和问题。

——坚持合作共赢，职责共担。要坚持校企双主体育人、学校教师和企业师傅双导师教学，明确学徒的企业员工和职业院校学生双重身份，签好学生与企业、学校与企业两个合同，形成学校和企业联合招生、联合培养、一体化育人的长效机制，切实提高生产、服务一线劳动者的综合素质和人才培养的针对性，解决好合作企业招工难问题。

——坚持因地制宜，分类指导。要根据不同地区行业、企业特点和人才培养要求，在招生与招工、学习与工作、教学与实践、学历证书与职业资格证书获取、资源建设与共享等方面因地制宜，积极探索切合实际的实现形式，形成特色。

——坚持系统设计，重点突破。要明确试点工作的目标和重点，系统设计人才培养方案、教学管理、考试评价、学生教育管理、招生与招工，以及师资配备、保障措施等工作。以服务发展为宗旨，以促进就业为导向，深化体制机制改革，统筹发挥好政府和市场的作用，力争在关键环节和重点领域取得突破。

三、把握试点工作内涵

1. 积极推进招生与招工一体化

招生与招工一体化是开展现代学徒制试点工作的基础。各地要积极开展"招生即招工、入校即入厂、校企联合培养"的现代学徒制试点，加强对中等和高等职业教育招生工作的统筹协调，扩大试点院校的招生自主权，推动试点院校根据合作企业需求，与合作企业共同研制招生与招工方案，扩大招生范围，改革考核方式、内容和录取办法，并将试点院校的相关招生计划纳入学校年度招生计划进行统一管理。

2. 深化工学结合人才培养模式改革

工学结合人才培养模式改革是现代学徒制试点的核心内容。各地要选择适合开展现代学徒制培养的专业，引导职业院校与合作企业根据技术技能人才成长规律和工作岗位的实际需要，共同研制人才培养方案、开发课程和教材、设计实施教学、组织考核评价、开展教学研究等。校企应签订合作协议，职业院校承担系统的专业知识学习和技能训练；企业通过师傅带徒形式，依据培养方案进行岗位技能训练，真正实现校企一体化育人。

3.加强专兼结合师资队伍建设

校企共建师资队伍是现代学徒制试点工作的重要任务。现代学徒制的教学任务必须由学校教师和企业师傅共同承担，形成双导师制。各地要促进校企双方密切合作，打破现有教师编制和用工制度的束缚，探索建立教师流动编制或设立兼职教师岗位，加大学校与企业之间人员互聘共用、双向挂职锻炼、横向联合技术研发和专业建设的力度。合作企业要选拔优秀高技能人才担任师傅，明确师傅的责任和待遇，师傅承担的教学任务应纳入考核，并可享受带徒津贴。试点院校要将指导教师的企业实践和技术服务纳入教师考核并作为晋升专业技术职务的重要依据。

4.形成与现代学徒制相适应的教学管理与运行机制

科学合理的教学管理与运行机制是现代学徒制试点工作的重要保障。各地要切实推动试点院校与合作企业根据现代学徒制的特点，共同建立教学运行与质量监控体系，共同加强过程管理。指导合作企业制定专门的学徒管理办法，保证学徒基本权益；根据教学需要，合理安排学徒岗位，分配工作任务。试点院校要根据学徒培养工学交替的特点，实行弹性学制或学分制，创新和完善教学管理与运行机制，探索全日制学历教育的多种实现形式。试点院校和合作企业共同实施考核评价，将学徒岗位工作任务完成情况纳入考核范围。

四、稳步推进试点工作

1.逐步增加试点规模

将根据各地产业发展情况、办学条件、保障措施和试点意愿等，选择一批有条件、基础好的地市、行业、骨干企业和职业院校作为教育部首批试点单位。在总结试点经验的基础上，逐步扩大实施现代学徒制的范围和规模，使现代学徒制成为校企合作培养技术技能人才的重要途径。逐步建立起政府引导、行业参与、社会支持，企业和职业院校双主体育人的中国特色现代学徒制。

2.逐步丰富培养形式

现代学徒制试点应根据不同生源特点和专业特色，因材施教，探索不同的培养形式。试点初期，各地应引导中等职业学校根据企业需求，充分利用国家注册入学政策，针对不同生源，分别制定培养方案，开展中职层次现代学徒制试点。引导高等职业院校利用自主招生、单独招生等政策，针对应届高中毕业生、中职毕业生和同等学历企业职工等不同生源特点，分类开展专科学历层次不同形式的现代学徒制试点。

3.逐步扩大试点范围

现代学徒制包括学历教育和非学历教育。各地应结合自身实际，可以从非学历教育入手，也可以从学历教育入手，探索现代学徒制人才培养规律，积累经验后逐步扩大。鼓励试点院校采用现代学徒制形式与合作企业联合开展企业员工岗前培训和转岗培训。

五、完善工作保障机制

1. 合理规划区域试点工作

各地教育行政部门要根据本意见精神,结合地方实际,会同人社、财政、发改等部门,制定本地区现代学徒制试点实施办法,确定开展现代学徒制试点的行业企业和职业院校,明确试点规模、试点层次和实施步骤。

2. 加强试点工作组织保障

各地要加强对试点工作的领导,落实责任制,建立跨部门的试点工作领导小组,定期会商和解决有关试点工作重大问题。要有专人负责,及时协调有关部门支持试点工作。引导和鼓励行业、企业与试点院校通过组建职教集团等形式,整合资源,为现代学徒制试点搭建平台。

3. 加大试点工作政策支持

各地教育行政部门要推动政府出台扶持政策,加大投入力度,通过财政资助、政府购买等奖励措施,引导企业和职业院校积极开展现代学徒制试点。并按照国家有关规定,保障学生权益,保证合理报酬,落实学徒的责任保险、工伤保险,确保学生安全。大力推进"双证融通",对经过考核达到要求的毕业生,发放相应的学历证书和职业资格证书。

4. 加强试点工作监督检查

加强对试点工作的监控,建立试点工作年报年检制度。各试点单位应及时总结试点工作经验,扩大宣传,年报年检内容作为下一年度单招核准和布点的依据。对于试点工作不力或造成不良影响的,将暂停试点资格。

4.4 高等学校土木建筑类专业(本科)指导性专业规范

4.4.1 高等学校土木工程本科指导性专业规范(2011)

根据住房和城乡建设部和教育部的有关要求,由高等学校土木工程学科专业指导委员会组织编制的《高等学校土木工程本科指导性专业规范》,于2011年6月通过了住房和城乡建设部人事司、高等学校土建学科教学指导委员会组织的专家评审。2011年9月7日,住房和城乡建设部人事司、高等学校土建学科教学指导委员会下发通知,正式颁布了《高等学校土木工程本科指导性专业规范》。该规范的主要内容如下:

一、学科基础

土木工程是建筑、岩土、地下建筑、桥梁、隧道、道路、铁路、矿山建筑、港口等工程的统称，其内涵为用各种建筑材料修建上述工程时的生产活动和相关的工程技术，包括勘测、设计、施工、维修、管理等。

土木工程的主干学科为结构工程学、岩土工程学、流体力学等；重要基础支撑学科有数学、物理学、化学、力学、材料科学、计算机科学与技术等。

土木工程的主要工程对象为建筑工程、道路与桥梁工程、地下建筑与隧道工程、铁道工程等。

二、培养目标

培养适应社会主义现代化建设需要，德智体美全面发展，掌握土木工程学科的基本原理和基本知识，经过工程师基本训练，能胜任房屋建筑、道路、桥梁、隧道等各类工程的技术与管理工作，具有扎实的基础理论、宽广的专业知识，较强的实践能力和创新能力，具有一定的国际视野，能面向未来的高级专门人才。

毕业生能够在有关土木工程的勘察、设计、施工、管理、教育、投资和开发、金融与保险等部门从事技术或管理工作。

三、培养规格

1. 思想品德

具有高尚的道德品质和良好的科学素质、工程素质和人文素养，能体现哲理、情趣、品位等方面的较高修养，具有求真务实的态度以及实干创新的精神，有科学的世界观和正确的人生观，愿为国家富强、民族振兴服务。

2. 知识结构

具有基本的人文社会科学知识，熟悉哲学、政治学、经济学、法学等方面的基本知识，了解文学、艺术等方面的基础知识；掌握工程经济、项目管理的基本理论；掌握一门外国语；具有较扎实的自然科学基础，了解数学、现代物理、信息科学、工程科学、环境科学的基本知识，了解当代科学技术发展的主要趋势和应用前景；掌握力学的基本原理和分析方法，掌握工程材料的基本性能和选用原则，掌握工程测绘的基本原理和方法、工程制图的基本原理和方法，掌握工程结构及构件的受力性能分析和设计计算原理，掌握土木工程施工的一般技术和过程以及组织和管理、技术经济分析的基本方法；掌握结构选型、构造设计的基本知识，掌握工程结构的设计方法、CAD 和其他软件应用技术；掌握土木工程现代施工技术、工程检测和试验基本方法，了解本专业的有关法规、规范与规程；了解给水与排水、供热通风与空调、建筑电气等相关知识，了解土木工程机械、交通、环境的一般知识；了解本专业的发展动态和相邻学科的一般知识。

3. 能力结构

具有综合运用各种手段查询资料、获取信息、拓展知识领域、继续学习的能力；具有应用语言、图表和计算机技术等进行工程表达和交流的基本能力；掌握至少一门计算机高级编程语言并能运用其解决一般工程问题；具有计算机、常规工程测试仪器的运用能力；具有综合运用知识进行工程设计、施工和管理的能力；经过一定环节的训练后，具有初步的科学研究或技术研究、应用开发等创新能力。

4. 身心素质

具有健全的心理素质和健康的体魄，能够履行从事土木工程专业的职责和保卫祖国的神圣义务。

有自觉锻炼身体的习惯和良好的卫生习惯，身体健康，有充沛的精力承担专业任务；养成良好的健康和卫生习惯，无不良行为。心理健康，认知过程正常，情绪稳定、乐观，经常保持心情舒畅，处处、事事表现出乐观积极向上的态度，对生活充满热爱、向往、乐趣；积极工作，勤奋学习。意志坚强，能正确面对困难和挫折，有奋发向上的朝气。人格健全，有正常的性格、能力和价值观；人际关系良好，沟通能力较强，团队协作精神好。有较强的应变能力，在自然和社会环境变化中有适应能力，能按照环境的变化调整生活的节奏，使身心能较快适应新环境的需要。

四、教学内容

土木工程专业的教学内容分为专业知识体系、专业实践体系和大学生创新训练三部分，它们通过有序的课堂教学、实践教学和课外活动完成，目的在于利用各个环节培养土木工程专业人才具有符合要求的基本知识、能力和专业素质。

(一) 土木工程专业知识体系

1. 土木工程专业的知识体系由四部分组成

(1) 工具知识体系

(2) 人文社会科学知识体系

(3) 自然科学知识体系

(4) 专业知识体系

2. 土木工程专业的专业知识体系

(1) 专业知识体系的核心部分分布在六个知识领域内

1) 力学原理和方法

2) 专业技术相关基础

3) 工程项目经济与管理

4）结构基本原理和方法

5）施工原理和方法

6）计算机应用技术

这六个知识领域涵盖了土木工程的所有知识范围，包含的内容十分广泛。掌握了这些领域中的核心知识及其运用方法，就具备了从事土木工程的理论分析、设计、规划、建造、维护保养和管理等方面工作的基础。上述知识领域中的107个核心知识单元及其425个知识点的集合，即构成了高等学校土木工程专业学生的必修知识。遵循专业规范内容最小化的原则，本专业规范只对上述知识领域中的核心知识单元及对应的知识点作出了规定。

附件一列出了对这些核心知识单元的学习要求。为了方便教学需要，还列举了21门核心课程以及每个知识单元的推荐学时。

（2）专业知识体系的选修部分

考虑到行业、地区人才需求的差别，以及高校人才培养目标的不同，专业规范还在核心知识以外留出选修空间。如果教学计划的课内总学时控制在2500学时，选修部分的634学时就由学校自己掌握。选修部分可以在上述六个知识领域内增加（相当于加强专业基础知识），也可以组成一定的专业方向知识，还可以两者兼而有之。选修部分反映学校办学的特色，根据学校定位、专业定位、自身的办学条件设置。高校应注意行业和地方对人才知识和能力的需求，根据工程建设的发展趋势对专业选修部分作适时地调整。

为了对部分学校加强指导，本专业规范推荐了建筑工程、道路与桥梁工程、地下工程、铁道工程四个典型方向的专业知识单元和每个方向264个推荐学时，供学校制定教学计划时参考。

（二）土木工程专业实践体系

土木工程专业实践体系包括各类实验、实习、设计和社会实践以及科研训练等形式。具有非独立设置和独立设置的基础、专业基础和专业的实践教学环节，每一个实践环节都应有相应的知识点和技能要求。

实践体系分实践领域、实践单元、知识与技能点三个层次。它们都是土木工程专业的核心内容。通过实践教育，培养学生具有实验技能、工程设计和施工的能力、科学研究的初步能力等。

1. 实验领域

实验领域包括基础实验、专业基础实验、专业实验及研究性实验四个环节。

基础实验实践环节包括普通物理实验、普通化学实验等实践单元。

专业基础实验实践环节包括材料力学实验、流体力学实验、土木工程材料实验、混凝土基本构件实验、土力学实验、土木工程测试技术等实践单元。

专业实验实践环节包括按专业方向安排的相关的土木工程专业实验单元。

研究性实验实践环节可作为拓展能力的培养，不作统一要求，由各校自己掌握。

2. 实习领域

实习领域包括认识实习、课程实习、生产实习和毕业实习四个实践知识与技能单元。

认识实习实践环节按土木工程专业核心知识的相关要求安排实践单元，可重点选择一个专业方向的相关内容。

课程实习实践环节包括工程测量、工程地质及与专业方向有关的课程实习实践单元。

生产实习与毕业实习实践环节的实践单元按专业方向安排相关内容。

3. 设计领域

设计领域包括课程设计和毕业设计（论文）两个实践环节。

课程设计与毕业设计（论文）的实践单元按专业方向安排相关内容。

每个实践单元的学习目标、所包含的技能点及其所需的最少实践时间见附件二。

（三）大学生创新训练

土木工程专业人才的培养体现知识、能力、素质协调发展的原则，特别强调大学生创新思维、创新方法和创新能力的培养。在培养方案中要运用循序渐进的方式，从低年级到高年级有计划地进行创新训练。各校要注意以知识体系为载体，在课堂知识教育中进行创新训练；以实践体系为载体，在实验、实习和设计中进行创新训练；选择合适的知识单元和实践环节，提出创新思维、创新方法、创新能力的训练目标，构建成为创新训练单元。提倡和鼓励学生参加创新活动，如土木工程大赛、大学生创新实践训练等。

有条件的学校可以开设创新训练的专门课程，如创新思维和创新方法、本学科研究方法、大学生创新性实验等，这些创新训练课程也应纳入学校的培养方案。

五、课程体系

本专业规范是土木工程专业人才培养的目标导则。各校构建的土木工程专业课程体系应提出达到培养目标所需完成的全部教学任务和相应要求，并覆盖所有核心知识点和技能点。同时也要给出足够的课程供学生选修。

一门课程可以包含取自若干个知识领域的知识点，一个知识领域中知识单元的内容按知识点也可以分布在不同的课程中，但要求课程体系中的核心课程实现对全部核心知识单元的完整覆盖。

本专业规范在工具、人文、自然科学知识体系中推荐核心课程 21 门，对应推荐学时 1110 个；在专业知识体系中推荐核心课程 21 门，对应推荐学时 712 个。专业规范在实践体系中安排实践环节 9 个，其中基础实验推荐 54 个学时，专业基础实验推荐 44 个学时，专业实验推荐 8 个学时；实习 10 周，设计 22 周。

4.4.2 高等学校给排水科学与工程本科指导性专业规范（2012）

根据住房和城乡建设部和教育部的有关要求，由高等学校给水排水工程学科专业指导委员会组织编制的《高等学校给排水科学与工程本科指导性专业规范》，通过了住房和城乡建设部人事司、高等学校土建学科教学指导委员会组织的专家评审。2012 年 11 月 12 日，住房和城乡建设部人事司、高等学校土建学科教学指导委员会下发通知，正式颁布了《高等学校给排水科学与工程本科指导性专业规范》。该规范的主要内容如下：

一、专业说明

给排水科学与工程专业是高等学校本科专业目录中工学门类土木工程类的四个本科专业之一。该专业原名称为给水排水工程专业，于 1952 年设立，2006年部分院校将该专业更名为给排水科学与工程。2012 年教育部修订颁布的《普通高等学校本科专业目录》(2012 年) 将"给水排水工程"和"给排水科学与工程"专业名称统一确定为"给排水科学与工程"（专业代码 081003）。

该专业培养从事给水排水工程规划、设计、施工、运行、管理、科研和教学等工作的高级工程技术人才，服务于水资源利用与保护、城镇给水排水、建筑给水排水、工业给水排水和城市水系统等领域。

二、培养目标

给排水科学与工程专业培养适应我国社会主义现代化建设需要，德、智、体、美全面发展，具备扎实的自然科学与人文科学基础，具备计算机和外语应用能力，掌握给排水科学与工程专业的理论知识，获得工程师基本训练并具有创新精神的高级工程技术人才。毕业生应具有从事给水排水工程有关的工程规划、设计、施工、运营、管理等工作的能力，并具有初步的研究开发能力。

三、培养规格

给排水科学与工程本科专业人才培养规格涵盖了素质、能力、知识三方面的要求。

（一）素质要求

思想素质：初步树立科学的世界观和正确的人生观，具有敬业爱岗、热爱劳动、遵纪守法、团结合作的品质，愿为人民服务，有为国家富强、民族昌盛而奋斗的责任感。

文化素质：具有基本的人文社会科学知识，在哲理、情趣、品味、人格等方面具有一定的修养，具有良好的思想品德、社会公德和职业道德。

专业素质：具有一定的科学素养，有较强的工程意识、经济意识、创新意识。

身心素质：保持心理健康，乐观豁达，积极向上。养成锻炼身体的良好习惯，达到国家规定的大学生体育合格标准，具有健康的体魄，能够承担建设祖国的任务。

（二）能力要求

获取知识的能力：具有综合应用各种方法查阅文献和资料、获取信息、拓展知识领域、继续学习提高综合素质的能力。

应用知识的能力：掌握一门外国语，具有阅读本专业外文书刊、技术资料和听说写译的初步能力。具有应用语言、文字、图形和计算机技术等进行工程表达和交流的能力。具有较熟练地应用所学专业知识和理论解决工程实际问题的能力，具有能够从事给水排水系统的规划、设计、施工、运行、管理与维护的能力。

创新能力：初步具有科学研究和应用技术开发的能力。

（三）知识要求

人文社会科学知识：具有基本的人文社会科学知识和素养，掌握必要的哲学、经济学、法律等方面的知识，在文学、艺术、伦理、历史、社会学及公共关系学等方面有一定的修养，具有一定的人文素质和社会交往能力。

自然科学知识：具有较为扎实的自然科学基础理论，为专业基础课和专业课的学习打下坚实基础。掌握高等数学及工程数学的基本理论，掌握大学物理的基本理论及其应用，掌握无机化学、有机化学和物理化学的基本原理及其实验方法和实验技能，了解信息科学的基本知识和有关技术，了解现代科学技术发展的主要趋势和应用前景。并通过相关基础理论课程的学习，培养科学的思维方法，初步具有合理抽象、逻辑推理和分析综合的能力。

专业知识：掌握给排水科学与工程的基础理论知识，包括：水力学、工程力学、水文学和水文地质学、水处理生物学、水分析化学、泵与泵站；掌握工程制图、工程测量的基本知识和技能；熟悉电工、电子学和自动控制的基本知识；掌握解决本专业工程技术问题的理论和方法，包括：水资源利用与保护、水质工程学、给水排水管网系统、建筑给水排水工程的基本原理与设计方法；熟悉给水排水工程结构、材料与设备的基础知识，熟悉工艺系统的控制原理，熟悉给水排水工程施工和运营管理的知识和方法；了解给水排水工程发展历史、相关学科的基本知识及其与本专业的关系。了解工程规划、工程设计的相关程序和有关文件要求；了解本专业有关的法律、法规、标准和规范。

四、专业知识体系

对于培养规格提及的三方面知识的要求，本规范侧重说明专业知识的内容，下面分别说明。

（一）知识体系概述

给排水科学与工程专业的知识体系划分为知识领域、知识单元及知识点三个层次。

知识体系由若干知识领域组成，知识领域又分割成知识单元，代表该知识领域内的不同组成部分，知识单元由若干知识点组成。知识单元是本专业学生必须学习的基础内容，并规定了核心学时数。知识点是知识体系结构中的最底层，代表相关知识单元中的单独主题模块。对每个知识点学习要求，由高到低依次分为掌握、熟悉和了解三个程度。

（二）核心知识领域

本规范共确定了专业知识体系的 6 个核心知识领域。

（三）知识单元

本规范规定的知识单元核心学时为各高校执行的最低学时限值，其相应的知识单元内容是给排水科学与工程专业本科生获得学士学位必须具有的知识。知识单元中的知识点和核心学时并不能完全代表该知识单元的全部内容和要求，在具体实践中各高校可根据自身办学特点适当增加教学内容和教学时数，但其教学计划中必须包括本规范规定的知识单元的教学内容。

五、专业教学内容

（一）专业理论教学

给排水科学与工程专业的理论教学按专业知识体系的 6 个核心知识领域展开：

（1）专业理论基础

（2）专业技术基础

（3）水质控制

（4）水的采集和输配

（5）水系统设备仪表与控制

（6）水工程建设与运营

本规范在专业知识体系中设置的 6 个核心知识领域由 116 个知识单元、485 个知识点、共计 429 个核心学时组成，对应 16 门推荐课程。遵循专业规范内容最小化的原则，上述核心知识领域中的知识单元和知识点作为给排水科学与工程专业的必备知识。在此基础上，各学校应选择一些反映学科前沿及学校特色的系列课程，构建各高校给排水科学与工程专业的课程体系。

（二）专业实践教学

实践教学体系分实践环节、实践单元、知识技能点三个层次。实践教学有课程实验、实习、设计和社会实践以及科研训练等多种形式，包括非独立设置和独立设置的基础、专业基础和专业课的实践教学环节；而对于每一个实践环节都应有相应的知识点和相关技能的要求。通过实践教学，学生具有实验技能、工程设计和施工的能力及科学研究的初步能力等。

本规范规定的实践教学内容由实验、实习和设计三个实践环节组成。

1. 实验

实验教学一方面向学生传授实验基础理论知识，包括仪器仪表的工作原理、测量方法、误差分析、实验原理等，另一方面训练学生的基本实验技能，包括仪器设备的操作使用、维护、实验内容的设计与实验数据的整理等。

2. 实习

通过实习教学环节，学生学习给水排水工程设施的施工、运行、维护与管理知识，学习现行的有关规范、标准与规程。

3. 课程设计

通过课程设计，本科生加大对专业知识的理解与认识，学习有关设计规范与技术标准，掌握工程设计的基本方法，培养工程设计的能力。

4. 毕业设计（论文）

毕业设计（论文）是实践教学的重要环节，也是本科生动手能力的综合训练。在毕业设计（论文）中，本科生要接受综合应用所学知识、分析解决给水排水工程基本问题能力的训练。

（三）创新能力训练

创新能力训练可结合知识单元、知识点，融入创新的教学方式，强调学生创新思维、创新方法和创新能力的培养，提出创新思维、创新方法、创新能力的训练目标，构建形式多样的创新训练单元。创新能力训练应在全部本科生的教学和管理工作中贯彻和实施，包括：以知识体系和实践环节为载体，通过授课、实验、实习和设计等环节培养学生创新意识；开设有关创新思维、创新能力培养和创新方法的相关课程；提倡和鼓励学生参加创新活动。

六、专业的基本教学条件

（一）师资队伍

应具有知识结构合理的专业师资队伍，有专业理论基础、专业技术基础、水质控制、水的采集和输配、水系统设备仪表与控制、水工程建设与运营等方面的专任教师；本学校教师能独立承担全部专业基础课和专业课的教学，其中专业课教师原则上应是给排水科学与工程专业或相关专业毕业的研究生。

专任教师必须具备高校教师资格，职称结构与年龄结构合理，具有硕士以上学位和讲师以上职称的教师占专任教师的比例不低于85％。

设有专业教学机构，担任主要专业基础课和专业课的专任教师人数10人以上，每名教师指导的毕业设计（论文）学生人数不宜超过10人。

专业课教师应有一定的实践经验和相对稳定的教学方向。

（二）教材

选用的教材应符合本专业培养目标和基本规格的要求，优先选用由专业指导委员会组织编写的国家级、省部级规划教材和专业指导委员会推荐教材，专业课程使用最新版教材的比例应不低于50％，适当选用多媒体教材。

（三）图书资料

图书资料除了符合教育部关于高等学校本科专业设置必备的有关条件外，还应满足如下要求：

（1）本专业相关书籍5000册以上，专业期刊50种以上（包括电子期刊），有一定数量的外文专业期刊；

（2）本专业有关的主要现行法律法规、标准、规范和设计手册等文件资料；

（3）反映实际工程特点的工程设计图纸、相关资料和文件；

（4）提供网络环境下的信息服务；

（5）保证一定的图书资料更新比例。

（四）实验室

应设有专业基础课和专业课实验室，满足本规范附表2-2所列实验单元的教学要求。

实验室设备拥有率应满足操作性实验每组不多于5人、演示性实验每组不多于20人；仪器设备完好；有健全的实验室管理制度。

应保证一定数额的年度实验经费，用于耗材补充和实验仪器设备必要的更新。

（五）实习基地

应设有相对稳定的校外实习基地3个以上，包括水厂、污水处理厂等，满足本规范所列实习单元的基本要求；有健全的实习基地管理制度。

有一定数量的专业技术人员担任校外实习指导教师。

（六）教学经费

教学经费应能保证教学工作的正常进行。

对于新建专业，应有一定数额的新建专业建设经费。

（七）主要参考指标

（1）主要专业基础课和专业课的专任教师人数10人以上；

（2）具有硕士以上学位和讲师以上职称的教师占专任教师的比例不低于85％；

（3）每名教师指导的毕业设计（论文）学生人数不宜超过10人；

（4）有关给排水科学与工程的专业书籍5000册以上；

（5）专业期刊50种以上（包括电子期刊），有一定数量的外文专业期刊；

（6）实验室设备拥有率应满足操作性实验每组不多于5人、演示性实验每组不多于20人；

（7）有相对稳定的校外实习基地3个以上。

4.4.3 高等学校建筑环境与能源应用工程本科指导性专业规范（2012）

根据住房和城乡建设部和教育部的有关要求，由高等学校建筑环境与设备工程学科专业指导委员会组织编制的《高等学校建筑环境与能源应用工程本科指导性专业规范》，通过了住房和城乡建设部人事司、高等学校土建学科教学指导委员会的审定。2012年12月26日，住房和城乡建设部人事司、高等学校土建学科教学指导委员会下发通知，正式颁布了《高等学校建筑环境与能源应用工程本科指导性专业规范》。该规范的主要内容如下：

一、专业状况和指导性专业规范

1. 专业的主干学科

建筑环境与能源应用工程（专业代码081002）属于工学土木类本科专业（专业代码0810）之一，对应的主干学科为工学一级学科土木工程（专业代码0814）。研究生授予学位专业为供热、供燃气、通风及空调工程（专业代码081404）。

建筑环境与能源应用工程的英文名称为：Building Environment and Energy Engineering。

2. 专业的任务和社会需求

建筑环境与能源应用工程专业的任务是以建筑为主要对象，在充分利用自然能源基础上，采用人工环境与能源利用工程技术去创造适合人类生活与工作的舒适、健康、节能、环保的建筑环境和满足产品生产与科学实验要求的工艺环境，以及特殊应用领域的人工环境（如地下工程环境、国防工程环境、运载工具内部空间环境等）。

随着社会经济发展和科技进步，人类居住、产品生产等对建筑环境的要求逐渐提高，建筑能耗快速增长，对建筑环境与能源应用工程专业的人才培养与科学研究提出了更高的要求，人才需求也不断增长，本专业具有良好的就业前景。

3. 专业发展的历史概况

20世纪50年代初期，为了解决第一个五年计划的156项重点建设项目（建立我国的重工业基地和国防工业基地）的"三北地区"采暖、工厂通风与建筑空调问题，在哈尔滨工业大学、清华大学、同济大学、东北工学院（转入现西安建筑科技大学）、天津大学、重庆建筑工程学院（并入重庆大学）、太原工学院（现太原理工大学）、湖南大学八所高校先后设立"供热、供煤气及通风"专业，形成了与当时我国社会经济发展相适应、以保障工业生产环境和城市建设相结合的本专业高等技术人才培养的基本格局。20世纪70年代专业名称改为"供热通风"；70年代后期，"供热通风"专业名称改为"供热通风与空调工程"，同期在重庆建筑工程学院、哈尔滨建筑工程学院、同济大学、北京建筑工程学院、武汉城市建设学院（现并入华中科技大学）等高校专门开始招收燃气专业，设有本专业的院校增至16所。20世纪80年代后期，本专业方向进一步扩展为采暖、通风、空调、空气洁净、制冷、供热、供燃气。1987年专业目录调整为"供热、供燃气、通风及空调工程"与"城市燃气工程"两个专业。1998年普通高等学校本科专业目录将本科专业"供热、供燃气、通风及空调工程"与"城市燃气工程"专业合并调整为"建筑环境与设备工程"，设有本专业的院校增至68所。进入21世纪，随着我国城镇建设、工业建设快速发展，人才需求锐增，截至2011年底，设置本专业的高等院校发展到181所，在校生人数4.25万人。2012年普通高等学校本科专业目录中把建筑智能设施（部分）、建筑节能技术与工程两个专业纳入本专业，专业范围扩展为建筑环境控制、城市燃气应用、建筑节能、建筑设施智能技术等领域，专业名称调整为"建筑环境与能源应用工程"。

2002年本专业开始实施与注册工程师执业资格相配套的高等学校本科专业评估，截至2012年6月通过本科专业评估的院校达到29所，它们已成为该专业发展的骨干高校。

2003年本专业对应的注册工程师实施执业资格考试，在资格考试的基础（公共基础、专业基础）考试、专业考试大纲中，明确了本专业工程师需要掌握的知识体系。

4. 专业的发展战略

根据《国家中长期教育改革和发展规划纲要（2010—2020年）》的要求，本专业要注重提高人才培养质量，加强专业知识体系建设，做好实验室、校内外实习基地、课程教材等教学基本建设，深化教学改革，强化实践教学环节，推进技术创新创业教育，全面实施高校本科教学质量与教学改革工程。

（1）满足社会发展对建筑环境与能源应用工程专门人才的需求

随着全球人口增长、资源受限、能源紧缺所引发的矛盾日渐尖锐，我国城镇化、工业化进程仍存在较大的发展空间。因此，本专业必须满足行业发展的人才需求，不断提升教学理念，根据需求优化本专业知识体系和教学方法，不断完善及更新教学内容。

(2) 重视培养学生的实践能力，突出创新人才培养

根据社会对本专业毕业生实践能力的需求，应进一步加强创新型的人才培养，把创新的意识、思维、方法以及能力的培养要贯穿在整个教学过程中。本专业需在理论教学和实践训练之间找好结合点，把实验（试验）、实习、设计、工程案例、课外科技活动等实践性环节作为知识传授、创新能力培养的载体，不断完善人才培养方案，优化教学计划，通过实践教学环节深化对专业理论知识的掌握。加强具有创新性实践能力的师资队伍建设、校内外实践基地的建设与管理、创新平台的建设与完善。

(3) 鼓励在宽口径基础上办好本专业

由于历史原因，过去我国许多高校隶属于行业或地方，长期在某一方向开办本专业。今后一段时间内，需按照指导性专业规范进行宽口径的专业建设，根据学校所在地域、行业以及学校的办学特点，在拓宽专业口径的基础上办出特色，以满足国家经济建设对专业人才的多样化需求。

(4) 进一步加强现有本专业的高校在教学基础条件上的建设力度

目前全国设有本专业的院校大多数是 1999 年以后新办的，一般招生量比较大，在师资、实验室、图书资料等方面建设需要加大投入，通过多种途径总结交流教学经验，提高办学质量。今后一个时期内，专业指导委员会需搭建多种形式的办学交流平台，引导这些院校围绕专业人才培养质量和办学特色进行建设，鼓励这些院校积极参加专业教学质量评估。

(5) 加强特色专业、精品课程、规划教材的建设

本专业教学要有国际视野，进一步加强国际合作交流，博采众长。各高校要通过本专业教学科研团队建设，促进本专业本科教学，创建特色课程，形成精品课程体系。专业指导委员会也要规划教材体系，组织专业水平高、教学经验丰富的教师编写宽口径、与课程体系密切衔接的课程教材。

5.专业规范的说明

(1) 基本原则

本专业规范制定的基本原则为：多样化与规范性相统一；拓宽专业口径；规范内容最小化；核心知识点为最基本要求。

"多样化与规范性相统一"的原则是既坚持统一的专业标准，又允许学校多样性办学，鼓励办出特色；

"拓宽专业口径"的原则主要体现为专业规范按照专业知识体系要求构建宽

口径的知识单元；

"规范内容最小化"的原则体现为专业规范所提出的知识单元和实践技能占用总学时比例尽量少，为各学校留有足够的办学空间，有利于推进学校特色的建设；

"核心知识点为最基本要求"的原则主要是指本专业规范只提出了反映本专业知识单元的基本要求。这种做法有利于鼓励不同院校在满足本专业本科教育基本要求的基础上，充分发挥各自的办学特色。

（2）知识体系构建

本专业知识体系由知识领域、知识单元及核心知识点三个层次组成，每个知识领域包含若干个知识单元，知识单元是本专业知识体系的最小集合，知识单元中包含了核心知识点。在规要求的知识体系外，由各高校根据本校实际情况设置选修内容，避免雷同。

在自然科学、工程技术基础、专业基础、专业知识内容中要注重知识领域、知识单元、核心知识点之间的关系，注意知识传授的递进，明确对知识体系学习要求的深度（掌握、熟悉、了解），通过本专业学习使学生具有扎实的理论基础和系统宽广的专业知识。

（3）课程体系设置

课程体系是实现知识体系教学的基本载体，专业核心课程是对应本专业知识领域设置的必修课程。本专业规范鼓励各院校根据本校实际情况（学校学科体系、地域或行业的人才需求、设置的专业方向、师资的结构与水平、生源与知识基础）进行课程体系重新设置。但要注意设置的课程体系必须涵盖本专业要求的知识领域、知识单元及其核心知识点，课程名称及其内容组合可根据各校的具体情况进行合理的设置，并明确给出本专业的核心课程以及其他课程需完成的教学任务、相应的学时和学分。

二、专业培养目标

培养具备从事本专业技术工作所需的基础理论知识及专业技术能力，在设计研究、工程建设、设备制造、运营等企事业单位从事采暖、通风、空调、净化、冷热源、供热、燃气等方面的规划设计、研发制造、施工安装、运行管理及系统保障等技术或管理岗位工作的复合型工程技术应用人才。

三、专业培养规格

本专业培养的毕业生应达到如下知识、能力与素质的要求：

1.政治思想

具有强烈的社会责任感、科学的世界观、正确的人生观，求真务实的科学态度，踏实肯干的工作作风，高尚的职业道德以及较高的人文科学素养。

具有可持续发展的理念，以及工程质量与安全意识。

2. 知识结构

具有基本的人文社会科学知识，熟悉哲学、政治学、经济学、社会学、法学等方面的基本知识，了解文学、艺术等方面的基础知识，掌握一门外国语。

具有扎实的数学、物理、化学的自然科学基础，了解现代物理、信息科学、环境科学的基本知识，了解当代科学技术发展的主要方面和应用前景。

掌握工程力学（理论力学和材料力学）、电工学及电子学、机械设计基础及自动控制等有关工程技术基础的基本知识和分析方法。

掌握建筑环境学、流体力学、工程热力学、传热学、热质交换原理与设备及流体输配管网等专业基础知识；系统掌握建筑环境与能源应用领域的专业理论知识、设计方法和基本技能；了解本专业领域的现状和发展趋势。

熟悉本专业施工安装、调试与试验的基本方法；熟悉工程经济、项目管理的基本原理与方法。

了解与本专业有关的法规、规范和标准。

3. 能力结构

（1）具有应用语言（包括外语）、文字、图表、计算机和网络技术等进行工程表达和交流的基本能力。

（2）具有综合应用各种手段查询资料、获取信息的能力，以及拓展知识领域、继续学习的能力。

（3）具有一定的国际视野和跨文化环境下的交流、竞争与合作的初步能力。

（4）具有综合运用所学专业知识与技能，提出工程应用的技术方案、进行工程设计以及解决本专业一般工程问题的能力。

（5）具有使用常规测试仪器仪表的基本能力。

（6）具有参与施工、调试、运行和维护管理的能力，具有进行产品开发、设计、技术改造的初步能力。

（7）具有应对本专业领域的危机与突发事件的初步能力。

4. 身体素质

具有健全的心理和健康的体魄，掌握保持身体健康的体育锻炼方法，能够胜任并履行建设祖国的神圣义务，能够胜任建筑环境与能源应用工程专业的工作。

四、专业教学

1. 专业的知识体系

建筑环境与能源应用工程专业培养的学生应系统掌握的本专业知识体系包括通识性知识、自然科学和工程技术基础知识、专业基础知识及专业知识。本专业知识体系包括的主要知识领域为：

(1) 热科学原理和方法；

(2) 力学原理和方法；

(3) 机械原理和方法；

(4) 电学与智能化控制；

(5) 建筑领域相关基础；

(6) 建筑环境控制与能源应用技术；

(7) 工程管理与经济；

(8) 计算机语言与软件应用。

建筑环境与能源应用工程的知识体系的教学包括课程教学和实践教学。课程教学是知识体系教学的基本载体。

2.知识体系的课程教学

(1) 课程教学的基本设置

建筑环境与能源应用工程专业的知识体系的内容及其教学类别的基本设置见表1，主要包括：通识知识课程教学；自然科学和工程技术基础知识课程教学；专业基础知识课程教学；专业知识课程教学。

通识知识、自然科学和工程技术基础的知识课程教学一般由学校统一安排，本专业主要承担专业基础知识的课程教学、专业知识的课程教学。

(2) 专业知识领域与知识单元

专业知识领域是指反映本专业特性和特点的知识体系的构成部分，核心课程是进行本专业知识体系教学设置的基本课程，本规范中列出的知识单元主要对应专业基础知识与专业知识，应作为各校设置核心课程的必修内容。

各校在课程体系中可以按本规范规定的知识单元内容进行核心课程设置，可以根据本校实际情况分设课程或合并课程进行设置。有关计算机语言与软件应用知识领域的核心课程可按工科非计算机专业要求进行设置，机械原理和方法知识领域的核心课程可按工科非机类或近机类专业要求进行设置。

与各专业知识领域相对应的知识单元为：

1) 热学原理和方法：工程热力学、传热学、热质交换原理与设备；

2) 力学原理和方法：理论力学、材料力学、流体力学、流体输配管网；

3) 机械原理和方法：机械设计基础、画法几何与工程制图；

4) 电学与智能化控制：电工与电子学、自动控制基础、建筑设备系统自动化；

5) 建筑领域相关基础：建筑环境学、建筑概论；

6) 建筑环境控制与能源应用技术：建筑环境控制系统（建筑环境方向）、冷热源设备与系统（建筑环境方向）、燃气储存与输配（建筑能源方向）、燃气燃烧与应用（建筑能源方向）、建筑环境与能源系统测试技术；

　　7）工程管理与经济；

　　8）计算机语言与软件应用。

　　构成专业知识领域的知识单元应作为必修内容。各校在课程体系中可以按本规范规定的知识单元内容进行课程设置，可以根据本校实际情况分设课程或合并课程进行设置。

　　（3）关键专业基础知识单元

　　建筑环境与能源应用工程知识体系的实践教学由实验、实习、设计、科研训练等方式进行。实践教学的作用主要是培养学生具有实验基本技能、工程设计和施工的基本能力、科学研究的初步能力等。

4.4.4　高等学校建筑学本科指导性专业规范（2013）

　　根据住房和城乡建设部和教育部的有关要求，由高等学校建筑学学科专业指导委员会组织编制的《高等学校建筑学本科指导性专业规范》，通过了住房和城乡建设部人事司、高等学校土建学科教学指导委员会的审定。2013年11月25日，住房和城乡建设部人事司、高等学校土建学科教学指导委员会下发通知，正式颁布了《高等学校建筑学本科指导性专业规范》。该规范的主要内容如下：

　　一、学科基础

　　1.主干学科

　　建筑学（Architecture）专业属于《普通高校本科专业目录（2012版）》中工学门类（代码08）、建筑类（代码0828）、建筑学专业（代码082801），与城乡规划（代码082802）、风景园林（代码082803）、历史建筑保护工程（特设专业，代码082804T）并列。在《学位授予和人才培养学科目录（2011版）》中对应的研究生授予学位是工学"建筑学"一级学科（代码0813）和建筑学硕士专业学位（代码0851）。

　　在《建筑学一级学科设置说明》中，建筑学的主要研究方向有"建筑设计及其理论"、"建筑历史与理论及历史建筑保护"、"建筑技术科学"、"城市设计及其理论"、"室内设计及其理论"等。

　　（1）建筑学专业的内涵

　　建筑学，从广义上来说，是研究建筑及其环境的学科。在通常情况下，它更多的是指与建筑设计及建造相关的技术和艺术的综合。因此，建筑学是一门横跨工程技术和人文艺术的学科。建筑学所涉及的建筑技术和建筑艺术，虽有明确的不同，但相互间又密切联系，其侧重点随具体情况和建筑类型的不同而有所差别。

建筑学涉及相当广泛的社会、文化、技术和经济领域。建筑学与城乡规划学、风景园林学三个一级学科共同构成一个相互依存的学科群。建筑学包括建筑历史与理论、历史建筑保护、建筑设计、城市设计、旧城更新改造、居住区规划设计、建筑物理、建筑构造技术、室内设计和装饰等内容。此外，建筑学还涉及建筑结构、建筑设备、建筑环境设施、建筑防灾减灾、建筑节能等相关技术领域。

随着城镇化进程的加快，产业结构的变化，城市环境问题的日渐突出和生态可持续发展的要求，使得建筑学在今后相当长的时期面临更大的挑战。建筑技术的进步，结构理论的发展，新材料和新设备的运用，生态与低碳技术的引入，计算机技术进入建筑设计领域所引起的设计方法论发展，深刻地影响建筑学的发展，并为建筑学开拓出一个前所未有的广阔天地。

（2）建筑学专业的任务和社会需求

建筑学专业培养的人才，其服务面向城乡建设的各个领域。毕业生可从事建筑、城乡规划、风景园林的设计与规划，以及管理、教育、科研、开发、产业、咨询等方面的工作。根据现行规定，我国建筑学专业的毕业生经过规定的职业实践训练，可以参加注册建筑师或注册城市规划师等执业资格考试。

2. 相关学科和专业

（1）城乡规划（专业代码082802）

城乡规划专业是以可持续发展思想为理念，以城乡社会、经济、环境的和谐发展为目标，以城乡物质空间为对象，以城乡土地使用分配为主要手段；通过城乡规划的编制、公共政策的制定、建设实施的管理，实现城乡发展的空间资源合理配置和动态引导控制的多学科的复合型专业。

城乡规划按对象分为国土规划，区域规划，城镇体系规划，城、镇、乡、村规划等。城乡规划内容涵盖城乡物质环境的空间形态、土地使用、道路交通、市政设施、服务设施、住房和社区、生态和环境、遗产保护、地域文化、防灾减灾规划等。

（2）风景园林（专业代码082803）

风景园林专业是综合运用科学与艺术的手段，研究、规划、设计、管理自然和建成环境的应用型学科，以协调人与自然之间的关系为宗旨，保护和恢复自然环境，营造健康优美的人居环境。

风景园林专业研究的主要内容有：风景园林历史与理论、园林与景观设计、地景规划与生态修复、风景园林遗产保护、风景园林植物应用、风景园林技术科学等。

（3）历史建筑保护工程（特设专业代码082804T）

历史建筑保护工程专业是综合建筑学的基本知识和理论和建筑历史演变规

律，在深入了解历史建筑的形制及工艺特征的基础上，运用建筑学、文博及历史建筑保护技术等各类知识，以建筑设计、规划设计和园林设计为手段，完成对历史建筑的保护与再生，使之成为人类社会可持续发展的重要组成部分。

历史建筑保护工程专业研究的内容有：历史建筑保护工程的基本理论、历史建筑形制与工艺、建筑设计、规划设计和园林设计、建筑历史、建筑技术、保护技术、城市史、艺术史、文博等。

(4) 土木工程（专业代码为 081001）

土木工程专业是建筑、岩土、地下建筑、桥梁、隧道、道路、铁路、矿山建筑、港口等工程的统称，其内涵为用各种建筑材料修建上述工程时的生产活动和相关的工程技术，包括勘测、设计、施工、维修、管理等。

土木工程的主要工程对象为建筑工程、道路与桥梁工程、地下建筑与隧道工程、铁道工程等。主干学科为结构工程学、岩土工程学、流体力学等；重要基础支撑学科有数学、物理学、化学、理学、材料科学、计算机科学与技术等。

二、培养目标

建筑学专业培养适应国家经济发展和城乡建设需要，具有扎实的建筑学专业知识和设计实践能力，具有创造性思维、开放视野、社会责任感和团队精神，具有可持续发展和文化传承理念，主要在建筑设计单位、教育和科研机构、管理部门等，从事建筑设计、教学与研究、开发与管理等工作的高级专门人才。

三、培养规格

建筑学专业学制为五年或四年五年制建筑学专业可申请参加专业教育评估，通过后可授予建筑学学士学位。毕业生应具有以下方面的素质、知识和能力。

1. 素质要求

(1) 思想素质

坚持正确的政治方向，遵纪守法，愿为人民幸福和国家富强服务；有科学的世界观和积极的人生观，诚实正直，具有良好的团队合作精神；关注人类生存环境，具有良好的生态和环境保护意识。

(2) 文化素质

具备较丰富的人文学科知识和良好的艺术修养，熟悉中外优秀文化，具有国际视野和与时俱进的现代意识。

(3) 专业素质

具备基本的科学思维，掌握一定的设计与研究方法，有求实创新的意识和精神，在专业领域具有较好的综合素养。

(4) 身心素质

具备良好的人际交往能力和心理素质，具有健康的体魄和良好的生活习惯。

2. 知识要求

（1）工具性知识

基本掌握一门外国语，掌握基本的计算机及信息技术应用，掌握基本的文献检索方法，掌握本学科相关的基本方法论；熟悉一般的科技研究方法，熟悉科技写作。

（2）人文社会科学知识

了解哲学、经济学、法律、社会发展史等方面必要的知识；了解社会发展规律和时代发展趋势；了解文学、艺术、伦理、历史、社会学及公共关系学、心理学等若干方面的知识。

（3）自然科学知识

熟悉相应的高等数学基本原理；了解物理学、力学、材料学、测量学、生态学、信息工程学、环境科学等学科的基本知识；了解现代科技发展的主要趋势和应用前景。

（4）专业知识

掌握建筑设计的基本原理和知识，掌握建筑设计的基本技能和方法，掌握城市设计、室内设计的基本方法；掌握与本学科相关的设计表达方法；掌握建筑构造、建筑力学、建筑结构的基本知识。

熟悉建筑艺术表现的基本技能；熟悉中外建筑历史与理论；熟悉建筑材料、建筑物理（声、光、热）、建筑设备（水、暖、电）、建筑数字技术的基本知识；熟悉建筑经济的基本知识；熟悉与建筑设计和城乡规划相关的法规、方针和政策。

了解土木工程、环境工程、市政工程、经济学、管理学等方面的基本知识；了解城乡规划、风景园林等相关专业的基本原理及知识；了解建筑管理与施工的基本知识；了解可持续发展的基本知识。

3. 能力要求

（1）获取知识的能力

具有获得信息、拓展知识领域、自主学习并不断提升的能力。

（2）应用知识的能力

具有根据相关知识和要求，进行调查研究、提出问题、分析问题、解决问题并完成设计方案的能力。

（3）创新的能力

具有开放的视野、批判的意识、敏锐的思维及相应的创新设计能力。

（4）表达和协调的能力

具有图形、文字、口头等表达设计的综合能力；具有一定的与工程项目相关的组织、协调、合作和沟通的能力。

四、教学内容

建筑学专业教学内容由专业知识体系、专业实践体系和创新能力培养等三方面构成；具体的教学方式为课堂教学、实践训练、能力培养。

1. 知识体系

（1）建筑学专业的知识体系

建筑学专业的知识由以下四个体系组成：①工具性知识；②人文社会科学知识；③自然科学知识；④专业知识。

（2）专业知识体系中的知识领域

建筑学的"专业知识"体系由以下六个知识领域组成：①专业基础：进行专业知识和技能学习的前导；②建筑设计：直接指导建筑学专业的核心，是建筑设计的知识和能力的学习；③建筑历史与理论：以中外建筑历史与理论为主体的知识，构成建筑学专业的理论平台；④建筑技术：以建筑结构、建筑物理、环境控制技术、建筑数字技术等知识为主体，构成建筑设计的技术支撑；⑤建筑师执业基础：与建筑师执业相关的法律、法规、策划、合同、管理、职业道德等的基础知识；⑥建筑相关学科：与建筑学紧密相关的其他学科知识。

（3）知识领域的核心部分

以上六个知识领域涵盖了建筑学的核心知识范围，构成了高等学校建筑学专业的必修知识。掌握这些领域中的知识及其运用方法，是建筑师分析、思考、设计、规划、管理等方面工作的基础。

本专业规范遵循专业规范内容最小化原则，仅对上述知识领域中的核心知识单元及对应的知识点作出规定；各校制定教学计划时，除满足核心知识要求外，可以为体现学校专业特色而增加特定内容。

2. 实践体系

实践教学是建筑学专业教学中重要的环节，是培养学生综合运用知识，接触实际、接触社会、培养动手能力和创新精神的关键环节，其作用是理论教学无法替代的。实践教学体系分各类实验、实习、设计和社会实践以及科研训练等多个领域和形式；包括非独立设置和独立设置的基础、专业基础和专业实践教学环节；每一个实践环节都有相应知识与技能点要求。

实践体系分实践领域、实践单元、实践技能点三个层次。它们是建筑学专业的核心内容。通过实践教育，培养学生具有实验技能、建筑设计和表达能力、科学研究等的基本能力。

（1）实验领域

实验包括专业基础实验和研究性实验两类，本规范仅对专业基础实验提出要求。

专业基础实验包括建筑声学、光学、热工学等。

（2）实习领域

实习包括认识实习、课程实习、生产实习、毕业实习四类。

认识实习是按建筑学专业的相关要求设置的，包括建筑环境认知实习和建筑认识实习等。

课程实习是按相关课程的要求设置的，包括建筑测量实习、历史建筑测绘实习、素描实习、色彩实习、计算机实习、建筑快速设计训练等。

生产实习是按执业训练要求设置的。

毕业实习是按不同专业兴趣和方向设置的。

（3）设计领域

设计包括各年级建筑设计课程、建筑结构课的课程设计和毕业设计（论文），其中后两者为实践环节。

毕业设计（论文）选题按综合性、研究型和一定的复杂性要求设置。

3.创新训练

建筑学专业的整个教学和管理工作应贯彻和实施创新训练，包括：以知识体系为载体，在课堂知识教学中的创新，结合知识单元、知识点，形成创新的教学方式；以实践体系为载体，在实验、实习和设计中体现创新，强调创新方法和创新能力的培养。

开设有关创新与批判思维、能力和方法的相关课程，构建创新训练单元。创新活动形式多样，以培养学生知识、能力、素质协调发展的能力和创新能力。开设的创新课程可采用授课、讲座、讨论和实践等多种方式进行。

提倡和鼓励学生参加创新活动，如建筑设计竞赛等。

五、课程体系

知识体系、实践体系、创新训练是建筑学专业教育的基本框架，以此构建相应的课程及体系，从而实现教学目标。

建筑学专业课程体系由各院校根据本规范制定，其教学内容应覆盖本规范教学内容的全部知识单元和实践单元。同时，各院校可根据学科前沿和学校特色设置相应课程。

理论型课程可以由一个或多个知识领域构成一门课程，也可以从各知识领域中抽取相关的知识单元组成课程，但最后形成的课程体系应覆盖本规范的知识单元。

实践型课程形式可以多样化，但应按照课程来进行组织和管理。实践型课程需满足实践能力培养和创新训练的需要，覆盖本规范实践体系和创新训练的各单元。

本规范在"工具性知识"、"人文社会科学知识"、"自然科学知识"三个体系中列出 15 门参考课程，对应 768 个参考学时；在"专业知识"体系中列出 23 门参考课程，对应 1800 个参考学时；在"专业实践"体系中列出 15 个实践单元，对应 20 个参考学时 +41 周，其中实验 20 个参考学时，实习 25 周，设计 16 周。

六、基本办学条件

1. 教师队伍

（1）鉴于建筑学专业的教学特点，专业教师数与学生数的比例不小于 1∶12；建筑设计课程每位教师指导学生数不多于 15 人；毕业设计（论文）每位教师指导学生数不多于 8 人。专职教师编制数应与招生人数相适应。

（2）承担专业课程的任课教师不少于 2 人 / 门。专业教师中有高级技术职称的不少于 30%，有研究生学历的不少于 70%。由受过专业系统培训的讲师及以上职称的教师或有实际经验的高级建筑(工程)师担任主要专业课的讲授任务。

（3）具有建筑设计、建筑历史、建筑技术、美术及城乡规划、风景园林专业背景的教师，能独立承担 80% 以上的专业课程，兼职教师人数不得超过本系（院）专任教师人数的 20%。

（4）教师队伍形成梯队，能开展相应的科研活动和建筑设计实践，有较为稳定的科研方向并取得一定的科研成果。

（5）公共课、基础课、专业基础课的教师数量能满足教学需要。

2. 教学空间

（1）须具备专用和固定教学场所。其他运动场地、活动场地、实验场地、实习场地等条件必须满足国家有关规定的基本要求。

（2）须按年级或班级配备专用和固定的设计教室；教室中有各小组讨论空间，教室面积不小于 3 平方米 / 学生。每位学生有相对固定的设计桌椅，配有照明、插座、网络等设施。

（3）配备满足至少一个年级同时上课的多媒体教室；配备建筑材料和构造实物示教场所。

（4）有满足至少一个年级同时评图（模型）的室内空间。

3. 实验与实践条件

须配备建筑物理实验室、视觉艺术 / 美术教室、造型实验室 / 模型制作室，有相对稳定的生产实习基地。

（1）建筑物理实验室

拥有能完成建筑物理课必须开设的声学、光学、热工学等教学实验任务的仪器设备，实验项目开出率 80% 以上。

（2）视觉艺术 / 美术教室

满足建筑学专业至少一个年级同时上课的教学需要。

（3）造型实验室 / 模型制作室

满足安全加工模型材料的要求，配备对基本模型材料加工的器械。

（4）实习基地

有相对稳定的校内外实习单位作为专业实习基地。

4. 图书资料

除了要符合国家教育部关于高等院校设置必备的图书资料外，还应满足下列要求。

（1）有关建筑设计、城乡规划、风景园林、建筑历史、建筑技术、美术等方面的专业书籍8000册以上。

（2）有关建筑设计、城乡规划、风景园林、建筑历史、建筑技术、美术等方面的专业中文期刊30种以上；专业外文期刊20种以上。

（3）图书、期刊不少于4种语言文字。

（4）有齐全的现行建筑法规文件资料及基本的工程设计参考资料。

（5）有一定数量的教学数据库（含音像、电子文献），可提供基本的网络检索。

5. 教学文件管理

有齐全的教学文件和教学管理档案，有专门的教学管理人员，有专门的教学文件、档案、学生作业的存放空间。

（1）稳定的专职教学管理人员不少于2人。

（2）有专门的评图、讨论、展示空间，有教学文件、档案及学生作业、模型的存放空间。

6. 教学经费

教学经费须保证教学工作的正常进行。

4.4.5 高等学校城乡规划本科指导性专业规范（2013）

根据住房和城乡建设部和教育部的有关要求，由高等学校城乡规划学科专业指导委员会组织编制的《高等学校城乡规划本科指导性专业规范》，通过了住房和城乡建设部人事司、高等学校土建学科教学指导委员会的审定。2013年8月6日，住房和城乡建设部人事司、高等学校土建学科教学指导委员会下发通知，正式颁布了《高等学校城乡规划本科指导性专业规范》。该规范的主要内容如下：

城乡规划专业（Urban and Rural Planning）属于工学门类的建筑类专业（代码为082802），对应的研究生授予学位是工学"城乡规划学"一级学科（学科专业代码0833）和城市规划硕士专业学位（专业学位代码0853）。

本专业规范是高等学校城乡规划学科专业指导委员会编制的城乡规划专业本科人才培养的基本要求和规定，适用于五年制本科，四年制本科参照执行。

一、专业概述

1. 城乡规划专业教育发展历史与现状

城乡规划专业是以可持续发展思想为理念，以城乡社会、经济、环境的和谐发展为目标，以城乡物质空间为核心，以城乡土地使用为对象，通过城乡规划的编制、公共政策的制定和建设实施的管理，实现城乡发展的空间资源合理配置和动态引导控制的多学科的复合型专业。

城乡规划包括国土规划、区域规划、城镇体系规划、城市规划、镇规划、乡规划和村庄规划。城乡规划专业的主要领域涵盖城乡物质环境的空间形态、土地使用、道路交通、市政设施、服务设施、住房和社区、生态和环境、遗产保护、地域文化、防灾减灾规划等。

城乡规划专业源自建筑学、城市设计和市政工程学科。20世纪50年代，城乡规划专业逐步引入了人文、地理和社会学科等；20世纪60年代，导入了数理统计、数学模型和计算机等新技术和新方法；20世纪70年代，融入了资源、环境和生态学科等，公共管理理论也被大量引入城乡规划；20世纪90年代，开始应用地理信息系统、信息技术。进入21世纪，深化了公共管理在城乡规划中的融合，并正在导入移动网络信息技术的应用，开拓城市文化创意与创新的研究方向。

1952年全国高校院系调整时，同济大学创办了我国第一个城市规划本科专业，时称"城市建设与经营"专业。1956年清华大学和重庆建筑工程学院以建筑学为学科基础设立了城市规划本科专门化，同济大学设立了城市规划专业。1987年、1993年、1998年的三次本科专业目录为"城市规划"专业，2012年新修订的《高等学校本科专业目录》为"城乡规划"专业。经历60余年的发展历程。目前，我国城乡规划专业已形成较为完善的专业知识体系、人才培养体系、教育评估体系、职业标准体系。

到2012年底，设有城市（乡）规划本科专业的学校有190余所，在校生人数3.7余万人，遍布大部分省、直辖市和自治区。城乡规划专业的硕士点、博士点，以及博士后流动站的布点已经形成，办学数量和质量呈稳步上升，30所高校的城市规划专业通过了全国高等教育城乡规划专业评估委员会的评估，城乡规划教育在数量上已居世界前列。

城乡规划本科专业具有多学科背景的特点，有的专业以土建类学科为背景、有的以地理类学科为背景、有的以社会科学类和管理类学科为背景。由于各学校基于不同学科背景开设城乡规划专业，丰富了城乡规划专业的内涵，形成了不同学校城乡规划专业的各自办学特色。

2. 专业的理论基础

城乡规划专业理论基础涉及自然科学、社会科学、工程技术和人文艺术科学的知识理论与技术方法等方面。城乡规划专业的知识领域可分为城市与区域发展、城乡规划理论与方法、城乡空间规划、城乡专项规划、城乡规划实施等。

3. 相关的学科和专业

城乡规划学与建筑学、风景园林学共同形成人居环境学科群的主干学科。城乡发展的多目标决定了城乡规划专业需要有宽泛的知识基础来支撑。本专业涉及工学（建筑学、风景园林、交通运输工程、土木工程、测绘科学与技术）、理学（生态学、环境科学与工程、统计学、地理类、数学、系统科学）、管理学（管理科学与工程、公共管理）、艺术学（设计学、美术学），以及经济学、社会学、法学、政治学、历史学等学科门类。

二、培养目标

本专业培养适应国家城乡建设发展需要，具备坚实的城乡规划设计基础理论知识与应用实践能力，富有社会责任感、团队精神和创新思维，具有可持续发展和文化传承理念，主要在专业规划编制单位、管理机关、大专院校和科研机构，从事城乡规划设计、开发与管理、教学与研究等工作的高级专门人才。

三、培养规格

本专业学生主要学习城乡规划的基本知识与基础理论，接受城乡规划的原理、程序、方法以及设计表达等方面的基本训练，具备处理城乡发展与自然环境、社会环境、历史遗产的复杂关系的基本能力，并具有从事城乡规划设计和城乡规划管理工作的基本素质。

毕业生应具备以下三个方面的素质和能力：

1. 基本素质

具备高尚的职业道德素养和正确的价值观、扎实的自然科学和人文社会科学基础、良好的专业素质、人文修养和身心素质；具备国际视野、现代意识和健康的人际交往意识。

2. 知识结构

人文社会科学基础知识：了解逻辑学、辩证法、经济制度和法制制度的基本知识。具备基本的自然科学知识，包括环境保护、应用数学等本专业相关的必备知识。掌握外语和计算机技术应用等。

专业理论知识：掌握城乡规划与设计的概念、原理和方法；熟悉城市发展与规划历史、城市更新与保护的理论和方法；熟悉城乡建设空间形态、美学、设计技法等的一般知识；掌握城乡可持续发展技术的基础知识；掌握区域分析与规划的理论与方法；熟悉城乡规划设计与表达方法；掌握相关调查研究与综合表达方法与技能；熟悉城乡规划编制与管理的法规、技术标准等；掌握城乡道路与交通系统规划的基本知识与方法；了解城乡市政工程设施系统规划基本知识与技能。

相关知识：熟悉社会经济、建筑与土木工程、景观环境工程、规划技术、规划专题等方面的一般知识和理论，及其在城乡规划中的应用。

3. 能力结构

前瞻预测能力：具有对城乡发展历史规律的洞察能力，具备预测社会未来发展趋势的基本能力，以支撑开展城乡未来健康发展的前瞻性思考。

综合思维能力：能够将城乡各系统综合理解为一个整体，同时了解在此整体中各系统的相互依存关系，能够打破地域、阶层和文化的制约，形成区域整体的发展愿景。

专业分析能力：掌握城乡发展现状剖析的内容和方法，能够应用预测方法对规划对象的未来需求和影响进行分析推演，发现问题和特征，并提出规划建议。

公正处理能力：能够在分析备选方案时考虑到不同群体所受的影响，尤其是对社会弱势群体利益的影响，并寻求成本和收益的公平分配。

共识建构能力：能够考虑不同利益群体的不同需求，广泛听取意见，并在此基础上达成共识，解决城乡社会矛盾，实现和谐发展。

协同创新能力：通过新的思路和方法，拓宽视野，解决规划设计与管理中的难题与挑战。

四、教学内容

城乡规划专业的教学内容分为专业知识、专业实践和创新训练三部分，分别通过课堂教学、实践教学和认识调查研究完成，目的在于通过各个教学环节培养城乡规划专业人才，使学生具备专业基本知识、专业能力和专业素质。

1. 专业知识

城乡规划的专业知识由以下四个体系构成：

（1）工具知识体系

（2）社会科学知识体系

（3）自然科学知识体系

（4）专业知识体系

专业知识体系由五个领域组成：

（1）城市与区域发展

（2）城乡规划理论与方法

（3）城乡空间规划

（4）城乡专项规划

（5）城乡规划实施

以上五个领域包括 25 个核心知识单元为：城市与城镇化、城乡生态与环境、城乡经济与产业、城乡人口与社会、城乡历史与文化、城乡技术与信息、城市规划思想发展、城乡规划的价值观、城乡规划体制、城乡规划的类型与编制内容、地理信息系统与应用、城乡社会综合调查研究、城乡用地分类及其适用性评价、区域规划、总体规划、详细规划、村镇规划、城乡道路与交通规划、城乡生态与环境规划、城乡基础设施规划、城乡住区规划、城市设计、历史文化名城名镇名村保护规划、城乡开发与规划控制、城乡规划管理。

与五个领域及其核心知识单元对应的 10 门核心课程包括：

（1）城乡规划原理

（2）城乡生态与环境规划

（3）地理信息系统应用

（4）城市建设史与规划史

（5）城乡基础设施规划

（6）城乡道路与交通规划

（7）城市总体规划与村镇规划

（8）详细规划与城市设计

（9）城乡社会综合调查研究

（10）城乡规划管理与法规

推荐的选修课包括社会经济类、建筑与土木工程类、景观环境工程类、规划技术类、规划专题类等 5 个知识单元。

2. 专业实践

城乡规划专业实践包括认识调研、规划设计、规划管理三个领域。每一个实践环节有相应的知识点和技能要求。通过实践训练，培养学生具有现状调研、规划设计和管理的能力。

（1）认识调研

认识调研实践领域包括住区认识调查、社会调查、城乡认识调查、结合规划设计课程的调研四个实践单元。认识调研环节可作为拓展能力的培养，不作统一要求，由各校自己掌握。

（2）规划设计

规划设计实践环节包括城乡详细规划设计实践（城市设计实践）、城乡总体规划实践和毕业设计（论文）三个核心实践单元，分别安排相关内容。知识点包括规划设计项目的组织、规划设计方案构思与深化、规划设计概念的表达、总体规划的基本内容、编制方法和成果要求、规划设计资料的调研和收集整理、相关规范、标准等法规文件的应用等。

（3）规划管理

城乡规划管理实践应在城乡规划管理等相关部门完成。知识点包括城乡规划管理的地位与作用、规划管理的基本内容、规划审批的程序要求等。

3. 创新训练

城乡规划专业人才的培养应强调大学生的创新思维、方法和能力。在培养方案中注重循序渐进、有计划地在知识体系和实践中进行创新训练。各校应注重创新训练的载体，提出在不同课堂教育和实践环节中的创新思维、方法和能力训练目标。组织学生参加高等学校城乡规划学科专业指导委员会举办的设计和调研竞赛，提倡和鼓励学生参加课外创新活动，推进城乡规划专业人才的创新训练。

五、课程体系

各院校的专业课程体系设置应以本规范为基本依据，结合各自的要求和规定，并参考城乡规划专业评估标准和注册城市规划师考试等要求，制定符合自身办学目标和具有特色的课程体系。各校构建的城乡规划专业课程体系应达到培养目标所需完成的全部教学任务和相应要求，并覆盖本规范所有核心知识点和技能点。同时也列出了足够的课程供学生选修。

一门课可以包含若干个知识领域和知识点，一个知识领域中知识单元内容也可以分布在不同的课程中，但要求课程体系中的教学内容完整覆盖规范规定的全部核心知识单元。本专业规范在工具、社会科学、自然科学知识体系中推荐学时为688个；在专业知识体系中推荐学时共960个，其中推荐核心课程10门，对应推荐学时为736个。在实践中安排3个领域、5个实践环节、10个单元。

4.4.6 高等学校风景园林本科指导性专业规范（2013）

根据住房和城乡建设部、教育部的有关要求，由高等学校风景园林学科专业指导委员会组织编制的《高等学校风景园林本科指导性专业规范》，通过了住房和城乡建设部人事司、高等学校土建学科教学指导委员会的审定。2013年5月18日，住房和城乡建设部人事司、高等学校土建学科教学指导委员会下发通知，正式颁布了《高等学校风景园林本科指导性专业规范》。该规范的主要内容如下：

风景园林专业（专业代码082803）属于工学门类建筑类本科专业（专业代码0828，可授工学或艺术学学士学位）之一，对应的研究生授予学位为风景园林学（专业代码0834，可授工学或农学学位）一级学科和风景园林硕士专业学位（专业学位代码0953）。

一、专业学科基础

1. 专业的主干学科

风景园林学（Landscape Architecture）是综合运用科学与艺术的手段，研究、规划、设计、管理自然和建成环境的应用型学科，以协调人与自然之间的关系为宗旨，保护和恢复自然环境，营造健康优美人居环境。

风景园林学研究的主要内容有：风景园林历史与理论（History and Theory of Landscape Architecture）、园林与景观设计（Landscape Design）、地景规划与生态修复（Landscape Planning）、风景园林遗产保护（Landscape Conservation）、风景园林植物应用（Plants and Planting）、风景园林技术科学（Landscape Technology）。

2. 专业的发展历史

作为一门现代学科，风景园林学可追溯至19世纪末、20世纪初，是在古典造园、风景造园基础上建立起来的新生的学科，迄今在世界60多个国家近430余所大学设置该专业。中国风景园林的历史源远流长，有近四千年历史，现代风景园林学科在中国也有60多年的发展历程。1951年北京农业大学、清华大学成立造园组，1956年高等教育部正式将造园组改名为"城市与居民区绿化专业"转入北京林学院（现北京林业大学）。在1963年、1984年、1993年和1998年进行了四次本科专业目录修订，本专业先后以园林、风景园林、观赏园艺、城市规划等名称出现在工学或农学门类中。按教育部1998年颁布的《普通高等学校本科专业目录》，风景园林本科专业被取消，将其分别划分到城市规划和园林两个专业中，即改为工学门类的城市规划专业（代码为080702）和农学门类的园林专业（代码090401）。2003年教育部又增设"景观建筑设计"本科专业，2006年恢复本科"风景园林"专业（080714S），同年增设本科景观学专业（080713S）。上述三个专业均归属工学门类土建类专业中。2012年教育部《普通高等学校本科专业目录》，又增设风景园林本科专业（082803），属工学建筑类专业。

自1998年以来，我国风景园林学科点和专业点增长迅速，本科专业点年平均增长约14%、硕士点年平均增长约19%、博士点年平均增长约28%。截至2012年，全国设有风景园林本科专业点184个、一级学科硕士学位授权点65个、一级学科博士学位授权点19个、风景园林专业硕士点32个。2011年国务院学位委员会对学科目录调整后，风景园林学和建筑学、城乡规划学一起成为一级学科，共同组成人居环境科学体系。

3. 本专业的相关学科

与本专业相关的有7个学科门类21个学科，即：哲学门类中哲学（0101）；历史学门类中考古学（0601）、中国史（0602）、世界史（0603）；理学门类中地理学（0705）、地质学（0709）、生物学（0710）、生态学（0713）；工学门类中计算机科学与技术（0812）、建筑学（0813）、土木工程（0814）、水利工程（0815）、测绘科学与技术（0816）、环境科学与工程（0830）、城乡规划学（0833）；农学门类中园艺学（0902）、林学（0907）；管理学门类中公共管理（1204）；艺术学门类艺术学理论（1301）、美术学（1304）、设计学（1305）。其中关系密切的一级学科有建筑学、城乡规划学和生态学。

（1）建筑学

建筑学是一门横跨人文、艺术和工程技术的学科。主要研究建筑物及其空间布局，为人的居住、社会和生产活动提供适宜的空间及环境，同时满足人们对其造型的审美要求。建筑学还涉及人的生理、心理和社会行为等多个领域；涉及审美、艺术等领域；涉及建筑结构和构造、建筑材料等多个领域以及室内物理环境控制等领域。

（2）城乡规划学

城乡规划学是一门研究城乡空间与经济社会、生态环境协调发展的复合型学科，主要研究城镇化与区域空间结构、城市与乡村空间布局、城乡社会服务与公共管理、城乡建设物质形态的规划设计等。城乡规划通过对城乡空间资源的合理配置和控制引导，促进国家经济、社会、人口、资源、环境协调发展，保障社会安全、卫生、公平和效率。

（3）生态学

生态学是研究生物与环境间的相互关系的科学，主要研究对象是生物个体、种群和生物群落等。强化科学发现与机理认识，强调多过程、多尺度、多学科综合研究，重视系统模拟与科学预测，以及提升服务社会需求能力已成为生态学发展的目标，从探求自然的理学走向理学、工程技术与社会科学的结合，实现由认识自然的理论研究向理论与应用并举的跨越。

二、专业培养目标

本专业培养具有良好道德品质，身心健康，从事风景园林领域规划与设计、工程技术与建设管理、园林植物应用、资源与遗产保护等方面的专门人才。

毕业生可在规划设计机构、科研院所、管理部门、相关企业从事风景区、城乡园林绿地、国土与区域、城市景观、生态修复、风景园林建筑、风景园林遗产、旅游游憩等方面的规划、设计、保护、施工、管理及科学研究等工作；也可在本专业或相关专业继续深造。

三、专业培养规格

风景园林专业学制为四年（或五年），毕业生应具有以下几方面的素质、知识和能力：

1. 素质结构

（1）思想素质：坚持正确的政治方向，遵纪守法，诚实守信，具备高尚的人格素养和良好的团队合作精神。关注人类生存环境，热爱自然，具有良好的环境保护意识；

（2）文化素质：具备丰富的人文社科知识和较好的艺术素养，熟悉中外优秀传统文化，具有国际视野和与时俱进的现代意识；

（3）专业素质：受到严格的科学思维训练，掌握一定的规划设计与研究方法，有求实创新的意识和精神，在专业领域具有较好的综合分析素养；

（4）身心素质：具备良好的人际交往意识和心理素质，具有健康的体魄和良好的生活习惯。

2. 知识结构

具备扎实的自然科学、人文社会科学和专业知识。

（1）自然科学知识

具有较好的生态学、生物学、地学、气候学、水文学等方面的基础知识。

（2）人文社会科学知识

具有哲学、社会学、文学、美学与艺术、环境行为与心理学等方面的基础知识。

（3）专业知识

掌握风景园林规划与设计、风景园林建筑设计、风景园林植物应用和风景园林工程与管理的基本理论和方法，掌握风景园林表现技法。

熟悉风景园林遗产保护与管理、生态修复基本理论和方法；熟悉风景园林相关政策法规和技术规范。

了解风景园林施工与组织管理；了解风景园林研究和相关学科的基础知识。

3. 能力结构

（1）获取知识的能力：具备现场调查，基础资料收集，定量与定性分析、评价和综合的能力。

（2）应用知识的能力：具备空间想象和组织能力，能够提出针对不同环境类型的规划设计方案。

（3）表达知识的能力：掌握图面、文字及口头表达技能，具备实体模型制作、计算机及信息技术应用能力。

（4）沟通协作能力：具备较强的交流、沟通、组织和团队协作能力。

四、专业教学内容

本专业教学内容由通识教育、专业教育和大学生创新训练三大部分构成。具体的教学方式为课堂教学、实践教学，目的在于利用各个环节培养出具有综合能力的风景园林专门人才。

1. 通识教育：按照教育部相关规定执行。

2. 专业教育：由专业知识体系和专业实践体系构成。

（1）专业知识体系

专业知识体系分为核心知识领域、知识单元及知识点三个层次。对每个知识点学习的要求，由高到低依次为掌握、熟悉和了解三个程度。

①核心知识领域分为"风景园林历史与理论"、"美学基础与设计表达"、"园林与景观设计"、"地景规划与生态修复"、"风景园林遗产保护与管理"、"风景园林建筑设计"、"风景园林植物应用"和"风景园林工程与管理"8个领域，包括27个核心知识单元。

②专业知识体系的选修部分

选修部分可以在上述8个核心知识领域基础上，本着厚基础，宽口径的原则设置课程，体现专业办学的特色。

（2）专业实践体系

专业实践体系由实践环节、实践单元和实践内容构成，通过实验、实习、课程设计和毕业设计（论文）等形式来完成，通过这些训练，使学生具有综合应用能力。

3. 大学生创新训练

为培养大学生创新思维、创新方法和创新能力，遵照教育部及有关行业要求，组织学生参加大学生创新计划、国内外设计竞赛、科研训练项目、寒暑期社会实践等活动。

五、学时安排及核心课程

学校应根据本规范的基本要求，构建覆盖核心知识点和实践内容的课程体系和教学内容，同时设置适宜的选修课程。

六、专业基本教学条件

1. 师资力量

有结构合理、相对稳定、水平较高的专业师资队伍，风景园林专业的专任教师（公共课教师和专职行政管理教师不计算在内）不少于12人，有学术造诣较高的学科带头人，有实践经历的专业教师，生师比不高于12：1。具有正高级职称的教师比例不低于20%，具有硕士和博士学位的比例不低于70%。

2. 图书资料、教材

（1）图书资料

在满足教育部关于高等学校本科专业设置必备的有关条件外，还应该具有本专业及相关专业的图书、刊物、音像资料和数字化资源，并具有检索这些信息资源的工具。即：

①本专业相关书籍不少于 5000 册，专业期刊不少于 20 种，应有一定数量的外文图书及期刊，图书及期刊种类和数量应能满足专业教学的基本要求。

②本专业相关的现行法律法规、标准、规范和设计手册等文件资料。

③本专业有代表性的规划设计案例以及研究文本的图纸和相关的文件资料。

④确保每年有充足经费用于图书资料建设，保证一定的更新比例。

（2）教材

鼓励使用国家规划教材和高校风景园林学科专业指导委员会推荐教材。

3. 教室、实验室

（1）教室

具有专业设计教室，多媒体教室，美术教室和评图展览空间，以满足学生专业学习的空间要求。

（2）实验室

具有模型制作实验室、材料认知实验室、光学实验室等。实验室设备先进、完好，运用效果好，应有专业的管理人员和健全的管理制度。

4. 实习基地

应具有稳定的规划设计实习基地、园林植物实习基地，满足专业实践教学基本要求。

5. 教学经费

教学经费应能保证教学工作的正常进行。

4.4.7　高等学校建筑电气与智能化本科指导性专业规范（2013）

根据住房和城乡建设部和教育部的有关要求，由高等学校建筑电气与智能化学科专业指导小组组织编制的《等学校建筑电气与智能化本科指导性专业规范》，通过了住房和城乡建设部人事司、高等学校土建学科教学指导委员会的审定。2013 年 1 月 18 日，住房和城乡建设部人事司、高等学校土建学科教学指导委员会下发通知，正式颁布了《高等学校建筑电气与智能化本科指导性专业规范》。该规范的主要内容如下：

一、学科基础

（一）建筑电气与智能化专业主干学科

"建筑电气与智能化专业"是一个在土木工程学科背景下，研究以建筑物为载体的对电能的产生、传输、转换、控制、利用和对信息的获取、传输、处理和利用的专业。当今时代，如何在建筑物中实现信息的物化并加以有效利用尤为重要。

土木工程学科的发展需要借助于基础科学、材料科学、管理科学和电子技术、计算机技术、信息技术、自动控制技术等研究成果。作为土木类新增专业，"建筑电气与智能化专业"填补了土木类专业中缺少"电"的空缺，具有很强的学科交叉性。

建筑业中"电气"的内涵随着时代前进而不断发展变化，现阶段"建筑智能化"的出现使其内涵延伸到"电气＋信息"，与传统的建筑电气专业有本质不同。

根据 2012 年教育部《普通高等学校本科专业目录》，建筑电气与智能化本科专业（专业代码为 081004）与土木工程、建筑环境与能源应用工程、给排水科学与工程同属于工学门类的土木类专业。在国务院学位委员会颁布的研究生教育目录中，土木工程一级学科下设有岩土工程、结构工程、市政工程、供热供燃气通风及空调工程、防灾减灾工程及防护工程、桥梁与隧道工程、智能建筑环境技术、节能工程与楼宇智能化等二级学科（智能建筑环境技术、节能工程与楼宇智能化是自主设置二级学科，于国务院学位委员会备案）。

1. 专业任务和社会需求

建筑电气与智能化专业所涉及的科学技术是随着 20 世纪末智能建筑的兴起和世界范围的科技进步发展起来的。1984 年，美国联合技术建筑系统公司在康涅狄格州的哈特福德市改造了一幢旧建筑，在楼内铺设了大量通信电缆，增加了程控交换机和计算机等办公自动化设备，并将楼内的机电设备（变配电、供水、空调和防火等）均用计算机控制和管理，实现了计算机与通信设施连接，向楼内住户提供文字处理、语音传输、信息检索、发送电子邮件和情报资料检索等服务，实现了办公自动化、设备自动控制和通信自动化。这就是第一次被称为"智能建筑"（IB，Intelligent Building）的都市大厦（City Place）。此后美国、日本、欧洲、新加坡、马来西亚、韩国等都曾相继掀起过建设智能化建筑的浪潮；20 世纪 90 年代初，中国"智能建筑"行业开始蓬勃发展。

智能化建筑是现代高科技成果的综合反映，是一个国家、地区科学技术和经济水平的综合体现之一。"智能建筑"是以建筑为载体，同时需要自动控制、通信、办公系统、计算机网络，以及为建筑服务的与能源、环境有关的各种建筑设备；不仅需要各种 IT 硬件，而且需要对整个建筑设备系统进行优化管理的软件。因此，智能建筑是多学科的交叉和融汇。目前我国智能建筑技术总体水平已接近 21 世纪的世界水平，即国际上最先进的智能建筑技术设施在中国建筑物中都有应用。然而，对我国"智能建筑"现状的调查表明，其智能化系统的无故障运行率、节能增效的实际情况与预期要求有较大差距。产生这些问题的主要原因之一是缺乏各个层次的智能建筑设计、施工建设、运行管理的专业化人才。由于智能建筑是多学科的交叉，而我国高等学校各相关专业培养的学生，不具备掌握以上跨学科知识的能力，专业人才的严重缺乏是阻碍我国智能建筑技术发展的重要原因。

进入 21 世纪，节能和环保是世界性的热门话题，也成为我国的基本国策。随着我国经济社会的快速发展和现代化、国际化、城镇化进程的加快，城乡居民生活水平日益提高，居住条件日益改善，建筑业在国民经济中的支柱地位得到进一步加强。为促进经济社会的可持续发展，建立资源节约型、环境友好型社会，实现国家确定的节能减排约束性指标，建筑节能将发挥越来越重要的作用。建筑领域是能源需求增长较快的领域，目前建筑能耗约占全社会总能耗的三分之一，随着工业化和城镇化速度的加快，这一比例还将上升。据调查，2007 年全国有 30% 的新建民用建筑未按建筑节能标准建造，现有大型公共建筑单位面积耗电量过大，是普通公共建筑的 4 倍；全国集中供热采暖系统综合利用效率只有 45%～70%，远低于发达国家水平。由此可见，建筑节能潜力巨大，直接影响国家节能减排任务的实现。2008 年 8 月国务院发布了《民用建筑节能条例》和《公共机构节能条例》，并于 2008 年 10 月 1 日正式施行。中国在 2009 年 11 月 26 日正式对外宣布控制温室气体排放的行动目标，决定到 2020 年单位国内生产总值二氧化碳排放比 2005 年下降 40%～45%。2009 年 11 月 25 日国务院常务会议还决定，该行动目标将作为约束性指标纳入国民经济和社会发展中长期规划，并制定相应的国内统计、监测、考核办法。因此今后在保障新建建筑符合节能标准、促进既有建筑节能改造方面，任务更加繁重，专业人才更为紧缺。为了适应我国经济社会的快速发展和促进"推广绿色建筑，促进节能减排"目标的实现，急需设置相应的本科专业。该专业培养对象不但要掌握侧重于强电的建筑电气基本知识，还应具有适应于信息时代的弱电技术；专业定位不但是"建筑＋智能"，还要注意"建筑节能＋环保"；即定位于"建筑＋电气＋信息＋节能"。该专业承担着建筑电气与智能化系统设计、施工、运行、维护、管理的高级专业技术人员的培养任务，其人才数量和素质直接关系国家建筑节能事业的发展。为了适应社会主义市场经济和科学技术发展的需要，从 1993 年开始，许多高等学校在各级教育主管部门的指导下，相继涉足智能建筑领域教学内容和课程体系的改革与实践，从举办"智能建筑专业方向"，直到在 2006 年设立"建筑电气与智能化"新专业，取得了许多好的经验和成绩。根据举办"智能建筑专业方向"的高等学校反映，该专业方向的毕业生普遍供不应求。市场预测，今后建筑电气与智能化专业的毕业生在相当长的时期内有广泛的就业前景。

2. 建筑电气与智能化专业发展历史

建筑电气与智能化高等教育随着国家科学技术和经济水平的发展其内涵不断丰富。20 世纪 90 年代之前的建筑物，其电气设备主要是变配电、灯光照明等强电设备。1977 年，国家恢复高考，很多建筑类院校开设了和建筑物强电有关的专业。如哈尔滨建筑工程学院 1978 年开设了"建筑工业企业自动化"本科专业；西北建筑工程学院 1978 年开设了"建筑电气"专业，1994 开设了"电气技术"专业。1998 年教育部进行新一轮专业目录调整，上述专业更名为"电气工程及其自动化"专业或"自动化"专业。

20 世纪 90 年代之后，建筑物增加了很多系统和设备，形成所谓智能型建筑。建筑智能化的诸多系统和设备都离不开强电系统和弱电系统，随着建筑物智能化程度不断提高，尤其是弱电系统的地位、技术水平和投资额的不断提高，从 1998 年开始，许多高等学校（尤其是建筑类院校）相关专业（主要是自动化、电气工程以及计算机应用技术、电子信息工程、通信工程等）开设了与智能建筑相关的专业方向（一般称之为"楼宇自动化技术方向"或"智能建筑技术方向"）。

1997 年由哈尔滨建筑工程学院、重庆建筑工程学院和沈阳建筑工程学院牵头承接了原建设部面向 21 世纪教改项目"楼宇自动化系列课程教学内容改革的研究与实践"，使众多高等学校联合起来，共同研究、探讨、交流对现行的知识结构、课程设置改革和系列化建设的经验和措施。通过其后长期的实践取得了宝贵经验，并获得丰硕的成果。

进入 21 世纪，面对社会经济发展的新形势，我国高等教育开展了新一轮本科学科专业结构调整工作。教育部 2001 年发布了《关于做好普通高等学校本科学科专业结构调整工作的若干原则意见》，文件指出："鼓励高等学校积极探索建立交叉学科专业，探索人才培养模式多样化的新机制。跨学科设置交叉学科专业是培养和发展新兴学科的重要途径，也是国际上许多发达国家本科专业建设的共同趋势。鼓励有条件的高等学校打破学科壁垒，在遵循学科专业发展规律和人才培养规律的基础上，积极开展跨学科设置本科专业的实验试点，整合不同学科专业的教学内容，构建教学新体系"，教育部的文件给智能建筑学科教学改革和专业结构调整指明了方向。

建筑智能化是一个新的技术领域，也是学科和专业建设的一个新领域，因此有一个权威性的专家组织引导该学科领域发展的方向非常重要，同时也能为从事该领域教学工作的教师提供一个相互学习、交流、提高的机会。为此，经建设部批准，2001 年 8 月成立了"高等学校建筑环境与设备工程专业指导委员会智能建筑指导小组"（简称"智能建筑指导小组"）。智能建筑指导小组的成立是深化教育改革的结果，为积极探索建立交叉学科专业，探索人才培养模式多样化的新机制提供了有力的保证。

智能建筑指导小组成立后组织过多次"智能建筑"教学研讨会。教学研讨会详细讨论了本专业的培养目标、业务培养要求、教学大纲、教学计划、主要课程、实践性教学环节、专业实验以及教材建设等，先后组织编写了两套关于建筑智能化的系列教材（其中一套为普通高等教育土建学科专业"十一五"规划教材），为申请设置"建筑电气与智能化"专业作了深入细致的准备工作。

在高等学校推进智能建筑本科教育的同时，普通高等学校高职高专智能建筑学科教育也得到发展，教育部在2004年设立了"楼宇智能化工程技术"专业和"建筑电气工程技术"专业。

根据原建设部人事教育司的指示，智能建筑指导小组于2004年5月在北京召开了"建筑智能化专业及学科建设研讨会"，专门讨论了本专业的设置问题。2004年11月智能建筑指导小组在广州举行了工作会议，讨论提出申请设置"建筑电气与智能化"本科专业的报告，包括设置"建筑电气与智能化本科专业"的理由及人才需求分析；建筑电气与智能化专业本科教育（四年制）培养目标和毕业生基本规格；建筑电气与智能化专业本科（四年制）培养方案；建筑电气与智能化专业建设与学科建设的关系；建筑电气与智能化专业本科（四年制）设置基本条件。

智能建筑指导小组于2005年4月向教育部提交了《关于普通高等学校设置建筑电气与智能化本科专业请示报告》。报告认为，目前设置"建筑电气与智能化"本科专业的时机已经成熟，我国许多高等学校都有土建学科专业设置，在工学的土建类（二级类）中含有5个专业：建筑学、城市规划、土木工程、建筑环境与设备工程、给水排水工程。在建筑物的规划、设计、施工、使用以及维护的全过程，通常涉及城市规划、建筑学、结构、水、暖、气（汽）、电等工程领域，除了"电"以外，其他工程领域均已被上述5个专业所涵盖。申请设置"建筑电气与智能化专业"将填补土建类专业无"电"的空缺。2005年底教育部批准设置"建筑电气与智能化"专业（专业代码080712S），并于2006年开始招生。2012年10月，教育部正式批准设置"建筑电气与智能化"专业（专业代码081004），截至2012年底全国已有43所高校设置该专业，在校生近4000人。

智能建筑指导小组根据住房城乡建设部人事司的指示，于2009年8月启动了《建筑电气与智能化专业规范》（简称《专业规范》）的编制工作，成立了智能建筑指导小组《专业规范》编制组。编制组组织全体成员学习了教育部高教司颁布的《高等学校理工科本科指导性专业规范研制要求》等文件，经过长达3年多的编写，于2012年10月完成了《建筑电气与智能化专业规范》报批稿。《建筑电气与智能化专业规范》是本专业教学质量标准的一种表现形式，是对本专业教学质量的最低要求，主要规定了本专业本科学生应该学习的基础理论、基本知识、基本技能。

3. 专业主要特点

本专业是在原建筑电气、电气自动化等专业基础上，增加了新的内涵而逐步发展起来的，以现有名称创办专业的历史较短，并具有"交叉学科专业"和培养"复合型人才"的特点。专业指导小组和各院校关心和研究的主要问题是"建筑电气与智能化专业人才培养方案"、"教学内容和课程体系建设研究与实践"、"加强专业人才培养实践教学环节的主要措施"等。

目前，建筑电气与智能化专业尚未建立专业评估制度，有待逐步创造开展专业评估的条件，使专业走上规范、成熟的发展轨道。

4. 专业发展战略

根据国家《中长期教育改革和发展规划纲要》的要求，今后若干年内建筑电气与智能化专业要注重提高人才培养质量，加强实验室、校内外实习基地、课程教材等教学基本建设，深化教学改革，强化实践教学环节，推进创业教育，全面实施高校本科教学质量与教学改革工程。

1) 满足社会对建筑电气与智能化高级专门人才的需求

今后相当长一个时期，全球人口压力将持续增长，我国城市化进程具有巨大发展空间，基础设施投资规模不断扩大，现代建筑与信息技术的结合越来越紧密，这将对建筑电气与智能化专业人才需求不断提出新的挑战。工程建设需要大量设计、施工、研究、开发、管理等方面的人才。因此，必须及时跟踪行业发展需求，整合教学内容、更新知识体系，不断开拓新的课程。

2) 重视大学生实践能力，突出创新意识、创新思维、创新能力的培养

"创新是民族进步的灵魂，是一个国家兴旺发达的不竭动力"。举办建筑电气与智能化专业的各高校需不断完善培养方案，优化教学计划，在理论教学和实践训练之间找好结合点。加强学生实践能力的训练，把实验、实习、课程设计、毕业设计等实践环节作为传授知识、训练技能和培养创新能力的载体。今后一个时期，有必要在中青年教师创新实践能力的提高、校内外实践基地建设与管理、创新平台的建设与完善等方面不断加强、有所突破。

3) 规范建筑电气与智能化专业的高校在硬件和软件两个方面的建设

建筑电气与智能化专业是2006年开设的，多数学校在实验室、图书资料、师资建设等方面尚有较大缺口，专业教育管理经验不足，其中还有一些学校没有土建类专业的支撑。今后一个时期，建筑电气与智能化专业指导小组需要搭建更多的交流平台，加强指导，使绝大多数学校能尽快满足办学和今后专业评估标准的基本要求，办出特色。

4) 鼓励在宽口径基础上办好建筑电气与智能化专业

建筑电气与智能化专业主要是为建筑领域培养具有信息技术基础的复合型

人才，其教学内容涉及跨学科的知识。今后一段时间内，需要按照国家专业设置的要求强化宽口径建筑电气与智能化专业的建设，以满足国家经济建设对人才的需求。

5）加强特色专业和精品课程、规划教材的建设

专业指导小组要以与国际工程教育接轨为目标，进一步加强国际合作交流，在优势特色专业建设上进行培育和指导。各个学校要在团队建设的基础上加强对专业基础课和专业课的建设力度。专业指导小组也要引导、配合教材出版社组织编写更多宽口径、与课程体系密切衔接的优秀系列教材。

5.建筑电气与智能化指导性专业规范制定的原则

1）本专业规范遵循四项原则。(1)"多样化与规范性相统一的原则"，既坚持统一的专业标准，又允许学校多样性办学，鼓励办出特色；(2)"拓宽专业口径原则"，主要体现在专业规范按照宽口径的专业基础知识要求构建核心知识；(3)"规范内容最小化原则"，体现在专业规范所提出的核心知识和实践技能占用总学时比例尽量少，为学校留有足够的办学空间，有利于推进教学改革；(4)"核心内容最低标准原则"，主要是指本专业规范面向大多数高校的实际情况提出基本要求，不要求所有学校执行的标准完全相同。

2）本专业规范淡化课程的概念，强调核心加选修的知识结构。专业教学由知识领域、知识单元和知识点三个层次组成，这种表达方式更多地强调了学生的知识结构是由知识构成而不是课程。每个知识领域包含若干个知识单元，它们分成核心知识单元和选修知识单元两种。核心知识单元是本专业知识体系的最小集合，是专业必修的最基本内容。选修知识单元体现了建筑电气与智能化专业的扩展要求和各校不同的特色。每个知识单元又包括若干个知识点，知识点是专业规范对专业知识要求的基本单元和基本载体。对于知识点的具体要求，用"掌握"、"熟悉"、"了解"来表达。

3）规范允许、也鼓励各校根据本校情况自行设计课程体系。专业规范的表达形式和实施方法与传统的开课规定有本质区别。课程设置是高等学校的办学自主权，也是体现办学特色的基础。因此，专业规范不规定学校必须采用的课程体系，也不规定完成全部教学任务相应的学时和学分，因为在不同的学校，完成全部教学任务所需要的学时和学分可能是不同的。各校要结合实际构建本校的课程体系，并覆盖这些核心知识点和技能点。因此，根据本校专业方向的设置、师资的结构和水平、学生的基础等自行设计课程体系和教学计划，是非常必要的。专业规范从专业基础课到专业课，从理论教学到实践教学，都有选修知识供选择。这些选修知识可用于对核心知识的扩展，可以增加新的知识单元和知识点，由各校自行掌握。

（二）建筑电气与智能化专业的相关学科

根据人才培养所需要的知识结构，建筑电气与智能化专业属于"交叉学科专业"，具有包容多类专业技术人才的特征。其相关学科、专业如下：

1. 电气工程及其自动化（080601）

电气工程及其自动化专业属于工学门类的电气类专业。该专业特点是强弱电结合、电工技术与电子技术相结合、软件与硬件结合、元件与系统结合。学生主要学习电工技术、电子技术、信息控制、计算机技术等方面较宽广的工程技术基础和一定的专业知识。

该专业培养能够从事与电气工程有关的系统运行、自动控制、电力电子技术、信息处理、试验分析、研制开发、经济管理以及电子与计算机技术应用等领域工作的高级工程技术人才。

2. 计算机科学与技术（080901）

计算机科学与技术专业属于工学门类的计算机类专业。计算机是人类 20 世纪的伟大发明，引领着当代信息技术的发展。学生主要学习计算机科学与技术的基本理论、基本知识，接受从事研究与应用计算机的基本训练，具有研究和开发计算机系统的基本能力。

该专业培养具有良好的科学素养，能在科研部门、教育单位、企业、事业、技术和行政管理部门等单位从事计算机科学与技术领域教学、科学研究和应用的高级科学技术人才。

3. 自动化（080801）

自动化专业属于工学门类自动化类专业。自动化专业涵盖领域包括运动控制、工业过程控制、电力电子技术、检测与自动化仪表、电子与计算机技术、信息处理、管理与决策等。学生主要学习电工技术、电子技术、控制理论、自动检测与仪表、信息处理、系统工程、计算机技术与应用和网络技术等较宽广领域的工程技术基础和一定的专业知识。

该专业培养能够在自动化专业领域从事系统分析、系统设计、系统运行、科技开发及研究等方面工作的高级工程技术人才。

4. 通信工程（080703）

通信工程属于工学门类的电子信息类专业。学生主要学习通信系统和通信网方面的基础理论、组成原理和设计方法，受到通信工程实践的基本训练，具备从事现代通信系统和网络的设计、开发、调试和工程应用的基本能力。

该专业培养具备通信技术、通信系统和通信网等方面的知识，能在通信领域中从事研究、设计、制造、运营及在国民经济各部门和国防工业中从事开发、应用通信技术与设备的高级工程技术人才。

5. 建筑环境与能源应用工程（081002）

建筑环境与能源应用工程属于工学门类的土木类专业，研究建筑物理环境、环境控制系统、建筑设备系统方面的基本理论和应用。学生主要学习传热与传质、流体力学与流体机械、工程热力学、计算机、电工、电子、机械、建筑环境等技术基础理论知识，具有一定的室内环境及设备系统测试、调试及运行管理的能力。

该专业培养具备室内环境设备系统及建筑公共设施系统的设计、安装调试、运行管理及国民经济各部门所需的特殊环境控制研究开发的基础理论及能力，能在设计研究院、建筑工程公司、物业管理公司及相关的科研、生产、教学单位从事工作的高级工程技术人才。

二、专业培养目标

本专业培养适应社会主义现代化建设需要，德、智、体全面发展，素质、能力、知识协调统一，掌握电工电子技术、计算机技术、控制理论及技术、网络通信技术、建筑及建筑设备、建筑智能环境学等较宽领域的基础理论，掌握建筑电气控制技术、建筑供配电、建筑照明、建筑设备自动化、建筑信息处理技术、公共安全技术等专业知识和技术，基础扎实、知识面宽、综合素质高、实践能力强、有创新意识、具备执业注册工程师基础知识和基本能力的建筑电气与智能化专业高级工程技术人才。

毕业生能够从事工业与民用建筑电气及智能化相关的工程设计、工程建设与管理、系统集成、信息处理等工作，并具有建筑电气与智能化技术应用研究和开发的初步能力。

三、培养规格

本专业培养具有工程设计和技术开发与应用能力的建筑电气与智能化专业人才。毕业生应具有较扎实的自然科学基础知识、较好的管理科学、人文社会科学知识和外语应用能力；具有较宽广领域的工程技术基础和较扎实的专业知识及其应用能力；在知识、能力和素质诸方面协调发展，体现出人才培养的宽口径、复合型、创新型和应用型。

建筑电气与智能化专业本科学制一般为4年。对符合相应知识、能力和素质要求的毕业生可授予工学学士学位。

（一）素质结构要求

1. 思想道德素质

政治素质：坚持四项基本原则，拥护中国共产党的领导，热爱祖国；掌握社会发展及其规律的基础知识；有正确的政治立场、观点和信仰。

思想素质：初步掌握辩证唯物主义、历史唯物主义的基本观点，善于从相互联系、发展和对立统一中去观察、分析、解决问题，树立积极向上的世界观、人生观和价值观。

道德品质：应具有社会主义道德品质和文明的行为习惯，继承中华民族优良传统的道德观念，具有敬业精神和职业道德。

法制意识：做遵纪守法的社会公民，具有较强的法制意识和观念，以法律为准绳，依法办事。

诚信意识：诚信做人、做事、做学问。

团队意识：具有协调配合的团队精神和能力。

2. 文化素质

文化素养：具有中华文化传统美德，传承和弘扬伟大的民族精神。具有一定的人文科学（文、史、哲等）知识，了解中国传统文化，对中外历史有一定的了解。

文学艺术修养：具有一定的音乐、美术、艺术的鉴赏力。

现代意识：具有创新意识、竞争意识等。

理性意识：有自我控制能力，理性地处理生活、工作和学习中发生的各项事情。

人际交往意识：富有合作精神，善于与人交往。

3. 专业素质

1）科学素质

科学思维方法：有较强的逻辑思维、辩证思维、形象思维的能力，有理性的批判意识，尊重客观事物发展的、科学的、务实的思维方法。

科学研究方法：较好地掌握建筑电气与智能化及相关技术的科学研究方法。

求实创新意识：具有创新意识和创新精神。

科学素养：求真务实，具有理性的批判意识，了解自然科学的重要发现和主要进展。

2）工程素质

工程意识：具有工程规范和标准意识、实践意识、质量意识、节约资源和保护环境的意识，善于从实际出发解决工程问题。

综合分析素养：具有分析和解决实际工程问题的能力，能较快地分析和处理实际工作中遇到的相关技术问题。

价值效益意识：在科技开发和工程实践中具有市场意识和价值效益意识。

革新精神：敢于革故鼎新，在实践中敢于且善于使用新技术、新理论、新观点和新思想。

4. 身心素质

身体素质：健康的身体，良好的体魄。

心理素质：具有健康的心理素质，正确的自我认识，良好的人际关系，健全的人格，良好的环境适应能力。培养优良的气质与性格，坚强的意志，坚韧不拔的毅力。

（二）能力结构要求

1. 获取知识能力

自学能力：具备自主的学习能力，高效科学的学习方法。具有终身学习的观念。

交流能力：具有良好的专业知识书面表达和口头交流能力；基本的外语交流能力；良好的社交能力和协调事务能力。善于与他人合作，待人谦和。

文献检索能力：具有基本的资料搜集、文献检索能力，善于从不同的渠道搜集、检索信息。

2. 应用知识能力

综合应用知识能力：基础理论扎实，能较好地运用所学的知识分析和解决实际问题。

综合实验能力：能熟练使用常用的实验仪器，具有实验原理的迁移能力和实验方案的设计与选择能力。

工程综合实践能力：能综合运用所学理论知识，分析和解决实际工程问题。在综合类实习、实验中具有较强的独立设计、分析和调试系统的能力。

3. 创新能力

创新思维能力：思路开阔，具有较好的创新意识。

创新实践能力：能在实践环节中，探索、验证已有的结论，具备较强的自主设计实验的能力。

科研开发研究能力：具有初步的科研能力和应用技术开发能力，具有较强的钻研精神及接受新理论、新知识和新技术的能力。

（三）知识结构要求

1. 工具性知识

外语：具有一定的本专业外文书籍和文献资料的阅读能力。能正确撰写专业文章的外文摘要。能使用外文进行一般性交流。

计算机：熟练掌握本专业需要的各类计算机技术的相关知识。

信息技术应用和文献检索：熟练掌握用互联网进行各种信息收集和利用的方法，具备一定的综合文献资料的能力。

方法论：了解科学研究的基本方法。

科技方法：较好地掌握常用的计算方法、演绎推理法、数学归纳法等。在工作和研究中具备科学严谨的学术作风。

科技写作：能较好地总结和归纳实验、课程设计等教学环节中所做的工作。能正确撰写文献综述、毕业设计论文。

2. 人文社会科学知识

文学：阅读一定数量的文学名著，了解一些中外著名的文学作家和代表性作品。能通过文学著作品味人生、了解社会、提高文学表达水平。

哲学：系统地学习马克思主义哲学，掌握唯物辩证法的基本思想。具有从哲学角度看待世界、分析问题的视野，有马克思主义的立场、观点和方法。

思想道德：学习和继承中华民族传统的道德观念和优秀的道德品质。

政治：能系统地理解毛泽东思想、邓小平理论、"三个代表"重要思想、科学发展观的主要内容，并联系实际，深刻领会，自觉实践。

法学：具有系统的法律基本知识。能做到自觉遵纪守法，不违法，同时也能利用法律维护自己的权益。

心理学：具有基本的心理学知识，了解大学生的基本心理特征，能够进行自我心理调整。

体育：养成科学锻炼身体的良好习惯，保持健康的体魄，达到国家规定的大学生体育锻炼标准，能承担社会主义建设的重任。

军事知识：掌握基本的军事知识，接受必要的军事训练，能承担保卫祖国的光荣任务。

3. 自然科学知识

数学：具有较系统的高等数学和工程数学等知识。基本概念清楚，推导演算熟练。在专业课程的学习中，能灵活运用所学的数学知识。

物理学：具有系统的大学物理知识。概念清楚，理论较扎实，实验技能强。

化学：具有大学化学的初步知识。

环境科学：具有节约资源、保护环境的意识和基本知识。

4. 工程技术知识

工程制图与机械学：了解机械学科中最基本的原理和方法，具有机械制图的基本知识。掌握建筑 CAD 制图技术，能读懂、绘制一般的建筑电气工程图纸。

电工电子学：具有电路理论、模拟和数字电子技术等系统知识。比较熟练地掌握常用电子电路的原理和分析方法，能分析较复杂的电子电路，具有设计、调试电子电路的能力。

计算机技术：具有一定的计算机软硬件知识、程序设计技术及单片机、嵌入式系统等知识，掌握网络技术和数据库技术。掌握利用计算机对系统进行控制和管理的初步知识。

信息技术：具有信号检测、通信、信号处理和利用信息的知识。

工程实践：熟悉工程中常用物理量的检测方法，了解和掌握一定的工程实践技能。

5. 经济管理知识

经济学：基本掌握马克思主义政治经济学的基本概念、基本原理、基本方法，能正确认识社会主义市场经济体制下的经济规律，掌握建筑经济的基本知识。

管理学：具有一定的管理学基础知识。

6. 专业知识

专业基础知识：系统地掌握本专业领域的基础理论知识，主要包括电路理论、电子技术基础、控制理论、信息处理、计算机软硬件基础、网络通信原理等知识。理论基础比较扎实。

专业知识：掌握建筑智能环境学的基础知识，掌握建筑电气和建筑智能化技术的专业知识，了解有关工程与设备的主要规范与标准，本专业科技发展的新动向。具有进行工业与民用建筑电气及智能化工程设计、系统集成、施工管理、技术经济分析、测试和调试的基本能力。动手能力较强。具备从事工业、企事业单位中相关工作的能力。

四、专业教学内容

（一）专业知识体系

1. 专业知识体系的组成

1）知识体系设计的原则依据

建筑电气与智能化专业人才的培养总体上要体现素质教育、专业知识传授、应用能力和培养协调发展的原则。素质是人才培养的基础，专业知识是人才培养的载体，应用能力是人才培养的核心。应用能力需要通过专业知识的传授和必要的实践环节来培养。要遵循教育和教学的基本规律，学生素质的提高、应用能力的培养是在一个循序渐进、系统知识体系的传授中逐渐培养出来的。学生通过系统的专业知识学习和实践，掌握专业的基本理论和技能，掌握科学方法论，培养工程设计、工程管理和系统集成能力，建立工程规范和标准的意识。学生在获取知识的过程中形成良好的学习和工作习惯，达到一个优秀工程技术人员应具有的素质和能力。

知识体系设计的原则依据是：

（1）遵循教育、教学的基本规律；

（2）贯彻终身学习、素质教育和创新教育的理念；

（3）按照德、智、体、美全面发展的教育方针，素质、知识和能力协调统一的原则；

（4）遵循理论联系实际的教育原则；

（5）根据交叉学科和应用学科的特点，贯彻基础扎实、技术先进实用、知识全面并注重实践的原则；

（6）符合建筑电气与智能化专业的特点：以建筑为平台，建筑设备与建筑环境为"对象"，应用电气技术、自动化技术和信息技术，实现建筑设备自动化，使建筑环境达到安全、舒适、节能、环保的目标。

2）知识体系的总体框架

知识体系由四部分组成：

（1）工具性知识。包括：外国语；

（2）人文社会科学知识。包括：政治、历史、哲学、法学、社会学、经济学、管理学、心理学、体育、军事；

（3）自然科学知识。包括：工程数学、普通物理学；

（4）专业知识。包括：工程技术基础、电路理论与电子技术、电气传动与控制、检测与控制、网络与通信、计算机应用技术、建筑设备、土木工程基础、建筑智能环境学、建筑电气工程、建筑智能化工程、建筑节能技术。

2. 有关建筑电气与智能化专业的专业教学知识领域

建筑电气与智能化专业的专业知识体系涉及 12 个知识领域：

1）电路理论与电子技术

2）电气传动与控制

3）检测与控制

4）网络与通信

5）计算机应用技术

6）建筑设备

7）土木工程基础

8）建筑智能环境学

9）建筑电气工程

10）建筑智能化工程

11）工程技术基础

12）建筑节能技术

以上 12 个知识领域分别包含核心知识单元及选修知识单元。核心知识部分是建筑电气与智能化专业的核心知识单元（或知识点）的集合。遵循专业规范内容最小化的原则，该核心知识单元（点）的集合是各高校举办建筑电气与智能化专业的必备知识。

专业规范在核心知识以外，留出选修知识单元供各校作为教学改革及学生自主学习，以体现各校的不同特色。

（二）专业教育实践体系

本专业实践教学体系包括各类实验、实习、设计和社会实践以及科研训练等多个领域和形式；包括非单独设置和单独设置的基础、专业基础和专业实践教学环节。对每一个实践环节都有相应的知识点和相关技能要求。

实践体系分实践领域、实践知识与技能单元、知识与技能点三个层次。

通过实践教育，培养学生具有（1）实验技能；（2）工程设计和施工的能力；（3）科学研究的初步能力等。

实验包括：

基础实验：普通物理实验等；

专业基础实验：电路实验、电子技术实验、自动控制原理实验、计算机原理及应用实验、计算机网络与通信实验、建筑智能环境学实验等；

专业实验：建筑供配电与照明实验、建筑电气控制技术实验、建筑设备自动化系统实验、建筑物信息设施系统实验、公共安全技术实验等；

研究性实验：这部分可作为拓展能力的培养，不做统一要求。

实习包括：

课程实习、认识实习、生产实习、毕业实习等。

设计包括：

课程设计和毕业设计（论文）。

（三）大学生创新训练

大学生创新训练应在学校的整个教学和管理过程中贯彻和实施，包括：

1）课堂知识教育中的创新；

2）以实践环节为载体，在实验、实习、课程设计和毕业设计中体现创新；

3）开设与创新思维、创新能力培养和创新方法相关的课程和讲座；

4）提倡和鼓励学生参加科技创新活动。

以知识传授和实践环节为载体的创新，可结合知识单元、知识点融入创新点或创新的教学方式，强调大学生创新思维、创新方法和创新能力的培养，提出创新思维、创新方法、创新能力的训练目标，构建成为创新训练单元。新开设的创新专门课程可请大师或专家采用讲座、授课或讨论等多种方式进行。学生的科技创新活动可在专业老师的指导下进行，如参加电子设计竞赛、智能建筑工程实践技能大赛等。创新活动形式多样，以培养学生知识、能力、素质综合发展能力和创新能力。

五、专业课程体系

以专业规范所提出的目标建立人才培养计划及课程体系，制定所需完成的教学任务和相应的学时、学分。课程体系覆盖核心知识点和技能点，同时也给出供学生选修的课程。

一门课程可以包含取自若干个知识领域的知识单元的知识点。一个知识领域的知识单元的内容按知识点可以分布在不同的课程中，但要求课程体系中的核心课程实现对全部核心知识单元的覆盖。

专业规范推荐的课程体系内容：核心课程和选修课程。

（一）课程体系结构

建筑电气与智能化专业的课程体系由人文社科课程、公共基础课、专业基础课、专业课以及实践环节五部分组成。

（二）核心课程

核心课程分专业基础核心课程和专业核心课程两部分。

（三）选修课程

确定课程体系的指导原则是确保专业基础，发挥特色，扩展专业领域，强调宽口径、多样化、重基础、重实践的教学方针。

（1）人文社科类课程、公共基础类课程的设置按教育部有关规定执行。

（2）核心课程是必须开设的课程，必须涵盖本规范要求的内容。

（3）各校可根据实际情况选择选修课，灵活安排所侧重的教学内容，体现各校专业特色。

六、基本教学条件

（一）教师

1.有足够数量教师，满足本科教学的需要，生师比符合教育部要求。

2.有学术造诣较高的学术带头人。

3.教师队伍有一定的工程实践经验，能解决实际问题，有稳定的与工程应用有关的科研方向，有一定的科研成果。

4.教师队伍知识、职称、年龄及学缘结构合理，其中至少应有教授职称者一人、副教授职称者二人以上，提倡有一定比例具有实际经验的高级电气工程师担任专业课程讲授任务。

5.应具有相应学科的支撑条件，并设有专业教学机构。

（二）教材

1.教材选用要符合专业规范，基础课程的教材应为正式出版教材，专业课程至少应有符合本校教学大纲的讲义。

2.专业教育必修课程的教材均应是近年来正式出版的国家规划教材或重点教材，鼓励专业课教师选用专业教学指导委员会组织编写的教材。

（三）图书资料

公共图书馆中除了要有符合国家教育部关于高等院校设置必备的图书资料

外，还应满足下列要求：

1. 有一定数量的建筑电气、建筑智能化、自动控制、计算机技术、通信技术、建筑设备、建筑技术等方面的专业书籍。

2. 有一定数量的和本专业相关的中文期刊和外文期刊。

3. 有较齐全的建筑电气、建筑智能化等法规文件及基本的工程设计参考资料。

4. 有一定数量的数字化资源和具有检索这些信息资源的工具。

（四）实验室

1. 实验室的生均面积、生均教学设备经费投入等指标均达到教育部的要求。

2. 实验开出率达80%以上。实验装置充足，每组不超过4人（个别演示实验除外）。

3. 本专业必须具备计算机原理及应用、自动控制原理、计算机控制技术等专业基础实验室或相应的实验条件。

4. 建筑电气实验室

1）主要任务：完成专业教育必修课程规定开设的建筑电气教学实验任务。

2）设备要求：可配置电气照明系统、供配电实验装置、建筑电气控制技术实验系统。

5. 建筑智能化实验室

1）主要任务：完成专业教育必修课程规定开设的建筑智能化教学实验任务。

2）设备要求：本实验室可配置的系统较多，可根据具体情况配置系统种类。配置应能开设以下推荐实验类型：建筑设备自动化实验、网路与通信实验、公共安全系统实验等。

6. 设备配置要求应能满足学生进行不低于30%的设计型或综合型实验，并能为毕业设计提供必要条件。

7. 某些实验的设备较庞大、价格较贵（比如中央空调监控系统），可以采用仿真型实验装置。

8. 基础和专业实验室应有具备高级职称的实验人员，数量应满足要求，管理应规范有序。

（五）实习基地

1. 应有一定数量且相对稳定的专业实习基地（可在校外企事业单位、研究所、设计院中建立）。

2. 生产实习应符合本专业的特色和方向，有实习大纲和明确的实习内容。

（六）教学经费

1. 专业建设的投入不能低于教育部对本科专业要求的合格标准。

2. 对于新建专业，用于实验仪器设备添置的经费，初期投入一般不低于300 万元。

4.4.8　高等学校工程管理本科指导性专业规范（2014）

根据教育部、住房和城乡建设部的有关要求，由高等学校工程管理和工程造价学科专业指导委员会组织编制的《高等学校工程管理本科指导性专业规范》，通过了住房和城乡建设部人事司、高等学校土建学科教学指导委员会的审定。2014 年 11 月 10 日，住房和城乡建设部人事司、高等学校土建学科教学指导委员会下发通知，正式颁布了《高等学校工程管理本科指导性专业规范》。该规范的主要内容如下：

为适应国家经济社会发展的需要，指导全国高等学校工程管理专业建设和发展，规范高等学校工程管理专业本科教育教学、人才培养和办学工作，制定本规范。

一、学科基础

根据《普通高等学校本科专业目录（2012 年）》，工程管理专业（代码：120103，可授管理学或工学学士学位）属于管理学门类、管理科学与工程类本科专业，对应的一级学科门类是管理科学与工程（代码：1201）。

国务院学位委员会和国家教育部 2011 年颁布的《学位授予和人才培养学科目录》中未设置"工程管理"的学科，目前各高等学校通常采用在一级学科范围内自主设置二级学科的方式，即在"管理科学与工程"、"土木工程"或者其他相关的一级学科下自主设置"工程管理"、"项目管理"、"工程项目管理"、"工程与项目管理"、"建设管理"、"建设工程管理"等二级学科来培养工程管理领域硕士学位和博士学位研究生。在《专业学位授予和人才培养目录》中，该专业对应的专业硕士学位为"工程管理"（代码：1256）。

工程管理专业的主干学科是管理科学与工程，主要支撑学科有土木工程，以及经济学、法学门类的有关学科等。

工程管理专业的主要管理对象包括建筑工程、道路与桥梁工程、铁道工程、地下建筑与隧道工程、港口与航道工程、矿山工程、水利工程、电力工程、石化工程等。

二、培养目标

工程管理专业培养适应社会主义现代化建设需要，德、智、体、美全面发展，掌握土木工程或其他工程领域的技术知识，掌握与工程管理相关的管理、经济和法律等基础知识，具备较高的专业综合素质与能力，具有职业道德、创新精神和国际视野，能够在土木工程或其他工程领域从事全过程工程管理的高级专门人才。

工程管理专业毕业生可报考建造师、造价工程师、监理工程师等国家执业资格，能够在建设工程的勘察、设计、施工、监理（项目管理）、投资、造价咨询等领域和房地产领域的企事业单位、相关政府部门从事工程管理及相关工作，以及在高等学校工程管理专业和相关专业从事教育、培训和科研等工作。

三、培养规格

工程管理专业人才的培养规格应满足行业、社会对本专业人才素质结构、能力结构、知识结构的相关要求，应达到下列要求：

1. 素质结构

（1）思想道德素质：具有坚定正确的政治方向，能够树立正确的世界观和人生观；爱岗敬业、团结协作、勤俭自强、勤奋学习，行为举止符合社会道德规范；具有诚信为本的思想，以诚待人、以诚从业，求真务实、言行一致；具有较强的集体荣誉感，关心集体，能够与他人协作、沟通。

（2）文化素质：具有宽厚的文化知识素养，初步了解中外历史，尊重不同文化与风俗，具备一定的文化与艺术鉴赏能力；具有积极进取、开拓创新的现代意识和精神；具备较强的情绪控制能力，能理性客观地分析事物；具备一定的表达能力和与他人沟通的能力。

（3）专业素质：掌握本专业学科的一般方法论，获得科学思维方法的基本训练；具备理论联系实际、追求真理、崇尚科学的良好素养；具备系统的工程管理和综合分析素养，能够发现和分析工程系统的不足与缺陷，解决工程系统的重点、难点和关键问题。

（4）身心素质：身体健康，达到相应的国家体育锻炼标准合格水平；具备正确评价自己与周围环境的能力，具备应对困难、压力的心理承受能力和自我调适能力。

2. 能力结构

（1）综合专业能力：具备在土木工程或其他工程领域进行工程策划、设计管理、投资控制、进度控制、质量控制、安全管理、合同管理、信息管理和组织协调的基本能力，具备发现、分析、研究、解决工程管理实际问题的综合专业能力。

（2）基本能力：具备较强的语言与文字表达能力；具备对专业外语文献进行读、写、译的基本能力；具备运用计算机信息技术解决专业相关问题的基本能力；具备进行专业文献检索和初步科学研究能力；具有创新意识和初步创新能力，能够在工作、学习和生活中发现、总结、提出新观点和新想法。

3. 知识结构

（1）熟悉哲学、政治学、社会学、心理学、历史学等知识。

（2）掌握高等数学和工程数学基本原理和知识，熟悉物理学、信息科学、环境科学的基本知识，了解可持续发展相关知识，了解当代科学技术发展的基本情况。

（3）掌握一门外国语，掌握计算机基本原理及相关知识。

（4）掌握工程制图、工程材料、房屋建筑学、工程力学、工程结构、工程测量、工程施工等工程技术知识；掌握工程项目管理、工程估价、运筹学、工程合同管理等管理学知识；掌握工程经济学、会计学、工程财务等经济学知识；掌握经济法、建设法规等法学知识；掌握工程建设信息管理、工程管理类专业软件及其应用等专业信息技术知识。

（5）了解城乡规划、绿色建筑、金融保险、工商管理、公共管理等相关基础知识。

四、教学内容

工程管理专业的教学内容分为知识体系、实践体系和创新训练三部分。工程管理专业本科教学应通过有序的课堂教学、实践教学和相关课外活动，实现学生知识结构中不同学科知识的深度融合与能力提高。

（一）知识体系

工程管理专业的知识体系由人文社会科学知识、自然科学知识、工具性知识、专业知识四部分构成。

专业知识包括知识领域、知识单元和知识点三级内容，是工程管理专业本科教学的基本教学内容。同时推荐了部分选修知识单元供各高等学校自主选择。

1.专业知识构成

专业知识由以下五个知识领域构成：

（1）土木工程或其他工程领域技术基础

（2）管理学理论和方法

（3）经济学理论和方法

（4）法学理论和方法

（5）计算机及信息技术

知识单元是阐述或解决某一知识领域中某一问题的概念、定理、方法等知识点的集合。知识单元在内容上相对独立。《专业规范》规定的179个知识单元和631个知识点，是工程管理专业本科学生必须掌握的知识。《专业规范》同时推荐了22门核心课程以及每个知识单元的建议学时。

2.推荐的选修知识单元

为不同高等学校根据自身办学定位、专业特点、办学条件自主选择，《专业规范》推荐了工程管理专业的部分选修知识单元。此外，各高等学校还可根据行业与地方需求，增加选修内容，并适时调整与更新。

（二）实践体系

工程管理专业的实践体系包括各类教学实习（包括课程实习、生产实习、毕业实习）、实验、设计、专题讲座与专题研讨等环节。

实践体系分为实践领域、实践单元、知识与技能点三个层次。通过实践教学，培养学生发现、分析、研究、解决工程管理实际问题的综合实践能力和初步的科学研究能力。

1. 实验领域

工程管理本科专业实验领域包括基础实验、专业基础实验、专业实验等。

基础实验包括计算机及信息技术应用实验等实践单元。专业基础实验包括工程力学实验，工程材料实验、混凝土基本构件实验等实践单元。专业实验按工程类别设置工程管理类软件应用试验等实践单元。设计型、研究性、综合型实验由各高等学校结合自身专业办学特色、设置的相关专业课程教学要求自主确定，《专业规范》不做统一要求。

2. 实习领域

工程管理专业实习包括认识实习、课程实习、生产实习、毕业实习等四个实践环节。

认识实习按工程管理专业知识的相关要求安排，实习内容应符合专业培养目标要求。

课程实习包括工程施工、工程测量及其他与专业有关的实习内容。

生产实习与毕业实习应根据各高等学校自身办学特色，选择培养学生的综合专业能力的实习内容。

3. 设计领域

设计领域包括课程设计和毕业设计（论文）。

《专业规范》以举例方式提出课程设计和毕业设计（论文）教学目标与内容的原则要求，各高等学校可根据自身实际情况适当调整。对于有条件的高等学校，建议采用毕业设计。

其他专题讲座与专题研讨、社会实践等实践教学环节，《专业规范》不做统一要求，各高等学校可结合自身实际情况设置。

（三）创新训练

创新能力训练与初步科研能力培养应贯穿于整个本科教学和管理工作中。在专业知识教学中，通过课堂教学实现创新思维与研究方法的训练；在实践训练中通过实验、实习和设计，掌握创新方法与创新技能；同时提倡和鼓励学生参加创新实践与课外学术研究活动，如国家大学生创新创业训练计划，学校大学生科研训练计划，相关专业或学科的竞赛，学术性社团活动等，实现创新能力的培养。

有条件的高等学校可开设创新训练课程，或采用专题讲座、专题研讨等多种方式，开展创新训练。

五、课程体系

各高等学校设置的工程管理专业本科课程体系应根据《专业规范》提出的培养目标及教学要求，并结合自身特色构建。课程体系由必修课和选修课组成，必修课教学内容应覆盖《专业规范》规定的全部知识单元及知识点；选修课教学内容由各高等学校根据推荐的知识单元并结合自身情况设置。

《专业规范》基本要求学时 1958 学时，自主设置 542 学时。《专业规范》在人文社会科学、自然科学和工具性知识体系中推荐课程 20 门，对应 1052 学时；在专业知识体系中推荐专业课程 22 门，对应 906 学时，推荐的专业选修课程 20 门，对应 456 学时。在实践体系中安排实践环节 9 个，其中基础实验推荐 24 学时，专业基础实验推荐 26 学时，专业实验推荐 8 学时，实习推荐 9 周，毕业设计（论文）推荐 20 周。

六、基本教学条件

（一）师资

1. 有一支结构合理、相对稳定、水平较高的教师队伍。教师必须具备高等学校教师资格。有工程技术、经济、管理、法律等学科专业背景构成的专任教师队伍；能独立承担 50% 以上的专业课程的教学任务。

2. 设有专业基层教学组织或者教学团队，有副教授以上职称的专业带头人及其后备人才队伍，专业课程教师应不少于 10 人，其中教授至少 1 名、副教授至少 3 名；能够开展教学研究与科研活动；所在高等学校应有相关学科的基本支撑条件。

3. 具有硕士研究生学位以上教师占专任教师的比例不少于 70%，具有高级职称的教师占专任教师的比例不少于 40%，年龄结构、学位结构、职称结构、学缘结构较为合理并具有良好的发展趋势；具有一定比例的有工程管理实践经历的专职、兼职教师。

4. 主要专业课的主讲教师必须具有讲师及其以上职称。55 岁以下具有高级职称的教师每年应承担本科生教学任务；每名教师每学年主讲的专业课不得超过 2 门；毕业设计（论文）阶段每名教师指导的学生数量不超过 15 名。

（二）教材

应选用符合《专业规范》教学内容要求的教材或教学参考书，鼓励选用普通高等教育国家级规划教材、高等教育土建学科专业规划教材、高等学校工程管理和工程造价学科专业指导委员会规划或推荐教材。教材内容应满足专业培养方案和教学计划要求并符合专业办学特色。

（三）教学资料

拥有与工程管理专业本科学生数量相适应的专业图书、期刊、电子期刊数据库、资料，应具有数字化资源和具有检索资源的工具。

（四）实验室

实验室软、硬件条件应满足教学要求，设施、仪器、设备、计算机及相关专业软件的数量应能够满足工程管理专业实验教学需要和学生日常学习需要。计算机室应对学生开放。

（五）实习基地

具有相对稳定的校外实习基地5个以上，并与学生实习人数相适应。实习条件应满足相关实践环节的教学要求。

（六）教学经费

学费收入用于四项教学经费（本科业务费、教学旅差费、教学仪器维修费、体育维持费）的比例需满足教学要求，并逐年有所增长。其中本科业务费和教学仪器维修费需占四项教学经费的80%以上。新设置的工程管理本科专业，开办经费一般不低于生均0.8万元（不包括学生宿舍、教室、办公场所等），并随当地经济发展不断提高。

七、主要参考指标

鉴于各高等学校的办学条件和办学基础不同，教学管理模式和方法也不相同，《专业规范》规定以下主要参考指标，供各高等学校根据实际情况选用：

1. 本科学制：基本学制四年，实行学分制的学校可以适当调整为3～6年；

2. 四年制专业，总学分数不少于150～170学分，总学时控制在2500学时左右；

3. 实践教学学分占总学分的比例≥20%；

4. 学时与学分的折算办法：实行学分制的高等学校，学时与学分的折算由各高等学校根据学校实际情况自行决定。《专业规范》建议理论课程按16学时折算1学分、实践体系中的生产实习、毕业实习、课程设计、毕业设计（论文）等实践环节按1周折算为1学分。特殊情况下，某些课程的学时学分折算办法各高等学校可自行调整。

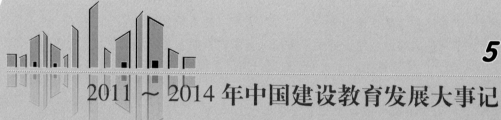

2011～2014年中国建设教育发展大事记

5.1 2011 年大事记

【住房和城乡建设部召开住房城乡建设系统人事处长座谈会】2011 年 3 月 2 日，住房和城乡建设部印发了《关于召开住房城乡建设系统人事处长座谈会的通知》，4 月 7 日、8 日召开全国住房和城乡建设系统人事处长座谈会。会议通报了住房和城乡建设部人事司 2010 年工作情况和 2011 年工作要点；总结交流了各地人才队伍建设和"十二五"人才（教育培训）规划编制情况；讨论修改了《住房和城乡建设部关于贯彻〈国家中长期人才发展规划纲要（2010—2020 年）〉的实施意见》和《关于做好〈建筑工程施工现场专业技术人员职业标准〉的贯彻实施意见》。

【普通高等教育土建学科专业"十二五"规划教材选题发布】为进一步加强高等教育土建学科教材建设，住房和城乡建设部人事司组织了土建学科专业"十二五"规划教材选题的申报和评选工作。经过作者申报、专家评审，确定《外国近现代建筑史》等 388 项选题作为土建学科专业"十二五"规划教材，其中本科、研究生教材选题 216 项，高职高专选题 172 项。

【全国建设类职业教育校企合作座谈会召开】为贯彻落实国家中长期人才发展规划纲要、教育改革和发展规划纲要精神，进一步提高职业院校建设类专业人才培养质量，住房和城乡建设部人事司于 2011 年 8 月 3 ~ 4 日在杭州召开全国建设类职业教育校企合作座谈会。住房和城乡建设部人事司、建筑市场监管司、房地产市场监管司、城市建设司、教育部职业教育与成人教育司相关负责人以及建设类高等、中等职业院校、各类企业、有关行业协会和部分省级住房城乡建设主管部门负责人 115 人参加会议。会议期间，职业院校、企业和省级住房城乡建设主管部门代表发言，交流校企合作开展人才培养工作经验。与会代表围绕建设类职业教育校企合作进行了认真研究和讨论，对住房和城乡建设部、教育部《关于加强土建类专业学生企业实习工作的指导意见（征求意见稿）》提出了具体修改建议。会议还就进一步加大政策支持力度，在财税政策、行业政策、社会评价等方面给予职业校院和企业更多支持，发挥行业协会作用等方面进行了研究讨论。

【普通高等教育建筑学一级学科调整】2011 年 3 月，国务院学位委员会、教育部颁布《学位授予和人才培养学科目录（2011 年）》，对 1997 年颁布的《授予博士、硕士学位和培养研究生的学科、专业目录》进行调整，原建筑学一级学科调整、增设为建筑学、城乡规划学、风景园林学三个一级学科。根据该目录，高等学校建设类学科专业包括土木工程、建筑学、城乡规划学、风景园林学（可授工学、农学学位）等4个一级学科以及与建设类相关的管理科学与工程（可授管理学、工学学位）一级学科。

【高等学校城市规划硕士专业学位授予工作启动】2011年，国务院学位委员会、住房和城乡建设部启动城市规划硕士专业学位授予工作。根据住房和城乡建设部高等教育城市规划专业评估委员会评估结论，经有关高等学校申请，国务院学位委员会印发《关于审核批准清华大学等高等学校开展建筑学学士、硕士专业学位及城市规划硕士专业学位授予工作的通知》（学位[2011]59号），批准新增清华大学等11所高等学校开展城市规划硕士专业学位授予工作。详见表5-1。

首批授权的高等学校城市规划硕士专业学位高等学校及有效期统计表 表5-1

序号	学校	授予城市规划硕士专业学位有效期	序号	学校	授予城市规划硕士专业学位有效期
1	清华大学	2011年9月～2016年5月	7	武汉大学	2011年9月～2012年5月
2	天津大学	2011年9月～2016年5月	8	华南理工大学	2011年9月～2014年5月
3	哈尔滨工业大学	2011年9月～2016年5月	9	重庆大学	2011年9月～2016年5月
4	同济大学	2011年9月～2016年5月	10	西北大学	2011年9月～2013年5月
5	南京大学	2011年9月～2014年5月	11	西安建筑科技大学	2011年9月～2012年6月
6	东南大学	2011年9月～2016年5月	—	—	—

【2010～2011年度高等学校建筑学专业教育评估工作】2011年，全国高等学校建筑学专业教育评估委员会对清华大学、同济大学、东南大学、天津大学、浙江大学、沈阳建筑大学、郑州大学、武汉理工大学、厦门大学、安徽建筑工业学院、西安交通大学、南京大学、烟台大学、天津城市建设学院等14所学校的建筑学专业教育进行了评估。评估委员会全体委员对各学校的自评报告进行了审阅，于5月派遣视察小组进校实地视察。之后，经评估委员会全体会议讨论，做出了评估结论并报送国务院学位办。9月，国务院学位委员会印发《关于审核批准清华大学等高等学校开展建筑学学士、硕士专业学位及城市规划硕士专业学位授予工作的通知》（学位[2011]59号），授权这些高等学校行使或继续行使建筑学专业学位授予权。2011年高等学校建筑学专业评估结论如表5-2所示。

2010～2011年度高等学校建筑学专业教育评估结论　　　表 5-2

序号	学校	专业	授予学位	合格有效期		备注
				本科	硕士研究生	
1	清华大学	建筑学	学士、硕士	7年 (2011.5～2018.5)	7年 (2011.5～2018.5)	复评
2	同济大学	建筑学	学士、硕士	7年 (2011.5～2018.5)	7年 (2011.5～2018.5)	复评
3	东南大学	建筑学	学士、硕士	7年 (2011.5～2018.5)	7年 (2011.5～2018.5)	复评
4	天津大学	建筑学	学士、硕士	7年 (2011.5～2018.5)	7年 (2011.5～2018.5)	复评
5	浙江大学	建筑学	学士、硕士	7年 (2011.5～2018.5)	7年 (2011.5～2018.5)	复评
6	沈阳建筑大学	建筑学	学士、硕士	7年 (2011.5～2018.5)	7年 (2011.5～2018.5)	复评
7	郑州大学	建筑学	学士、硕士	4年 (2011.5～2015.5)	4年 (2011.5～2015.5)	学士复评硕士初评
8	武汉理工大学	建筑学	学士、硕士	4年 (2011.5～2015.5)	4年 (2011.5～2015.5)	学士复评硕士初评
9	厦门大学	建筑学	学士、硕士	4年 (2011.5～2015.5)	4年 (2011.5～2015.5)	复评
10	安徽建筑工业学院	建筑学	学士	4年 (2011.5～2015.5)	—	复评
11	西安交通大学	建筑学	学士、硕士	4年 (2011.5～2015.5)	4年 (2011.5～2015.5)	学士复评硕士初评
12	南京大学	建筑学	硕士	—	7年 (2011.5～2018.5)	复评
13	烟台大学	建筑学	学士	4年 (2011.5～2015.5)		初评
14	天津城市建设学院	建筑学	学士	4年 (2011.5～2015.5)	—	初评

　　截至 2011 年 5 月，全国共有 47 所高等学校建筑学专业通过专业教育评估，受权行使建筑学专业学位（包括建筑学学士和建筑学硕士）授予权，其中具有建筑学学士学位授予权的有 46 个专业点，具有建筑学硕士学位授予权的有 25 个专业点。

　　【2010～2011 年度高等学校城市规划专业教育评估工作】2011 年，住房和

城乡建设部高等教育城市规划专业评估委员会对北京建筑工程学院、广州大学、北京大学等 3 所学校的城市规划专业进行了评估。评估委员会全体委员对各校的自评报告进行了审阅，于 5 月份派遣视察小组进校实地视察。经评估委员会全体会议讨论，做出了评估结论，如表 5-3 所示。

2010～2011 年度高等学校城市规划专业教育评估结论　　　表 5-3

序号	学校	专业	授予学位	合格有效期		备注
				本科	硕士研究生	
1	北京建筑工程学院	城市规划	学士	4 年（2011.5～2015.5）	—	初评
2	广州大学	城市规划	学士	4 年（2011.5～2015.5）	—	初评
3	北京大学	城市规划	学士	4 年（2011.5～2015.5）	—	初评

截至 2011 年 5 月，全国共有 29 所高等学校的城市规划专业通过专业评估，其中本科专业点 28 个，硕士研究生专业点 12 个。

【2010～2011 年度高等学校土木工程专业教育评估工作】2011 年，住房和城乡建设部高等教育土木工程专业评估委员会对三峡大学、南京工业大学、北京建筑工程学院、吉林建筑工程学院、内蒙古科技大学、长安大学、广西大学、山东大学、太原理工大学等 9 所学校的土木工程专业进行了评估。评估委员会全体委员对各校的自评报告进行了审阅，于 5 月份派遣视察小组进校实地视察。经评估委员会全体会议讨论，做出了评估结论，如表 5-4 所示。

2010～2011 年度高等学校土木工程专业教育评估结论　　　表 5-4

序号	学校	专业	授予学位	合格有效期	备注
1	三峡大学	土木工程	学士	五年（2011.5～2016.5）	复评
2	南京工业大学	土木工程	学士	八年（2011.5～2019.5）	复评
3	北京建筑工程学院	土木工程	学士	五年（2011.5～2016.5）	复评
4	吉林建筑工程学院	土木工程	学士	五年（2011.5～2016.5）	复评
5	内蒙古科技大学	土木工程	学士	五年（2011.5～2016.5）	复评
6	长安大学	土木工程	学士	五年（2011.5～2016.5）	复评
7	广西大学	土木工程	学士	五年（2011.5～2016.5）	复评
8	山东大学	土木工程	学士	五年（2011.5～2016.5）	初评
9	太原理工大学	土木工程	学士	五年（2011.5～2016.5）	初评

截至 2011 年 5 月，全国共有 58 所高等学校的土木工程专业通过评估。

【2010 ～ 2011 年度高等学校建筑环境与设备工程专业教育评估工作】2011 年，住房和城乡建设部高等教育建筑环境与设备工程专业评估委员会对华中科技大学、中原工学院、广州大学、北京工业大学、西安交通大学、兰州交通大学、天津城市建设学院等 7 所学校的建筑环境与设备工程专业进行了评估。评估委员会全体委员对学校的自评报告进行了审阅，于 5 月份派遣视察小组进校实地视察。经评估委员会全体会议讨论，做出了评估结论，如表 5-5 所示。

2010 ～ 2011 年度高等学校建筑环境与设备工程专业教育评估结论　　表 5-5

序号	学校	专业	授予学位	合格有效期	备注
1	华中科技大学	建筑环境与设备工程	学士	五年（2011.5 ～ 2016.5）	复评
2	中原工学院	建筑环境与设备工程	学士	五年（2011.5 ～ 2016.5）	复评
3	广州大学	建筑环境与设备工程	学士	五年（2011.5 ～ 2016.5）	复评
4	北京工业大学	建筑环境与设备工程	学士	五年（2011.5 ～ 2016.5）	复评
5	西安交通大学	建筑环境与设备工程	学士	五年（2011.5 ～ 2016.5）	初评
6	兰州交通大学	建筑环境与设备工程	学士	五年（2011.5 ～ 2016.5）	初评
7	天津城市建设学院	建筑环境与设备工程	学士	五年（2011.5 ～ 2016.5）	初评

截至 2011 年 5 月，全国共有 27 所高等学校的建筑环境与设备工程专业通过评估。

【2010 ～ 2011 年度高等学校给水排水工程专业教育评估工作】2011 年，住房和城乡建设部高等教育给水排水工程专业评估委员会对河海大学、华中科技大学、湖南大学、昆明理工大学等 4 所学校的给水排水工程专业进行了评估。评估委员会全体委员对各校的自评报告进行了审阅，于 5 月份派遣视察小组进校实地视察。经评估委员会全体会议讨论，做出了评估结论，如表 5-6 所示。

2010 ～ 2011 年度高等学校给水排水工程专业教育评估结论　　表 5-6

序号	学校	专业	授予学位	合格有效期	备注
1	河海大学	给水排水工程	学士	五年（2011.5 ～ 2016.5）	复评
2	华中科技大学	给水排水工程	学士	五年（2011.5 ～ 2016.5）	复评
3	湖南大学	给水排水工程	学士	五年（2011.5 ～ 2016.5）	复评
4	昆明理工大学	给水排水工程	学士	五年（2011.5 ～ 2016.5）	初评

截至 2011 年 5 月，全国共有 28 所高等学校的给水排水工程专业通过评估。

【2010～2011 年度高等学校工程管理专业教育评估工作】2011 年，住房和城乡建设部高等教育工程管理专业评估委员会对天津大学、南京工业大学、中南大学、湖南大学、中国矿业大学、西南交通大学等 6 所学校的工程管理专业进行了评估。评估委员会全体委员对各校的自评报告进行了审阅，于 5 月份派遣视察小组进校实地视察。经评估委员会全体会议讨论，做出了评估结论，如表 5-7 所示。

2010～2011 年度高等学校工程管理专业教育评估结论　　　　表 5-7

序号	学校	专业	授予学位	合格有效期	备注
1	天津大学	工程管理	学士	五年（2011.5～2016.5）	复评
2	南京工业大学	工程管理	学士	五年（2011.5～2016.5）	复评
3	中南大学	工程管理	学士	五年（2011.5～2016.5）	复评
4	湖南大学	工程管理	学士	五年（2011.5～2016.5）	复评
5	中国矿业大学	工程管理	学士	五年（2011.5～2016.5）	初评
6	西南交通大学	工程管理	学士	五年（2011.5～2016.5）	初评

截至 2011 年 5 月，全国共有 30 所高等学校的工程管理专业通过评估。

【领导干部和专业技术人员培训工作】按照中央大规模培训干部要求，2011 年住房和城乡建设部机关、直属单位和部管社会团体共组织培训班 335 项，728 个班次，培训领导干部和专业技术人员 69831 人次。继续办好市长培训班，全国市长研修学院共组织 6 期市长培训班和 9 期专题研究班，共培训市长和住房城乡建设系统领导干部 588 人次。支持定点帮扶地区干部培训工作，在北京为住房和城乡建设部定点帮扶的青海省黄南州及尖扎、泽库等县免费举办领导干部培训班，培训领导干部和管理人员 35 人。支持西藏领导干部培训工作，免费举办两期援藏培训班，在北京和拉萨培训西藏各地（市）、县领导干部以及西藏住房城乡建设系统领导干部共 140 人。继续办好援疆培训班，在乌鲁木齐培训新疆各地州市县和兵团建设系统管理干部和专业技术人员 130 人。在沈阳建筑大学举办全国专业技术人员低碳城市与建筑节能高级研修班。

【定向培养住房和城乡建设系统公共管理硕士（MPA）】2011 年，住房和城乡建设部继续委托中国人民大学、清华大学在全国住房和城乡建设系统开展定向培养公共管理硕士（MPA）工作。中国人民大学培养方向为住房保障和城乡建设，清华大学培养方向为城乡规划与管理。

【住房和城乡建设部选派 2 名"博士服务团"成员到西部地区服务锻炼】按

照中央组织部、共青团中央《关于开展第 12 批博士服务团成员选派工作的通知》，住房和城乡建设部选派 2 名"博士服务团"成员赴西藏、甘肃服务锻炼。

【《生态环境保护人才发展中长期规划（2010—2020 年)》发布】经中央人才工作协调小组审议通过，2011 年 5 月，环境保障部、国土资源部、住房和城乡建设部、水利部、农业部、国家林业局、中国气象局联合印发《生态环境保护人才发展中长期规划（2010—2020 年)》，对未来 10 年城镇排水与污水处理、城镇生活垃圾收集处理、城镇园林绿化、风景名胜区生态环境保护、村镇人居生态环境保护等住房城乡建设领域生态环保人才队伍建设作出规划。

【住房和城乡建设部印发实施意见贯彻国家人才规划】住房和城乡建设部印发关于贯彻《国家中长期人才发展规划纲要（2010—2020 年)》的实施意见，对住房城乡建设系统党政人才、专业技术人才、高技能人才及后备人才队伍建设提出具体工作任务和相应措施。

【《建筑与市政工程施工现场专业人员职业标准》发布】住房和城乡建设部批准发布行业标准《建筑与市政工程施工现场专业人员职业标准》JGJ/T 250－2011，自 2012 年 1 月 1 日起实施。该标准规定了施工员、质量员、安全员、标准员、材料员、机械员、劳务员、资料员等"八大员"的岗位职责、专业知识和技能要求。

【住房和城乡建设领域个人执业资格考试情况】2011 年，共有 81.6 万人次（不含二级）参加住房城乡建设领域个人执业资格全国统一考试，8.4 万人次（不含二级）考试合格并取得执业资格证书。详见表 5-8。

2011 年住房城乡建设领域个人执业资格全国统一考试情况统计表　　表 5-8

序号	专业	参加考试人次	取得执业资格人次	通过率（%）
1	建筑（一级)	31047	2073	6.7
2	结构工程（一级)	16760	2113	12.6
3	岩土工程	4894	1890	38.6
4	港口与航道工程	356	96	30
5	水利水电工程	1889	465	24.6
6	公用设备工程	8215	1314	16
7	电气工程	4093	1321	32.3
8	环保工程	2401	470	19.6
9	化工工程	1407	105	7.5
10	建造（一级)	509110	29860	5.86
11	工程监理	43369	11317	26
12	城市规划	14966	1142	7.6
13	工程造价	90409	6462	7.15

续表

序号	专业	参加考试人次	取得执业资格人次	通过率（%）
14	物业管理	54138	16287	30
15	房地产估价	14132	2221	15.7
16	房地产经纪	19160	7321	38.2
合计		816346	84457	10.3

【住房和城乡建设领域个人执业资格及注册情况】截至 2011 年底，住房和城乡建设领域取得各类执业资格人员共 92.9 万人（不含二级），注册人数 67.8 万人。详见表 5-9。

住房和城乡建设领域执业资格人员专业分布及注册情况统计表 表 5-9
（截至 2011 年 12 月 31 日）

行业	类别		专业	取得资格人数	注册人数
勘察设计业	（一）注册建筑师（一级）			26526	24806
	（二）勘察设计注册工程师	1. 土木工程	岩土工程	13597	10944
			水利水电工程	6643	未注册
			港口与航道工程	1251	未注册
			道路工程	2411	未注册
		2. 结构工程（一级）		41762	39160
		3. 公用设备工程		20522	14366
		4. 电气工程		15882	10735
		5. 化工工程		4956	3194
		6. 环保工程		2903	未注册
		7. 机械工程		3458	未注册
		8. 冶金工程		1502	未注册
		9. 采矿/矿物工程		1461	未注册
		10. 石油/天然气工程		438	未注册
建筑业	（三）建造师（一级）			338708	255653
	（四）监理工程师			187489	127952
	（五）造价工程师			122878	115000
房地产业	（六）房地产估价师			44197	39148
	（七）房地产经纪人			44019	24105
	（八）物业管理师			30501	未注册
城市规划	（九）注册城市规划师			18082	13630
总　计				929186	678693

【针对《城镇燃气管理条例》施行后行业人员教育培训工作开展了专题调研】
住房和城乡建设部人事司对现有的培训鉴定体系加强和规范管理，促进有序发展。
针对《城镇燃气管理条例》施行后行业人员教育培训工作开展了专题调研，与中
国城市燃气协会研究交流工作，对有关燃气集团企业员工培训情况进行了较为深
入的了解，探讨进一步推动燃气行业从业人员的教育培训工作。今后拟对建设类
不同行业职业教育培训加强分类指导，调动相关部门积极性，促进体制机制创新。

【国家职业分类大典修订工作】按照人力资源和社会保障部、国家质量监督
检验检疫总局、国家统计局关于修订《国家职业分类大典》的统一部署，住房
城乡建设行业《国家职业分类大典》修订工作由住房和城乡建设部人事司统一
组织领导，人事司司长王宁担任部《国家职业分类大典》修订工作委员会主任
委员，部科技委常委副主任李秉仁担任住房城乡建设行业大典修订工作专家委
员会主任。住房和城乡建设部人力资源开发中心负责日常组织协调工作，相关
行业协会和机构承担具体修订任务。该项工作将历时一年半。住房和城乡建设
部承担了 64 个职业的修订任务，其中 44 个职业为承担修订，20 个职业为参与
修订，另有多个职业申请调整和新增，涉及工种数量约有 220 个。住房和城乡
建设部人事司、住房和城乡建设部人力资源开发中心多次组织召开专题会议，
研究部署工作。为便于组织相近职业的修订工作，深入开展研讨交流，工作委
员会将承担的职业归类，划分了建筑市政、房地产、风景园林和专业技术等四
个修订工作专业组。分别委托四家承担修订任务的行业协会担任组长单位，负
责本组职业修订工作的总体协调。2011 年各项工作按计划有序进行。

【编写行业职业技能标准】住房和城乡建设部标定司，住房和城乡建设部人
事司组织完成已经制定修订的园林绿化、供水等几个部职业（工种）目录、职
业技能标准的审定工作。协调住房和城乡建设部白蚁防治中心拟开展白蚁防治
工职业技能标准修订工作。

【建设职业技能培训与鉴定工作】继续加强职业技能培训和鉴定工作，促进
工人职业技能水平和从业人员队伍整体素质提高。住房和城乡建设部人事司下
发了《关于印发 2011 年全国建设职业技能培训与鉴定工作任务的通知》。2011
年全年计划培训 144.4 万人，实际培训 153.8 万人，超额完成 9.4 万人。全年计
划鉴定 108.7 万人，实际鉴定 98 万人。北京（不含市政）、天津、河北、辽宁、
浙江、安徽、福建、江西、山东、河南、湖北、湖南、广西、重庆（含市政）、
四川、甘肃、宁夏、青海省（自治区、直辖市）完成或超额完成年度培训任务；
山东、江苏省技师、高级技师培训和鉴定成效突出。

【举办全国中职学校建筑工程技术技能比赛】住房和城乡建设部人事司与
教育部职成司、中国建设教育协会于 6 月 23 日～27 日在天津顺利组织举办了

2011年全国职业院校技能大赛中职组建筑工程技术技能比赛。比赛共设工程算量、楼宇智能化（安防布线调试）、建设设备安装与调控（给排水）和建筑CAD等4个竞赛项目，规模位居本届大赛各分项赛事前列，来自全国37个代表队的429名选手参加了比赛。《人民日报》、《光明日报》、《经济日报》、《中国建设报》、建筑杂志社等媒体对比赛都进行了报道。比赛对引导职业院校师生尊重技能、崇尚技能以及推动行业职业院校教学改革都产生了良好作用。

【指导第五届中职教育专业指导委员会开展工作】指导住房和城乡建设部第五届中等职业教育专业指导委员会积极开展工作，充分发挥专家组织作用，推动行业中等职业教育。各分专业指导委员会分别召开了年度第一次全体会议，制定了本届委员会的工作规划和年度工作计划。住房和城乡建设部人事司对各分专业指导委员会的规划、年度计划提出要求，督促指导各委员会按照年度计划开展工作，充分发挥专家咨询作用，提高中等职业教育工作服务行业人才培养的针对性和有效性。

【开展农民工艾滋病防治宣传教育工作】住房和城乡建设部积极履行国务院艾滋病防治工作委员会成员单位的职责，在行业农民工中普及艾滋病防治知识，提高他们的自我防护意识。大力开展行业农民工艾滋病防治知识宣传教育工作。落实国务院有关进一步推动防治艾滋病工作文件精神，创新思路积极做好相关工作，研究制定住房城乡建设行业防艾宣教的有关政策。

5.2 2012 年大事记

5.2.1 住房和城乡建设领域大事记

【首届总工程师建筑节能专业岗位培训班开班】2012年4月19日，首届总工程师建筑节能专业岗位培训班在北京开班，中国建筑节能协会会长郑坤生出席开班仪式并致辞。来自全国部分省市的80余位勘察设计院总建筑师、总工程师、院长等技术管理者在为期3天的培训中学习了我国建筑节能的相关政策法规、建筑节能标准规范体系、先进的建筑节能技术和发展趋势、勘察设计企业建筑节能技术管理体系等知识。

【全国BIM技能等级考试工作指导委员会成立】2012年5月19日，全国BIM技能等级考试工作指导委员会成立大会在北京召开。会议由中国图学学会主办、中国建筑科学研究院建研科技有限公司协办。"全国BIM技能等级考试"职业培训由人力资源部和社会保障部中国就业培训技术指导中心与中国图学学会共同开展。

【2012 年全国职业院校技能大赛中职组建设职业技能比赛举行】2012 年 6 月 25 日，由住房和城乡建设部人事司、教育部职业教育与成人教育司、中国建设教育协会、天津市教委、广东省教育厅共同主办的 2012 年全国职业院校技能大赛中职组建设职业技能比赛在天津市国土资源和房屋职业技术学院举行。本次比赛是面向全国建筑工程技术领域中等职业学校在校生举办的技能竞赛，包括工程算量、建筑设备安装与调控（给排水）、计算机辅助设计（建筑 CAD）和电梯维修保养 4 个竞赛项目。

【全国建设行业职业技能竞赛举办】2012 年 9 月 25 ～ 26 日，全国建设行业职业技能竞赛暨第 42 届世界技能大赛选拔赛在安徽省合肥市举办。住房和城乡建设部人事司、人力资源和社会保障部专业能力建设司、中国就业培训技术指导中心有关负责人，中国建筑业协会副会长徐义屏、副会长兼秘书长吴涛，安徽省住房和城乡建设厅副厅长曹剑等出席开幕式并讲话，随后现场观摩了实际操作竞赛。这次全国建设行业职业技能竞赛为国家二级竞赛，竞赛工种为砌筑工。全国 22 省（区、市）、2 个中央建筑企业和有关院校组成的 25 个代表队，共 48 名选手、48 名辅助工参加了大赛。最终产生了 15 名获奖选手和 5 名参加第 42 届世界技能大赛的集训选手。其中，来自河北的宋井成、山东的常保见、安徽的雷小兵从众多参赛的泥瓦匠中脱颖而出，以精湛的技艺获得前三名，摘得"全国技术能手"桂冠。

【住房和城乡建设部、教育部出台政策促进高校土建类专业学生企业实习】。2012 年住房和城乡建设部、教育部印发《关于加强建设类专业学生企业实习工作的指导意见》，要求各地住房和城乡建设行政主管部门、教育行政主管部门、普通高等学校、中等职业学校和企事业单位把建设类专业人才实践能力培养摆上重要位置，进一步加大力度，完善相关政策措施，建立长效机制，积极推进学生到企业实习。《意见》规定了学校、企业和政府部门的职责和任务，并制定具体措施引导企业接收土建类专业学生实习。

【普通高等学校土建类本科专业调整】2012 年 9 月，教育部颁布《普通高等学校本科专业目录（2012）》，对 1998 年颁布的《普通高等学校本科专业目录》及原设目录进行调整，新目录分为基本专业（352 种）和特设专业（154 种）。

【住房和城乡建设部组建新一届高校土木工程专业评估委员会】2012 年 1 月，住房和城乡建设部印发通知，组建第五届住房和城乡建设部高等教育土木工程专业评估委员会，任期四年。新一届高校土木工程专业评估委员会主任委员为同济大学李国强教授；副主任委员共 4 人，分别为：中国建筑设计研究院任庆英、苏州科技学院何若全、长沙大学沙爱民、中国建筑科学研究院赵基达；

委员共 26 人，分别为：中国建筑第八工程局有限公司王玉岭、山东建筑大学王崇杰、北京市市政工程设计研究总院包琪玮、西安建筑科技大学白国良、清华大学叶列平、安徽省建筑设计研究院朱兆晴、中冶建筑研究总院有限公司刘毅、河海大学刘汉龙、中国中建设计集团有限公司邢民、重庆大学张永兴、东南大学邱洪兴、哈尔滨工业大学邹超英、中国建筑工程总公司宋中南、天津大学郑刚、西南交通大学易思蓉、湖南大学易伟健、浙江大学罗尧治、中交第三公路工程局有限公司周刚、吉林建筑工程学院战高峰、中国电子工程设计院娄宇、中铁三局集团有限公司贾定祎、沈阳建筑大学贾连光、华南理工大学莫海鸿、中水淮河设计研究有限公司唐涛、中交第一公路工程局有限公司黎儒国。秘书长由住房和城乡建设部人事司有关负责人担任。

【住房和城乡建设部组建新一届高校建筑环境与设备工程专业评估委员会】2012 年 1 月，住房和城乡建设部印发通知，组建第三届住房城乡建设部高等教育建筑环境与设备工程专业评估委员会，任期四年。新一届高校建筑环境与设备工程专业评估委员会主任委员为中国建筑设计研究院教授级高工潘云刚；副主任委员共 3 人，分别为：清华大学朱颖心、哈尔滨工业大学姚杨、中国建筑科学研究院徐伟；委员 21 人，分别为：山东省建筑设计研究院于晓明、天津市建筑设计院伍小亭、重庆大学付祥钊、中国建筑西南设计研究院有限公司戎向阳、东南大学张小松、五洲工程设计研究院张小慧、同济大学张旭、天津大学张欢、中国中元国际工程公司李著萱、山东建筑大学李永安、北京建筑工程学院李德英、西安建筑科技大学李安桂、中国制冷学会杨一凡、东华大学沈恒根、解放军后勤工程学院建筑设计研究院吴祥生、上海建筑设计研究院有限公司寿炜炜、空军工程设计研究局罗继杰、中原工学院范小伟、同方人工环境公司范新、大连理工大学端木琳。秘书长由住房城乡建设部人事司有关负责人担任。由于原 2012 年 9 月教育部颁布《普通高校本科专业目录（2012)》，原建筑环境与设备工程更名为建筑环境与能源应用工程，12 月住房城乡建设部印发通知，将建筑环境与设备工程专业评估委员会更名为建筑环境与能源应用工程专业评估委员会。

【住房城乡建设部组建新一届高校城乡规划专业评估委员会】2012 年 12 月，住房城乡建设部印发通知，组建第四届住房城乡建设部高等教育城乡规划专业评估委员会（原专业名称为城市规划，根据教育部颁布的《普通高等学校本科专业目录（2012)》更名），任期四年。新一届高校城乡规划专业评估委员会主任委员为同济大学彭震伟教授；副主任委员共 3 人，分别为：中国城市规划学会石楠、清华大学吴唯、中国城市规划设计研究院陈锋；委员共 23 人，分别是：华南理工大学王世福、厦门市城市规划设计研究院王唯山、北京大学冯长春、沈阳建筑大学石铁矛、深圳市城市规划设计研究院有限公司乔建平、武汉市国土资源和规划局刘奇志、浙江大学华晨、上海市浦东新区规划土地管理局朱若霖、山东建筑大学闫整、哈尔滨工业大学冷红、南京大学张京祥、广州市规划局李颖、上海市城市规划设计研究院苏功州、天津大学运迎霞、江苏省城市规划设计研究院陈沧杰、西安建筑科技大学陈晓健、北京市城市规划设计研究院施卫良、东南大学段进、华中科技大学洪亮平、重庆大学赵万民、浙江省城市规划设计研究院顾浩、重庆市规划设计研究院彭瑶玲；秘书长由住房城乡建设部人事司有关负责人担任。

【住房城乡建设部组建新一届高校给排水科学与工程专业评估委员会】2012年12月，住房城乡建设部印发通知，组建第三届住房城乡建设部高等教育给排水科学与工程专业评估委员会（原专业名为给排水工程，根据教育部颁布的《普通高等学校本科专业目录（2012）》更名），任期四年。新一届给排水科学与工程专业评估委员会主任委员为哈尔滨工业大学崔福义教授；副主任委员2人，分别是：清华大学张晓健、中国建筑设计研究院赵锂；委员22人，分别是：同济大学于水利、中国人民解放军总后勤部建筑工程规划设计研究院王冠军、中国市政工程中南设计研究总院有限公司邓志光、中国航天建设集团有限公司任向东、天津市建筑设计院刘建华、中国兵器工业第五设计研究院刘巍荣、四川大学张永丽、上海市政工程设计研究总院（集团）有限公司张辰、兰州交通大学张国珍、桂林理工大学张学洪、重庆大学张智、北京建筑工程学院张雅君、北京市市政工程设计研究总院李艺、浙江工业大学李军、中国市政工程华北设计研究总院李成江、中国市政工程西南设计研究总院罗万申、湖南大学施周、电力规划设计总院唐燕萍、苏州科技学院黄勇、西安建筑科技大学黄廷林、中国中元国际工程公司黄晓家；秘书长由住房城乡建设部人事司有关负责人担任。

【住房城乡建设部组建新一届高校工程管理专业评估委员会】2012年12月，住房城乡建设部印发通知，组建第四届住房城乡建设部高等教育工程管理专业评估委员会，任期四年。新一届高校工程管理专业评估委员会主任委员为东北大学丁烈云教授；副主任委员共4人，分别是：中国建筑股份有限公司王立、同济大学乐云、重庆大学任宏、江苏省建工集团有限公司朱华强；委员共24人，分别是：武汉理工大学方俊、东北财经大学王立国、中南大学王梦钧、中交第一公路工程局有限公司刘东元、深圳市地铁集团有限公司刘卡丁、北京交通大学刘伊生、西安建筑科技大学刘晓君、东南大学成虎、中国建设工程造价管理协会吴佐民、天津大学张水波、北京建工集团有限公司张伟、中国建筑工业出版社张兴野、清华大学张红、大连理工大学李忠富、武汉市城乡建设委员会陈跃庆、哈尔滨工业大学武永祥、中国建设监理协会修璐、南京栖霞建设股份有限公司夏保国、中国房地产估价师与房地产经纪人学会柴强、广州市建筑集团有限公司梁湖清、上海建工集团股份有限公司龚剑、中国建筑业协会景万、中国建筑一局（集团）有限公司薛刚；秘书长由住房城乡建设部人事司有关负责人担任。

【2011～2012年度高等学校建筑学专业教育评估工作】2012年，全国高等学校建筑学专业教育评估委员会对北京建筑工程学院、深圳大学、华侨大学、山东建筑大学、广州大学、河北工程大学、中南大学、武汉大学、北方工业大学、中国矿业大学、苏州科技学院、西北工业大学12所学校的建筑学专业教育进行了评估，并对南京工业大学建筑学专业进行了中期检查。评估委员会全体委员对各学校的自评报告进行了审阅，于5月派遣视察小组进校实地视察。之后，经评估委员会全体会议讨论，作出了评估结论并报送国务院学位办。9月，国务院学位委员会印发《关于批准北京建筑工程学院等高等学校开展建筑学学士、硕士专业学位和城市规划硕士专业学位授予工作的通知》（学位［2012］33号），授权这些高校行使或继续行使建筑学专业学位授予权。2012年高校建筑学专业评估结论如表5-10所示。

2012年高等学校建筑学专业评估结论　　　　　　表5-10

序号	学校	专业	授予学位	合格有效期		备注
				本科	硕士研究生	
1	北京建筑工程学院	建筑学	学士、硕士	7年（2012.5～2019.5）	7年（2012.5～2019.5）	复评
2	深圳大学	建筑学	学士、硕士	4年（2012.5～2016.5）	4年（2012.5～2016.5）	复评
3	华侨大学	建筑学	学士、硕士	4年（2012.5～2016.5）	4年（2012.5～2016.5）	复评
4	山东建筑大学	建筑学	学士、硕士	7年（2012.5～2019.5）	4年（2012.5～2016.5）	学士复评硕士初评
5	广州大学	建筑学	学士	4年（2012.5～2016.5）	—	复评
6	河北工程大学	建筑学	学士	4年（2012.5～2016.5）		复评
7	中南大学	建筑学	学士、硕士	4年（2012.5～2016.5）	4年（2012.5～2016.5）	学士复评硕士初评
8	武汉大学	建筑学	学士、硕士	4年（2012.5～2016.5）	4年（2012.5～2016.5）	复评
9	北方工业大学	建筑学	学士	4年（2012.5～2016.5）		复评
10	中国矿业大学	建筑学	学士	4年（2012.5～2016.5）		复评
11	苏州科技学院	建筑学	学士	4年（2012.5～2016.5）		复评
12	西北工业大学	建筑学	学士	4年（2012.5～2016.5）		初评
13	南京工业大学	建筑学	学士	4年（2012.5～2016.5）	—	中期检查通过，有效期从2010年起计算

截至 2012 年 5 月，全国共有 48 所高校建筑学专业通过专业教育评估，受权行使建筑学专业学位（包括建筑学学士和建筑学硕士）授予权，其中具有建筑学学士学位授予权的有 47 个专业点，具有建筑学硕士学位授予权的有 28 个专业点。

【2011 ～ 2012 年度高等学校城市规划专业教育评估工作】2012 年，住房城乡建设部高等教育城市规划专业评估委员会对西安建筑科技大学、华中科技大学、山东建筑大学、浙江大学、武汉大学、湖南大学、苏州科技学院、沈阳建筑大学、安徽建筑工业学院、昆明理工大学、福建工程学院 11 所学校的城市规划专业进行了评估。评估委员会全体委员对各校的自评报告进行了审阅，于 5 月派遣视察小组进校实地视察。经评估委员会全体会议讨论，作出了评估结论，如表 5-11 所示。

2012 年高等学校城市规划专业评估结论 表 5-11

序号	学校	专业	授予学位	合格有效期		备注
				本科	硕士研究生	
1	西安科技大学	城市规划	学士、硕士	6 年(2012.5 ～ 2018.5)	6 年（2012.5 ～ 2018.5）	复评
2	华中科技大学	城市规划	学士、硕士	6 年(2012.5 ～ 2018.5)	6 年（2012.5 ～ 2018.5）	复评
3	山东建筑大学	城市规划	硕士	—	4 年（2012.5 ～ 2016.5）	硕士初评
4	浙江大学	城市规划	硕士	—	4 年（2012.5 ～ 2016.5）	硕士初评
5	武汉大学	城市规划	学士、硕士	6 年(2012.5 ～ 2018.5)	6 年（2012.5 ～ 2018.5）	复评
6	湖南大学	城市规划	学士、硕士	6 年(2012.5 ～ 2018.5)	4 年（2012.5 ～ 2016.5）	学士复评 硕士初评
7	苏州科技学院	城市规划	学士	6 年(2012.5 ～ 2018.5)	—	复评
8	沈阳建筑大学	城市规划	学士、硕士	6 年(2012.5 ～ 2018.5)	6 年（2012.5 ～ 2018.5）	学士复评 硕士初评
9	安徽建筑工业学院	城市规划	学士	4 年(2012.5 ～ 2016.5)	—	复评
10	昆明理工大学	城市规划	学士、硕士	4 年(2012.5 ～ 2016.5)	4 年（2012.5 ～ 2016.5）	学士复评 硕士初评
11	福建工程学院	城市规划	学士	4 年(2012.5 ～ 2016.5)	—	初评

截至 2012 年 5 月，全国共有 30 所高校的城市规划专业通过专业评估，其中本科专业点 29 个，硕士研究生专业点 17 个。

【高校城市规划专业硕士专业学位授予工作】根据 2012 年住房城乡建设部高等教育城市规划专业评估委员会作出的评估结论及相关学校的申请，2012 年

9月，国务院学位委员会印发《关于批准北京建筑工程学院等高等学校开展建筑学学士、硕士专业学位和城市规划专业硕士专业学位授予工作的通知》（学位[2012]33号），批准沈阳建筑大学、浙江大学、山东建筑大学、武汉大学、华中科技大学、湖南大学、昆明理工大学、西安建筑科技大学8所学校开展城市规划硕士专业学位授予工作。2011年国务院学位委员会、教育部、住房城乡建设部启动城市规划专业硕士专业学位授予工作以来，已批准2批共17所学校开展城市规划专业硕士专业学位授予工作。具体如表5-12所示。

开展城市规划专业硕士专业学位授予工作的高等学校名单及有效期　表5-12
（截至2012年9月）

序号	学校	授予城市规划硕士专业学位有效期	获得授予权年份	备注
1	清华大学	2011年9月～2016年5月	2011年	
2	天津大学	2011年9月～2016年5月	2011年	
3	哈尔滨工业大学	2011年9月～2016年5月	2011年	
4	同济大学	2011年9月～2016年5月	2011年	
5	南京大学	2011年9月～2014年5月	2011年	
6	东南大学	2011年9月～2016年5月	2011年	
7	武汉大学	2011年9月～2016年5月	2011年	该校2011年9月获得城市规划专业硕士专业授予权，有效期为2011年9月至2012年5月。2012年通过城市规划专业评估复评后，根据国务院学位委员会通知，第二轮有效期从2012年9月算起
8	华南理工大学	2011年9月～2014年5月	2011	
9	重庆大学	2011年9月～2016年5月	2011	
10	西北大学	2011年9月～2013年5月	2011	
11	西安建筑科技大学	2011年9月～2018年5月	2011	该校2011年9月获得城市规划专业硕士专业授予权，有效期为2011年9月至2012年5月。2012年通过城市规划专业评估复评后，根据国务院学位委员会通知，第二轮有效期从2012年9月算起
12	沈阳建筑大学	2012年9月～2018年5月	2012年	
13	浙江大学	2011年9月～2016年5月	2012年	
14	山东建筑大学	2011年9月～2016年5月	2012年	
15	华中科技大学	2011年9月～2018年5月	2012年	
16	湖南大学	2012年9月～2016年5月	2012年	
17	昆明理工大学	2012年9月～2016年5月	2012年	

【2011～2012年度高等学校土木工程专业教育评估工作】2012年，住房城乡建设部高等教育土木工程专业评估委员会对沈阳建筑大学、郑州大学、合肥工业大学、武汉理工大学、华侨大学、石家庄铁道大学、北京工大学、兰州交通大学、昆明理工大学、西安交通大学、华北水利水电学院、四川大学、安徽建筑工业学院、内蒙古工业大学、西南科技大学、安徽理工大学、盐城工学院、桂林理工大学、燕山大学、暨南大学、浙江科技学院21所学校的土木工程专业进行了评估。评估委员会全体委员对各校的自评报告进行了审阅，于5～6月派遣视察小组进校实地视察。经评估委员会全体会议讨论，作出了评估结论。如表5-13所示。

2012年高等学校土木工程专业评估结论　　　　　表5-13

序号	学校	专业	授予学位	合格有效期	备注
1	沈阳建筑大学	土木工程	学士	八年(2012.6～2020.6)	复评
2	郑州大学	土木工程	学士	五年(2012.6～2017.6)	复评
3	合肥工业大学	土木工程	学士	八年(2012.6～2020.6)	复评
4	武汉理工大学	土木工程	学士	五年(2012.6～2017.6)	复评
5	华侨大学	土木工程	学士	五年(2012.6～2017.6)	复评
6	石家庄铁道大学	土木工程	学士	五年(2012.6～2017.6)	复评
7	北京工业大学	土木工程	学士	五年(2012.6～2017.6)	复评
8	兰州交通大学	土木工程	学士	八年(2012.6～2020.6)	复评
9	昆明理工大学	土木工程	学士	五年(2012.6～2017.6)	复评
10	西安交通大学	土木工程	学士	五年(2012.6～2017.6)	复评
11	华北水利水电学院	土木工程	学士	五年(2012.6～2017.6)	复评
12	四川大学	土木工程	学士	五年(2012.6～2017.6)	复评
13	安徽建筑工业学院	土木工程	学士	五年(2012.6～2017.6)	复评
14	内蒙古工业大学	土木工程	学士	五年(2012.6～2017.6)	初评
15	西南科技大学	土木工程	学士	五年(2012.6～2017.6)	初评
16	安徽理工大学	土木工程	学士	五年(2012.6～2017.6)	初评
17	盐城工学院	土木工程	学士	五年(2012.6～2017.6)	初评
18	桂林理工大学	土木工程	学士	五年(2012.6～2017.6)	初评
19	燕山大学	土木工程	学士	五年(2012.6～2017.6)	初评
20	暨南大学	土木工程	学士	五年(2012.6～2017.6)	初评
21	浙江科技学院	土木工程	学士	五年(2012.6～2017.6)	初评

截至2012年6月，全国共有66所高校的土木工程专业通过评估。

【2011～2012年度高等学校建筑环境与设备工程专业教育评估工作】2012年，住房城乡建设部高等教育建筑环境与设备工程专业评估委员会对清华大学、同济大学、天津大学、哈尔滨工业大学、重庆大学、沈阳建筑大学、南京工业大学、大连理工大学、上海理工大学9所学校的建筑环境与设备工程专业进行了评估。评估委员会全体委员对学校的自评报告进行了审阅，于5月份派遣视察小组进校实地视察。经评估委员会全体会议讨论，作出了评估结论，如表5-14所示。

2012年高等学校建筑环境与设备工程专业评估结论　　　　表5-14

序号	学校	专业	授予学位	合格有效期	备注
1	清华大学	建筑环境与设备工程	学士	五年（2012.5～2017.5）	复评
2	同济大学	建筑环境与设备工程	学士	五年（2012.5～2017.5）	复评
3	天津大学	建筑环境与设备工程	学士	五年（2012.5～2017.5）	复评
4	哈尔滨工业大学	建筑环境与设备工程	学士	五年（2012.5～2017.5）	复评
5	重庆大学	建筑环境与设备工程	学士	五年（2012.5～2017.5）	复评
6	沈阳建筑大学	建筑环境与设备工程	学士	五年（2012.5～2017.5）	复评
7	南京工业大学	建筑环境与设备工程	学士	五年（2012.5～2017.5）	复评
8	大连理工大学	建筑环境与设备工程	学士	五年（2012.5～2017.5）	初评
9	上海理工大学	建筑环境与设备工程	学士	五年（2012.5～2017.5）	初评

截至2014年5月，全国共有31所高校的建筑环境与能源应用工程专业通过评估。

【2011～2012年度高等学校给水排水工程专业教育评估工作】2012年，住房城乡建设部高等教育给水排水工程专业评估委员会对南京工业大学、兰州交通大学、广州大学、安徽建筑工业学院、沈阳建筑大学、济南大学6所学校的给水排水工程专业进行了评估。评估委员会全体委员对各校的自评报告进行了审阅，于5月派遣视察小组进校实地视察。经评估委员会全体会议讨论，作出了评估结论，如表5-15所示。

2012年高等学校给水排水工程专业评估结论　　　　表5-15

序号	学校	专业	授予学位	合格有效期	备注
1	南京工业大学	给排水科学与工程	学士	五年（2012.5～2017.5）	复评
2	兰州交通大学	给排水工程	学士	五年（2012.5～2017.5）	复评
3	广州大学	给排水工程	学士	五年（2012.5～2017.5）	复评
4	安徽建筑工业学院	给排水工程	学士	五年（2012.5～2017.5）	复评
5	沈阳建筑大学	给排水工程	学士	五年（2012.5～2017.5）	复评
6	济南大学	给排水工程	学士	五年（2012.5～2017.5）	初评

截至 2012 年 5 月，全国共有 29 所高校的给排水科学与工程专业通过评估。

【2011 ～ 2012 年度高等学校工程管理专业教育评估工作】2012 年，住房城乡建设部高等教育工程管理专业评估委员会对沈阳建筑大学、华北水利水电学院、三峡大学、长沙理工大学 4 所学校的工程管理专业进行了评估。评估委员会全体委员对各校的自评报告进行了审阅，于 5 月派遣视察小组进校实地视察。经评估委员会全体会议讨论，作出了评估结论，如表 5-16 所示。

2012 年高等学校工程管理专业评估结论　　　　　　表 5-16

序号	学校	专业	授予学位	合格有效期	备注
1	沈阳建筑大学	工程管理	学士	五年（2012.5 ～ 2017.5）	复评
2	华北水利水电学院	工程管理	学士	五年（2012.5 ～ 2017.5）	初评
3	三峡大学	工程管理	学士	五年（2012.5 ～ 2017.5）	初评
4	长沙理工大学	工程管理	学士	五年（2012.5 ～ 2017.5）	初评

截至 2012 年 5 月，全国共有 33 所高校的工程管理专业通过评估。

【编写行业职业技能标准】经住房和城乡建设部标准定额司、住房和城乡建设部人事司组织，完成了已经编修的建筑施工、安装、装饰等部职业标准的审定工作。

【加强行业中等职业教育指导工作】组织召开住房城乡建设行业教育教学指导委员会工作会议暨部中等职业教育第五届专业指导委员会主任委员会议；与教育部职业教育与成人教育司沟通，指导各专业委员会研究中职与高职衔接改革课题；组织制订专业教学标准，编制培养方案，规划开发专业教材，引导中等职业学校参与行业农民工培训工作，培育更多合格技能人才；继续与教育部职业教育司、中国建设教育协会联合举办 2012 年全国职业院校建设类技能大赛，促进学校教育改革和培养技能人才。

【领导干部和专业技术人员技能培训工作】2012 年，住房城乡建设部机关、直属单位和部管社团共组织培训班 409 项，763 个班次，培训领导干部和专业技术人员 69113 人次。全国市长研修学院共组织 7 期市长培训班，培训市长 217 人次。支持西藏、新疆、青海领导干部培训工作，举办援藏培训班 1 期、援疆培训班 2 期、援青培训班 1 期，培训相关地区领导干部管理人员 278 人次，住房城乡建设部补贴经费 56 万元。

【继续开展住房城乡建设系统定向硕士研究生培养工作】2012 年，住房城乡建设部依托哈尔滨工业大学举办"城乡规划与管理"定向研究生班（单独考试），继续委托中国人民大学住房城乡建设系统开展定向培养公共管理硕士工作。

【住房城乡建设部所属单位 6 人获 2012 年度国务院政府特殊津贴】经国务院批准，住房城乡建设部相关直属单位、部管社团 6 人获 2012 年度国务院政府特殊津贴。

【住房城乡建设领域个人执业资格考试情况】2012 年，全国共有 98.4 万人次参加住房城乡建设领域个人执业资格全国统一考试（不含二级），当年共有 12.3 万人次通过考试并取得执业资格证书。详见表 5-17。

2012 年住房城乡建设领域个人执业资格全国统一考试情况统计表　　表 5-17

序号	专业	2012 年参加考试人数	2012 年取得资格人数
1	建筑（一级）	37424	1822
2	结构（一级）	18833	2032
3	岩土工程	5898	365
4	港口与航道工程	398	126
5	水利水电工程	2417	556
6	公用设备工程	12851	2958
7	电气工程	7638	1662
8	环保工程	3319	993
9	化工工程	2232	1061
10	建造（一级）	652883	63332
11	工程监理	52486	16302
12	城市规划	17412	1910
13	工程造价	92529	10056
14	物业管理	47394	13150
15	房地产估价	13549	1953
16	房地产经纪	15702	3445
合计		984976	123734

【住房城乡建设领域个人执业资格及注册情况】截至 2012 年底，住房城乡建设领域取得各类执业资格人员共 104.9 万（不含二级），注册人数 73.2 万。详见表 5-18。

住房城乡建设领域执业资格人员专业分布及注册情况统计表　　表 5-18
（截至 2012 年 12 月 31 日）

行业	类别	专业	取得资格人数	注册人数	备注
勘察设计	（一）注册建筑师（一级）		28348	26702	
	（二）勘察设计注册工程师	1. 土木工程 / 岩土工程	13962	12463	
		1. 土木工程 / 水利水电工程	7199	0	未注册
		1. 土木工程 / 港口与航道工程	1377	0	未注册
		1. 土木工程 / 道路工程	2411	0	未注册
		2. 结构工程（一级）	45516	41037	
		3. 公用设备工程	23034	16632	
		4. 电气工程	17389	12650	
		5. 化工工程	6017	3621	
		6. 环保工程	3896	0	未注册
		7. 机械工程	3458	0	未注册
		8. 冶金工程	1502	0	未注册
		9. 采矿 / 矿物工程	1461	0	未注册
		10. 石油 / 天然气工程	438	0	未注册
建筑业	（三）建造师（一级）		402040	282397	
	（四）监理工程师		20353	135891	
	（五）造价工程师		132934	120000	
房地产业	（六）房地产估价师		46151	41279	
	（七）房地产经纪人		47676	25845	
	（八）物业管理师		43649	0	未注册
城市规划	（九）注册城市规划师		17987	14081	
总计			1049981	732598	

【国家职业分类大典修订工作】住房城乡建设行业国家职业分类大典修订（以下简称大典修订）工作，由人事司统一领导，有关司局业务指导，部人力资源开发中心组织实施，21 个行业协会承担了具体修订任务，400 余家企事业单位和管理机构参与了职业调查，共收集有效调查问卷万余份。直接参加修订的行业专家有 500 余名。经过修订的住房城乡建设行业职业分类体系含 79 个职业（保留原有职业 61 个、新增职业 18 个）、306 个工种（保留原有工种 172 个、新增工种 134 个）。目前大典修订工作已完成编修，送审稿已报送人力资源和社会保障部。

【编写行业职业技能标准】经商住房和城乡建设部标定司，住房和城乡建设部人事司组织完成了已经编修的建筑施工、安装、装饰等部职业标准的审定工作。研究同意全国白蚁防治中心拟申报开展白蚁防治工职业标准修订工作，按照程序报标准定额司。

【建设职业技能培训与鉴定工作】继续加强职业技能培训和鉴定工作，促进工人职业技能水平和从业人员队伍整体素质提高。住房和城乡建设部人事司下发了《关于印发2012年全国建设职业技能培训与鉴定工作任务的通知》。2012年全年计划培训141.3万人，实际培训171.8万人，超额完成30.5万人。全年计划鉴定95.4万人，实际鉴定106.3万人，超额完成10.9万人。四川、重庆（不含市政）、天津、上海、江苏、山西、安徽等省（市）培训人数均超过8万；辽宁、河南、浙江、湖南、宁夏等23个省（区、市）超额完成年度培训任务；山东、江苏省技师、高级技师培训和鉴定成效突出。

【行业中等职业教育指导工作】组织召开了住房城乡建设行业职业教育教学指导委员会工作会议暨部中等职业教育第五届专业指导委员会主任委员会议，与教育部职成司沟通，指导各专业指导委员会研究中职与高职衔接改革课题，组织制订专业教学标准，编制培养方案，规划开发专业教材，引导中等职业学校参与行业农民工培训工作，培育更多合格技能人才。继续与教育部职成司、建设教育协会合作举办2012年全国职业院校建设类技能大赛，促进学校教学改革和培养技能人才。

【建筑工地农民工业余学校工作】2012年初，为研究巩固农民工业余学校工作成果，进一步发挥服务载体功能，组织相关部门联合开展了专题调研和座谈会。7月召开了全国建筑工地农民工业余学校经验交流会，国务院农民工办、教育部、全国总工会、共青团中央等单位派人参会。同时在中国建设报上开设了建筑工地农民工业余学校宣传报道专栏，大力宣传各地创建农民工业余学校的经验。12月，住房城乡建设部、中央文明办、教育部、全国总工会、共青团中央共同印发了《关于深入推进建筑工地农民工业余学校工作的指导意见》，进一步推进建筑工地农民工业余学校制度化、标准化、规范化发展。

【继续开展农民工艾滋病防治宣传教育工作】住房和城乡建设部积极履行国务院艾滋病防治工作委员会成员单位的职责，在行业农民工中普及艾滋病防治知识，提高他们的自我防护意识。充分利用艾滋病宣传日等时机，大力开展行业农民工艾滋病防治知识宣传教育工作。完成了住房城乡建设行业防艾宣教评估体系构建的课题。随后将运用课题成果对本系统各地工作进行评估，引导带动学习先进。

【第十一届中华技能大奖、全国技术能手和国家技能人才培育突出贡献奖评选】按照人力资源和社会保障部《关于推荐第十一届中华技能大奖全国技术能手候选人和国家技能人才培育突出贡献奖候选单位候选个人的通知》要求，住房城乡建设部办公厅印发通知，在全行业组织开展了评选推荐工作。各地住房城乡建设部门共推荐了中华技能大奖候选人 7 人，全国技术能手候选人 13 人，国家技能人才培育突出贡献奖候选单位 7 家、候选个人 6 人。部人事教育司对候选人和候选单位进行了审核，推荐了中华技能大奖候选人 1 名、全国技术能手候选人 3 名和国家技能人才培育突出贡献奖候选单位 3 家和候选个人 3 名。经人力资源和社会保障部全国技能人才评选表彰办公室组织专家评审，徐洪保、陈月鸣同志被评为第十一届全国技术能手，安徽建工技师学院、虞顺卿分获得国家技能人才培育突出贡献奖单位和个人。

5.2.2　中国建设教育协会大事记

【中国建设教育协会重要会议】

1．中国建设教育协会四届六次常务理事会

中国建设教育协会四届六次常务理事会于 3 月 27 日在北京召开。协会常务理事及其代表、部分专业委员会秘书长共 35 位同志出席了会议，会议由李竹成理事长主持。住房和城乡建设部人事司赵琦副巡视员出席会议并发表讲话，从落实部人才规划纲要、颁布职业标准、有序推进行业队伍培训力度、职业技术培训、发展土建类专业教育五个方面，论述了当前建设教育工作。荣大成副理事长通报了协会 20 周年庆典工作实施方案，邵华同志介绍了《中国建设教育协会 2009－2013 年发展规划》中期评估报告，徐家华同志汇报了《中国建设教育》杂志的工作及改版进展。最后李竹成理事长作了会议总结。

2．中国建设教育协会四届七次常务理事会

中国建设教育协会四届七次常务理事会于 2012 年 10 月 16 日在北京召开。35 位常务理事或受委托代表参加了会议。会议由中国建设教育协会理事长李竹成同志主持。住房和城乡建设部人事司副巡视员赵琦作为常务理事到会并讲话。中国建设教育协会副理事长荣大成报告了协会成立二十周年庆典活动准备工作的相关情况。中国建设教育协会副秘书长邵华代表秘书处，分别汇报了优秀教师、优秀教育工作者、优秀会员单位及优秀教育教学成果的评选组织情况和评选结果。会议审议并原则通过了各类优秀名单，还通过了协会房地产人力资源（教育）工作委员会和技工教育专业委员会的换届报告。最后，李竹成理事长作了会议小结。

3．第十一次全国地方建设教育协会联席会议

由中国建设教育协会牵头、浙江省建设人力资源管理协会承办的第十一次

全国地方建设教育协会联席会议于 4 月 26 日在杭州召开。湖南、河南、山西等地方建设教育协会代表共 60 余人参加会议。浙江省住房和城乡建设厅周伟群副巡视员、厅党组成员人教处处长郭丽华、住房和城乡建设部人事司教育培训处何志方处长等出席会议。会议以贯彻实施住房和城乡建设部《建筑与市政工程施工现场专业人员职业标准》，落实《关于贯彻实施住房城乡建设领域现场专业人员职业标准的意见》文件精神为主题交流讨论。何志方处长在会上介绍了《职业标准》和《实施意见》的出台背景和意义，对贯彻实施《职业标准》提出了明确要求。随后，中国建设教育协会副秘书长徐家华同志在会上汇报了 20 周年庆典活动需要地方建设教育协会配合的几项主要工作。各地方建设教育协会与会代表进行了交流。李竹成理事长对会议进行了总结，他表示要继续积极参与住房城乡建设部市政公用企业、公积金管理、工程监理等职业标准的编制工作，做好《建筑与市政工程施工现场专业人员职业标准》配套考核评价大纲编制与教材开发等工作；要进一步加强协会自身建设，顺应形势发展，创新工作方式，把中国建设教育协会工作做得更好。

4．中国建设教育协会成立 20 周年庆典活动

中国建设教育协会将举办协会 20 周年庆典活动，列为 2012 年协会工作的头等任务。为此，协会秘书处召开多次协调会议并通过两次常务理事会议和地方建设教育协会联席会议，广泛征求意见和建议，从庆典主题、活动内容、筹办步骤、任务分配直至庆祝大会议程，都进行了反复论证和调整，最终形成了"一个庆祝大会、两项长线项目"的庆典活动方案。由于方案设计合理，整个筹办工作做到层层推进、步步细化，有条不紊，忙而不乱。在庆典活动筹办期间，各专业委员会及地方建设教育协会积极配合协会秘书处工作，踊跃组织会员单位参会，从人力、物力、财力上给予庆典活动大力支持。

12 月 9 日下午，院校德育工作专业委员会、房地产人力资源（教育）工作委员会、建筑企业人力资源（教育）工作委员会和技工教育专业委员会分别举办了有关建设教育的论坛。

12 月 10 日上午 9 点，建设教育改革发展论坛在北京市国谊宾馆举行，论坛邀请原中纪委驻建设部纪检组组长、现中国建筑金属结构协会会长姚兵作了题为"新型建筑工业化呼唤职业教育现代化"的专题报告，报告从十一个方面讲述了新型建筑工业化的定义、内涵以及与建筑职业教育现代化的关系。

12 月 10 日下午 3 点，中国建设教育协会成立 20 周年庆祝大会在北京建筑工程学院学生活动中心召开，各专业委员会和地方建设教育协会及各兄弟协会近 400 名代表及 50 多位嘉宾参加了庆祝大会。住房和城乡建设副部长郭允冲应邀出席庆祝大会，出席大会的领导和嘉宾还有原建设部常务副部长叶如棠、原

建设部纪检组组长郭锡权、住房和城乡建设部总工程师兼办公厅主任王铁宏、住房和城乡建设部人事司司长王宁、住房和城乡建设部公积金监管司司长张其光、住房和城乡建设部机关党委书记彭小平、原建设部人事教育司副司长张玉祥、北京建筑工程学院院长朱光等。住房城乡建设部姜伟新部长发来贺信，贺信指出，协会成立以来，认真贯彻落实中央科教兴国战略和人才强国战略，围绕我国住房城乡建设事业改革发展的中心任务，广泛团结建设教育机构和教育工作者，充分发挥社会组织的独特优势，开展各种形式的会员服务、行业服务和社会服务，在干部教育培训、职业标准编制、教育理论研究、对外合作交流等各个方面取得突出成绩，为住房城乡建设事业人才队伍建设作出了重要贡献。庆祝大会由中国建设教育协会副理事长荣大成主持，中国建设教育协会理事长李竹成致欢迎辞，他回顾和总结了中国建设教育协会自成立以来 20 年的发展历程，对给予中国建设教育协会支持和帮助的领导、同仁和会员单位表示诚挚感谢。住房和城乡建设部人事司司长王宁作了重要讲话，他对中国建设教育协会 20 周年庆典成功召开表示热烈祝贺，充分肯定了中国建设教育协会成立 20 年来取得的瞩目成就，并对中国建设教育协会未来的发展提出了殷切希望。各专业委员会代表、兄弟协会代表和地方建设教育协会代表上台致贺辞，对中国建设教育协会成立 20 周年表示衷心祝贺。大会对优秀教师、优秀教育工作者、优秀会员单位及优秀教育教学成果进行了表彰。大会气氛自始至终洋溢着庄严、热烈、喜庆、祥和。

【《中国建设教育协会 2009 - 2013 年发展规划》中期检查及修订工作】在科学发展观指导下，四届理事会制定了《中国建设教育协会 2009 - 2013 年发展规划》，明确提出协会到 2013 年的发展目标和工作要求。《规划》制订后，协会上下紧紧围绕《规划》提出的目标、任务，齐心协力，做了大量的工作。伴随着协会工作中的实践，对建设教育协会发展的认识和协会工作的认识也在不断地丰富和深化，尤其是在研究建设人才培养规律，探索建设类院校办学模式的改革与创新，全面提升建设行业人才队伍的素质等方面，应该发挥更大的作用。在这种情况下，开展《规划》中期检查评估工作，其目的既是为使协会今后两年的工作目标更明确、思路更清晰，也是为了凝聚共识，为协会今后在更高的平台上发展形成坚实的积淀。自 2011 年下半年以来，采取上下结合、对照检查的方法，基本完成了此次中期检查评估工作。形成了《中国建设教育协会 2009 - 2013 年发展规划》中期评估报告，并印发给各专业委员会和常务理事。

【中国建设教育协会承办或主办的各类主题活动】

1. 第八届全国建筑类高校书记、校（院）长论坛于 8 月 7、8 日在青岛市召开，本届论坛由中国建设教育协会主办、青岛理工大学承办。论坛的主题是：文化引领·创新发展·提升内涵，下设七个分题。共有 19 个单位 50 位代表参加了论坛。论坛期间，还召开了建筑类高校党政办公室主任研讨会。山东省住房和城乡建设厅李兴军副厅长应邀出席了会议，并作了重要讲话。

2．第四届全国建设类高职院校书记院长论坛于 9 月 18～21 日在成都市召开，本届论坛由中国建设教育协会主办、四川建筑职业技术学院承办。论坛的主题是：建筑业产业升级与土建高职教育使命，下设六个分题。共有 22 个单位 44 位代表参加了论坛。四川省教育厅副巡视员、高教处处长周雪峰，四川省住房和城乡建设厅党组成员、总规划师邱建，四川省住房和城乡建设厅人事教育处副处长、调研员谈云均应邀出席了会议。

3．由协会承办的 2012 年全国职业院校技能大赛中职组建设职业技能比赛，分别于 6 月 18～19 日，25～28 日在广东清远、天津成功举办。本届比赛，共设电梯维修保养、工程测量、建筑设备安装与调控（给排水）、和计算机辅助设计（建筑 CAD）四个赛项。来自全国各地的 554 位学生参加了比赛。

4．11 月 18 日，由中国建设教育协会主办、广联达股份有限公司承办，在厦门理工学院成功举办了第五届"广联达杯"全国高等院校工程算量大赛总决赛。中国建设教育协会副秘书长徐家华、广联达软件股份有限公司副总裁刘谦、厦门理工学院党委书记、校长黄红武教授、副院长朱文章教授等校方领导及厦门当地企业代表参加了本次活动。本次算量大赛有全国 214 所高校的代表队参与角逐，参赛师生人数达 825 人，观摩大赛师生人数达 135 人，创下了自大赛创办以来参赛人数的新纪录。

5．11 月 25 日，由中国建设教育协会主办、广联达软件股份有限公司承办，全国高职高专土建类工程管理专业指导委员会支持的第三届"广联达杯"全国高等院校项目管理沙盘模拟大赛总决赛，在厦门集美大学诚毅学院圆满落下帷幕。住房和城乡建设部人事司王宁司长、何志方处长专程前往比赛现场观摩指导。本届工程项目管理沙盘模拟大赛从筹备组织到今天收官闭幕历时 6 个多月，总决赛共迎来全国 86 支代表队参与角逐。其中本科组 55 队、专科组 31 队，参赛师生人数达 550 余人。除了综合项目管理本科专科组两个特等奖以外，本次大赛还设立了综合项目管理一、二、三等奖、团队优秀指导老师以及最佳项目管理策划等奖项。

6．5 月 12 日至 13 日，由中国建设教育协会主办、深圳市斯维尔科技有限公司承办的第三届全国高等院校"斯维尔杯"BIM 系列软件建筑信息模型大赛总决赛同时在深圳大学、西安建筑科技大学分南北两赛区成功举办。大赛得到了全国各高校的热烈响应，参赛学校覆盖了全国各个省份，其中包括清华大学、同济大学、哈尔滨工业大学等众多"985"及"211"重点大学。网络晋级赛共收到 1500 支团队、5000 多名建设类不同专业的学生 1443 件参赛作品，其中

113所高校153支团队获总决赛资格。最终南昌大学的08综合队获得了本科全能冠军、湖南高速铁路职业技术学院的指北针队获得了专科全能冠军。

7．7月31日，由中国建设教育协会主办的第三届全国高等院校建筑类专业优秀学生夏令营在北京正式拉开帷幕。本届夏令营主题为"心怀梦想、描绘蓝图"，旨在表彰全国高等院校建筑类优秀学生，给予他们更多学习、实践和交流的机会，部人事司王宁司长与全体学员亲切互动交谈，勉励大学生勤奋学习，立志成才。共有来自全国79所高等院校建筑类专业117名学生参加了本届夏令营，8月6日闭营。

【中国建设教育协会科研服务】

1．受住房和城乡建设部人事司委托，协会秘书处组织行业和院校的部分专家开展《建筑与市政工程施工现场专业人员职业标准》教材的编写工作和《市政公用企业运行管理人员职业标准》编制工作。

2．"国家继续教育学习成果认证、积累与转换制度的研究与实践"项目是教育部立项的国家"学分银行"制度研究与实践项目。该项目由国家开放大学承担，其主要任务是研究国家"学分银行"制度的框架标准、方式方法、体制、机制等。协会与国家开放大学合作，组织部分高校、高职、行业的专家参加由协会主持的建设行业子课题"'学分银行'制度服务于高职高专与开放教育本科之间'立交桥'建设实践探索"的研究。

3．在协会20周年庆典活动期间，根据《中国建设教育协会成立20周年系列评优表彰活动方案》，经各专业委员会及地方建设教育协会审核、推选了"优秀教育教学成果"，协会秘书处组织专家进行了多次评选及论证，最终评出"优秀教育教学成果"一等奖10项、二等奖46项、三等奖89项。

4．在2012年度，各专业委员会科研工作开展得有声有色，例如，普通高等教育专业委员会召开四届五次全体会议，以"强化'卓越工程师教育培训计划'指导下工程教育改革提升人才培养质量"为主题，来自全国17所院校及《高等建筑教育》编辑部的领导和代表出席了会议。会后组织策划、征稿并出版了《2012年教育教学改革与研究论文集》；城市交通职工教育专业委员会致力于贯彻落实"公交优先"政策，组织会员单位通过年会等形式开展多次学术交流，并将交流论文汇编成册。同时，各专业委员会积极组织申报科研课题，截至2012年底，2009年度立项的科研课题结题26项；2011年度立项的科研课题结题16项。

5．由中国建设教育协会和中国建筑工业出版社主办的《中国建设教育》（电子版）、重庆大学主办的《高等建筑教育》、中职委员会主办的《中国建设教育》（中职版）和技工教育委员会主办的《建设技校报》，在2012年度都按期出版，质量有所提高，受众面有所扩大。

【中国建设教育协会培训活动】2012年住房城乡建设部人事司继续对部管社团实施自律管理，协会对以往培训班情况进行了分析，进一步加强了对短训班的监督检查。针对发现的问题，及时加以纠正。从而进一步规范了培训操作，提高了培训质量，维护了协会的声誉。2012年协会培训中心共举办培训班98期，培养3800余人，成功率为87%，社会效益和经济效益增长明显。8月，经部市场司批准，协会培训中心成为建筑工程专业一级建造师继续教育培训机构。在牵头单位中国建筑业协会、中国建筑装饰协会和地方主管单位北京市建筑业联合会的指导与支持下，自9月起，在北京地区连续举办了14期培训班，受训人员超过3000人次。该培训班聘请了国内知名专家授课，严格执行考勤、考核制度，培训效果整体良好。根据市场需求，继续开发了"建筑工程变形监测技术"、"建筑幕墙工程检测鉴定技术"等培训项目，得到了地方行政主管部门和参培学员的一致认为，填补了空白。

各专业委员会培训工作开展良好，如受部住房改革与发展司委托，房地产人力资源（教育）专业委员会承办了一期《城市住房建设规划编制培训班》。该班于2012年9月12～14日在深圳市举办，有来自广东、新疆建设兵团等11个省、自治区、直辖市共230人参加了培训；建设机械职业教育专业委员会，针对行业不景气的形势，变挑战为机遇，积极开展业务咨询、教材编写和试题库建设、开展技能培训；中职教育委员会的会员单位承办了《外墙外保温技术师资培训班》和参加了由中国建设教育协会和德国塞德尔基金会组织的毕业考试。

5.3 2013年大事记

5.3.1 住房和城乡建设领域大事记

【教育部、住房和城乡建设部共建长安大学】2013年2月17日，教育部与住房和城乡建设部联合下发《关于共建长安大学的意见》文件，共建长安大学。

两部一致同意鼓励和支持长安大学加强对住房和城乡建设领域具有重要影响的学科专业建设，支持学校积极开展协同创新，形成一批具有标志性的成果；进一步加强面向住房和城乡建设领域的人才培养，建设若干个国家级工程教育实践中心，努力成为行业高层次人才培养和培训的重要基地。针对住房和城乡建设领域的基础性、战略性、关键性技术问题，以建设给水排水重点实验室、市政工程技术研究中心、西北地区节能建筑与新能源利用工程技术研究中心、建筑安全监测与灾害防治工程技术研究中心、黄土高原地区城乡与区域规划建设工程技术研究中心为重点，不断提升长安大学在城乡建设与人居环境领域的科技创新和社会服务能力，为行业发展提供支撑。共建期间，教育部将在保证事业经费拨款正常增长的基础上，给予长安大学"211工程"和"优势学科创新平台"专项经费和政策支持，鼓励长安大学发挥学科优势，进一步加大为住房和城乡建设领域提供优质人才和高水平科研成果的力度。住房和城乡建设部将在相关政策、科技项目、基地建设等方面对长安大学给予支持，鼓励学校针对住房和城乡建设事业发展需求，以低碳生态城市规划建设、城镇防灾减灾与应急体系、新农村建设、建筑节能与绿色建筑、城镇水污染治理、饮用水安全保障和城市现代化管理为重点，推进科技创新和产学研结合，培养高层次人才，争取国家和行业各类专项资金和创新资金的支持。

【住房和城乡建设部组建新一届高等学校土建学科教学指导委员会】受教育部委托，住房和城乡建设部根据教育部高等学校教学指导委员会换届工作安排以及2012年版《高等学校本科专业目录》对土木建设类专业的调整，经有关单位推荐，调整了土建学科教学指导委员会部分组成人员，2013年5月印发《住房和城乡建设部关于印发新一届高等学校土建学科教学指导委员会章程及组成人员名单的通知》（建人函[2013]99号），组建了新一届高等学校土建学科教学指导委员会，任期到1917年。新一届委员会主任委员为住房和城乡建设部人事司司长王宁；副主任委员为住房和城乡建设部人事司副巡视员赵琦；委员共9人，分别是同济大学李国强、清华大学朱颖心、哈尔滨工业大学崔福义、安徽建筑大学方潜生、东南大学王建国、同济大学唐子来、清华大学杨锐、重庆大学任宏、清华大学刘洪玉，秘书长由赵琦兼任。新一届高等学校土建学科教学指导委员会下设土木工程、建筑环境与能源应用工程、给排水科学与工程、建筑电气与智能化、建筑学、城乡规划、风景园林、工程管理和工程造价、房地产开发与管理和物业管理9个学科专业指导委员会，负责土建学科专业建设和人才培养的研究、指导、咨询、服务工作。

【新一届高等学校土木工程学科专业指导委员会组成人员名单】新一届高等学校土木工程学科专业指导委员会任期到2017年，主持学校为同济大学，主任委员为同济大学李国强；副主任委员共4人，分别为：清华大学叶列平、东南大学李爱群、哈尔滨工业大学邹超英、长沙理工大学郑健龙；委员共36人，分别为：新疆大学于江、苏州科技学院于安林、华南理工大学王湛、青岛理工大学王燕、浙江大学王立忠、哈尔滨工业大学王宗林、兰州交通大学王起才、湖南大学方志、西安建筑科技大学白国良、郑州大学关罡、长安大学刘伯权、南京工业大学孙伟民、同济大学孙利民、华中科技大学朱宏平、兰州理工大学朱彦鹏、北京建筑工程学院吴徽、大连理工大学李宏男、福州大学祁皑、中国土木工程学会张雁、重庆大学张永兴、浙江工业大学杨杨、中南大学余志武、山东建筑大学周学军、重庆交通大学周志祥、石家庄铁道学院岳祖润、广西大学赵艳林、天津大学姜忻良、长安大学徐岳、武汉大学徐礼华、西南交通大学高波、河海大学曹平周、中国矿业大学靖洪文、云南大学缪昇、四川大学熊峰、北京工业大学薛素铎、北京交通大学魏庆朝。

【新一届高等学校建筑环境与能源应用工程学科专业指导委员会组成人员名单】新一届高等学校建筑环境与能源应用工程学科专业指导委员会任期到2017年，主持学校为清华大学，主任委员为清华大学朱颖心教授；副主任委员共4人，分别为：重庆大学李百战、同济大学张旭、中国建筑学会暖通空调分会徐伟、哈尔滨工业大学姚杨；委员共21人，分别为：山东建筑大学习乃仁、华中科技大学王劲柏、沈阳建筑大学冯国会、天津大学朱能、中国制冷学会杨一凡、湖南大学杨昌智、清华大学李先庭、西安建筑科技大学李安桂、北京建筑工程学院李德英、东华大学沈恒根、广州大学周孝清、河北建筑工程学院陈忠海、东南大学陈振乾、长安大学官燕玲、中原工学院范晓伟、解放军理工大学茅靳丰、青岛理工大学胡松涛、内蒙古工业大学徐向荣、上海理工大学黄晨、哈尔滨工业大学焦文玲、大连理工大学端木琳。

【新一届高等学校给排水科学与工程学科专业指导委员会组成人员名单】新一届高等学校给排水科学与工程学科专业指导委员会任期到2017年，主持学校为哈尔滨工业大学，主任委员为哈尔滨工业大学崔福义；副主任委员共5人，分别为：同济大学邓慧萍、重庆大学张智、浙江大学张土乔、清华大学张晓健、中国建筑学会建筑给水排水研究分会赵锂、委员共19人，分别为：武汉大学方正、北京工业大学吕鑑、沈阳建筑大学李亚峰、山东建筑大学张克峰、桂林理工大学张学洪、兰州交通大学张国珍、福州大学张祥中、广州大学张朝升、北京建筑工程学院张雅君、河海大学陈卫、太原理工大学岳秀萍、湖南大学施周、昆明理工大学施永生、哈尔滨工业大学袁一星、天津大学顾平、华中科技大学陶涛、苏州科技学院黄勇、西安建筑科技大学黄廷林、安徽建筑工业学院黄显怀。

【新一届高等学校建筑电气与智能化学科专业指导委员会组成人员名单】新一届高等学校建筑电气与智能化学科专业指导委员会任期到2017年，主持学校为安徽建筑工业学院，主任委员为安徽建筑工业学院方潜生；副主任委员共3人，分别为：西安建筑科技大学于军琪、南京工业大学张九根、北京林业大学韩宁；委员共14人，分别为：长安大学王娜、吉林建筑工程学院王晓丽、苏州科技学院付保川、同济大学肖辉、沈阳建筑大学李界家、北京建筑工程学院陈志新、青岛理工大学周玉国、北京联合大学范同顺、华东交通大学郑晓芳、盐城工学院胡国文、浙江科技学院项新建、山东建筑大学段培永、黄天津城市建设学院民德、重庆大学雍静。

【新一届高等学校建筑学学科专业指导委员会组成人员名单】新一届高等学校建筑学学科专业指导委员会任期到 2017 年，主持学校为东南大学，主任委员为东南大学王建国；副主任委员共 5 人，分别为：华南理工大学孙一民、清华大学朱文一、同济大学吴长福、天津大学张颀、中国建筑学会周畅；委员共 22 人，分别为：南京大学丁沃沃、昆明理工大学王冬、浙江大学王竹、新疆大学王万江、中央美术学院吕品晶、华侨大学刘塨、西安建筑科技大学刘克成、北京建筑工程学院刘临安、苏州大学吴永发、合肥工业大学李早、华中科技大学李晓峰、西南交通大学沈中伟、吉林建筑工程学院张成龙、沈阳建筑大学张伶伶、郑州大学张建涛、大连理工大学范悦、重庆大学周铁军、深圳大学饶小军、青岛理工大学郝赤彪、哈尔滨工业大学梅洪元、东南大学韩冬青、湖南大学魏春雨。

【新一届高等学校城乡规划学科专业指导委员会组成人员名单】新一届高等学校城乡规划学科专业指导委员会任期到 2017 年，主持学校：同济大学，主任委员：同济大学唐子来；副主任委员共 4 人，分别为：清华大学毛其智、中国城市规划学会石楠、沈阳建筑大学石铁矛、重庆大学赵万民；委员共 21 人，分别为：华南理工大学王世福、北京林业大学王向荣、中国人民大学叶裕民、同济大学孙施文、东南大学刘博敏、浙江大学华晨、北京大学吕斌、西南交通大学毕凌岚、福建工程学院林从华、苏州科技学院杨新海、天津大学运迎霞、山东建筑大学张军民、北京建筑工程学院张忠国、武汉大学周婕、深圳大学陈燕萍、哈尔滨工业大学赵天宇、中山大学袁奇峰、南京大学徐建刚、华中科技大学黄亚平、西安建筑科技大学黄明华、安徽建筑工业学院储金龙。

【新一届高等学校风景园林学科专业指导委员会组成人员名单】新一届高等学校风景园林学科专业指导委员会任期到 2017 年，主持学校：清华大学，主任委员：清华大学杨锐；副主任委员共 4 人，分别为：同济大学刘滨谊、北京林业大学李雄、中国风景园林学会金荷仙、北京大学俞孔坚；委员共 17 人，分别为：华中科技大学万敏、中央美术学院王铁、南京林业大学王浩、湖南大学叶强、浙江农林大学包志毅、沈阳建筑大学朱玲、西安建筑科技大学刘晖、东南大学成玉宁、东北林业大学许大为、华南农业大学李敏、清华大学美术学院苏丹、中国美术学院吴晓淇、重庆大学杜春兰、哈尔滨工业大学邵龙、北京建筑工程学院张大玉、华中农业大学高翅、天津大学曹磊。

【新一届高等学校工程管理和工程造价学科专业指导委员会组成人员名单】新一届高等学校工程管理和工程造价学科专业指导委员会任期到 2017 年，主持学校：重庆大学，主任委员：重庆大学任宏；副主任委员共 3 人，分别为：天津大学王雪青、北京交通大学刘伊生、西安建筑科技大学刘晓君；委员共22人，分别为：河海大学王卓甫、兰州交通大学王恩茂、中南大学王孟钧、中国矿业大学王建平、深圳大学王家远、武汉理工大学方俊、天津理工大学尹贻林、沈阳建筑大学齐宝库、重庆大学杨宇、中国建筑业协会吴涛、中国建设工程造价管理协会吴佐民、华侨大学张云波、广州大学庞永师、长安大学周天华、山东建筑大学陈起俊、同济大学陈建国、江西理工大学邹坦、昆明理工大学郭荣鑫、华中科技大学骆汉宾、中国建设监理协会温健、四川大学谭大璐、解放军理工大学谭跃虎。

【新一届高等学校房地产开发与管理和物业管理学科专业指导委员会组成人员名单】新一届高等学校房地产开发与管理和物业管理学科专业指导委员会任期到2017年，主持学校：清华大学，主任委员：清华大学刘洪玉，副主任委员共3人，分别为：东南大学李启明、哈尔滨工业大学武永祥、中国房地产估价师与房地产经纪人学会柴强；委员共14人，分别为：东北财经大学王立国、华南理工大学王幼松、天津城市建设学院王建廷、西安建筑科技大学兰峰、北京大学冯长春、中国人民大学吕萍、沈阳建筑大学刘亚臣、浙江大学阮连法、华东师范大学张永岳、广州大学陈德豪、上海财经大学姚玲珍、中国物业管理协会柴勇、北京林业大学韩朝、中山大学廖俊平。

【土建类专业本科指导性专业规范颁布】截至2013年底，高校土建学科各专业指导委员会已完成7个专业本科指导性专业规范的制定颁布工作，分别是：《高等学校土木工程本科指导性专业规范》、《高等学校给排水科学与工程本科指导性专业规范》、《高等学校建筑环境与能源应用工程本科指导性专业规范》、《高等学校建筑电气与智能化本科指导性专业规范》、《高等学校建筑学本科指导性专业规范》、《高等学校城乡规划本科指导性专业规范》、《高等学校风景园林本科指导性专业规范》。专业规范制定是落实教育部、财政部《关于实施高等学校本科教学质量与教学改革工程的意见》的重要措施，是高校土建类专业设置、专业建设和专业指导的重要文件。

【2012～2013年度高等学校建筑学专业教育评估工作】根据《住房和城乡建设部关于印发〈全国高等学校建筑学专业教育评估文件（2013年版）〉的通知》（建人〔2013〕132号），高校建筑学专业评估工作正式使用第五版评估文件。2013年，全国高等学校建筑学专业教育评估委员会对重庆大学、哈尔滨工业大学、西安建筑科技大学、华南理工大学、昆明理工大学、内蒙古工业大学、河北工业大学、中央美术学院、南昌大学等9所学校的建筑学专业教育进行了评估。评估委员会全体委员对各学校的自评报告进行了审阅，于5月派遣视察小组进校实地视察。之后，经评估委员会全体会议讨论，做出了评估结论并报送国务

院学位办。8 月，国务院学位委员会印发《关于批准重庆大学等高等学校开展建筑学学士、硕士专业学位和城市规划硕士专业学位授予工作的通知》（学位[2013] 26 号），授权这些高校行使或继续行使建筑学专业学位授予权。2013 年高校建筑学专业评估结论如表 5-19 所示。

2013 年高等学校建筑学专业评估结论   表 5-19

序号	学校	专业	授予学位	合格有效期		备注
				本科	硕士研究生	
1	重庆大学	建筑学	学士、硕士	7 年 (2013.5 ~ 2020.5)	7 年 (2013.5 ~ 2020.5)	复评
2	哈尔滨工业大学	建筑学	学士、硕士	7 年 (2013.5 ~ 2020.5)	7 年 (2013.5 ~ 2020.5)	复评
3	西安建筑 科技大学	建筑学	学士、硕士	7 年 (2013.5 ~ 2020.5)	7 年 (2013.5 ~ 2020.5)	复评
4	华南理工大学	建筑学	学士、硕士	7 年 (2013.5 ~ 2020.5)	7 年 (2013.5 ~ 2020.5)	复评
5	昆明理工大学	建筑学	学士、硕士	4 年 (2013.5 ~ 2017.5)	4 年 (2013.5 ~ 2017.5)	复评
6	内蒙古工业大学	建筑学	学士	4 年 (2013.5 ~ 2017.5)	4 年 (2013.5 ~ 2017.5)	学士复评 硕士初评
7	河北工业大学	建筑学	学士	4 年 (2013.5 ~ 2017.5)	—	复评
8	中央美术学院	建筑学	学士	4 年 (2013.5 ~ 2017.5)	—	复评

截至 2013 年 5 月，全国共有 49 所高校建筑学专业通过专业教育评估，受权行使建筑学专业学位（包括建筑学学士和建筑学硕士）授予权，其中具有建筑学学士学位授予权的有 48 个专业点，具有建筑学硕士学位授予权的有 29 个专业点。

【2012 ~ 2013 年度高等学校城乡规划专业教育评估工作】2013 年，住房城乡建设部高等教育城乡规划专业评估委员会对中山大学、南京工业大学、中南大学、深圳大学、西北大学、北京建筑大学、福州大学、湖南城市学院等 8 所学校的城乡规划专业进行了评估。评估委员会全体委员对各校的自评报告进行了审阅，于 5 月派遣视察小组进校实地视察。经评估委员会全体会议讨论，做出了评估结论，如表 5-20 所示。

2013年高等学校城乡规划专业评估结论   表 5-20

序号	学校	专业	授予学位	合格有效期		备注
				本科	硕士研究生	
1	中山大学	城乡规划	学士	4年（2013.5～2017.5）	—	复评
2	南京工业大学	城乡规划	学士、硕士	4年（2013.5～2017.5）	4年（2013.5～2017.5）	学士复评 硕士初评
3	中南大学	城乡规划	学士、硕士	4年（2013.5～2017.5）	4年（2013.5～2017.5）	学士复评 硕士初评
4	深圳大学	城乡规划	学士、硕士	4年（2013.5～2017.5）	4年（2013.5～2017.5）	学士复评 硕士初评
5	西北大学	城乡规划	学士、硕士	4年（2013.5～2017.5）	4年（2013.5～2017.5）	复评
6	北京建筑大学	城乡规划	硕士	在有效期内	4年（2013.5～2017.5）	初评
7	福州大学	城乡规划	学士	4年（2013.5～2017.5）	—	初评
8	湖南城市学院	城乡规划	学士	4年（2013.5～2017.5）	—	初评

　　根据学校申请，2013年8月国务院学位委员会印发《关于批准重庆大学等高等学校开展建筑学学士、硕士专业学位和城市规划硕士专业学位授予工作的通知》（学位［2013］26号），批准西北大学、南京工业大学、中南大学、深圳大学、北京建筑大学等5所学校开展城市规划硕士专业学位授予工作，有效期均为2013年5月至2017年5月。

　　截至2013年5月，全国共有32所高校的城乡规划专业通过专业评估，其中本科专业点31个，硕士研究生专业点21个。

　　【2012～2013年度高等学校土木工程专业教育评估工作】2013年，住房城乡建设部高等教育土木工程专业评估委员会对清华大学、天津大学、东南大学、同济大学、浙江大学、重庆大学、哈尔滨工业大学、湖南大学、西安建筑科技大学、华中科技大学等19所学校的土木工程专业进行了评估。评估委员会全体委员对各校的自评报告进行了审阅，于5月派遣视察小组进校实地视察。经评估委员会全体会议讨论，做出了评估结论，如表5-21所示。

2013年高等学校土木工程专业评估结论   表 5-21

序号	学校	专业	授予学位	合格有效期	备注
1	清华大学	土木工程	学士	八年（2013.5～2021.5）	复评
2	天津大学	土木工程	学士	八年（2013.5～2021.5）	复评
3	东南大学	土木工程	学士	八年（2013.5～2021.5）	复评
4	同济大学	土木工程	学士	八年（2013.5～2021.5）	复评
5	浙江大学	土木工程	学士	八年（2013.5～2021.5）	复评

序号	学校	专业	授予学位	合格有效期	备注
6	重庆大学	土木工程	学士	八年（2013.5～2021.5）	复评
7	哈尔滨工业大学	土木工程	学士	八年（2013.5～2021.5）	复评
8	湖南大学	土木工程	学士	八年（2013.5～2021.5）	复评
9	西安建筑科技大学	土木工程	学士	八年（2013.5～2021.5）	复评
10	华中科技大学	土木工程	学士	八年（2013.5～2021.5）	复评
11	山东建筑大学	土木工程	学士	四年（2014.5～2018.5）	复评
12	福州大学	土木工程	学士	四年（2014.5～2018.5）	复评
13	浙江工业大学	土木工程	学士	四年（2014.5～2018.5）	复评
14	解放军理工大学	土木工程	学士	四年（2014.5～2018.5）	复评
15	西安理工大学	土木工程	学士	四年（2014.5～2018.5）	复评
16	湖北工业大学	土木工程	学士	四年（2014.5～2018.5）	初评
17	宁波大学	土木工程	学士	四年（2014.5～2018.5）	初评
18	长春工程学院	土木工程	学士	四年（2014.5～2018.5）	初评
19	南京林业大学	土木工程	学士	四年（2014.5～2018.5）	初评

截至2013年5月，全国共有70所高校的土木工程专业通过评估。

【2012～2013年度高等学校建筑环境与能源应用工程专业教育评估工作】
2013年，住房城乡建设部高等教育建筑环境与能源应用工程专业评估委员会对解放军理工大学等5所学校的建筑环境与能源应用工程专业进行了评估。评估委员会全体委员对学校的自评报告进行了审阅，于5月份派遣视察小组进校实地视察。经评估委员会全体会议讨论，做出了评估结论，如表5-22所示。

2013年高等学校建筑环境与能源应用工程专业评估结论　　　表5-22

序号	学校	专业	授予学位	合格有效期	备注
1	解放军理工大学	建筑环境与能源应用工程	学士	五年（2013.5～2018.5）	复评
2	东华大学	建筑环境与能源应用工程	学士	五年（2013.5～2018.5）	复评
3	湖南大学	建筑环境与能源应用工程	学士	五年（2013.5～2018.5）	复评
4	长安大学	建筑环境与能源应用工程	学士	五年（2013.5～2018.5）	复评
5	西南交通大学	建筑环境与能源应用工程	学士	五年（2013.5～2018.5）	初评

截至2013年5月，全国共有30所高校的建筑环境与能源应用工程专业通过评估。

【2012～2013年度高等学校给排水科学与工程专业教育评估工作】2013年，住房城乡建设部高等教育给排水科学与工程专业评估委员会对长安大学等7所学校的给排水科学与工程专业进行了评估。评估委员会全体委员对各校的自评报告进行了审阅，于5月派遣视察小组进校实地视察。经评估委员会全体会议讨论，做出了评估结论，如表5-23所示。

2013年高等学校给排水科学与工程专业评估结论 表5-23

序号	学校	专业	授予学位	合格有效期	备注
1	长安大学	给排水科学与工程	学士	五年（2013.5～2018.5）	复评
2	桂林理工大学	给排水科学与工程	学士	五年（2013.5～2018.5）	复评
3	武汉理工大学	给排水科学与工程	学士	五年（2013.5～2018.5）	复评
4	扬州大学	给排水科学与工程	学士	五年（2013.5～2018.5）	复评
5	山东建筑大学	给排水科学与工程	学士	五年（2013.5～2018.5）	复评
6	太原理工大学	给排水科学与工程	学士	五年（2013.5～2018.5）	初评
7	合肥工业大学	给排水科学与工程	学士	五年（2013.5～2018.5）	初评

截至2013年5月，全国共有31所高校的给排水科学与工程专业通过评估。

【2012～2013年度高等学校工程管理专业教育评估工作】2014年，住房城乡建设部高等教育工程管理专业评估委员会对广州大学等5所学校的工程管理专业进行了评估。评估委员会全体委员对各校的自评报告进行了审阅，于5月派遣视察小组进校实地视察。经评估委员会全体会议讨论，做出了评估结论，如表5-24所示。

2013年高等学校工程管理专业评估结论 表5-24

序号	学校	专业	授予学位	合格有效期	备注
1	广州大学	工程管理	学士	五年（2013.5～2018.5）	复评
2	东北财经大学	工程管理	学士	五年（2013.5～2018.5）	复评
3	北京建筑大学	工程管理	学士	五年（2013.5～2018.5）	复评
4	山东建筑大学	工程管理	学士	五年（2013.5～2018.5）	复评
5	安徽建筑工业学院	工程管理	学士	五年（2013.5～2018.5）	复评

截至2013年5月，全国共有33所高校的工程管理专业通过评估。

【领导干部和专业技术人员培训工作】2013年，住房城乡建设部机关、直属单位和部管社会团体共组织培训班350项，655个班次，培训住房城乡建设系统领导干部和专业技术人员69256人次。承办中央组织部委托的3期市长培训班以及领导干部境外培训班，共培训学员 176 人次。支持西藏、新疆、青海领导干部培训工作，举办援藏、援疆、援青培训班各 1 期，培训相关地区领导干部和管理人员 353 名，住房城乡建设部补贴经费 42 万元。

【举办全国专业技术人才知识更新工程高级研修班】根据人力资源和社会保障部全国专业技术人才知识更新工程高级研修项目计划，2013 年住房城乡建设部在北京举办"建筑节能与低碳城市建设"、"城市生活垃圾处理与资源化"高级研修班，培训各地相关领域高层次专业技术人员 96 名，经费由人力资源和社会保障部全额资助。

【住房城乡建设部选派 3 名博士服务团成员到西部地区服务锻炼】根据中央组织部、共青团中央关于第 13 批博士服务团成员选派工作安排，住房和城乡建设部选派了 3 名博士服务团成员赴西部地区服务锻炼。

【住房和城乡建设部所属单位新增 1 人入选国家百千万人才计划】经人力资源和社会保障部等 9 部门批准，中国城市规划设计院杨保军入选 2013 年百千万人才工程国家级人选，并被授予"有突出贡献中青年专家"荣誉称号。截至 2013 年，住房和城乡建设部所属单位共有 4 人入选百千万人才工程国家级人选。

【住房城乡建设领域职业资格考试情况】2013 年，全国共有 116 万人次参加住房城乡建设领域职业资格全国统一考试（不含二级），当年共有 11 万人次通过考试并取得职业资格证书。详见表 5-25。

2013 年住房城乡建设领域职业资格全国统一考试情况统计表   表 5-25

序号	专业	2013 年参加考试人数	2013 年取得资格人数
1	建筑（一级）	42021	1700
2	结构（一级）	18680	786
3	岩土	8197	1630
4	港口与航道	501	173
5	水利水电	2564	788
6	公用设备	17478	3723
7	电气	11883	696
8	环保	4304	770
9	化工	2477	1067
10	建造（一级）	791989	61613
11	工程监理	52534	12634
12	城市规划	21594	1908
13	工程造价	103677	10857

序号	专业	2013 年参加考试人数	2013 年取得资格人数
14	物业管理	53505	13285
15	房地产估价	14590	2513
16	房地产经纪	14166	4760
合计		1160160	118903

【住房城乡建设领域职业资格及注册情况】截至 2013 年底，住房城乡建设领域取得各类职业资格人员共 116 万(不含二级)，注册人数 83 万。详见表 5-26。

住房城乡建设领域职业资格人员专业分布及注册情况统计表　　表 5-26
（截至 2014 年 12 月 31 日）

行业	类别		专业	取得资格人数	注册人数	备注
勘察设计	（一）注册建筑师（一级）			30048	28465	
	（二）勘察设计注册工程师	1. 土木工程	岩土工程	15592	13236	
			水利水电工程	7987	0	未注册
			港口与航道工程	1550	0	未注册
			道路工程	2411	0	未注册
		2. 结构工程（一级）		46302	43044	
		3. 公用设备工程		26757	19083	
		4. 电气工程		18085	14328	
		5. 化工工程		7084	4373	
		6. 环保工程		4666	0	未注册
		7. 机械工程		3458	0	未注册
		8. 冶金工程		1502	0	未注册
		9. 采矿 / 矿物工程		1461	0	未注册
		10. 石油 / 天然气工程		438	0	未注册
建筑业	（三）建造师（一级）			463653	333117	
	（四）监理工程师			216170	144908	
	（五）造价工程师			142960	134900	
房地产业	（六）房地产估价师			48660	43487	
	（七）房地产经纪人			52648	28415	
	（八）物业管理师			57204	8145	
城市规划	（九）注册城市规划师			19895	16119	
总计				1168531	831620	

【国家职业分类大典修订工作】住房和城乡建设部人事司会同部人力资源开发中心多次组织召开国家职业分类大典修订工作协调会和审核会，形成《住房城乡建设行业国家职业分类大典修订建议（送审稿）》。参加人社部组织的职业工种分类审核会，就住房和城乡建设部承担修订的建筑业、房地产业等 63 个职业工种提交会议审核，并组织专家深入北京自来水厂、清河污水处理厂实地调研。为行业开展职业技能培训和鉴定提供了制度保障。

【行业从业人员培训鉴定工作】继续加强职业技能培训和鉴定工作，促进工人职业技能水平和从业人员队伍整体素质提高。住房和城乡建设部人事司下发了《关于印发 2013 年全国建设职业技能培训与鉴定工作任务的通知》。2013 年计划培训 157.6 万人，实际培训 171.8 万人，超额完成 14.2 万人。全年计划鉴定 91.9 万人实际鉴定 107.8 万人，超额完成 15.9 万人。重庆（不含市政）、四川、天津、宁夏、山东、江苏、安徽、上海等省（市）培训人数均超过 8 万人；河北、吉林、湖南、云南、海南、新疆等 27 个省（区、市）超额完成年度培训任务；山东、江苏省技师、高级技师培训和鉴定成效突出。

【高技能人才选拔培养工作】2013 年住房和城乡建设部协调有关协会组织选手参加了第 42 届世界技能大赛，建设行业选手参加了四个赛项的比赛，除砌筑项目外，瓷砖镶贴、焊接、建筑金属加工三个项目都获得了优胜奖。住房和城乡建设部人事司还积极指导内蒙古自治区、中国城镇燃气协会等举办省级、国家级二类职业技能竞赛，并协调教育部职成司、中国建设教育协会等共同举办 2013 年全国职业院校技能大赛中职组建设职业技能比赛。通过技能竞赛，引导行业工人学习钻研技术，营造尊重劳动、崇尚技能、岗位成才、技能成才的社会氛围。同时，2013 年住房和城乡建设部办公厅印发了《关于授予田志刚等 11 名同志全国住房城乡建设行业技术能手称号的通知》，通过发挥典型的示范作用，对培养高素质建设技能人才，造就一支技术精湛、作风过硬的技能人才队伍产生积极影响。

【建设行业中等职业教育指导工作】指导住房和城乡建设部中等职业教育第五届专业指导委员会各分委员会做好专业教学标准的编写工作。组织召开住房和城乡建设行业《中等职业学校专业教学标准》行业内审会，分两批报送了建筑施工、建筑装饰等 9 个专业教学标准。组织召开了住房和城乡建设部第五届中等职业教育 2013 年度工作总结会。

【建筑业农民工培训工作】委托中国建筑业协会开展 2013 年全国建筑业企业创建农民工业余学校示范项目部分活动。通过典型示范带头作用，推动各地农民工业余学校工作的开展。据不完全统计，2013 年全国各地新增农民工业余学校 1.9 万余所，培训农民工 359.7 万人次。截至 2013 年底，全国各地累计建立农民工业余学校 13.5 万余所，培训农民工 1551.3 万人次。其中，浙江、江苏、北京、四川、湖北、安徽、湖南、广东、山东、重庆、河南等 11 个省市 2013 年农民工业余学校总量均超过 1000 所；天津、河北、山西、辽宁、福建、江西、广西、海南、贵州、云南、陕西、青海、宁夏等省市农民工业余学校工作也取得了较大进展。此外，按照国务院农民工工作领导小组的要求，住房和城乡建设部组织落实了第七届全国农民工工作督察，牵头司法部、商务部等六部委组成第四督察组，由王宁副部长带队赴海南省开展了为期一周的督察工作。

5.3.2 中国建设教育协会大事记

【2013 年重要会议】中国建设教育协会四届八次常务理事会于 2013 年 3 月 18 日在北京召开。协会常务理事及其代表、部分专业委员会秘书长共 37 人出席了会议，会议由中国建设教育协会理事长李竹成同志主持。住房和城乡建设部人事司副巡视员赵琦同志到会并讲话。会议审议通过了协会普通高等教育委员会、高等职业与成人教育专业委员会以及城市交通职工教育专业委员会的换届报告。李竹成理事长作了会议总结。

第十二次地方建设教育协会联席会议暨继续教育委员会 2013 年全体委员会议于 2013 年 10 月 28、29 日在昆明市召开。本会议由中国建设教育协会继续教育委员会主办，云南省建设劳动教育协会具体承办。李竹成理事长作了题为"以加强人力资源能力建设为核心，大力发展继续教育"的演讲。沈元勤主任委员作了"中国建设教育协会继续教育专业委员会 2013 年工作报告"。会议回顾了委员会 2013 年 6 月换届后的各项工作，介绍第五届继续教育委员的工作目标与四项重点工作。来自全国 58 个单位 118 位代表参加了会议。

2013 年 12 月 14 日，《中国建设教育》编委暨刊物工作会议于北京召开。会议由中国建设教育协会副理事长、《中国建设教育》总编荣大成同志主持。中国建设教育协会理事长李竹成、中国建筑工业出版社社长沈元勤分别发表讲话；中国建设教育协会秘书长徐家华对《中国建设教育》11 年的办刊工作进行了总结。来自协会各专业委员会、地方建设教育协会及有关院校代表和中国建筑工业出版社等单位共 50 余人参加了会议。

中国建设教育协会培训工作会议于 2013 年 12 月在京召开，各培训机构负责人和各专业委员会秘书长出席了会议。会议总结 2013 年的工作，表彰办学先进单位，进行工作交流，并讨论修改培训工作管理办法。会议对十八届三中全会召开后培训工作所面临的机遇和挑战作了分析，针对新形势、新任务，对今后的培训工作，提出了新思路和新要求。

【协会主题活动】由中国建设教育协会主办，河南城建学院承办了第九届全国建筑类高校书记、院（校）长论坛，论坛的主题是：提升文化内涵、促进科学发展，下设八个分题。共有 19 个单位 43 位代表参加了论坛。

由中国建设教育协会主办，天津国土资源和房屋职业学院承办了第五届全国建设类高职院校书记、院长论坛，论坛的主题是：加快发展现代职业教育，下设七个分题。共有 28 个单位 53 位代表参加了论坛。

受部人事司委托，协会承办了 2013 年全国职业院校技能大赛中职组"建筑装饰技能"和"楼宇智能化"赛项。全国各地共有 228 位学生参加了比赛。

由中国建设教育协会主办、广联达软件股份有限公司承办了"第六届全国高等院校广联达软件算量大赛"和"第四届全国高等院校工程项目管理沙盘模拟大赛"；由协会主办、深圳市斯维尔科技有限公司承办了"第四届全国高等院校学生斯维尔杯 BIM 系列软件建筑信息模型大赛"。

中国建设教育协会主办的"第七届全国高校房地产策划大赛"于 11 月 30 日在北京举办。来自清华大学、中国人民大学、北京理工大学、北京交通大学、中央财经大学、北京建筑大学、重庆大学、天津城建大学等全国 28 所高校代表队参加了本大赛决赛。

根据中央在全党深入开展以"为民、务实、清廉"为主要内容的党的群众路线教育实践活动的要求和住房城乡建设部关于群众路线教育实践活动的整体安排部署，协会秘书处组织了深入的学习、对照检查、交流、相互提醒、征求意见、民主生活会、整改方案等多种方式，历时六个月的时间，完成了群众路线实践教育活动的任务，使党员和领导干部进行了一次认真的有成效的思想教育活动。

【协会专业委员会工作】各专业委员会按照 2013 年度工作计划，完成了换届工作，并以精心设计年会、开展具专业特色的学术活动、吸纳新会员单位和举办各类培训。普通高等教育委员会注重教育教学科研课题立项和科研成果的评选活动，有 50 项列入协会 2013 年科研计划，其中 12 项同时被推荐申请住建部 2014 年软科学研究项目。高等职业与成人教育专业委员会按专业开展学术交流，有 47 项列入协会 2013 年科研计划，其中 7 项同时被推荐申请住房和城乡建设部 2014 年软科学研究项目。中等职业教育专业委员会倾力区域学术交流，着重探讨校企合作、学生技能培养等问题，并积极参与全国职业院校技能大赛中职组建设职业技能比赛。技工教育委员会组织会员单位研究当前的热点、焦点问题，为学生的进出口找对策，其《建设技工报》发挥着很好的桥梁作用。房地产人力资源（教育）工作委员会开发 BIM 技术应用培训项目，具体承办部业务司局委托的 3 个培训班。建设机械职业教育专业委员会通过网络扩大影响，积极发展会员单位,大力开展职工培训。城市交通职工教育专业委员会组织人力资源管理和职工队伍建设的经验交流,为发展城市公交事业献计献策。建筑企业人力资源(教育)工作委员会进一步明确定位,重组会员单位,编写教学大纲和教材,启动人力资源培训。继续教育委员会通过换届更换了主任委员单位,改变工作思路抓实效。培训机构工作委员会召开了培训工作会议,总结经验,表彰先进,分析培训市场形势,明确了今后工作的思路和方向。院校德育工作委员会积极发展会员单位,深入调查研究,制定了详细的工作计划,认真地开展学术交流和举办德育工作骨干培训班。

【协会科研活动】2013 年 4 月发布组织立项申报工作的通知,启动 2013 年中国建设教育协会教育教学科研课题立项,经各专业委员会、地方建设教育协会推荐初评,协会秘书处组织专家评审,最终确定 104 项为 2013 年协会教育教学科研立项课题。并从中遴选 19 项课题,推荐申请住房和城乡建设部 2014 年软科学研究项目。

组织会员单位的专家、教授,承担国家开放大学研究课题子课题《"学分银行"制度服务于建设类相关专业高职高专与开放教育本科之间"立交桥"建设实践探索》,召开了两次会议进行专题研究。2013 年上半年,有 13 个 2011 年立项课题通过审核结题。2013 年下半年委托沈阳建筑大学完成该校申报的协会 2011 年立项课题的结题工作。配合住房和城乡建设部人事司劳职处,组织会员单位专家研究土建类中等职业学校专业教学标准。

在《建筑与市政工程施工现场专业人员职业标准》正式发布后,协会又受部人事司的委托,组织编写了与《标准》相配套的考试大纲及十四本培训教材,同时启动与教材相匹配的题库建设。

【协会教育培训】完成住房和城乡建设部有关业务司局委托举办的《城市住房建设规划编制培训班》和两期《住房保障信息化建设培训班》。经住房和城乡建设部建筑市场监管司和北京市建筑业联合会核准,协会培训中心为建筑工程专业一级注册建造师继续教育培训机构。协会培训中心、有关会员单位开发了十多个职业培训新项目,如"建筑结构监测师"、"房产测量师"和"环境监理工程师"。加强与部属其他行业协会、事业单位或行业内的龙头企业合作,如与中国建设监理协会就开展全国环境监理工程师达成共识;与中国建设装饰协会就开展装饰行业基层操作人员的培训进行了研讨;与中国城镇供水协会和同济大学就合作开展"城镇供水及污水处理人员"的培训进行了接洽;与中国城市燃气协会合作开展了"城镇燃气安全人员"培训项目。

5.4 2014 年大事记

5.4.1 住房和城乡建设领域大事记

【住房和城乡建设部召开住房城乡建设系统人事处长座谈会】2014 年 3 月 17 日，住房和城乡建设部印发了《关于召开住房城乡建设系统人教处长座谈会的通知》，于 4 月 10 日在陕西西安召开了全国住房城乡建设系统人教处长座谈会。会议通报了住房城乡建设部 2013 年教育培训工作情况和 2014 年工作思路，通报了专业人员职业培训与考核工作有关情况、技能人才培养工作有关情况，讨论了 2014 年行业教育培训工作，并对做好 2014 年有关工作提出了要求。住房城乡建设部人事司相关负责人及全国各省、自治区、直辖市和新疆生产建设兵团的住房城乡建设部门分管领导、人教处长、培训机构负责人等近 100 人参加了会议。

【土木建筑类 5 项教学成果获国家级教学成果奖】根据《教育部关于批准 2014 年国家级教学成果奖获奖项目的决定》（教师 [2014] 8 号），住房城乡建设部组织同济大学等单位完成的《20 年磨一剑——与国际实质等效的中国土木工程专业评估制度的创立与实践》获 2014 年国家级教学成果一等奖（高教类）；黑龙江建筑职业技术学院完成的《结合工程大项目培养土建类人才的创新实践》和《基于建筑安装工程项目化课程建设与实践》、四川建筑职业技术学院等单位完成的《校企合作建设工学结合引导高职土建类实践教学体系开发与应用》、江苏建筑职业技术学院完成的《高职高专教育建筑装饰工程技术专业教学内容与实践教学体系研究》分别获 2014 年国家级教学成果二等奖（职教类）。

【高等学校和职业院校土木建筑类专业教育概况】根据教育部的统计数据，2014 年高等学校共有土木建筑类相关专业点 2320 个，在校本科生 89 万人；高职高专相关专业点 4208 个，在校学生 114 万人；中等职业教育相关专业点 2789 个，在校学生 62 万人。

【2013 ～ 2014 年度高等学校建筑学专业教育评估工作】2014 年，全国高等学校建筑学专业教育评估委员会对北京工业大学、西南交通大学、华中科技大学、南京工业大学、吉林建筑大学、上海交通大学、青岛理工大学、北方工业大学、福州大学、北京交通大学、太原理工大学、浙江工业大学、广东工业大学、四川大学、内蒙古科技大学、长安大学等 16 所学校的建筑学专业教育进行了评估。评估委员会全体委员对各学校的自评报告进行了审阅，于 5 月派遣视察小组进校实地视察。之后，经评估委员会全体会议讨论并投票表决，做出了评估结论

并报送国务院学位委员会。7月，国务院学位委员会印发《关于批准华中科技大学等高等学校开展建筑学学士、硕士专业学位和城市规划硕士专业学位授予工作的通知》（学位〔2014〕29号），授权这些高校行使或继续行使建筑学专业学位授予权。2014年高校建筑学专业评估结论如表5-27所示。

2014 年高等学校建筑学专业评估结论　　　　表 5-27

序号	学校	专业	授予学位	合格有效期		备注
				本科	硕士研究生	
1	北京工业大学	建筑学	学士、硕士	4年 (2014.5～2018.5)	4年 (2014.5～2018.5)	复评
2	西南交通大学	建筑学	学士、硕士	7年 (2014.5～2021.5)	7年 (2014.5～2021.5)	复评
3	华中科技大学	建筑学	学士、硕士	7年 (2014.5～2021.5)	7年 (2014.5～2021.5)	复评
4	南京工业大学	建筑学	学士、硕士	4年 (2014.5～2018.5)	4年 (2014.5～2018.5)	学士复评 硕士初评
5	吉林建筑大学	建筑学	学士、硕士	4年 (2014.5～2018.5)	4年 (2014.5～2018.5)	学士复评 硕士初评
6	上海交通大学	建筑学	学士	4年 (2014.5～2018.5)	—	复评
7	青岛理工大学	建筑学	学士、硕士	4年 (2014.5～2018.5)	4年 (2014.5～2018.5)	学士复评 硕士初评
8	北方工业大学	建筑学	硕士	在有效期内	2014.5～2018.5	硕士初评
9	福州大学	建筑学	学士	4年 (2014.5～2018.5)	—	初评
10	北京交通大学	建筑学	学士、硕士	4年 (2014.5～2018.5)	4年 (2014.5～2018.5)	学士复评 硕士初评
11	太原理工大学	建筑学	学士	有条件4年 (2014.5～2018.5)	—	复评
12	浙江工业大学	建筑学	学士	4年 (2014.5～2018.5)	—	复评
13	广东工业大学	建筑学	学士	4年 (2014.5～2018.5)	—	初评
14	四川大学	建筑学	学士	4年 (2014.5～2018.5)	—	初评
15	内蒙古科技大学	建筑学	学士	4年 (2014.5～2018.5)	—	初评
16	长安大学	建筑学	学士	4年 (2014.5～2018.5)	—	初评

截至 2014 年 5 月，全国共有 53 所高校建筑学专业通过专业教育评估，受权行使建筑学专业学位（包括建筑学学士和建筑学硕士）授予权，其中具有建筑学学士学位授予权的有 52 个专业点，具有建筑学硕士学位授予权的有 34 个专业点。详见表 5-28。

高等学校建筑学专业教育评估通过学校和有效期情况统计表　　表 5-28
（截至 2014 年 5 月，按首次通过评估时间排序）

序号	学校	本科合格有效期	硕士合格有效期	首次通过评估时间
1	清华大学	2011.5 ～ 2018.5	2011.5 ～ 2018.5	1992.5
2	同济大学	2011.5 ～ 2018.5	2011.5 ～ 2018.5	1992.5
3	东南大学	2011.5 ～ 2018.5	2011.5 ～ 2018.5	1992.5
4	天津大学	2011.5 ～ 2018.5	2011.5 ～ 2018.5	1992.5
5	重庆大学	2013.5 ～ 2020.5	2013.5 ～ 2020.5	1994.5
6	哈尔滨工业大学	2013.5 ～ 2020.5	2013.5 ～ 2020.5	1994.5
7	西安建筑科技大学	2013.5 ～ 2020.5	2013.5 ～ 2020.5	1994.5
8	华南理工大学	2013.5 ～ 2020.5	2013.5 ～ 2020.5	1994.5
9	浙江大学	2011.5 ～ 2018.5	2011.5 ～ 2018.5	1996.5
10	湖南大学	2008.5 ～ 2015.5	2008.5 ～ 2015.5	1996.5
11	合肥工业大学	2008.5 ～ 2015.5	2008.5 ～ 2015.5	1996.5
12	北京建筑大学	2012.5 ～ 2019.5	2012.5 ～ 2019.5	1996.5
13	深圳大学	2012.5 ～ 2016.5	2012.5 ～ 2016.5	本科 1996.5/ 硕士 2012.5
14	华侨大学	2012.5 ～ 2016.5	2012.5 ～ 2016.5	1996.5
15	北京工业大学	2014.5 ～ 2018.5	2014.5 ～ 2018.5	本科 1998.5/ 硕士 2010.5
16	西南交通大学	2014.5 ～ 2021.5	2014.5 ～ 2021.5	本科 1998.5/ 硕士 2004.5
17	华中科技大学	2014.5 ～ 2021.5	2014.5 ～ 2021.5	1999.5
18	沈阳建筑大学	2011.5 ～ 2018.5	2011.5 ～ 2018.5	1999.5
19	郑州大学	2011.5 ～ 2015.5	2011.5 ～ 2015.5	本科 1999.5/ 硕士 2011.5
20	大连理工大学	2008.5 ～ 2015.5	2008.5 ～ 2015.5	2000.5
21	山东建筑大学	2012.5 ～ 2019.5	2012.5 ～ 2016.5	本科 2000.5/ 硕士 2012.5
22	昆明理工大学	2013.5 ～ 2017.5	2013.5 ～ 2017.5	本科 2001.5/ 硕士 2009.5
23	南京工业大学	2014.5 ～ 2018.5	2014.5 ～ 2018.5	本科 2002.5/ 硕士 2014.5
24	吉林建筑大学	2014.5 ～ 2018.5	2014.5 ～ 2018.5	本科 2002.5/ 硕士 2014.5

续表

序号	学校	本科合格有效期	硕士合格有效期	首次通过评估时间
25	武汉理工大学	2011.5～2015.5	2011.5～2015.5	本科 2003.5/硕士 2011.5
26	厦门大学	2011.5～2015.5	2011.5～2015.5	本科 2003.5/硕士 2007.5
27	广州大学	2012.5～2016.5	—	2004.5
28	河北工程大学	2012.5～2016.5	—	2004.5
29	上海交通大学	2014.5～2018.5	—	2006.6
30	青岛理工大学	2014.5～2018.5	2014.5～2018.5	本科 2006.6/硕士 2014.5
31	安徽建筑大学	2011.5～2015.5	—	2007.5
32	西安交通大学	2011.5～2015.5	2011.5～2015.5	本科 2007.5/硕士 2011.5
33	南京大学	—	2011.5～2018.5	2007.5
34	中南大学	2012.5～2016.5	2012.5～2016.5	本科 2008.5/硕士 2012.5
35	武汉大学	2012.5～2016.5	2012.5～2016.5	2008.5
36	北方工业大学	2012.5～2016.5	2014.5～2018.5	本科 2008.5/硕士 2014.5
37	中国矿业大学	2012.5～2016.5	—	2008.5
38	苏州科技学院	2012.5～2016.5	—	2008.5
39	内蒙古工业大学	2013.5～2017.5	2013.5～2017.5	本科 2009.5/硕士 2013.5
40	河北工业大学	2013.5～2017.5	—	2009.5
41	中央美术学院	2013.5～2017.5	—	2009.5
42	福州大学	2014.5～2018.5	—	2010.5
43	北京交通大学	2014.5～2018.5	2014.5～2018.5	本科 2010.5/硕士 2014.5
44	太原理工大学	2014.5～2018.5 （有条件）	—	2010.5
45	浙江工业大学	2014.5～2018.5	—	2010.5
46	烟台大学	2011.5～2015.5	—	2011.5
47	天津城建大学	2011.5～2015.5	—	2011.5
48	西北工业大学	2012.5～2016.5	—	2012.5
49	南昌大学	2013.5～2017.5	—	2013.5
50	广东工业大学	2014.5～2018.5	—	2014.5
51	四川大学	2014.5～2018.5	—	2014.5
52	内蒙古科技大学	2014.5～2018.5	—	2014.5
53	长安大学	2014.5～2018.5	—	2014.5

【2013 ～ 2014 年度高等学校城乡规划专业教育评估工作】2014 年，住房城乡建设部高等教育城乡规划专业评估委员会对南京大学、华南理工大学、山东建筑大学、西南交通大学、苏州科技学院、大连理工大学、浙江工业大学、北京工业大学、华侨大学、云南大学、吉林建筑大学等 11 所学校的城乡规划专业进行了评估。评估委员会全体委员对各校的自评报告进行了审阅，于 5 月派遣视察小组进校实地视察。经评估委员会全体会议讨论并投票表决，做出了评估结论，如表 5-29 所示。

2014 年高等学校城乡规划专业评估结论　　　　表 5-29

序号	学校	专业	授予学位	合格有效期		备注
				本科	硕士研究生	
1	南京大学	城乡规划	学士、硕士	2014.5 ～ 2020.5（2006 年 6 月至 2008 年 5 月本科教育不在有效期内）	2014.5 ～ 2020.5	复评
2	华南理工大学	城乡规划	学士、硕士	2014.5 ～ 2020.5	2014.5 ～ 2020.5	复评
3	山东建筑大学	城乡规划	学士、硕士	2014.5 ～ 2020.5	2014.5 ～ 2020.5	复评
4	西南交通大学	城乡规划	学士、硕士	2010.5 ～ 2016.5	2014.5 ～ 2018.5	学士复评硕士初评
5	苏州科技学院	城乡规划	学士、硕士	2012.5 ～ 2018.5	2014.5 ～ 2018.5	学士复评硕士初评
6	大连理工大学	城乡规划	学士、硕士	2014.5 ～ 2020.5	2014.5 ～ 2018.5	学士复评硕士初评
7	浙江工业大学	城乡规划	学士	2014.5 ～ 2018.5	—	复评
8	北京工业大学	城乡规划	学士、硕士	2014.5 ～ 2018.5	2014.5 ～ 2018.5	初评
9	华侨大学	城乡规划	学士	2014.5 ～ 2018.5	—	初评
10	云南大学	城乡规划	学士	2014.5 ～ 2018.5	—	初评
11	吉林建筑大学	城乡规划	学士	2014.5 ～ 2018.5	—	初评

根据学校申请，2014 年 7 月国务院学位委员会印发《关于批准华中科技大学等高等学校开展建筑学学士、硕士专业学位和城市规划硕士专业学位授予工作的通知》（学位［2014］29 号），批准南京大学、华南理工大学、西南交通大学、苏州科技学院、北京工业大学等 6 所学校开展城市规划硕士专业学位授予工作，其中南京大学、华南理工大学有效期为 2014 年 5 月至 2020 年 5 月，其他 4 所学校为 2014 年 5 月至 2018 年 5 月。

截至 2014 年 5 月，全国共有 36 所高校的城乡规划专业通过专业评估，其中本科专业点 35 个，硕士研究生专业点 25 个。详见表 5-30。

高等学校城乡规划专业评估通过学校和有效期情况统计表　　表 5-30
（截至 2014 年 5 月，按首次通过评估时间排序）

序号	学校	本科合格有效期	硕士合格有效期	首次通过评估时间
1	清华大学	—	2010.5 ～ 2016.5	1998.6
2	东南大学	2010.5 ～ 2016.5	2010.5 ～ 2016.5	1998.6
3	同济大学	2010.5 ～ 2016.5	2010.5 ～ 2016.5	1998.6
4	重庆大学	2010.5 ～ 2016.5	2010.5 ～ 2016.5	1998.6
5	哈尔滨工业大学	2010.5 ～ 2016.5	2010.5 ～ 2016.5	1998.6
6	天津大学	2010.5 ～ 2016.5	2010.5 ～ 2016.5 （2006 年 6 月至 2010 年 5 月硕士研究生教育不在有效期内）	2000.6
7	西安建筑科技大学	2012.5 ～ 2018.5	2012.5 ～ 2018.5	2000.6
8	华中科技大学	2012.5 ～ 2018.5	2012.5 ～ 2018.5	本科 2000.6/ 硕士 2006.6
9	南京大学	2014.5 ～ 2020.5 （2006 年 6 月至 2008 年 5 月本科教育不在有效期内）	2014.5 ～ 2020.5	2002.7
10	华南理工大学	2014.5 ～ 2020.5	2014.5 ～ 2020.5	2002.6
11	山东建筑大学	2014.5 ～ 2020.5	2014.5 ～ 2020.5	本科 2004.6/ 硕士 2012.5
12	西南交通大学	2010.5 ～ 2016.5	2014.5 ～ 2018.5	本科 2006.6/ 硕士 2014.5
13	浙江大学	2010.5 ～ 2016.5	2012.5 ～ 2018.5	本科 2006.6/ 硕士 2012.5
14	武汉大学	2012.5 ～ 2018.5	2012.5 ～ 2018.5	2008.5
15	湖南大学	2012.5 ～ 2018.5	2012.5 ～ 2018.5	本科 2008.5/ 硕士 2012.5
16	苏州科技学院	2012.5 ～ 2018.5	2014.5 ～ 2018.5	本科 2008.5/ 硕士 2014.5
17	沈阳建筑大学	2012.5 ～ 2018.5	2012.5 ～ 2018.5	本科 2008.5/ 硕士 2012.5
18	安徽建筑工业学院	2012.5 ～ 2016.5	—	2008.5
19	昆明理工大学	2012.5 ～ 2016.5	2012.5 ～ 2016.5	本科 2008.5/ 硕士 2012.5
20	中山大学	2013.5 ～ 2017.5	—	2009.5
21	南京工业大学	2013.5 ～ 2017.5	2013.5 ～ 2017.5	本科 2009.5/ 硕士 2013.5
22	中南大学	2013.5 ～ 2017.5	2013.5 ～ 2017.5	本科 2009.5/ 硕士 2013.5
23	深圳大学	2013.5 ～ 2017.5	2013.5 ～ 2017.5	本科 2009.5/ 硕士 2013.5
24	西北大学	2013.5 ～ 2017.5	2013.5 ～ 2017.5	2009.5

序号	学校	本科合格有效期	硕士合格有效期	首次通过评估时间
25	大连理工大学	2014.5 ~ 2020.5	2014.5 ~ 2018.5	本科 2010.5/硕士 2014.5
26	浙江工业大学	2014.5 ~ 2018.5	—	2010.5
27	北京建筑大学	2011.5 ~ 2015.5	2013.5 ~ 2017.5	本科 2011.5/硕士 2013.5
28	广州大学	2011.5 ~ 2015.5	—	2011.5
29	北京大学	2011.5 ~ 2015.5	—	2011.5
30	福建工程学院	2012.5 ~ 2016.5	—	2012.5
31	福州大学	2013.5 ~ 2017.5	—	2013.5
32	湖南城市学院	2013.5 ~ 2017.5	—	2013.5
33	北京工业大学	2014.5 ~ 2018.5	2014.5 ~ 2018.5	2014.5
34	华侨大学	2014.5 ~ 2018.5	—	2014.5
35	云南大学	2014.5 ~ 2018.5	—	2014.5
36	吉林建筑大学	2014.5 ~ 2018.5	—	2014.5

【2013 ~ 2014 年度高等学校土木工程专业教育评估工作】2014 年，住房城乡建设部高等教育土木工程专业评估委员会对中南大学、兰州理工大学、河北工业大学、长沙理工大学、天津城建大学、河北建筑工程学院、青岛理工大学、新疆大学、长江大学、烟台大学、汕头大学、厦门大学、成都理工大学、中南林业科技大学、福建工程学院等 15 所学校的土木工程专业进行了评估。评估委员会全体委员对各校的自评报告进行了审阅，于 5 月派遣视察小组进校实地视察。经评估委员会全体会议讨论并投票表决，做出了评估结论，如表 5-31 所示。

2014 年高等学校土木工程专业评估结论　　　　　表 5-31

序号	学校	专业	授予学位	合格有效期	备注
1	中南大学	土木工程	学士	六年（2014.5 ~ 2020.5）	复评
2	兰州理工大学	土木工程	学士	六年（2014.5 ~ 2020.5）	复评
3	河北工业大学	土木工程	学士	六年（2014.5 ~ 2020.5）	复评
4	长沙理工大学	土木工程	学士	六年（2014.5 ~ 2020.5）	复评
5	天津城建大学	土木工程	学士	六年（2014.5 ~ 2020.5）	复评
6	河北建筑工程学院	土木工程	学士	六年（2014.5 ~ 2020.5）	复评
7	青岛理工大学	土木工程	学士	六年（2014.5 ~ 2020.5）	复评
8	新疆大学	土木工程	学士	三年（2014.5 ~ 2017.5）	初评

续表

序号	学校	专业	授予学位	合格有效期	备注
9	长江大学	土木工程	学士	三年（2014.5～2017.5）	初评
10	烟台大学	土木工程	学士	三年（2014.5～2017.5）	初评
11	汕头大学	土木工程	学士	三年（2014.5～2017.5）	初评
12	厦门大学	土木工程	学士	三年（2014.5～2017.5）	初评
13	成都理工大学	土木工程	学士	三年（2014.5～2017.5）	初评
14	中南林业科技大学	土木工程	学士	三年（2014.5～2017.5）	初评
15	福建工程学院	土木工程	学士	三年（2014.5～2017.5）	初评

截至 2014 年 5 月，全国共有 78 所高校的土木工程专业通过评估。详见表 5-32。

高等学校土木工程专业评估通过学校和有效期情况统计表　　表 5-32
（截至 2014 年 5 月，按首次通过评估时间排序）

序号	学校	本科合格有效期	首次通过评估时间	序号	学校	本科合格有效期	首次通过评估时间
1	清华大学	2013.5～2021.5	1995.6	13	合肥工业大学	2012.5～2020.5	1997.6
2	天津大学	2013.5～2021.5	1995.6	14	武汉理工大学	2012.5～2017.5	1997.6
3	东南大学	2013.5～2021.5	1995.6	15	华中科技大学	2013.5～2021.5	1997.6
4	同济大学	2013.5～2021.5	1995.6	16	西南交通大学	2007.5～2015.5	1997.6
5	浙江大学	2013.5～2021.5	1995.6	17	中南大学	2014.5～2020.5（2002 年 6 月至 2004 年 6 月不在有效期内）	1997.6
6	华南理工大学	2010.5～2018.5	1995.6	18	华侨大学	2012.5～2017.5	1997.6
7	重庆大学	2013.5～2021.5	1995.6	19	北京交通大学	2009.5～2017.5	1999.6
8	哈尔滨工业大学	2013.5～2021.5	1995.6	20	大连理工大学	2009.5～2017.5	1999.6
9	湖南大学	2013.5～2021.5	1995.6	21	上海交通大学	2009.5～2017.5	1999.6
10	西安建筑科技大学	2013.5～2021.5	1995.6	22	河海大学	2009.5～2017.5	1999.6
11	沈阳建筑大学	2012.5～2020.5	1997.6	23	武汉大学	2009.5～2017.5	1999.6
12	郑州大学	2012.5～2017.5	1997.6	24	兰州理工大学	2014.5～2020.5	1999.6

续表

序号	学校	本科合格有效期	首次通过评估时间	序号	学校	本科合格有效期	首次通过评估时间
25	三峡大学	2011.5 ～ 2016.5（2004 年 6 月至 2006 年 6 月不在有效期内）	1999.6	44	四川大学	2012.5 ～ 2017.5	2007.5
26	南京工业大学	2011.5 ～ 2019.5	2001.6	45	安徽建筑大学	2012.5 ～ 2017.5	2007.5
27	石家庄铁道大学	2012.5 ～ 2017.5（2006 年 6 月至 2007 年 5 月不在有效期内）	2001.6	46	浙江工业大学	2013.5 ～ 2018.5	2008.5
28	北京工业大学	2012.5 ～ 2017.5	2002.6	47	解放军理工大学	2013.5 ～ 2018.5	2008.5
29	兰州交通大学	2012.5 ～ 2020.5	2002.6	48	西安理工大学	2013.5 ～ 2018.5	2008.5
30	山东建筑大学	2013.5 ～ 2018.5	2003.6	49	长沙理工大学	2014.5 ～ 2020.5	2009.5
31	河北工业大学	2014.5 ～ 2020.5（2008 年 5 月至 2009 年 5 月不在有效期内）	2003.6	50	天津城建大学	2014.5 ～ 2020.5	2009.5
32	福州大学	2013.5 ～ 2018.5	2003.6	51	河北建筑工程学院	2014.5 ～ 2020.5	2009.5
33	广州大学	2010.5 ～ 2015.5	2005.6	52	青岛理工大学	2014.5 ～ 2020.5	2009.5
34	中国矿业大学	2010.5 ～ 2015.5	2005.6	53	南昌大学	2010.5 ～ 2015.5	2010.5
35	苏州科技学院	2010.5 ～ 2015.5	2005.6	54	重庆交通大学	2010.5 ～ 2015.5	2010.5
36	北京建筑大学	2011.5 ～ 2016.5	2006.6	55	西安科技大学	2010.5 ～ 2015.5	2010.5
37	吉林建筑大学	2011.5 ～ 2016.5	2006.6	56	东北林业大学	2010.5 ～ 2015.5	2010.5
38	内蒙古科技大学	2011.5 ～ 2016.5	2006.6	57	山东大学	2011.5 ～ 2016.5	2011.5
39	长安大学	2011.5 ～ 2016.5	2006.6	58	太原理工大学	2011.5 ～ 2016.5	2011.5
40	广西大学	2011.5 ～ 2016.5	2006.6	59	内蒙古工业大学	2012.5 ～ 2017.5	2012.5
41	昆明理工大学	2012.5 ～ 2017.5	2007.5	60	西南科技大学	2012.5 ～ 2017.5	2012.5
42	西安交通大学	2012.5 ～ 2017.5（有条件）	2007.5	61	安徽理工大学	2012.5 ～ 2017.5	2012.5
43	华北水利水电大学	2012.5 ～ 2017.5	2007.5	62	盐城工学院	2012.5 ～ 2017.5	2012.5

续表

序号	学校	本科合格有效期	首次通过评估时间	序号	学校	本科合格有效期	首次通过评估时间
63	桂林理工大学	2012.5 ～ 2017.5	2012.5	71	新疆大学	2014.5 ～ 2017.5	2014.5
64	燕山大学	2012.5 ～ 2017.5	2012.5	72	长江大学	2014.5 ～ 2017.5	2014.5
65	暨南大学	2012.5 ～ 2017.5	2012.5	73	烟台大学	2014.5 ～ 2017.5	2014.5
66	浙江科技学院	2012.5 ～ 2017.5	2012.5	74	汕头大学	2014.5 ～ 2017.5	2014.5
67	湖北工业大学	2013.5 ～ 2018.5	2013.5	75	厦门大学	2014.5 ～ 2017.5	2014.5
68	宁波大学	2013.5 ～ 2018.5	2013.5	76	成都理工大学	2014.5 ～ 2017.5	2014.5
69	长春工程学院	2013.5 ～ 2018.5	2013.5	77	中南林业科技大学	2014.5 ～ 2017.5	2014.5
70	南京林业大学	2013.5 ～ 2018.5	2013.5	78	福建工程学院	2014.5 ～ 2017.5	2014.5

【2013 ～ 2014 年度高等学校建筑环境与能源应用工程专业教育评估工作】
2014 年，住房城乡建设部高等教育建筑环境与能源应用工程专业评估委员会对西安建筑科技大学、吉林建筑大学、青岛理工大学、河北建筑工程学院、中南大学、安徽建筑大学、中国矿业大学等 7 所学校的建筑环境与能源应用工程专业进行了评估。评估委员会全体委员对学校的自评报告进行了审阅，于 5 月份派遣视察小组进校实地视察。经评估委员会全体会议讨论并投票表决，做出了评估结论，如表 5-33 所示。

2014 年高等学校建筑环境与能源应用专业评估结论　　　　表 5-33

序号	学校	专业	授予学位	合格有效期	备注
1	西安建筑科技大学	建筑环境与能源应用工程	学士	五年 (2014.5 ～ 2019.5)	复评
2	吉林建筑大学	建筑环境与能源应用工程	学士	五年 (2014.5 ～ 2019.5)	复评
3	青岛理工大学	建筑环境与能源应用工程	学士	五年 (2014.5 ～ 2019.5)	复评
4	河北建筑工程学院	建筑环境与能源应用工程	学士	五年 (2014.5 ～ 2019.5)	复评
5	中南大学	建筑环境与能源应用工程	学士	五年 (2014.5 ～ 2019.5)	复评
6	安徽建筑大学	建筑环境与能源应用工程	学士	五年 (2014.5 ～ 2019.5)	复评
7	中国矿业大学	建筑环境与能源应用工程	学士	五年 (2014.5 ～ 2019.5)	初评

截至 2014 年 5 月，全国共有 31 所高校的建筑环境与能源应用工程专业通过评估。详见表 5-34。

高等学校建筑环境与能源应用工程专业评估通过学校和有效期情况统计表
（截至 2014 年 5 月，按首次通过评估时间排序）

表 5-34

序号	学校	本科合格有效期	首次通过评估时间	序号	学校	本科合格有效期	首次通过评估时间
1	清华大学	2012.5 ~ 2017.5	2002.5	17	南京工业大学	2012.5 ~ 2017.5	2007.6
2	同济大学	2012.5 ~ 2017.5	2002.5	18	长安大学	2013.5 ~ 2018.5	2008.5
3	天津大学	2012.5 ~ 2017.5	2002.5	19	吉林建筑大学	2014.5 ~ 2019.5	2009.5
4	哈尔滨工业大学	2012.5 ~ 2017.5	2002.5	20	青岛理工大学	2014.5 ~ 2019.5	2009.5
5	重庆大学	2012.5 ~ 2017.5	2002.5	21	河北建筑工程学院	2014.5 ~ 2019.5	2009.5
6	解放军理工大学	2013.5 ~ 2018.5	2003.5	22	中南大学	2014.5 ~ 2019.5	2009.5
7	东华大学	2013.5 ~ 2018.5	2003.5	23	安徽建筑大学	2014.5 ~ 2019.5	2009.5
8	湖南大学	2013.5 ~ 2018.5	2003.5	24	南京理工大学	2010.5 ~ 2015.5	2010.5
9	西安建筑科技大学	2014.5 ~ 2019.5	2004.5	25	西安交通大学	2011.5 ~ 2016.5	2011.5
10	山东建筑大学	2010.5 ~ 2015.5	2005.6	26	兰州交通大学	2011.5 ~ 2016.5	2011.5
11	北京建筑大学	2010.5 ~ 2015.5	2005.6	27	天津城建大学	2011.5 ~ 2016.5	2011.5
12	华中科技大学	2011.5 ~ 2016.5（2010 年 5 月至 2011 年 5 月不在有效期内）	2005.6	28	大连理工大学	2012.5 ~ 2017.5	2012.5
13	中原工学院	2011.5 ~ 2016.5	2006.6	29	上海理工大学	2012.5 ~ 2017.5	2012.5
14	广州大学	2011.5 ~ 2016.5	2006.6	30	西南交通大学	2013.5 ~ 2018.5	2013.5
15	北京工业大学	2011.5 ~ 2016.5	2006.6	31	中国矿业大学	2014.5 ~ 2019.5	2014.5
16	沈阳建筑大学	2012.5 ~ 2017.5	2007.6	—	—	—	—

【2013 ~ 2014 年度高等学校给排水科学与工程专业教育评估工作】2014 年，住房城乡建设部高等教育给排水科学与工程专业评估委员会对清华大学、同济大学、重庆大学、哈尔滨工业大学、武汉大学、苏州科技学院、吉林建筑大学、四川大学、青岛理工大学、天津城建大学、南华大学等 11 所学校的给排水科学与工程专业进行了评估。评估委员会全体委员对各校的自评报告进行了审阅，于 5 月派遣视察小组进校实地视察。经评估委员会全体会议讨论并投票表决，做出了评估结论，如表 5-35 所示。

2014年高等学校给排水科学与工程专业评估结论　　表5-35

序号	学校	专业	授予学位	合格有效期	备注
1	清华大学	给排水科学与工程	学士	五年 (2014.5～2019.5)	复评
2	同济大学	给排水科学与工程	学士	五年 (2014.5～2019.5)	复评
3	重庆大学	给排水科学与工程	学士	五年 (2014.5～2019.5)	复评
4	哈尔滨工业大学	给排水科学与工程	学士	五年 (2014.5～2019.5)	复评
5	武汉大学	给排水科学与工程	学士	五年 (2014.5～2019.5)	复评
6	苏州科技学院	给排水科学与工程	学士	五年 (2014.5～2019.5)	复评
7	吉林建筑大学	给排水科学与工程	学士	五年 (2014.5～2019.5)	复评
8	四川大学	给排水科学与工程	学士	五年 (2014.5～2019.5)	复评
9	青岛理工大学	给排水科学与工程	学士	五年 (2014.5～2019.5)	复评
10	天津城建大学	给排水科学与工程	学士	五年 (2014.5～2019.5)	复评
11	南华大学	给排水科学与工程	学士	五年 (2014.5～2019.5)	初评

截至2014年5月，全国共有32所高校的给排水科学与工程专业通过评估。详见表5-36。

高等学校给排水科学与工程专业评估通过学校和有效期情况统计表　　表5-36
（截至2014年5月，按首次通过评估时间排序）

序号	学校	本科合格有效期	首次通过评估时间	序号	学校	本科合格有效期	首次通过评估时间
1	清华大学	2014.5～2019.5	2004.5	10	南京工业大学	2012.5～2017.5	2007.5
2	同济大学	2014.5～2019.5	2004.5	11	兰州交通大学	2012.5～2017.5	2007.5
3	重庆大学	2014.5～2019.5	2004.5	12	广州大学	2012.5～2017.5	2007.5
4	哈尔滨工业大学	2014.5～2019.5	2004.5	13	安徽建筑大学	2012.5～2017.5	2007.5
5	西安建筑科技大学	2010.5～2015.5	2005.6	14	沈阳建筑大学	2012.5～2017.5	2007.5
6	北京建筑大学	2010.5～2015.5	2005.6	15	长安大学	2013.5～2018.5	2008.5
7	河海大学	2011.5～2016.5	2006.6	16	桂林理工大学	2013.5～2018.5	2008.5
8	华中科技大学	2011.5～2016.5	2006.6	17	武汉理工大学	2013.5～2018.5	2008.5
9	湖南大学	2011.5～2016.5	2006.6	18	扬州大学	2013.5～2018.5	2008.5

序号	学校	本科合格有效期	首次通过评估时间	序号	学校	本科合格有效期	首次通过评估时间
19	山东建筑大学	2013.5 ~ 2018.5	2008.5	26	华东交通大学	2010.5 ~ 2015.5	2010.5
20	武汉大学	2014.5 ~ 2019.5	2009.5	27	浙江工业大学	2010.5 ~ 2015.5	2010.5
21	苏州科技学院	2014.5 ~ 2019.5	2009.5	28	昆明理工大学	2011.5 ~ 2016.5	2011.5
22	吉林建筑大学	2014.5 ~ 2019.5	2009.5	29	济南大学	2012.5 ~ 2017.5	2012.5
23	四川大学	2014.5 ~ 2019.5	2009.5	30	太原理工大学	2013.5 ~ 2018.5	2013.5
24	青岛理工大学	2014.5 ~ 2019.5	2009.5	31	合肥工业大学	2013.5 ~ 2018.5	2013.5
25	天津城建大学	2014.5 ~ 2019.5	2009.5	32	南华大学	2014.5 ~ 2019.5	2014.5

【2013 ~ 2014 年度高等学校工程管理专业教育评估工作】2014 年，住房城乡建设部高等教育工程管理专业评估委员会对重庆大学、哈尔滨工业大学、西安建筑科技大学、清华大学、同济大学、东南大学、武汉理工大学、北京交通大学、郑州航空工业管理学院、天津城建大学、吉林建筑大学、大连理工大学、西南科技大学等 13 所学校的工程管理专业进行了评估。评估委员会全体委员对各校的自评报告进行了审阅，于 5 月派遣视察小组进校实地视察。经评估委员会全体会议讨论并投票表决，做出了评估结论，如表 5-37 所示。

2014 年高等学校工程管理专业评估结论　　　　　表 5-37

序号	学校	专业	授予学位	合格有效期	备注
1	重庆大学	工程管理	学士	五年（2014.5 ~ 2019.5）	复评
2	哈尔滨工业大学	工程管理	学士	五年（2014.5 ~ 2019.5）	复评
3	西安建筑科技大学	工程管理	学士	五年（2014.5 ~ 2019.5）	复评
4	清华大学	工程管理	学士	五年（2014.5 ~ 2019.5）	复评
5	同济大学	工程管理	学士	五年（2014.5 ~ 2019.5）	复评
6	东南大学	工程管理	学士	五年（2014.5 ~ 2019.5）	复评
7	武汉理工大学	工程管理	学士	五年（2014.5 ~ 2019.5）	复评
8	北京交通大学	工程管理	学士	五年（2014.5 ~ 2019.5）	复评
9	郑州航空工业管理学院	工程管理	学士	五年（2014.5 ~ 2019.5）	复评
10	天津城建大学	工程管理	学士	五年（2014.5 ~ 2019.5）	复评
11	吉林建筑大学	工程管理	学士	五年（2014.5 ~ 2019.5）	复评

续表

序号	学校	专业	授予学位	合格有效期	备注
12	大连理工大学	工程管理	学士	五年（2014.5～2019.5）	初评
13	西南科技大学	工程管理	学士	五年（2014.5～2019.5）	初评

截至 2014 年 5 月，全国共有 35 所高校的工程管理专业通过评估。详见表 5-38。

高等学校工程管理专业评估通过学校和有效期情况统计表　　表 5-38
（截至 2014 年 5 月，按首次通过评估时间排序）

序号	学校	本科合格有效期	首次通过评估时间	序号	学校	本科合格有效期	首次通过评估时间
1	重庆大学	2014.5～2019.5	1999.11	19	北京建筑大学	2013.5～2018.5	2008.5
2	哈尔滨工业大学	2014.5～2019.5	1999.11	20	山东建筑大学	2013.5～2018.5	2008.5
3	西安建筑科技大学	2014.5～2019.5	1999.11	21	安徽建筑大学	2013.5～2018.5	2008.5
4	清华大学	2014.5～2019.5	1999.11	22	武汉理工大学	2014.5～2019.5	2009.5
5	同济大学	2014.5～2019.5	1999.11	23	北京交通大学	2014.5～2019.5	2009.5
6	东南大学	2014.5～2019.5	1999.11	24	郑州航空工业管理学院	2014.5～2019.5	2009.5
7	天津大学	2011.5～2016.5	2001.6	25	天津城建大学	2014.5～2019.5	2009.5
8	南京工业大学	2011.5～2016.5	2001.6	26	吉林建筑大学	2014.5～2019.5	2009.5
9	广州大学	2013.5～2018.5	2003.6	27	兰州交通大学	2010.5～2015.5	2010.5
10	东北财经大学	2013.5～2018.5	2003.6	28	河北建筑工程学院	2010.5～2015.5	2010.5
11	华中科技大学	2010.5～2015.5	2005.6	29	中国矿业大学	2011.5～2016.5	2011.5
12	河海大学	2010.5～2015.5	2005.6	30	西南交通大学	2011.5～2016.5	2011.5
13	华侨大学	2010.5～2015.5	2005.6	31	华北水利水电大学	2012.5～2017.5	2012.5
14	深圳大学	2010.5～2015.5	2005.6	32	三峡大学	2012.5～2017.5	2012.5
15	苏州科技学院	2010.5～2015.5	2005.6	33	长沙理工大学	2012.5～2017.5	2012.5
16	中南大学	2011.5～2016.5	2006.6	34	大连理工大学	2014.5～2019.5	2014.5
17	湖南大学	2011.5～2016.5	2006.6	35	西南科技大学	2014.5～2019.5	2014.5
18	沈阳建筑大学	2012.5～2017.5	2007.6	—	—	—	—

【领导干部和专业技术人员培训工作】2014 年，住房城乡建设部机关、直属单位和部管社会团体共组织培训班 407 项，862 个班次，培训住房城乡建设系统领导干部和专业技术人员 108212 人次。承办中央组织部委托的新型城镇化、城市基础设施建设、解决大城市交通拥堵问题等 3 期市长专题研究班，培训学员 103 名。承办中央组织部领导干部境外培训班二期，赴新加坡、德国培训学员 48 名。支持新疆、青海及大别山片区领导干部培训工作，举办援疆、援青和大别山片区住房城乡建设系统领导干部培训班各 1 期，培训相关地区领导干部和管理人员 322 名，住房城乡建设部补贴经费 64 万元。

【住房城乡建设部对部属单位及部管社团培训办班作出规定】为落实党的群众路线教育实践活动整改措施，切实解决部分直属单位、部管社团执行培训管理规定不到位、办班行为不规范、培训质量不高等问题，根据《2013—2017 年全国干部教育培训规划》、《中央组织部关于在干部教育培训中进一步加强学员管理的规定》等有关规定，住房城乡建设部制定印发《住房城乡建设部关于进一步加强培训办班管理的规定》，从健全培训管理制度、切实规范办班行为、全面提升培训质量、着力加强监督检查等 4 个方面作出 16 条规定。

【举办全国专业技术人才知识更新工程高级研修班】根据人力资源和社会保障部全国专业技术人才知识更新工程高级研修项目计划，2014 年住房城乡建设部在北京举办"建筑节能与低碳城市建设"、"城市生活垃圾处理与资源化"高级研修班，培训各地相关领域高层次专业技术人员 125 名，经费由人力资源社会保障部全额资助。

【住房城乡建设部编制专业技术职务任职资格评审标准】住房城乡建设部组织相关单位编制《住房城乡建设部建设工程（科研）专业技术职务任职资格评审标准》，2014 年 4 月颁布实施。标准在原建设部 1999 年和 2001 年印发的《建设工程（科研）中、高级专业技术职务任职资格评审量化标准（试行）》和《建设工程技术（科研）系列研究员级专业技术职务任职资格评审量化标准（试行）》的基础上编制，设置了建筑学、建筑结构等 25 个专业，各专业评审量化指标从学历与资历、专业能力、工作业绩与成果、著作论文等 4 个方面进行评价，并设定了相应的分值或参考分值。

【住房城乡建设部 1 名专业技术人才和 1 个专业技术人才集体受到表彰】经中共中央组织部、中共中央宣传部、人力资源和社会保障部、科学技术部批准，住房和城乡建设部政策研究中心研究员秦虹同志被评为第五届全国杰出专业技术人才，中国城市规划设计研究院城镇水务与工程专业研究院被评为全国专业技术人才先进集体。

【住房城乡建设部6名专业技术人员享受2014年度政府特殊津贴】根据人力资源和社会保障部关于公布2014年享受政府特殊津贴人员名单的通知，中国城市规划设计研究院尹强、马林、赵中枢，住房和城乡建设部科技发展促进中心高立新、住房和城乡建设部标准定额研究所王海宏、中国建设工程造价管理协会吴佐民等6名专业技术人员享受2014年度政府特殊津贴。

【住房城乡建设领域职业资格考试情况】2014年，全国共有140.4万人次参加住房城乡建设领域职业资格全国统一考试（不含二级），当年共有14.4万人次通过考试并取得职业资格证书。详见表5-39。

2014年住房城乡建设领域职业资格全国统一考试情况统计表　　表5-39

序号	专业	2014年参加考试人数	2014年取得资格人数
1	建筑（一级）	45359	2494
2	结构（一级）	20090	1381
3	岩土	9723	1567
4	港口与航道	584	232
5	水利水电	2545	762
6	公用设备	19827	2767
7	电气	17709	6943
8	环保	4558	1247
9	化工	3003	262
10	建造（一级）	1027411	89312
11	工程监理	58393	17667
12	城市规划	26301	3296
13	工程造价	109069	14390
14	物业管理	59663	6443
15	房地产估价	14517	2678
16	房地产经纪	0	0
合计		1404235	144498

【住房城乡建设领域职业资格及注册情况】截至2014年底，住房城乡建设领域取得各类职业资格人员共130.5万人（不含二级），注册人数92.2万人。详见表5-40。

住房城乡建设领域职业资格人员专业分布及注册情况统计表　　表 5-40
（截至 2014 年 12 月 31 日）

行业	类别		专业	取得资格人数	注册人数	备注
勘察设计	（一）注册建筑师（一级）			32542	30295	
	（二）勘察设计注册工程师	1. 土木工程	岩土工程	17159	14634	
			水利水电工程	8749	0	未注册
			港口与航道工程	1782	0	未注册
			道路工程	2411	0	未注册
		2. 结构工程（一级）		47683	44542	
		3. 公用设备工程		29524	22212	
		4. 电气工程		25028	15638	
		5. 化工工程		7346	5236	
		6. 环保工程		5913	0	未注册
		7. 机械工程		3458	0	未注册
		8. 冶金工程		1502	0	未注册
		9. 采矿 / 矿物工程		1461	0	未注册
		10. 石油 / 天然气工程		438	0	未注册
建筑业	（三）建造师（一级）			552965	382224	
	（四）监理工程师			233873	154750	
	（五）造价工程师			142960	136300	
房地产业	（六）房地产估价师			51338	45984	
	（七）房地产经纪人			52648	30009	
	（八）物业管理师			63647	23149	
城市规划	（九）注册城市规划师			23191	17820	
总计				1305618	922793	

【国家职业分类大典修订工作】会同住房和城乡建设部人力资源开发中心完成建设行业专业技术类 20 个职业的专家审核，截至目前，已完成建设行业国家职业分类大典 82 个职业的全部修订工作。同时，对《国家职业分类大典》建设行业实操类职业架构提出修改意见报人力资源和社会保障部。

【建筑工人技能培训工作】选取重庆、福建等10个省（市、区）开展建筑工人技能培训机制调研，形成《关于建筑工人技能培训机制的调研报告》。结合调研成果，起草《住房城乡建设部关于加强建筑工人职业培训工作的指导意见》。在重庆组织召开建筑工人技能培训工作现场会，重庆、北京、江西、杭州、青岛和宜昌等省市分别在会上交流经验，并考察参观了项目现场，进一步推动建筑工人技能培训工作规范化、制度化、常态化。继续加强职业技能培训和鉴定工作，促进建筑工人队伍整体素质提高。印发《关于2014年全国建设职业技能培训与鉴定工作任务的通知》，计划2014年全年培训162万人，鉴定96万人。截至2014年11月底，共培训行业工人156.5万人次，鉴定100.76万人，其中鉴定已超额完成全年计划。

【高技能人才选拔培养工作】做好第十二届中华技能大奖全国技术能手候选人和国家技能人才培育突出贡献候选单位候选个人的推荐工作。出台《全国住房城乡建设行业技术能手推荐管理办法（试行）》，进一步完善了建设行业技术能手推荐机制。开展全国建设行业技术能手推荐工作，授予侯建立等145名同志"全国住房城乡建设行业技术能手"荣誉称号。协调有关协会组织选手参加第43届世界技能大赛选拔赛暨全国建设行业职业技能竞赛。共有21个省市、120名选手参赛，有5名选手进入第43届世界技能大赛集训名单，4名选手将获得"全国技术能手"荣誉称号，1名选手将被授予全国"五一劳动奖章"。指导中国城镇供水排水协会举办首届"排水杯"全国城镇排水行业职业技能竞赛决赛。

【建设行业中等职业教育指导工作】组织指导中等职业学校技能竞赛。协调教育部职成司、中国建设教育协会等共同成功举办2014年全国职业院校技能大赛中职组建设职业技能比赛，包括建筑设备安装与调控、建筑CAD和工程测量3个分赛。组织大型装饰企业金螳螂股份有限公司赴常州建设职业技术学院调研考察，研究校企合作联合培养企业一线技能人才试点工作。组织召开部第五届中等职业教育专业指导委员会2013年工作总结会，指导第五届中职委分委会的工作会议，审定燃气、供热通风等6个专业的教学标准。

【建筑业农民工培训工作】住房城乡建设部于2014年6月在全国建筑工地集中开展建筑业"千万农民工同上一堂课"安全培训活动，切实加强安全生产管理工作的精神，提高建筑业农民工的安全生产、自我防护的意识和能力。继续推进建筑工地农民工业余学校创建工作，印发通知部署各地区梳理总结2014年农民工业余学校工作成效，2014年累计建立农民工业余学校11.6万所，有1484.5万余名农民工参加了业余学校的学习。认真履行国务院农民工工作领导小组办公室成员的职责，积极报送农民工工作重要政策文件和相关总结材料，反馈农民工工作重要文件的修改意见。推荐杭州市作为农民工业余学校宣传对象。参与"两会"前农民工专题新闻发布会的有关工作。参加第八次全国农民工工作督察。参加贯彻落实《国务院关于进一步做好为农民工服务工作的意见》电视电话会议和农民工综合服务平台建设工作座谈会，起草并印发涉及住房和城乡建设部任务分工方案。

5.4.2 中国建设教育协会大事记

【召开第五届会员代表大会】2014 年 10 月 12 日，中国建设教育协会第五届会员代表大会在北京隆重召开，顺利完成新老班子交替。来自全国建设教育系统的近 300 位代表和嘉宾出席了会议。住房和城乡建设部副部长王宁同志对建设教育协会换届工作专门作了批示。部人事司郭鹏伟副司长到会宣读了住房和城乡建设部《关于同意中国建设教育协会第五届理事会正副理事长和正副秘书长人选的批复》并讲话。会议听取并审议通过了中国建设教育协会第四届理事会理事长李竹成同志代表第四届理事会所作的工作报告和副理事长荣大成同志作的财务工作报告。会议产生了第五届理事会，同时召开了五届一次理事会，新一届理事会以举手表决的方式选举产生了第五届理事会常务理事、正副理事长和正副秘书长人选。第五届理事会由 133 名理事、50 名常务理事组成。刘杰同志出任理事长，朱光、（以下按姓氏笔画为序）王凤君、李守林、吴泽、陈曦、沈元勤、武佩牛、姚德臣、宫长义、黄秋宁（女）十位同志任副理事长，朱光同志兼任秘书长。李奇、张晶（女）、胡晓光同志任副秘书长。

中国建设教育协会第五届理事会常务理事名单如下：（按姓氏笔画排序）王强、王凤君、王礼义、王政伟、朱光、朱凯、刘杰、刘东燕、刘晓初、孙伟民、孙延荣（女）、李平、李奇、李成滨、李守林、李慧民、吴泽、吴立成、吴祖强、吴斌兴、沙茂伟、沈元勤、张晶（女）、张大玉、张俊前、张跃东、陆丹丁、陈曦、陈锡宝、武佩牛、金恂华、周心怡（女）、郑学选、胡立群、胡晓元、胡晓光、宫长义、姚德臣、徐公芳、高家林、郭孝书（女）、涂克宝、黄志良、黄克敬、黄秋宁（女）、龚毅、崔恩杰、符里刚、谢国斌、蔡宗松。

【协会专业委员会工作】专业委员会是协会开展工作的主体和重要支柱，专业委员会的工作效果直接影响到协会全局工作。2014 年在过去工作的基础上，协会继续重视发挥专业委员会的作用，通过专业委员会工作来落实协会的中心任务，专业委员会通过组织年会、开展学术研究交流、举办论坛、培训班和各类大赛等丰富多彩的活动，调动了会员单位的积极性，加强了协会的凝聚力。普通高等教育委员会充分发挥高教资源优势，注重教育教学改革研究，每年组织开展科研课题立项和科研成果的评选活动；每年都有教育教学改革和研究论文集出版。高等职业与成人教育专业委员会通过年会、区域协作委员会，组织科研与教材的开发等有效活动，充分发挥专业委员会的作用，使各项活动都更具有针对性、实践性，研究问题更深入、更专业。中等职业教育专业委员会于上年 8 月份召开了常委会，交流工作经验，总结优秀教育成果，做了专题讲座，评出了 2014 年优秀论文和课件奖。建设机械职业教育专业委员会将"职工教育定位"转变为"职业教育定位"以后，扩大了服务社会的空间，其影响力逐步扩大，会员单位不断扩充，同时 2014 年进一步完善和规范培训制度，加强了培训管理，为会员服务的能力不断提高。建筑企业人力资源（教育）工作委员会注重调查研究，在摸清建筑企业现状和人力资源需求、管理现状的基础上，进一步明确了专业委员会的工作定位，健全了内部机构和管理制度，稳步发展会员单位。继续教育委员会 2013 年 7 月主任委员单位变更，2014 年 10 月召开年会，对以前的工作进行了总结，对今后的工作做了部署。院校德育工作委员会召开了常委扩大会，完善了组织建设，对教学、科研课题等开展了交流和沟通。培训机构工作委员会通过各类会议，分析行业培训形势，对新项目进行可行性研究，组织会员单位编写培训教材，制定培训管理办法，为行业提供优质的培训服务。房地产专业委员会在面临发展瓶颈的情况下，还及时和会员单位沟通，明确发展方向，努力寻找发展的突破口，开发新的培训项目。技工教育委员会召开了六届二次全体会员代表大会，总结了一年来的工作，通报会费使用情况，进行了论文及课件评比，对学生管理工作进行了经验交流。

【协会科研工作】认真组织完成承接的教育部、住房和城乡建设部课题研究工作。"职业院校土建施工类专业顶岗实习标准"编制的研究课题，是教育部行指委公布的"行业指导职业院校专业改革与实践立项项目"（简称四个项目）中的第二项："制定职业院校学生顶岗实习标准"（共 30 项顶岗实习标准）中的一项研究课题。为了配合住房和城乡建设部把这项工作做好、做实，协会于 2014 年 4 月和 12 月先后召开了课题编制组成立工作会和课题研究工作促进会，会议明确了《中职学校顶岗实习标准》编制的任务、分工和工作完成时间表。此项工作计划在 2015 年内完成。

按照住房和城乡建设部人事司劳职处工作要求，积极推进校企合作，为江苏省常州建设高等职业技术学校和金螳螂建筑装饰股份有限公司搭建了校企合作的平台，两个单位在校企合作培养方案上达成了共识。

组织开展了对 2013 年会员单位在协会立项的课题结题审核工作。启动了2013～2014 年度优秀教育教学科研课题成果评选工作。2014 年 12 月下发了关于征集 2015 年度教育教学科研课题立项指南的通知，对 2015 年教育教学科研工作进行了部署。

【协会刊物编辑工作】2014年制定和出台了《中国建设教育》杂志管理办法、编辑程序、稿费管理办法、发行办法等一系列文件，建立了通讯员队伍。根据当前建设教育形势和协会的重点工作，刊物栏目做了调整和增加，稿源有了明显改善。2014年出版发行6期，发表涉及全国建设类院校教学、科研、管理及相关企业围绕行业热点、突出问题开展的交流论文109篇。协会主办、重庆大学主编的《高等建筑教育》和协会技工教育专业委员会主办的《建设技校报》，2014年在完成编辑出版发行任务的基础上，整体水平也在不断提升。

【协会各项主题活动】

1. 第六届全国土建类高职院校书记院长论坛 2014年8月15～16日在山西省晋中市举行第六届全国土建类高职院校书记院长论坛。来自全国36所高职院校和有关单位的69位代表出席。12所院校交流发言，介绍了各自在理论研究、教学方面的探索以及在工程实践方面的成功案例，充分展现了当前土建类高职院校在教育教学、改革、创新、实践方面的最新成果及成功经验。

2. 第十届全国建筑类高校书记、校（院）长论坛 2014年9月3～5日，第十届全国建筑类高校书记、校（院）长论坛在天津城建大学举行，会议就"推进建筑类高校治理能力的现代化"进行了专题研讨。来自全国22所建筑类高校书记、校长及相关人员约60人参加了论坛。13所院校的书记和校长围绕高校内部治理、人事制度改革、学科建设新机制、协同育人新模式、协同创新优势与特色5个专题作大会交流发言。

从2014年起，由协会秘书处组织举办了九届的全国建筑类高校书记、院（校）长论坛和五届全国建设类高职院校书记、院长论坛分别交由"普通高等教育专业委员会"和"高等职业与成人教育专业委员会"组织举办，使论坛与院校的实际更贴切，使院校间联系更紧密。

3. 首届中国高等建筑教育高峰论坛 2014年7月举办了以"建设领域土建类专业卓越工程师教育"为主题的"首届中国高等建筑教育高峰论坛"。论坛在卓越工程师教育培养计划通用标准实施与土建类专业标准制定、工程实践教育中心建设、卓越计划质量评价、卓越计划与教学改革、高校和企业联合培养机制、高水平工程教育师资队伍建设探索与研究、卓越计划学生的国际化培养、高校如何推动工程教育向基础教育阶段延伸8个方面进行了探索研究和交流。结束后将交流论文汇编成《中国建设教育协会普通高等教育委员会2014年教育教学改革与研究论文集》出版，并从中选择优秀论文在《高等建筑教育》上发表。

【开展新赛项、完善传统赛事】

1. 首届全国建筑类微课比赛协会 2014年举办了首届全国建筑类微课比赛，此项赛事在原来多媒体课件大赛的基础上扩充而来。此赛事的开展对于推动建设类教育教学改革，加强多媒体教学，提高学生动手能力有很大的促进作用。比赛共征集课件作品 330 余件，内容涵盖了普通高等、高等职业、中等职业三个层次院校的建筑工程技术、工程管理、室内设计、图形图像制作、材料工程、自动化工程技术等几十个专业。

2. 全国职业院校技能大赛中职组建设职业技能比赛 2014 年 6 月 23 日上午，全国职业院校技能大赛中职组建设职业技能比赛在天津市国土资源和房屋职业学院正式开赛。来自全国各地的 261 支参赛队，517 名参赛选手参加了工程测量（四等水准测量、三级导线测量）、建筑设备安装与调控（给排水）、建筑 CAD 项目三个比赛项目。

这次比赛在管理方式及规定上都做了调整，呈现三多三新局面。三多是：（1）工程测量赛项以及建筑 CAD 赛项分别增加了一个参赛名额；（2）裁判人数增多；（3）组织人员增多。三新是：（1）比赛内容的创新；（2）组织形式的创新；（3）赛后资源的转化。为了拓展比赛成果在教学过程中的推广和应用，比赛过程中的各类资源将被总结并提炼转化为满足职业教育教学需求的教学方案，在今后的行业教育中加以推广。

3. 全国高校 BIM 系列软件建模大赛 2014 年 5 月 18 日，在沈阳建筑大学和南昌大学南北两个赛区举办了历时两天的第五届全国高校"斯维尔杯"BIM 系列软件建模大赛总决赛。来自全国 266 所高等院校报名参赛，经过网络晋级赛校内评委和全国评委评选，最终有 242 所院校的 270 支代表队取得决赛资格。从第一届 70 余所院校 98 支团队到 2014 年 266 所院校 2488 支团队参赛，充分表明 BIM 大赛已经赢得了行业和社会的良好口碑。

4. 工程算量和施工管理沙盘及软件应用大赛 2014 年 11 月 1 日，第七届全国中、高等院校"广联达杯"工程算量大赛暨第五届全国高等院校"广联达杯"施工管理沙盘及软件应用大赛分别在安徽建筑大学和山东城市建设职业学院同时举行。此类大赛从规模到赛制都在不断完善和扩充，比赛项目都有了很好的完善。

5. 夏令营活动 2014 年 7 月 31 日至 8 月 8 日，来自全国 96 所建设类高校的 130 名优秀大学生在北京参加了中国建设教育协会举办第五届全国高等院校优秀学生夏令营。夏令营活动，为全国各建筑类院校的优秀学生创造一个学习、交流、实践、培养德智体美全方位发展的平台。此项活动越来越受到建设主管部门和全国各高等院校领导及师生的重视。

【协会培训工作】协会培训中心经住房和城乡建设部建筑市场监管司和北京市建筑业联合会核准为建筑工程专业一级注册建造师继续教育培训机构。2014 年中心共培训 1186 人。在培训过程中，中心充分发挥组织优势，积极联系协会会员单位和地方行业协会，由会员单位的人力资源部门或地方行业协会统一协调组织，培训班课程安排合理，授课教师水平较高，受到领导和学员的一致好评。

2014年中心成功举办了318期短期培训班，培训总人数和职业培训班培训人数都是历年来最多的一年，增长幅度接近90%。其中新开发的职业培训班约占70%，包括："环境监理工程师培训班"、"房产测量培训班"、"地下管线探测培训班"和"验房师培训班"等。这些新研发的培训项目填补了行业空白，部分地区行业行政主管部门已将企业人员是否参加了该项培训作为评定企业资质的重要指标之一。

协会建设机械职业教育专业委员会充分发挥传统优势，研发适应行业发展的信息化教学机具，并为会员单位免费配备。建筑企业人力资源工作委员会经过充分的市场调研，利用自身优势，联合会员单位共同开发了"建筑企业人力资源管理师"培训项目，出版了《建筑企业人力资源管理实务》和《建筑企业人力资源管理实务操作手册》。房地产人力资源工作委员会研发了适应房地产市场需求的"房地产销售人员"培训项目，并与部分地方行业行政主管部门合作，累计对400余名房地产销售人员进行了培训。

【会员管理工作】为了进一步加强会员登记的基础建设工作，协会秘书处在各专业委员会的积极配合下，2014年重新登记和核实了会员单位的数量和有效信息，全部换发了新的会员证书，为以后会员单位的管理和服务奠定了基础。